物理入門コース［新装版］
An Introductory Course of Physics

MATHEMATICS FOR PHYSICS

物理のための数学

和達三樹 著　｜岩波書店

物理入門コースについて

理工系の学生諸君にとって物理学は欠くことのできない基礎科目の1つである．諸君が理学系あるいは工学系のどんな専門へ将来進むにしても，その基礎は必ず物理学と深くかかわりあっているからである．専門の学習が忙しくなってからこのことに気づき，改めて物理学を自習しようと思っても，満足のゆく理解はなかなかえられないものである．やはり大学1～2年のうちに物理学の基本をしっかり身につけておく必要がある．

その場合，第一に大切なのは，諸君の積極的な学習意欲である．しかしまた，物理学の基本とは何であるか，それをどんな方法で習得すればよいかを諸君に教えてくれる良いガイドが必要なことも明らかである．この「物理入門コース」は，まさにそのようなガイドの役を果すべく企画・編集されたものであって，在来のテキストとはそうとう異なる編集方針がとられている．

物理学に関する重要な学科目のなかで，力学と電磁気学はすべての土台になるものであるため，多くの大学で早い時期に履修されている．しかし，たとえば流体力学は選択的に学ばれることが多いであろうし，学生諸君が自主的に学ぶのもよいと思われる．また，量子力学や相対性理論も大学2年程度の学力で読むことができるしっかりした参考書が望まれている．

編者はこのような観点から物理学の基本的な科目をえらんで，「物理入門コース」を編纂した．このコースは『力学』，『解析力学』，『電磁気学 I, II』，『量子力学 I, II』，『熱・統計力学』，『弾性体と流体』，『相対性理論』および『物理のための数学』の8科目全10巻で構成されている．このすべてが大学の1, 2年の教科目に入っているわけではないが，各科目はそれぞれ独立に勉強でき，大学1年あるいは2年程度の学力で読めるようにかかれている．

物理学のテキストには多数の公式や事実がならんでいることが多く，学生諸君は期末試験の直前にそれを丸暗記しようとするのが普通ではないだろうか．しかし，これでは物理学の基本を身につけるどころか，むしろ物理嫌いになるのが当然というべきである．このシリーズの読者にとっていちばん大切なことは，公式や事実の暗記ではなくて，ものごとの本筋をとらえる能力の習得であると私たちは考えているのである．

物理学は，ものごとのもとには少数の基本的な事実があり，それらが従う少数の基本的な法則があるにちがいないと考えて，これを求めてきた．こうして明らかにされた基本的な事実や法則は，ぜひとも諸君に理解してもらう必要がある．このような基礎的な理解のうえに立って，ものごとの本筋を諸君みずからの努力でたぐってゆくのが「物理的に考える」という言葉の意味である．

物理学にかぎらず科学のどの分野も，ものごとの本筋を求めているにはちがいないけれども，物理学は比較的に早くから発展し，基礎的な部分が煮つめられてきたので，1つのモデル・ケースと見なすことができる．したがって，「物理的に考える」能力を習得することは，将来物理学を専攻しようとする諸君にとってばかりでなく，他の分野へ進む諸君にとっても大きなプラスになるわけである．

物理学の基礎的な概念には，時間，空間，力，圧力，熱，温度，光などのように，日常生活で何気なく使っているものが少なくない．日常わかったつもりで使っているこれらの概念にも，物理学は改めてややこしい定義をあたえ基本的な法則との関係をつける．このわずらわしさが，学生諸君を物理嫌いにするもう1つの原因であろう．しかし，基本的な事実と法則にもとづいてものごとの本筋をとらえようとするなら，たとえ日常的・感覚的にはわかりきったことであっても，いちいちその実験的根拠を明らかにし，基本法則との関係を問い直すことが必要である．まして私たちの日常体験を超えた世界——たとえば原子内部——を扱う場合には，常識や直観と一見矛盾するような新しい概念さえ必要になる．物理学は実験と観測によって私たちの経験的世界をたえず拡大してゆくから，これにあわせてむしろ常識や直観の方を改変することが必要なのである．

このように，ものごとを「物理的に考える」ことは，けっして安易な作業ではないが，しかし，正しい方法をもってすれば習得が可能なのである．本コースの執筆者の先生方には，とり上げる素材をできるだけしぼり，とり上げた内容はできるだけ入りやすく，わかりやすく叙述するようにお願いした．読者諸君は著者と一緒になってものごとの本筋を追っていただきたい．そのことを通じておのずから「物理的に考える」能力を習得できるはずである．各巻は比較的に小冊子であるが，他の本を参照することなく読めるように書かれていて，

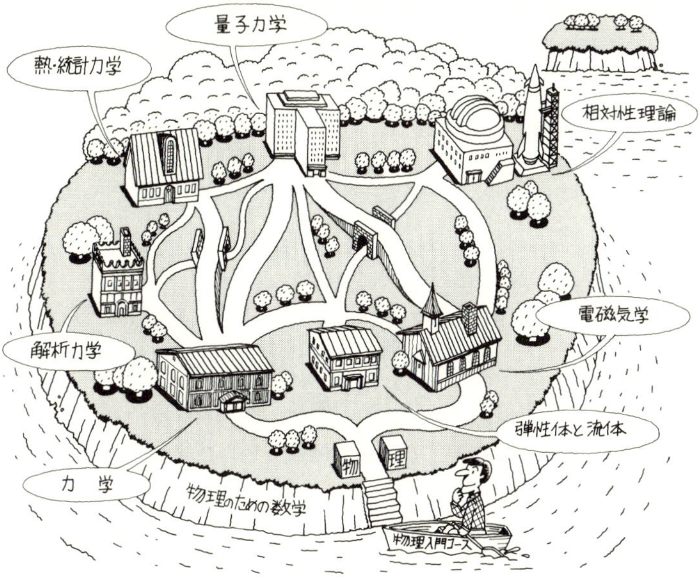

決して単なる物理学のダイジェストではない．ぜひ熟読してほしい．

すでに述べたように，各科目は一応独立に読めるように配慮してあるから，必要に応じてどれから読んでもよい．しかし，一応の道しるべとして，相互関係をイラストの形で示しておく．

絵の手前から奥へ進む太い道は，一応オーソドックスとおもわれる進路を示している．細い道は関連する巻として併読するとよいことを意味する．たとえば，『弾性体と流体』は弾性体力学と流体力学を現代風にまとめた巻であるが，『電磁気学』における場の概念と関連があり，場の古典論として『相対性理論』と対比してみるとよいし，同じ巻の波動を論じた部分は『量子力学』の理解にも役立つ．また，どの巻も数学にふりまわされて物理を見失うことがないように配慮しているが，『物理のための数学』の併読は極めて有益である．

この「物理入門コース」をまとめるにあたって，編者は全巻の原稿を読み，執筆者に種々注文をつけて再三改稿をお願いしたこともある．また，執筆者相互の意見，岩波書店編集部から絶えず示された見解も活用させていただいた．今後は読者諸君の意見もききながらなおいっそう改良を加えていきたい．

1982年8月

編者　戸田盛和
中嶋貞雄

「物理入門コース／演習」シリーズについて

このコースをさらによく理解していただくために，姉妹篇として「演習」シリーズを編集した．

1. 例解　力学演習
2. 例解　電磁気学演習
3. 例解　量子力学演習
4. 例解　熱・統計力学演習
5. 例解　物理数学演習

各巻ともこのコースの内容に沿って書かれており，わかりやすく，使いやすい演習書である．この演習シリーズによって，豊かな実力をつけられることを期待する．(1991年3月)

はじめに

物理学は数少ない基本法則から構成される．それらの基本法則は，いろいろな現象を統一的に記述することによって得られる．そして，その記述の手段として数学が用いられることになる．逆に，基本法則から多くの現象が説明され，新しい現象の予言さえも可能になる．その際にも，数学を用いることが必要になる．たとえば，力学ではニュートンの運動方程式が基本法則である．運動方程式は微分方程式の形に書かれる．その微分方程式を解くことによって，驚くべきほど多くの現象を説明することが可能になる．

この仕組みがわかってしまえば，物理学というのは非常に簡潔な学問といえる．そうはいっても，現在物理を勉強中の学生諸君にはあまり助けにならないであろう．現実にたちかえると，物理に用いられる数学を習っていない，または習っているとしても使えない，という状態のまま，大学での物理教育は先に進んでしまう．教える側からすれば，限られた講義時間内に，用いる数学を修得させ，物理的内容を徹底させるのはむずかしい．学生諸君にとっても，ただでさえとっつきにくい物理を不慣れな数学とともに習うのは迷惑なことと思われる．物理を習っている最中に，数学の専門書を読んでも，すぐには役立たないことは著者自身が経験したことでもある．以上の情況を少しでも解決しようと試みるのが，本書『物理のための数学』の目的である．

内容を簡単に説明しよう．大学の物理課程に登場する順序に数学を並べ直し，基本的な知識，ベクトルと行列，常微分方程式，ベクトルの微分とベクトル微分演算子，多重積分・線積分・面積分と積分定理，フーリエ級数とフーリエ積分，偏微分方程式の７章にまとめた．記述はできるだけ簡明にした．定義，定理，証明の羅列ではなく，概念のイメージがわくように気を配ったつもりである．定理を証明することは重要である．しかし，その定理の内容を正しく理解することも同じように重要であることを強調したい．

また，先生や友人に聞きにくい内容を多く含むようにした．言葉の定義や用語の読み方などのささいなことであっても，わからないままでいると，それらの積み重なりが落ちこぼれの原因になってしまう．理解を深めるための例題と練習問題を設けてある．練習問題に対して巻末には詳しい解答があるが，自力で解くことが望ましい．本書を一度読んで，すべてを理解する必要はない．大学教育において学生諸君に要求されるのは理解の速さではなく，理解の深さであると思う．

本書の目的から考えて，各章はできるだけ独立に読めるようにした．しいて数学的な体系にまとめると，次のようになる．

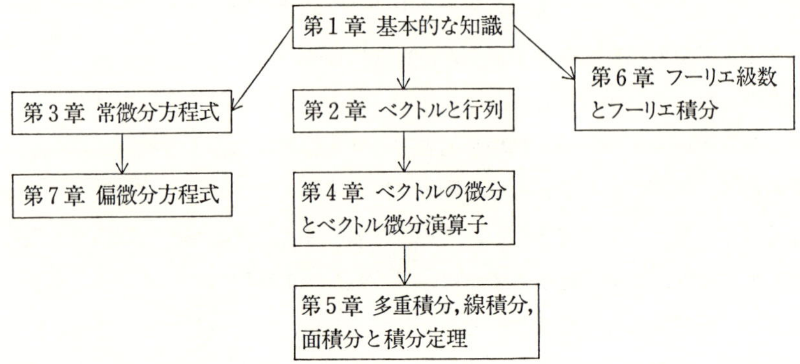

読者諸君が勉強する際には，上の系統図にこだわる必要はない．物理の勉強と平行して読む方が効率よく理解できることもあろう．したがって，「物理入門コース」の他の巻の副読本としても用いてほしい．本コースとの対応で本書の

内容をまとめると次のようになる.

『力学』	ベクトル，行列，テンソル，常微分方程式，ベクトルの微分，線積分，多重積分
『電磁気学』	ベクトルの微分，ベクトル微分演算子，線積分，面積分，積分定理，偏微分方程式
『熱・統計力学』	偏微分，常微分方程式(完全型)，線積分
『弾性体と流体』	テンソル，フーリエ級数，フーリエ積分，偏微分方程式

紙面の都合上，『解析力学』，『量子力学』，『相対性理論』に用いられる数学は省いた．また，物理の問題を解く際に便利なように，巻末には数学公式をまとめておいた.

本書に書かれていることは，物理の諸分野に共通した概念を，数学を通してながめ直したものといえる．「余は数学の専門家ではない」(寺沢寛一『数学概論』)という文章で始めたいくらいに，「私は数学の専門家ではない」．本書では，むしろ数学者ではない立場を利用して，数学面でのわずらわしさを避けた．‘落し穴’の恐しさを前もって知らせてしまうよりは，数学を駆使して一人歩きする楽しさをできるだけ多くの人に味わってもらいたいからである．したがって，本書を読破することによって自信をもち，より高度の数学専門書に進む読者が現われるとすれば，著者にとって望外の喜びである．考えてみれば，物理学と数学の関係は不思議なものである．共に目的と方法が違う，独立した学問体系でありながら，ニュートン力学と微積分学の発見のように，その接点から絶えず新しい発展がある．そして，最近の物理学の発展をみていると，数学との関係はより緊密になっていくように感じられる.

本を書くことは，かなりの苦痛を伴う作業である．特に，自分自身の研究の速度を落さずに執筆するには睡眠時間をけずる他はない．その際の心のささえは次の2点を達成することであった．第1に，自分が学生であった頃を思いだし，こんな本があったらよかったのにという本を書くこと．第2に，講義で会う学生諸君の顔を思い浮べながら，授業時間に余裕がないためにいえなかったことを書くこと．この2点に関しては，著者として最善をつくしたと思っている．

本書の執筆にあたって，このコースの編者である戸田盛和，中嶋貞雄両先生に多くの点で御教示いただいた．また，他の巻の執筆者の諸先生方からも貴重なご意見をいただいた．心からお礼を申し上げたい．畏友打波守，十河清両博士には，数章ずつを読んでいただいた．また，岩波書店編集部の片山宏海氏は，読者諸君に先き立って本書原稿を勉強し，その質問は内容をわかりやすくするのに大変役立った．お礼を申し上げたい．

1982年12月

和達三樹

目次

物理入門コースについて

はじめに

1　基本的な知識 · · · · · · · · · · · · · · · · 1

1-1　三角関数 · · · · · · · · · · · · · · · · · · 2

1-2　指数関数と対数関数 · · · · · · · · · · · · 6

1-3　複素数 · · · · · · · · · · · · · · · · · · 7

1-4　偏微分 · · · · · · · · · · · · · · · · · · 13

2　ベクトルと行列 · · · · · · · · · · · · · · 19

2-1　ベクトル · · · · · · · · · · · · · · · · · 20

2-2　スカラー積とベクトル積 · · · · · · · · · 24

2-3　行列 · · · · · · · · · · · · · · · · · · · 28

2-4　行列式 · · · · · · · · · · · · · · · · · · 32

2-5　連立1次方程式を行列式でとく · · · · · · · 39

2-6　行列の固有値と行列の対角化 · · · · · · · · 43

2-7　座標変換とベクトル · · · · · · · · · · · · 49

2-8　テンソル · · · · · · · · · · · · · · · · · 55

2-9 テンソルの物理例 · · · · · · · · · · · · · 58

3 常微分方程式 · · · · · · · · · · · · · · 63

3-1 常微分方程式 · · · · · · · · · · · · · · 64

3-2 1階微分方程式 · · · · · · · · · · · · · 66

3-3 完全形 · · · · · · · · · · · · · · · · 70

3-4 2階微分方程式 · · · · · · · · · · · · · 75

3-5 2階線形微分方程式 · · · · · · · · · · · 78

3-6 定数係数の2階線形微分方程式 · · · · · · · 82

3-7 振動 · · · · · · · · · · · · · · · · · 86

3-8 連成振動 · · · · · · · · · · · · · · · 91

4 ベクトルの微分とベクトル微分演算子 · · 97

4-1 ベクトルの微分 · · · · · · · · · · · · · 98

4-2 2次元(平面)極座標 · · · · · · · · · · · 102

4-3 運動座標系 · · · · · · · · · · · · · · 106

4-4 ベクトル場とベクトル演算子 · · · · · · · · 110

4-5 公式とその応用 · · · · · · · · · · · · · 120

5 多重積分，線積分，面積分と積分定理 · · 125

5-1 多重積分 · · · · · · · · · · · · · · · 126

5-2 線積分と面積分 · · · · · · · · · · · · · 133

5-3 平面におけるグリーンの定理 · · · · · · · · 144

5-4 ガウスの定理 · · · · · · · · · · · · · · 151

5-5 ストークスの定理 · · · · · · · · · · · · 157

6 フーリエ級数とフーリエ積分 · · · · · · · 165

6-1 フーリエ級数 · · · · · · · · · · · · · · 166

6-2 フーリエ正弦級数とフーリエ余弦級数 · · · · 172

6-3 フーリエ積分 · · · · · · · · · · · · · · 180

6-4　強制振動 · · · · · · · · · · · · · · · · · · · 187

6-5　ディラックのデルタ関数 · · · · · · · · · · · 189

7　偏微分方程式 · · · · · · · · · · · · · · · · · · 195

7-1　偏微分方程式 · · · · · · · · · · · · · · · · · · 196

7-2　1次元波動方程式 · · · · · · · · · · · · · · · 199

7-3　1次元熱伝導方程式 · · · · · · · · · · · · · 207

7-4　無限区間での波動 · · · · · · · · · · · · · · · 211

7-5　無限に長い棒での熱伝導 · · · · · · · · · · 214

7-6　2次元波動方程式 · · · · · · · · · · · · · · · 218

7-7　ラプラス方程式とポアソン方程式 · · · · · 223

さらに勉強するために · · · · · · · · · · · · · · 229

数学公式 · 231

1　記号 · 231

2　2項定理 · 231

3　三角関数 · 231

4　双曲線関数 · · · · · · · · · · · · · · · · · · 232

5　微分 · 233

6　積分 · 233

7　テイラー展開 · · · · · · · · · · · · · · · · · 234

8　直交座標系 x, y, z · · · · · · · · · · · · · · 234

9　2次元(平面)極座標 ρ, ϕ · · · · · · · · · · 235

10　円柱座標 ρ, ϕ, z · · · · · · · · · · · · · · 236

11　極座標 r, θ, ϕ · · · · · · · · · · · · · · · 237

12　積分定理 · · · · · · · · · · · · · · · · · · · 238

問題略解 · 239

索引 · 269

コーヒー・ブレイク

iを最初に用いた人　12

双曲線関数　18

左向けぇ，逆立ち！　62

微分記号　96

緑のおじさん　150

偉大な女性数学者　194

たいこの振動　228

1

基本的な知識

まず初めに三角関数，指数関数，対数関数について基本的性質をまとめておく．これらの関数は，物理学のほとんどすべての分野でよく用いられるので，十分に使いこなせるようにするのが望ましい．次に，複素数と偏微分を簡単に紹介する．この 2 つの概念は，大学の物理では早い時期にあらわれる．

1-1　三角関数

三角関数は，図 1-1 を使って，次のように定義される．

$$\sin\theta = \frac{\mathrm{PQ}}{\mathrm{OP}}, \qquad \cos\theta = \frac{\mathrm{OQ}}{\mathrm{OP}}, \qquad \tan\theta = \frac{\mathrm{PQ}}{\mathrm{OQ}} = \frac{\sin\theta}{\cos\theta}$$

また，これらの逆数もよく用いられる．

$$\cot\theta = \frac{1}{\tan\theta}, \qquad \sec\theta = \frac{1}{\cos\theta}, \qquad \operatorname{cosec}\theta = \frac{1}{\sin\theta}$$

記憶するには，図 1-2 のように，直角三角形の頂点に c, s, t を書くとよい．

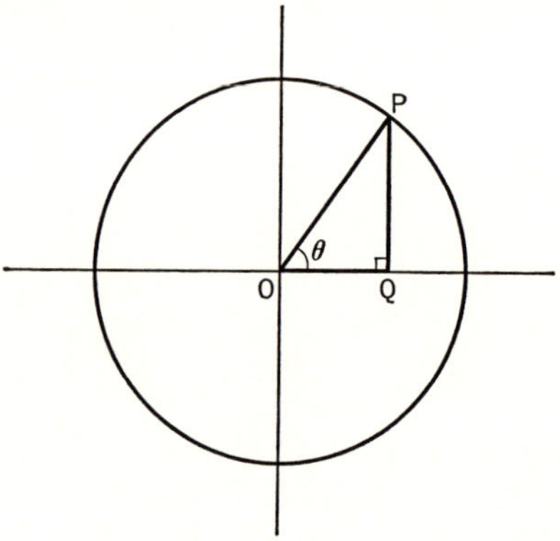

図 1-1　三角関数．

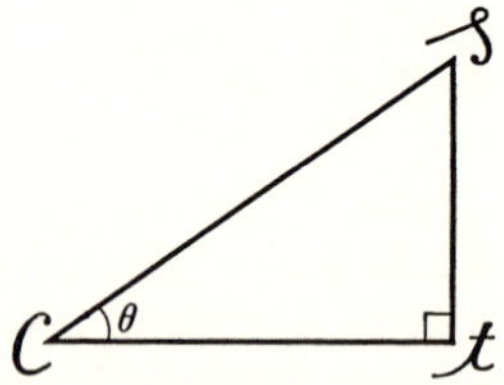

図 1-2　三角関数の記憶法の一例．

基本的性質をまとめる．

(a)　$\sin 0 = 0, \quad \cos 0 = 1, \quad \sin\dfrac{\pi}{2} = 1, \quad \cos\dfrac{\pi}{2} = 0$

(b)　$\sin x = \cos\left(\dfrac{\pi}{2} - x\right), \quad \cos x = \sin\left(\dfrac{\pi}{2} - x\right)$

(c)　$\sin^2 x + \cos^2 x = 1, \quad 1 + \tan^2 x = \sec^2 x$

(d)　偶奇性

$$\sin(-x) = -\sin x, \quad \cos(-x) = \cos x, \quad \tan(-x) = -\tan x$$

(e)　加法定理

1) $\sin(x\pm y)=\sin x\cos y\pm\cos x\sin y$

$$\cos(x\pm y)=\cos x\cos y\mp\sin x\sin y$$

$$\tan(x\pm y)=\frac{\tan x\pm\tan y}{1\mp\tan x\tan y}$$

2) 和を積に直す公式

$$\sin A+\sin B=2\sin\frac{A+B}{2}\cos\frac{A-B}{2}$$

$$\sin A-\sin B=2\cos\frac{A+B}{2}\sin\frac{A-B}{2}$$

$$\cos A+\cos B=2\cos\frac{A+B}{2}\cos\frac{A-B}{2}$$

$$\cos A-\cos B=-2\sin\frac{A+B}{2}\sin\frac{A-B}{2}$$

3) 積を和に直す公式

$$\sin A\sin B=-\frac{1}{2}[\cos(A+B)-\cos(A-B)]$$

$$\sin A\cos B=\frac{1}{2}[\sin(A+B)+\sin(A-B)]$$

$$\cos A\sin B=\frac{1}{2}[\sin(A+B)-\sin(A-B)]$$

$$\cos A\cos B=\frac{1}{2}[\cos(A+B)+\cos(A-B)]$$

2),3)の公式は1)から導くことができる(→5ページ問題1).

(f) 三角関数の合成

$$A\cos x+B\sin x=\sqrt{A^2+B^2}\sin(x+\alpha),\qquad \tan\alpha=A/B$$

$$A\cos x+B\sin x=\sqrt{A^2+B^2}\cos(x-\alpha),\qquad \tan\alpha=B/A$$

この関係式は，加法定理(e)の1)を使って導くことができる(→問題2).

(g) 周期性

$$\sin(x+2\pi)=\sin x,\qquad \cos(x+2\pi)=\cos x,\qquad \tan(x+\pi)=\tan x$$

図1-3は $\sin x$, $\cos x$, $\tan x$ の周期性を示す.

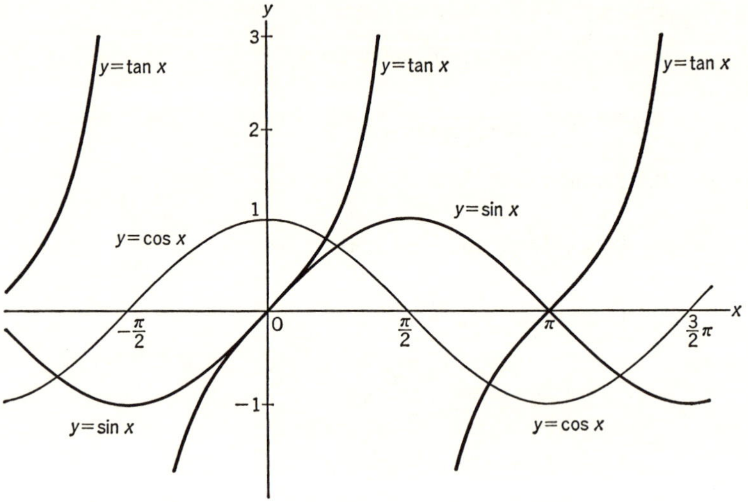

図 1-3　sin x, cos x, tan x のグラフ．

(h)　微分と積分

$$(\sin x)' = \cos x, \qquad (\cos x)' = -\sin x$$

$$\int \sin x dx = -\cos x, \qquad \int \cos x dx = \sin x$$

(i)　ベキ級数展開

$$\sin x = x - \frac{x^3}{3!} + \frac{x^5}{5!} - \frac{x^7}{7!} + \cdots$$

$$\cos x = 1 - \frac{x^2}{2!} + \frac{x^4}{4!} - \frac{x^6}{6!} + \cdots$$

$$\tan x = x + \frac{1}{3}x^3 + \frac{2}{15}x^5 + \frac{17}{315}x^7 + \cdots$$

ただし，階乗 $n! = n(n-1)\cdots 2\cdot 1$ である．例えば，$3! = 3\cdot 2\cdot 1 = 6$.

物理例　振幅は同じであるが異なる角振動数 ω_1, ω_2 をもつ 2 つの調和振動の重ね合わせ

$$\phi(t) = A\cos\omega_1 t + A\cos\omega_2 t \tag{1.1}$$

を考える．三角関数の和を積に直す公式を使って，

$$\phi(t) = \tilde{A}(t)\cos\frac{1}{2}(\omega_1+\omega_2)t \tag{1.2}$$

$$\tilde{A}(t) = 2A\cos\frac{1}{2}(\omega_1-\omega_2)t \tag{1.3}$$

2つの振動数がほとんど等しいとき，すなわち $\omega_1 \approx \omega_2$ ならば，(1.2)は振幅がゆっくり変調された調和振動を示す(図1-4)．$\omega=(\omega_1+\omega_2)/2$ を**キャリアー(搬送波)振動数**，$\omega_0=(\omega_1-\omega_2)/2$ を**変調振動数**という．AMラジオでは，振動数一定の高周波 $\cos\omega t$ を信号波 $\tilde{A}(t)=2A\cos\omega_0 t$ によって変調した波 $\phi(t)=\tilde{A}(t)\cos\omega t$ を送信する．この場合，ω は1000 kHz (Hzはヘルツ)程度，ω_0 は可聴領域(20 Hz～20 kHz)である．▮

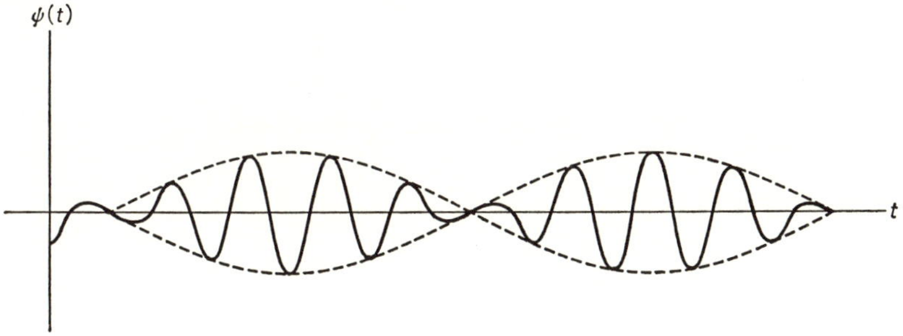

図1-4 2つの調和振動の重ね合わせ．

三角関数の逆関数を**逆三角関数**という．すなわち，$x=\sin y$ ならば，$y=\sin^{-1}x$ と書いてこれを**逆正弦関数**という．逆正弦関数は，$y=\arcsin x$ (アークサインと読む)と書くこともある．同様にして，$\arccos x$，$\arctan x$ などが定義される．

問題

1. 加法定理(e)の1)より，三角関数の和を積に直す公式2)と三角関数の積を和に直す公式3)を導け．

2. 三角関数の合成(f)を，加法定理(e)の1)を使ってたしかめよ．

3. 倍角公式 $\sin^2 x=\frac{1}{2}(1-\cos 2x)$，$\cos^2 x=\frac{1}{2}(1+\cos 2x)$ を示せ．

1-2 指数関数と対数関数

指数関数 aをある定数として，$f(x)=a^x$を**指数関数**という．特に応用上重要なものは，$a=e=2.7182818\cdots$ の場合であり，以後，指数関数という場合には，$y=e^x$を意味することにする．

指数関数の基本的性質をまとめる．kを定数とする．

(a) $e^x \cdot e^y = e^{(x+y)}$　(b) $\dfrac{e^x}{e^y} = e^{(x-y)}$

(c) $(e^x)^y = e^{xy}$

(d) $e^x = 1+x+\dfrac{1}{2!}x^2+\dfrac{1}{3!}x^3+\cdots$，特に $e^0 = 1$

(e) $\dfrac{d}{dx}e^{kx} = ke^{kx}$　(f) $\displaystyle\int e^{kx}dx = \frac{1}{k}e^{kx}$　$(k\neq 0)$

指数関数 $y=e^x$ を図1-5に示した．

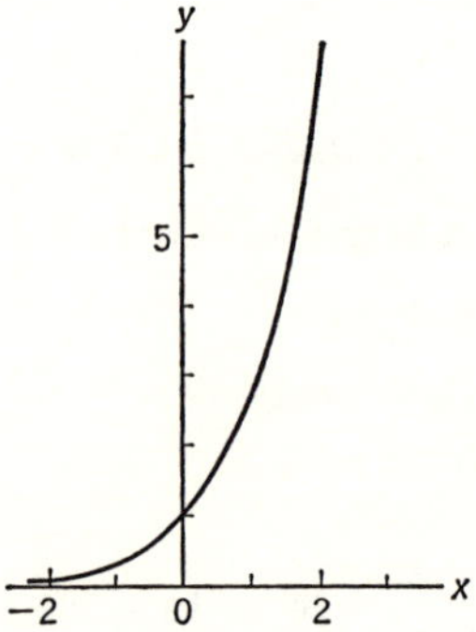

図1-5　指数関数 $y=e^x$.

対数関数 指数関数の逆関数を**対数関数**という．すなわち，$a^y=x$のとき，$y=\log_a x$であり，yを“aを底とするxの対数”という．$a=e$を底とする対数を**自然対数**，$a=10$を底とする対数を**常用対数**という．両者の換算は，

$$\log_{10}x = \frac{\log_e x}{\log_e 10} = \frac{\log_e x}{2.3025851\cdots} = 0.4342945\cdots\log_e x$$

である．自然対数 $\log_e x$ は，$\ln x$ と書くことも多い．「物理入門コース」では，底の e を省いて，自然対数を $\log x$ で表わすことにする．

対数関数の基本的性質をまとめる．

(a)　$\log xy = \log x + \log y$　　(b)　$\log\left(\dfrac{x}{y}\right) = \log x - \log y$

(c)　$\log x^y = y \log x$

(d)　$\log(1+x) = x - \dfrac{x^2}{2} + \dfrac{x^3}{3} - \dfrac{x^4}{4} + \cdots$，特に $\log 1 = 0$

(e)　$(\log x)' = \dfrac{1}{x}$　　(f)　$\displaystyle\int \frac{1}{x} dx = \log x$

(g)　$\log e^x = x$　　(h)　$e^{\log x} = x$

対数関数 $y = \log x$ を図 1-6 に示した．

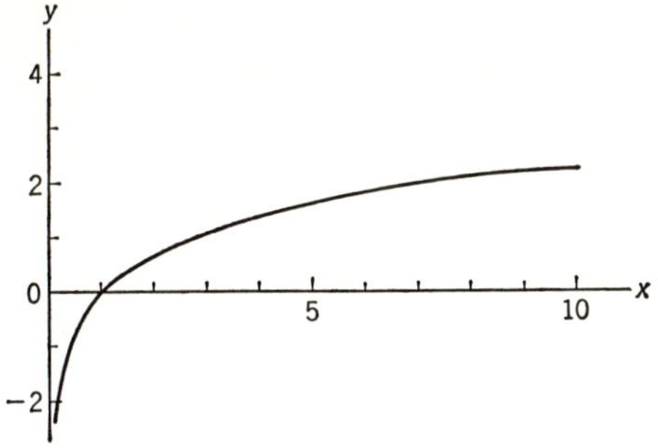

図 1-6　対数関数 $y = \log x$.

問　題

1. 対数関数の基本的性質(a)～(c)を，指数関数の基本的性質(a)～(c)から導け．
2. $e^{b\log a} = a^b$ を示せ．これを使って，$e^{-3\log x}$ を簡単にせよ．

1-3　複素数

まず初めに，虚数の概念を導入しよう．2 次方程式 $x^2+1=0$ を解けという問題が与えられたとする．ここで，2つの見方が考えられる．

一方は，実数の範囲で問題を考え，$x^2+1=0$ には根がないとする見方である．実数 x に対しては，$x^2+1\geqq 1>0$ であるから，$x^2+1=0$ とはなりえない．

他方は，数の概念を拡張して $x^2+1=0$ にも根があるとする見方である．この見方では，$i^2=-1$ という数 i を導入することによって問題を解決する．$i=\sqrt{-1}$ を**虚数単位**という．虚数単位 i を用いれば，$x^2+1=0$ の根は $x=\pm i$ と表わされる．

2つの実数 a, b と虚数単位 i を用いて表わされる数

$$c = a+ib = a+bi$$

を**複素数**という．このとき，a を複素数 c の実部(または実数部分)，b を複素数 c の虚部(または虚数部分)といい，

$$a = \mathrm{Re}\, c, \qquad b = \mathrm{Im}\, c$$

で表わす．複素数 $c=a+ib$ において，$a=0$ すなわち $c=ib$ を**純虚数**という．

複素数の相等関係と四則演算は次のように定義される．

1)　$a+ib = 0$　ならば　$a = 0,\ b = 0$

2)　$a_1+ib_1 = a_2+ib_2$　ならば　$a_1 = a_2,\ b_1 = b_2$

3)　和　$(a+ib)+(c+id) = (a+c)+i(b+d)$

4)　差　$(a+ib)-(c+id) = (a-c)+i(b-d)$

5)　積　$(a+ib)(c+id) = ac+iad+ibc+i^2bd$

$$= (ac-bd)+i(ad+bc)$$

6)　商　$\dfrac{a+ib}{c+id} = \dfrac{a+ib}{c+id}\dfrac{c-id}{c-id} = \dfrac{ac+bd}{c^2+d^2}+i\dfrac{bc-ad}{c^2+d^2}$

以上の規則から，実数と同じように，複素数に対しても，

1.　交換則　$C_1+C_2 = C_2+C_1,\ C_1C_2 = C_2C_1$

2.　結合則　$(C_1+C_2)+C_3 = C_1+(C_2+C_3),\ (C_1C_2)C_3 = C_1(C_2C_3)$

3.　分配則　$C_1(C_2+C_3) = C_1C_2+C_1C_3$

が成り立つことがわかる．すなわち，実際に計算をする上では普通の数のように取り扱ってよい．

複素数を頭の中に思い浮べるには次のようにするのが便利である．平面上に直角座標 xy をとり，その座標が (x, y) である点と複素数 $z=x+iy$ とを対応させる(図 1-7)．xy 平面上の点の全体と複素数の全体とは 1 対 1 に対応する．したがって，複素数を平面上の点で表示することができる．複素数を表示するために用いられる平面 xy を**複素平面**または**ガウス平面**という．複素平面において，x 軸を**実軸**，y 軸を**虚軸**という．

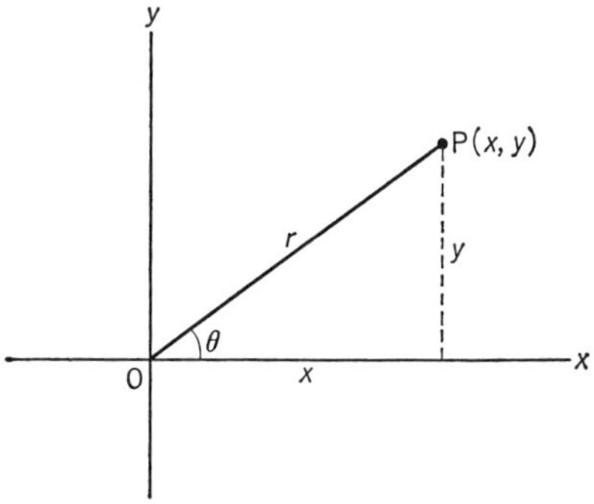

図 1-7　複素平面(ガウス平面)．

図 1-7 において，原点 O と点 P の距離を r，線分 OP と x 軸の間の角を θ とすれば，

$$x = r\cos\theta, \qquad y = r\sin\theta \tag{1.4}$$

である．したがって，複素数 z は，

$$z = x+iy = r(\cos\theta+i\sin\theta) \tag{1.5}$$

と書ける．これを，z の**極形式**といい，r を z の**絶対値**，θ を z の**偏角**とよぶ．記号として，z の絶対値を $|z|$，z の偏角(argument)を $\arg z$ と書く．(1.4)より，

$$|z| = r = \sqrt{x^2+y^2}, \qquad \arg z = \theta = \tan^{-1}\frac{y}{x} \tag{1.6}$$

である．複素平面上で r を一定にして円周を 1 周すると元の点 P に戻るので，偏角 θ は 2π の整数倍だけの任意性をもっている．この不定性を避けるために，θ の値を $0 \leqq \theta < 2\pi$ または $-\pi \leqq \theta < \pi$ の範囲に制限して**主値**とよび，$\mathrm{Arg}\, z$ と書くことがある．

複素数は，複素平面に次の事実を加え合わせると，イメージがより鮮明になる．実数の場合によく知られた指数関数のベキ級数展開

$$e^x = 1+\frac{x}{1!}+\frac{x^2}{2!}+\frac{x^3}{3!}+\frac{x^4}{4!}+\cdots$$

を純虚数の場合 $x=i\theta$ に拡張して，

$$\begin{aligned} e^{i\theta} &= 1+\frac{i\theta}{1!}+\frac{(i\theta)^2}{2!}+\frac{(i\theta)^3}{3!}+\frac{(i\theta)^4}{4!}+\cdots \\ &= \left(1-\frac{\theta^2}{2!}+\frac{\theta^4}{4!}-\cdots\right)+i\left(\theta-\frac{\theta^3}{3!}+\frac{\theta^5}{5!}-\cdots\right) \\ &= \cos\theta+i\sin\theta \end{aligned} \tag{1.7}$$

を得る．(1.7)は**オイラーの公式**と呼ばれる．オイラーの公式を用いれば，(1.5)は

$$z = re^{i\theta} \tag{1.8}$$

と書ける．複素数のこの表式は，計算をする際にも，複素数を思い浮べる際にも非常に便利である．

オイラーの公式を使えば，三角関数のみたすいろいろな等式を簡単に導くことができる．例えば，オイラーの公式(1.7)の両辺を n 乗して，

$$\begin{aligned} e^{in\theta} &= (\cos\theta+i\sin\theta)^n \\ &= \cos n\theta+i\sin n\theta \end{aligned}$$

より，**ド・モアブルの定理**

$$\cos n\theta+i\sin n\theta = (\cos\theta+i\sin\theta)^n \tag{1.9}$$

を得る．この式で，$n=2$ とおけば，

$$\begin{aligned} \cos 2\theta+i\sin 2\theta &= (\cos\theta+i\sin\theta)^2 \\ &= (\cos^2\theta-\sin^2\theta)+i2\sin\theta\cos\theta \end{aligned}$$

であるから，実部と虚部をそれぞれ等しいとおいて，倍角公式

$$\cos 2\theta = \cos^2\theta-\sin^2\theta, \qquad \sin 2\theta = 2\sin\theta\cos\theta$$

が得られる．

複素数 $z=x+iy$ に対して，$x-iy$ を z の**共役複素数**(きょうやく)といい，$z^*=x-iy$ で表わす．(1.8)に対応して，

$$z^* = x - iy = r(\cos\theta - i\sin\theta) = re^{-i\theta} \tag{1.10}$$

である．複素平面において，z と z^* は実軸，すなわち x 軸，に関して対称(鏡像)の位置にあることを確かめてみよう．また，z とその共役 z^* との積 zz^* は実数であり，z の絶対値の２乗に等しい．

$$zz^* = x^2 + y^2 = |z|^2 \tag{1.11}$$

複素数は実数の概念を拡張したものである．拡張しても何もよいことがないならば，建設的な概念とはいえない．複素数の導入は，計算の技術的問題だけではなく，物理と数学において驚くほど豊富な成果をもたらしている．数学的体系としての**複素関数論**とその物理学への応用は，最も美しく完成された分野であることを指摘しておこう．

問　題

1.　右図の複素平面上の点Pが表わす複素数 z を求めよ．また，$iz, -z, -iz$ を複素平面上に図示せよ．

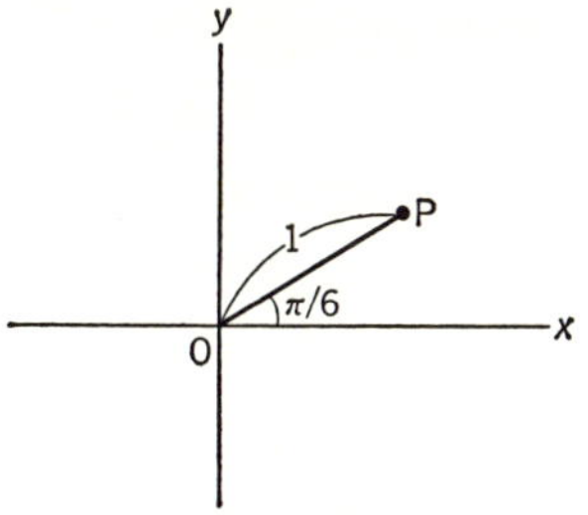

問題1

2.　オイラーの公式より，

$$\cos\theta = \frac{1}{2}(e^{i\theta} + e^{-i\theta}), \quad \sin\theta = \frac{1}{2i}(e^{i\theta} - e^{-i\theta})$$

$$\tan\theta = \frac{1}{i}\frac{e^{i\theta} - e^{-i\theta}}{e^{i\theta} + e^{-i\theta}}$$

をたしかめよ．

3.　オイラーの公式を使って，三角関数の加法定理

$$\sin(x+y) = \sin x \cos y + \cos x \sin y$$

$$\cos(x+y) = \cos x \cos y - \sin x \sin y$$

をたしかめよ．

Coffee Break

iを最初に用いた人

虚数と複素数は，いつごろどのような人が考え出しその発展に貢献したのであろうか.

2次方程式の根を求めれば当然複素数がでてくる．方程式の根を表わす際に，負の数の平方根を用いたのはイタリアのカルダノである(1545年)．さらに，イタリアのボムベリは1572年に，すでに虚数の正しい演算規則を見つけていた．しかし，18世紀の中頃まではいぜんとして，虚数は‘虚’の段階にあったようである.

$\sqrt{-1}$の代りにiを最初に用いたのはスイスのオイラー(L. Euler, 1777年)であった．$\sqrt{-5}$のように根号を用いているよりは，ずっと見通しがよくなっている．オイラーはそれより前に虚数の指数関数$e^{\sqrt{-a}}$を導入し，1747年には本文でも述べたオイラーの公式を発見している.

$\sqrt{-1}$に，はっきりしたイメージを与えたのはノルウェーのベッセル(C. Wessel, 1797年)である．彼は複素数の幾何学的表現を発見し，デンマークの学士院に発表したが，約100年間忘れさられていた．ベッセルより少し遅れて，1806年にスイスのアルガン(J. R. Argand)も同様の表示法を発表したがあまり注目を集めなかったようである．今日のような複素平面を考え，xy平面上の点と複素数とを対応づけたのはドイツのガウス(C. F. Gauss, 1831年)である．また，$a+ib$を複素数とよんだのはガウスが初めである．年号だけ見ると複素平面をガウス平面とよぶのは不公平のような気もするが，実際にはガウスはかなり前から複素数の幾何学的表示を知っていたらしい.

1-4　偏微分

2変数関数　2つの変数 x, y に対して z を対応させる規則が定められているとき，変数 z を2変数 x, y の関数という．(x, y) に対する関数の値を $f(x, y)$ で表わし，$z=f(x, y)$ と書く．$z=f(x, y)$ において，x と y を**独立変数**，z を**従属変数**とよぶ．$z=z(x, y)$ という書き方もする．この場合，z は，関数としての意味と変数としての意味の両方を兼ねている．

例1　$f(x, y)=x^2+xy-y^2+1$ ならば，$f(1, -1)=1^2+1(-1)-(-1)^2+1=0$．また，$f(2, 1)=2^2+2\cdot1-1^2+1=6$．▌

物理例　等方的物質の状態は，圧力 p，温度 T，体積 V のうちのどれか2つを与えれば決まってしまうことが，経験的に知られている．すなわち，3つの量の間には，$f(p, V)=T$ のような1つの関数関係がある．これをその物質の**状態方程式**とよぶ．最もよく知られているのは，理想気体(n モル)の状態方程式 $pV=nRT$ (R：気体定数)である．▌

偏微分　2変数の関数 $f(x, y)$ は，一方の変数，例えば y を固定すれば1変数 x の関数とみなせるから，変数 x について微分ができる．$f(x, y)$ の x に関する**偏導関数** $\partial f/\partial x$ と y に関する偏導関数 $\partial f/\partial y$ は，それぞれ，

$$\frac{\partial f}{\partial x}=\lim_{h\to0}\frac{f(x+h, y)-f(x, y)}{h}$$

$$\frac{\partial f}{\partial y}=\lim_{h\to0}\frac{f(x, y+h)-f(x, y)}{h}$$

によって定義される．$\partial f/\partial x$ は y を一定に保ちながら x について微分をし，$\partial f/\partial y$ は x を一定に保ちながら y について微分をするのである．偏導関数の書き方としては，

$$\frac{\partial f}{\partial x},\quad f_x,\quad \left(\frac{\partial f}{\partial x}\right)_y$$

などがある．最後の表式は一定に保つ方の変数を強調した書き方であり，熱力学においてよく用いられる．偏導関数の (x_0, y_0) における値は，次の式の右辺

のように書くのが便利である．

$$\left.\frac{\partial f}{\partial x}\right|_{x=x_0,\,y=y_0}=f_x(x_0,y_0),\qquad \left.\frac{\partial f}{\partial y}\right|_{x=x_0,\,y=y_0}=f_y(x_0,y_0)$$

例 2　$f(x,y)=3x^2+6xy-2y^2$．$f_x=6x+6y$，$f_y=6x-4y$．$f_x(1,2)=18$，$f_y(1,2)=-2$．▎

高階の偏導関数も同様にして定義される．2 階偏導関数は，

$$\frac{\partial}{\partial x}\left(\frac{\partial f}{\partial x}\right)=\frac{\partial^2 f}{\partial x^2}=f_{xx},\qquad \frac{\partial}{\partial x}\left(\frac{\partial f}{\partial y}\right)=\frac{\partial^2 f}{\partial x\partial y}=f_{yx}$$

$$\frac{\partial}{\partial y}\left(\frac{\partial f}{\partial x}\right)=\frac{\partial^2 f}{\partial y\partial x}=f_{xy},\qquad \frac{\partial}{\partial y}\left(\frac{\partial f}{\partial y}\right)=\frac{\partial^2 f}{\partial y^2}=f_{yy}$$

である．f_{xy} と f_{yx} が存在してともに連続であるならば $f_{xy}=f_{yx}$ である．

例題 1　$f(x,y)=x^2y+xy^2+y^3$ のとき，$f_x, f_y, f_{xx}, f_{xy}, f_{yx}, f_{yy}$ を求めよ．

［解］　$f_x=2xy+y^2$，$f_y=x^2+2xy+3y^2$，$f_{xx}=2y$，$f_{xy}=(f_x)_y=2x+2y$，$f_{yx}=(f_y)_x=2x+2y$，$f_{yy}=2x+6y$．この場合は常に $f_{xy}=f_{yx}$ である．▎

変数が 2 つよりも多い場合も同様に理解できるであろう．$f(x_1,x_2,\cdots,x_n)$ の x_k $(k=1,2,\cdots,n)$ に関する偏導関数は，

$$\frac{\partial f}{\partial x_k}=\lim_{h\to 0}\frac{f(x_1,\cdots,x_k+h,\cdots,x_n)-f(x_1,\cdots,x_k,\cdots,x_n)}{h}$$

で定義される．

例題 2　$f(x,y,z)=(x^2+y^2+z^2)^{-1/2}$ とするとき，$f_{xx}+f_{yy}+f_{zz}=0$ を示せ．ただし，$x^2+y^2+z^2\neq 0$ とする．

［解］
$$\frac{\partial f}{\partial x}=\frac{\partial}{\partial x}\left(\frac{1}{(x^2+y^2+z^2)^{1/2}}\right)=-\frac{1}{2}\frac{2x}{(x^2+y^2+z^2)^{3/2}}$$

$$=-\frac{x}{(x^2+y^2+z^2)^{3/2}}$$

$$\frac{\partial^2 f}{\partial x^2}=\frac{\partial}{\partial x}\left(-\frac{x}{(x^2+y^2+z^2)^{3/2}}\right)=-\frac{1}{(x^2+y^2+z^2)^{3/2}}+\frac{3x^2}{(x^2+y^2+z^2)^{5/2}}$$

同様にして，

$$\frac{\partial^2 f}{\partial y^2}=-\frac{1}{(x^2+y^2+z^2)^{3/2}}+\frac{3y^2}{(x^2+y^2+z^2)^{5/2}}$$

$$\frac{\partial^2 f}{\partial z^2} = -\frac{1}{(x^2+y^2+z^2)^{3/2}} + \frac{3z^2}{(x^2+y^2+z^2)^{5/2}}$$

したがって，

$$\frac{\partial^2 f}{\partial x^2} + \frac{\partial^2 f}{\partial y^2} + \frac{\partial^2 f}{\partial z^2} = -\frac{3}{(x^2+y^2+z^2)^{3/2}} + \frac{3(x^2+y^2+z^2)}{(x^2+y^2+z^2)^{5/2}} = 0 \qquad \blacksquare$$

全微分　点(x, y)と点$(x+\Delta x, y+\Delta y)$における関数$f(x, y)$の差をΔfとする．

$$\Delta f = f(x+\Delta x, y+\Delta y) - f(x, y) \tag{1.12}$$

関数$f(x, y)$が連続な1階偏導関数をもつならば，

$$\Delta f = \frac{\partial f}{\partial x}\Delta x + \frac{\partial f}{\partial y}\Delta y + \varepsilon_1 \Delta x + \varepsilon_2 \Delta y \tag{1.13}$$

である．上の式で，ε_1とε_2は，ΔxとΔyが0に近づくとき0になる量である．$(\partial f/\partial x)\Delta x + (\partial f/\partial y)\Delta y$を**全微分**とよび，ふつう$\Delta x = dx$，$\Delta y = dy$と書いて，全微分を

$$df = \frac{\partial f}{\partial x}dx + \frac{\partial f}{\partial y}dy \tag{1.14}$$

と表わす．

$P(x, y)dx + Q(x, y)dy$がある関数$f(x, y)$の全微分になるための必要十分条件は，

$$\frac{\partial P}{\partial y} = \frac{\partial Q}{\partial x} \tag{1.15}$$

である．この時$Pdx+Qdy$を**完全微分である**という．必要条件であることの証明は簡単である．もし，$Pdx+Qdy$が関数fの全微分ならば，$Pdx+Qdy = f_x dx + f_y dy = df$．したがって，$P = f_x$，$Q = f_y$である．偏導関数は連続であるとするならば，$\partial P/\partial y = f_{xy} = f_{yx} = \partial Q/\partial x$である．十分条件であることの証明は，3-3節で与える．同様に，$P(x, y, z)dx + Q(x, y, z)dy + R(x, y, z)dz$がある関数$f(x, y, z)$の全微分になるための必要十分条件は，

$$\frac{\partial P}{\partial y} = \frac{\partial Q}{\partial x}, \qquad \frac{\partial Q}{\partial z} = \frac{\partial R}{\partial y}, \qquad \frac{\partial R}{\partial x} = \frac{\partial P}{\partial z} \tag{1.16}$$

である(必要条件であることは明らか．また，十分条件であることは5-5節で示す)．このとき，$Pdx+Qdy+Rdz$を**完全微分である**という．

例題 3 $(3x^2+2xy-2y^2)dx+(x^2-4xy)dy$ はある関数 $f(x,y)$ の全微分であることを示し，その関数をさがせ．

［解］ $P=3x^2+2xy-2y^2$，$Q=x^2-4xy$ とおけば，$\partial P/\partial y=2x-4y=\partial Q/\partial x$ であるから $(3x^2+2xy-2y^2)dx+(x^2-4xy)dy$ は全微分の形に書ける．実際，

$$\begin{aligned}
&(3x^2+2xy-2y^2)dx+(x^2-4xy)dy\\
&\qquad = d(x^3)+d(x^2y)-x^2dy-d(2xy^2)+4xydy+(x^2-4xy)dy\\
&\qquad = d(x^3+x^2y-2xy^2)
\end{aligned}$$

すなわち，$f(x,y)=x^3+x^2y-2xy^2$ である．▎

物理例 熱力学においては，微小量と全微分を区別することが非常に重要である．外からなされる仕事を $d'W$，外から入る熱量を $d'Q$ とする．熱力学第1法則によれば，内部エネルギーを U として，

$$dU = d'Q+d'W$$

である．すなわち，第1法則は，“物理系に入る熱と外からなされる仕事はおのおの全微分ではないが，その2つの和は全微分である”ことを主張している．▎

合成関数の微分 z が x,y の関数であり，また x,y が他の2つの変数 r,s によって表わされるとする；$z=f(x,y)$，$x=g(r,s)$，$y=h(r,s)$．このとき，

$$\frac{\partial z}{\partial r}=\frac{\partial z}{\partial x}\frac{\partial x}{\partial r}+\frac{\partial z}{\partial y}\frac{\partial y}{\partial r}, \qquad \frac{\partial z}{\partial s}=\frac{\partial z}{\partial x}\frac{\partial x}{\partial s}+\frac{\partial z}{\partial y}\frac{\partial y}{\partial s} \tag{1.17}$$

である．なぜならば，z を x,y の関数とみると，

$$dz=\frac{\partial z}{\partial x}dx+\frac{\partial z}{\partial y}dy$$

そして，x,y はそれぞれ r,s の関数であるから

$$dx=\frac{\partial x}{\partial r}dr+\frac{\partial x}{\partial s}ds, \qquad dy=\frac{\partial y}{\partial r}dr+\frac{\partial y}{\partial s}ds$$

したがって，

$$\begin{aligned}
dz &= \frac{\partial z}{\partial x}\left(\frac{\partial x}{\partial r}dr+\frac{\partial x}{\partial s}ds\right)+\frac{\partial z}{\partial y}\left(\frac{\partial y}{\partial r}dr+\frac{\partial y}{\partial s}ds\right)\\
&= \left(\frac{\partial z}{\partial x}\frac{\partial x}{\partial r}+\frac{\partial z}{\partial y}\frac{\partial y}{\partial r}\right)dr+\left(\frac{\partial z}{\partial x}\frac{\partial x}{\partial s}+\frac{\partial z}{\partial y}\frac{\partial y}{\partial s}\right)ds
\end{aligned}$$

一方，z を r, s の関数としてみると，

$$dz = \frac{\partial z}{\partial r}dr + \frac{\partial z}{\partial s}ds$$

上の2つの式で，dr と ds の係数をそれぞれ等しいとおくと，(1.17)を得る．

特に，x, y が1つの変数 t の関数であるならば，(1.17)は

$$\frac{dz}{dt} = \frac{\partial z}{\partial x}\frac{dx}{dt} + \frac{\partial z}{\partial y}\frac{dy}{dt} \tag{1.18}$$

を与える．

一般に，$u = F(x_1, x_2, \cdots, x_n)$，$x_1 = f_1(r_1, r_2, \cdots, r_n)$，$x_2 = f_2(r_1, r_2, \cdots, r_n)$，$\cdots$，$x_n = f_n(r_1, r_2, \cdots, r_n)$ ならば，

$$\frac{\partial u}{\partial r_k} = \frac{\partial u}{\partial x_1}\frac{\partial x_1}{\partial r_k} + \frac{\partial u}{\partial x_2}\frac{\partial x_2}{\partial r_k} + \cdots + \frac{\partial u}{\partial x_n}\frac{\partial x_n}{\partial r_k} \qquad (k = 1, 2, \cdots, n) \tag{1.19}$$

特に，$x_1, x_2, \cdots, x_n$ が1つの変数 t の関数であるならば，

$$\frac{du}{dt} = \frac{\partial u}{\partial x_1}\frac{dx_1}{dt} + \frac{\partial u}{\partial x_2}\frac{dx_2}{dt} + \cdots + \frac{\partial u}{\partial x_n}\frac{dx_n}{dt} \tag{1.20}$$

である．(1.18)～(1.20)のような**合成関数の微分公式**は，しばしば用いられる．

問　題

1. $f(x)$ と $g(x)$ を任意関数として，$u(x, t) = f(x+at) + g(x-at)$ は，$\partial^2 u/\partial t^2 = a^2 \partial^2 u/\partial x^2$ をみたすことを示せ．

2. 温度を T，圧力を p，体積を V，エントロピーを S とする．熱力学的関数に対する式

$dU = TdS - pdV$　(U：内部エネルギー)

$dH = TdS + Vdp$　(H：エンタルピー)

$dF = -SdT - pdV$　(F：ヘルムホルツの自由エネルギー)

$dG = -SdT + Vdp$　(G：ギブスの自由エネルギー)

より，マクスウェルの関係式

$$\left(\frac{\partial p}{\partial S}\right)_V = -\left(\frac{\partial T}{\partial V}\right)_S, \qquad \left(\frac{\partial V}{\partial S}\right)_p = \left(\frac{\partial T}{\partial p}\right)_S$$

$$\left(\frac{\partial S}{\partial V}\right)_T = \left(\frac{\partial p}{\partial T}\right)_V, \qquad \left(\frac{\partial S}{\partial p}\right)_T = -\left(\frac{\partial V}{\partial T}\right)_p$$

を示せ.

3.　$x=\rho\cos\phi$, $y=\rho\sin\phi$ のとき,

$$\frac{\partial^2 u}{\partial x^2}+\frac{\partial^2 u}{\partial y^2}=\frac{\partial^2 u}{\partial \rho^2}+\frac{1}{\rho}\frac{\partial u}{\partial \rho}+\frac{1}{\rho^2}\frac{\partial^2 u}{\partial \phi^2}$$

を示せ.

4.　x, y, z の間に関数関係があるとき，すなわち，$f(x, y, z)=0$ のとき,

$$\left(\frac{\partial x}{\partial y}\right)_z\left(\frac{\partial y}{\partial z}\right)_x\left(\frac{\partial z}{\partial x}\right)_y=-1$$

が成り立つことを示せ.

Coffee Break

双曲線関数

コーヒー・ブレイクとしては少し話がかたくなるが，三角関数と複素数に関連した話題として双曲線関数について述べよう．**双曲線関数**は，指数関数を使って，

$$\sinh x=\frac{1}{2}(e^x-e^{-x}),\qquad \cosh x=\frac{1}{2}(e^x+e^{-x})$$

$$\tanh x=\frac{\sinh x}{\cosh x}=\frac{e^x-e^{-x}}{e^x+e^{-x}}$$

と定義される．これらを順に，双曲線正弦(ハイパボリック・サイン，略称シンチ)，双曲線余弦(ハイパボリック・コサイン，略称コッシュ)，双曲線正接(ハイパボリック・タンジェント，略称タンチ)という．双曲線関数の定義式と，三角関数を指数関数で表わした式(11 ページの問題 2)とを比べれば,

$$\cos(ix)=\cosh x,\qquad \sin(ix)=i\sinh x$$

すなわち，変数を複素数にまで拡張すれば，三角関数と双曲線関数は密接に関連していることがわかる．双曲線関数という名前は，$X=a\cosh x$, $Y=a\sinh x$ が双曲線 $X^2-Y^2=a^2$ のパラメタ表示であることに由来する.

2

ベクトルと行列

ベクトルと行列についての基本的な性質を述べる．さらに，行列式の導入と1次方程式の解法への応用，行列の固有値問題，直交座標の変換，テンソルの導入などを議論する．ベクトルや行列は多くの関係式をまとめて書くのに役立つ．さらに重要なことは，理論の構造を簡明にし，見通しをよくする．この章で述べることは，数学ではベクトル代数または線形代数と呼ばれる分野に属する．ベクトル，行列，行列式の基礎的知識だけを得たい人は2-1節から2-4節までを読めば十分である．

2-1 ベクトル

ベクトルとスカラー 物理学においては，速度，加速度，力，電場，磁場のように，大きさと方向の両方によって指定される量がある．それらの量を**ベクトル**という．ベクトルは，その長さが大きさに比例し，方向がベクトルの向きと一致する‘矢’によって図示される(図2-1)．文字で表わすには，$\boldsymbol{A}, \boldsymbol{B}$ のように太い文字(ボールド体)を用いるか，$\vec{A}, \vec{B}$ のように文字の上に矢印をつける．「物理入門コース」では，ベクトル記号として，ボールド体を採用する．ベクトルの大きさは絶対値の記号をつけて $|\boldsymbol{A}|, |\boldsymbol{B}|$ のように表わすか，単に細い文字 A, B で表わす．特に始点と終点をはっきりさせたいときには，図2-1のように矢の両端に始点と終点を明記する．この場合，ベクトル $\boldsymbol{A}$ を $\overrightarrow{\mathrm{PQ}}$ と書くこともある．

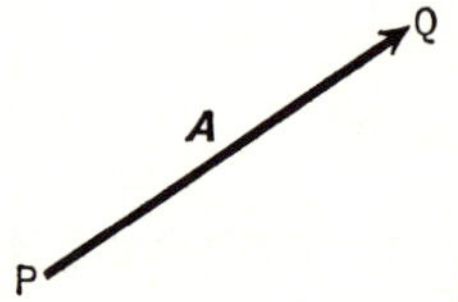

図2-1 ベクトル $\boldsymbol{A}$.

一方，大きさが与えられれば完全に指定される量がある．例えば，質量，エネルギー，電荷量，温度，回路の抵抗などがそうである．これらは，単位を決めれば数値で表わされ，**スカラー**と呼ばれる．

日常生活においても，ベクトルの概念は使われている．「今日は北風が強い」と言った場合には，風の強さ(風力の大小)だけではなく方向まで考慮している．すなわち，風をベクトルとしてとらえているのである．また，方向音痴というのはベクトルとスカラーの区別が無い人のことである．

この本では，方向と向きをいちいち区別しない．

ベクトルの代数 ベクトルについて，いくつかの定義をまとめてみよう．

(1) 2つのベクトル $\boldsymbol{A}$ と $\boldsymbol{B}$ は，同じ大きさと同じ方向をもつならば**等しい**という(図2-2(a))．

(2) ベクトル $\boldsymbol{A}$ と同じ大きさをもつが方向が反対のベクトルを $-\boldsymbol{A}$ とする(図 2-2(b)).

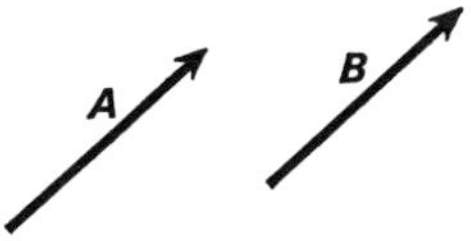

(a) 等しいベクトル $\boldsymbol{A}$ と $\boldsymbol{B}$

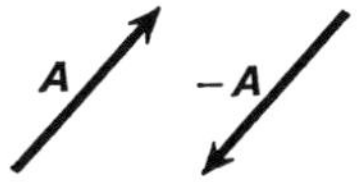

(b) ベクトル $\boldsymbol{A}$ とベクトル $-\boldsymbol{A}$

(3) ベクトル $\boldsymbol{A}$ と $\boldsymbol{B}$ の和 $\boldsymbol{A}+\boldsymbol{B}$ は, $\boldsymbol{A}$ の終点に $\boldsymbol{B}$ の始点を置き, $\boldsymbol{A}$ の始点と $\boldsymbol{B}$ の終点をつなぐことによって得られるベクトル $\boldsymbol{C}$ である(図 2-2(c));

$$\boldsymbol{C} = \boldsymbol{A}+\boldsymbol{B}$$

ベクトル $\boldsymbol{C}$ は, $\boldsymbol{A}$ と $\boldsymbol{B}$ を辺とする平行4辺形の対角線に相当する.

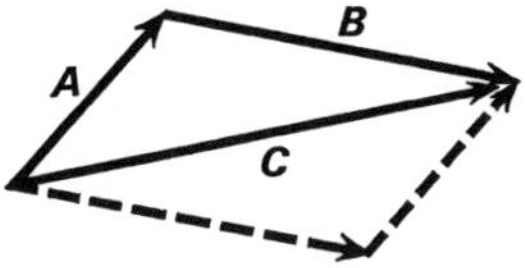

(c) ベクトルの和 $\boldsymbol{C}=\boldsymbol{A}+\boldsymbol{B}$

(4) ベクトル $\boldsymbol{A}$ と $\boldsymbol{B}$ の差 $\boldsymbol{A}-\boldsymbol{B}$ は, $\boldsymbol{A}$ と $-\boldsymbol{B}$ の和によって定義される(図 2-2(d))

$$\boldsymbol{A}-\boldsymbol{B} = \boldsymbol{A}+(-\boldsymbol{B})$$

$\boldsymbol{A}=\boldsymbol{B}$ ならば, $\boldsymbol{A}-\boldsymbol{B}$ はゼロベクトルと定義され, 単に0と書く. ゼロベクトルは大きさが0であり, その方向は定義されない.

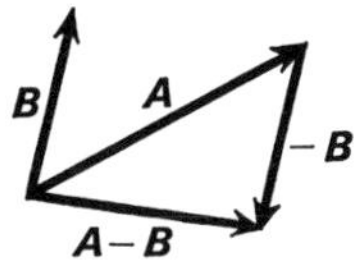

(d) ベクトルの差 $\boldsymbol{A}-\boldsymbol{B}=\boldsymbol{A}+(-\boldsymbol{B})$

(5) ベクトル $\boldsymbol{A}$ とスカラー a の積 $a\boldsymbol{A}$ は, 大きさが $|a||\boldsymbol{A}|$ で, 方向は $a>0$ ならば $\boldsymbol{A}$ と同じで, $a<0$ ならば $\boldsymbol{A}$ と逆向きのベクトルである(図 2-2(e)). もし, $a=0$ ならば $a\boldsymbol{A}$ はゼロベクトルである.

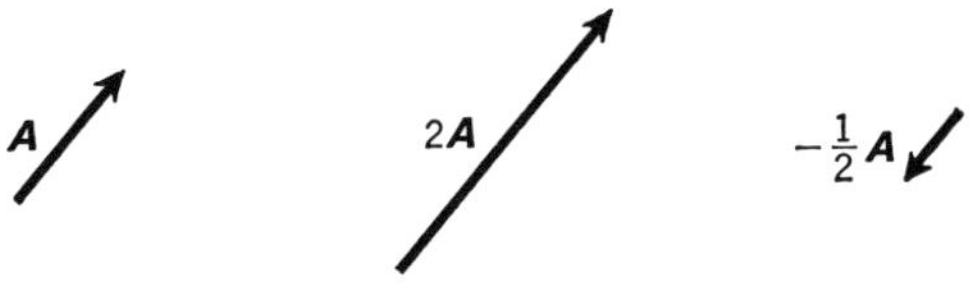

(e) ベクトル $a\boldsymbol{A}$

図 2-2 ベクトルの定義.

以上のことからベクトルの演算法則が導かれる. $\boldsymbol{A}, \boldsymbol{B}, \boldsymbol{C}$ はベクトル, a, b はスカラーとする.

1) 交換則 $\boldsymbol{A}+\boldsymbol{B} = \boldsymbol{B}+\boldsymbol{A}$

2) 結合則 $\boldsymbol{A}+(\boldsymbol{B}+\boldsymbol{C}) = (\boldsymbol{A}+\boldsymbol{B})+\boldsymbol{C}$

$$a(b\boldsymbol{A}) = ab\boldsymbol{A} = b(a\boldsymbol{A})$$

3) 分配則 $(a+b)\boldsymbol{A} = a\boldsymbol{A}+b\boldsymbol{A}$

$$a(\boldsymbol{A}+\boldsymbol{B}) = a\boldsymbol{A}+a\boldsymbol{B}$$

ベクトルの成分 長さが1のベクトルを**単位ベクトル**という．大きさが0でない任意のベクトル $\boldsymbol{A}$ があるとき，$\boldsymbol{A}/|\boldsymbol{A}|$ は単位ベクトルである．**直交単位ベクトル $\boldsymbol{i}, \boldsymbol{j}, \boldsymbol{k}$** を導入する．ベクトル $\boldsymbol{i}$ は，直交座標系 x, y, z の x 軸方向の単位ベクトル，ベクトル $\boldsymbol{j}$ は y 軸方向の単位ベクトル，ベクトル $\boldsymbol{k}$ は z 軸方向の単位ベクトルである(図 2-3)．特に指定しないかぎり，右手系の直交座標系を用いることにする．右手を軽く握りしめておいて，親指，人さし指，中指の順に x, y, z(または，1, 2, 3) と言いながら手を開いていくと右手系をつくることができる(図 2-4)．勉強家の某先生は若いとき，鉛筆を右手に持ったまま左手でこれを行ない，いつも間違ってしまったとのことであるから注意しよう．

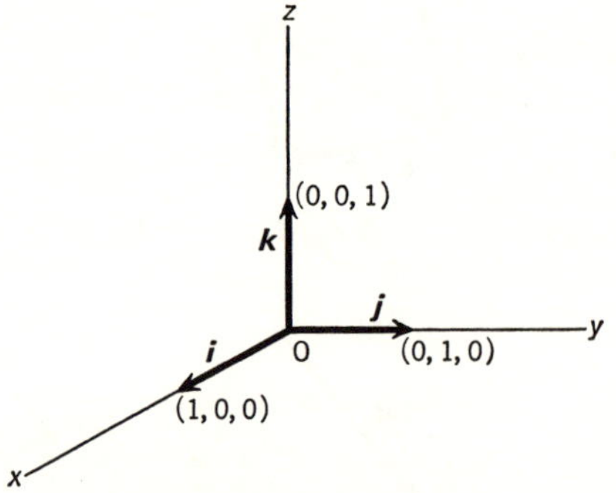

図 2-3 直交単位ベクトル $\boldsymbol{i}, \boldsymbol{j}, \boldsymbol{k}$.

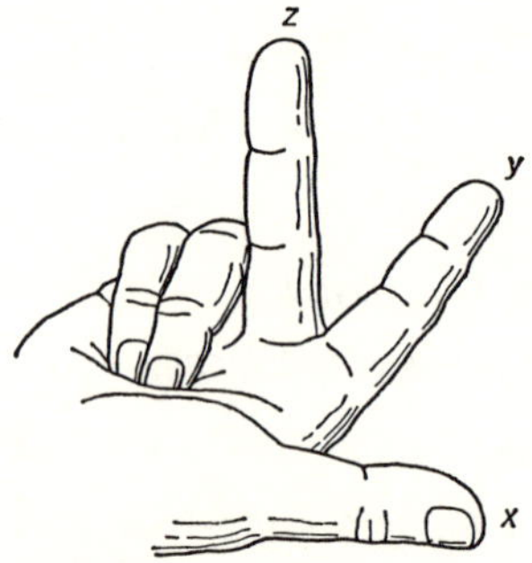

図 2-4 右手系をつくるときは右手を用いる.

3次元空間の任意のベクトル $\boldsymbol{A}$ は，原点Oを始点として直交座標系で表わすことができる．Oを始点とするベクトル $\boldsymbol{A}$ の終点の座標を (A_x, A_y, A_z) としよう．このとき，A_x, A_y, A_z をそれぞれベクトル $\boldsymbol{A}$ の x, y, z **成分**という．図 2-5 からわかるように，$A_x\boldsymbol{i}, A_y\boldsymbol{j}, A_z\boldsymbol{k}$ の和からつくられるベクトルは $\boldsymbol{A}$ に等しい．

$$\boldsymbol{A} = A_x\boldsymbol{i}+A_y\boldsymbol{j}+A_z\boldsymbol{k} \tag{2.1}$$

ベクトル $\boldsymbol{A}$ の大きさは，ピタゴラスの定理によって，

$$|\boldsymbol{A}| = \sqrt{A_x{}^2+A_y{}^2+A_z{}^2} \tag{2.2}$$

である．2つのベクトル $\boldsymbol{A}(A_x, A_y, A_z)$，$\boldsymbol{B}(B_x, B_y, B_z)$ について，

$\boldsymbol{A}\pm\boldsymbol{B}$ の成分　　$(A_x\pm B_x, A_y\pm B_y, A_z\pm B_z)$

$a\boldsymbol{A}$ の成分　　(aA_x, aA_y, aA_z)

$a\boldsymbol{A}+b\boldsymbol{B}$ の成分　　$(aA_x+bB_x, aA_y+bB_y, aA_z+bB_z)$

である．したがって，始点Pの座標が (P_x, P_y, P_z)，終点Qの座標が (Q_x, Q_y, Q_z) であるベクトル $\boldsymbol{V}=\overrightarrow{\mathrm{PQ}}$ の成分は，$(Q_x-P_x, Q_y-P_y, Q_z-P_z)$ で与えられる．

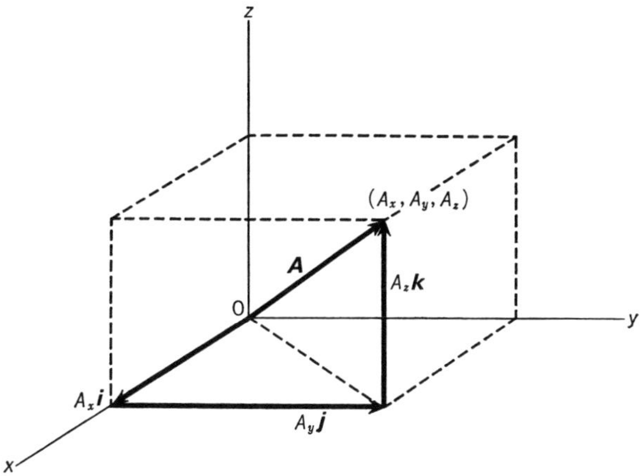

図 2-5　$\boldsymbol{A}=A_x\boldsymbol{i}+A_y\boldsymbol{j}+A_z\boldsymbol{k}$, $|\boldsymbol{A}|=\sqrt{A_x{}^2+A_y{}^2+A_z{}^2}$.

物理例　質点 $\mathrm{P}(x, y, z)$ の**位置ベクトル**は，

$$\boldsymbol{r} = x\boldsymbol{i}+y\boldsymbol{j}+z\boldsymbol{k}$$

であり，その大きさ r は，$r=|\boldsymbol{r}|=\sqrt{x^2+y^2+z^2}$ である．❙

3つのベクトル $\boldsymbol{A}, \boldsymbol{B}, \boldsymbol{C}$ を同じ始点から描いたとき，これらが同一平面上にあるとき，$\boldsymbol{A}, \boldsymbol{B}, \boldsymbol{C}$ を**共面ベクトル**という．共面ベクトル**でない**3つのベクトル $\boldsymbol{A}, \boldsymbol{B}, \boldsymbol{C}$ を使えば，3次元空間の任意のベクトル $\boldsymbol{R}$ を表わすことができる．このとき，ベクトル $\boldsymbol{A}, \boldsymbol{B}, \boldsymbol{C}$ は3次元空間の**基底ベクトル**とよばれる．直交単位ベクトル $\boldsymbol{i}, \boldsymbol{j}, \boldsymbol{k}$ はその特別な例である．$\boldsymbol{A}, \boldsymbol{B}, \boldsymbol{C}$ が共面ベクトルであるため

の必要十分条件は，同時には0にならない3つの数 λ, μ, ν があって

$$\lambda \boldsymbol{A}+\mu \boldsymbol{B}+\nu \boldsymbol{C}=0$$

となることである．3つのベクトル $\boldsymbol{A}, \boldsymbol{B}, \boldsymbol{C}$ が共面ベクトルであるとき，$\boldsymbol{A}, \boldsymbol{B}, \boldsymbol{C}$ は**1次従属**であるといい，そうでないとき**1次独立**であるという．

問　　題

1.　結合則 $\boldsymbol{A}+(\boldsymbol{B}+\boldsymbol{C})=(\boldsymbol{A}+\boldsymbol{B})+\boldsymbol{C}$ を証明せよ．

2.　空間の2点 P_1, P_2 の位置ベクトルをそれぞれ $\boldsymbol{r}_1, \boldsymbol{r}_2$ とすれば，2点 P_1, P_2 間を $m_2 : m_1$ の比に分ける点Pの位置ベクトル $\boldsymbol{R}$ (右図)は，

$$\boldsymbol{R}=\frac{m_1\boldsymbol{r}_1+m_2\boldsymbol{r}_2}{m_1+m_2}$$

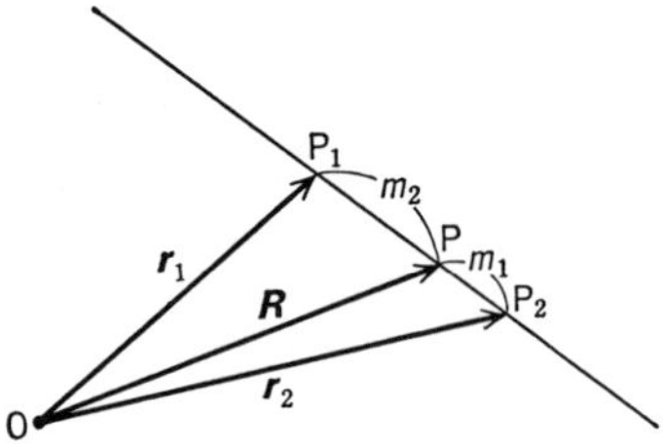

問題2

であることを示せ(m_1 と m_2 を2つの質点の質量とすれば，点Pは重心である)．

3.　始点 $P(x_1, y_1, z_1)$ と終点 $Q(x_2, y_2, z_2)$ をもつベクトルを求め，その大きさを計算せよ．

2-2　スカラー積とベクトル積

スカラー積　2つのベクトル $\boldsymbol{A}$ と $\boldsymbol{B}$ の**スカラー積**(内積)は，$\boldsymbol{A}$ と $\boldsymbol{B}$ の大きさの積に，それらの間の角のコサインをかけたものとして定義される(図2-6)．

$$\boxed{\boldsymbol{A}\cdot\boldsymbol{B}=|\boldsymbol{A}||\boldsymbol{B}|\cos\theta \qquad (\text{スカラー積})} \tag{2.3}$$

$\boldsymbol{A}\cdot\boldsymbol{B}$ はスカラーであり，角 θ $(0\leqq\theta\leqq\pi)$ に応じて，$|\boldsymbol{A}||\boldsymbol{B}|$ から $-|\boldsymbol{A}||\boldsymbol{B}|$ までの値をとり得る．特に注目すべきことは，$\theta=\pi/2$ のとき $\boldsymbol{A}\cdot\boldsymbol{B}=0$ となることで

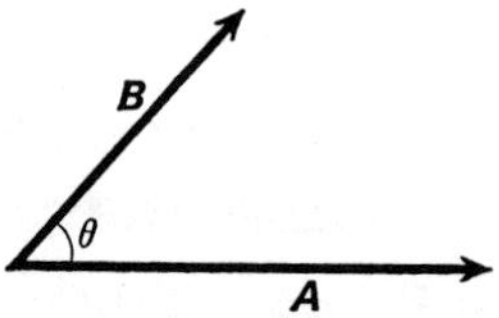

図2-6　スカラー積
$\boldsymbol{A}\cdot\boldsymbol{B}=|\boldsymbol{A}||\boldsymbol{B}|\cos\theta$.

ある．大きさが0でない2つのベクトル $\boldsymbol{A}$ と $\boldsymbol{B}$ は，直交しているときにだけスカラー積は0になり，また逆に，スカラー積が0ならば直交している．(2.3)において $\boldsymbol{A}=\boldsymbol{B}$ とおくと，$\boldsymbol{A}\cdot\boldsymbol{A}=|\boldsymbol{A}|^2$ であるから，ベクトルの大きさは，スカラー積を使って，

$$|\boldsymbol{A}| = \sqrt{\boldsymbol{A}\cdot\boldsymbol{A}} \tag{2.4}$$

と書ける．

スカラー積について，次のことが成り立つ．

1)　交換則　$\boldsymbol{A}\cdot\boldsymbol{B} = \boldsymbol{B}\cdot\boldsymbol{A}$

2)　分配則　$\boldsymbol{A}\cdot(\boldsymbol{B}+\boldsymbol{C}) = \boldsymbol{A}\cdot\boldsymbol{B}+\boldsymbol{A}\cdot\boldsymbol{C}$

3)　a をスカラーとして　$a(\boldsymbol{A}\cdot\boldsymbol{B}) = (a\boldsymbol{A})\cdot\boldsymbol{B} = \boldsymbol{A}\cdot(a\boldsymbol{B})$

4)　$\boldsymbol{i}\cdot\boldsymbol{i} = \boldsymbol{j}\cdot\boldsymbol{j} = \boldsymbol{k}\cdot\boldsymbol{k} = 1, \quad \boldsymbol{i}\cdot\boldsymbol{j} = \boldsymbol{j}\cdot\boldsymbol{k} = \boldsymbol{k}\cdot\boldsymbol{i} = 0$

5)　$\boldsymbol{A} = A_x\boldsymbol{i}+A_y\boldsymbol{j}+A_z\boldsymbol{k},\ \boldsymbol{B} = B_x\boldsymbol{i}+B_y\boldsymbol{j}+B_z\boldsymbol{k}$　ならば

$$\boldsymbol{A}\cdot\boldsymbol{B} = A_xB_x+A_yB_y+A_zB_z \tag{2.5}$$

5)は4)により証明できる．

物理例　質点に一定の力 $\boldsymbol{F}$ がはたらいているとする．この質点を $\boldsymbol{d}$ だけ動かすとき，力 $\boldsymbol{F}$ がする仕事は，距離 $|\boldsymbol{d}|$ と $\boldsymbol{F}$ の $\boldsymbol{d}$ 方向成分との積によって与えられる．すなわち，$\boldsymbol{d}$ と $\boldsymbol{F}$ の間の角を θ とすれば(図2-7)，

$$W = |\boldsymbol{F}||\boldsymbol{d}|\cos\theta = \boldsymbol{F}\cdot\boldsymbol{d}$$ ❙

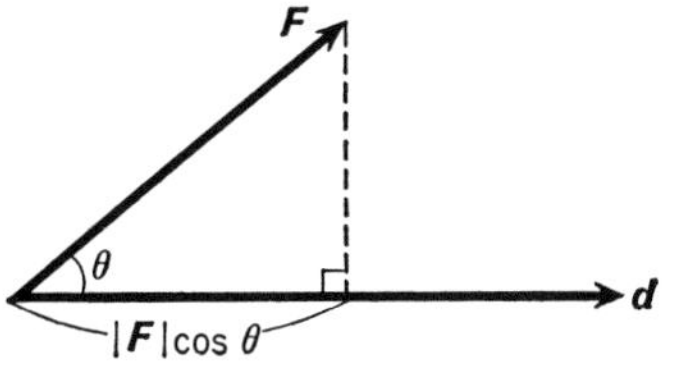

図2-7　仕事．

2つのベクトル $\boldsymbol{A}$ と $\boldsymbol{B}$ の**ベクトル積**(外積) $\boldsymbol{A}\times\boldsymbol{B}$ は次の性質をもつベクトル $\boldsymbol{C}=\boldsymbol{A}\times\boldsymbol{B}$ として定義される．$\boldsymbol{A}\times\boldsymbol{B}$ の大きさは，$\boldsymbol{A}$ と $\boldsymbol{B}$ のそれぞれの大きさの積にそれらの間の角のサインをかけたものである．そして，$\boldsymbol{A}\times\boldsymbol{B}$ の向きは，$\boldsymbol{A}$ と $\boldsymbol{B}$ が張る面に垂直であり，$\boldsymbol{A}, \boldsymbol{B}, \boldsymbol{C}$ は右手系をつくる(図2-8)．すなわち，

$$\boxed{\boldsymbol{C} = \boldsymbol{A}\times\boldsymbol{B} = |\boldsymbol{A}||\boldsymbol{B}|\sin\theta\,\hat{\boldsymbol{C}} \qquad \text{(ベクトル積)}} \tag{2.6}$$

ただし，$\hat{\boldsymbol{C}}$ は $\boldsymbol{C}$ 方向の単位ベクトルである．大きさが0でないベクトル $\boldsymbol{A}, \boldsymbol{B}$

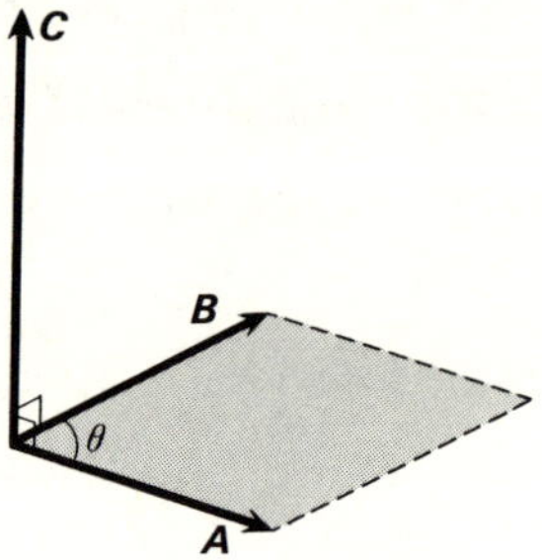

図 2-8　ベクトル積 $\boldsymbol{C}=\boldsymbol{A}\times\boldsymbol{B}$. $\boldsymbol{C}$ の大きさ $|\boldsymbol{A}||\boldsymbol{B}|\sin\theta$ は $\boldsymbol{A}$ と $\boldsymbol{B}$ を辺とする平行4辺形の面積に等しい.

は，$\boldsymbol{A}=\boldsymbol{B}$ または $\boldsymbol{A}$ と $\boldsymbol{B}$ が平行であるならば $\sin\theta=0$ であるから，$\boldsymbol{A}\times\boldsymbol{B}=0$ となる.

ベクトル積は次の性質をもつ.

1)　$\boldsymbol{A}\times\boldsymbol{B} = -\boldsymbol{B}\times\boldsymbol{A}$. したがって，ベクトル積ではその順序を勝手に変えてはいけない.

2)　分配則　$\boldsymbol{A}\times(\boldsymbol{B}+\boldsymbol{C}) = \boldsymbol{A}\times\boldsymbol{B}+\boldsymbol{A}\times\boldsymbol{C}$

3)　k をスカラーとして $(k\boldsymbol{A})\times\boldsymbol{B} = k(\boldsymbol{A}\times\boldsymbol{B}) = \boldsymbol{A}\times(k\boldsymbol{B})$

4)　$\boldsymbol{i}\times\boldsymbol{i} = \boldsymbol{j}\times\boldsymbol{j} = \boldsymbol{k}\times\boldsymbol{k} = 0$.　　$\boldsymbol{i}\times\boldsymbol{j} = \boldsymbol{k}$, $\boldsymbol{j}\times\boldsymbol{k} = \boldsymbol{i}$, $\boldsymbol{k}\times\boldsymbol{i} = \boldsymbol{j}$

5)　$\boldsymbol{A} = A_x\boldsymbol{i}+A_y\boldsymbol{j}+A_z\boldsymbol{k}$, $\boldsymbol{B} = B_x\boldsymbol{i}+B_y\boldsymbol{j}+B_z\boldsymbol{k}$　ならば

$$\boldsymbol{A}\times\boldsymbol{B} = (A_yB_z-A_zB_y)\boldsymbol{i}+(A_zB_x-A_xB_z)\boldsymbol{j}+(A_xB_y-A_yB_x)\boldsymbol{k} \quad (2.7)$$

5) は 4) を使って示すことができる.

行列式(2-4 節で述べる)の記号を用いれば，ベクトル積は，

$$\begin{aligned}\boldsymbol{A}\times\boldsymbol{B} &= \begin{vmatrix} A_y & A_z \\ B_y & B_z \end{vmatrix}\boldsymbol{i}+\begin{vmatrix} A_z & A_x \\ B_z & B_x \end{vmatrix}\boldsymbol{j}+\begin{vmatrix} A_x & A_y \\ B_x & B_y \end{vmatrix}\boldsymbol{k} \\ &= \begin{vmatrix} \boldsymbol{i} & \boldsymbol{j} & \boldsymbol{k} \\ A_x & A_y & A_z \\ B_x & B_y & B_z \end{vmatrix} \end{aligned} \quad (2.8)$$

と書ける. 最後の表式はおぼえるのに便利である.

物理例　磁場(磁束密度) $\boldsymbol{B}$ 中を速度 $\boldsymbol{v}$ で動く荷電粒子(電荷 q)にはたらく力をローレンツ力という. $\boldsymbol{v}$ と $\boldsymbol{B}$ の間の角を θ とすれば，ローレンツ力 $\boldsymbol{F}$ の大きさは，$|q|vB\sin\theta$ である. また，$q>0$ ならば，$\boldsymbol{v}, \boldsymbol{B}, \boldsymbol{F}$ は右手系をなす(図

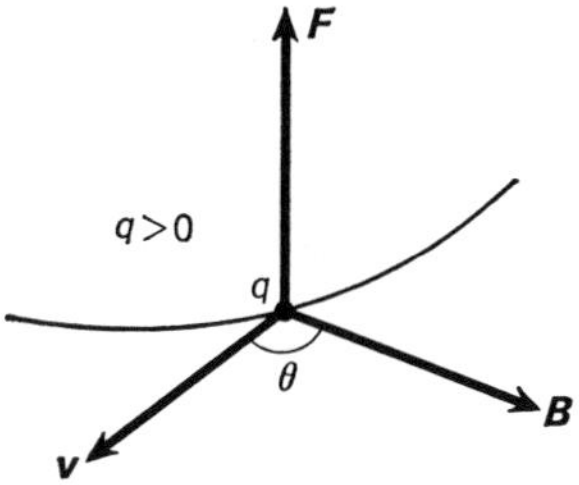

図 2-9　ローレンツ力 $\boldsymbol{F}=q\boldsymbol{v}\times\boldsymbol{B}$.

2-9)．すなわち

$$\boldsymbol{F} = q\boldsymbol{v}\times\boldsymbol{B} \qquad \blacksquare$$

3 重積　実際に計算を進める際には，3 つ以上のベクトルの積が現われる場合がある．その中で重要なものの 1 つに，**スカラー 3 重積** $\boldsymbol{A}\cdot(\boldsymbol{B}\times\boldsymbol{C})$ がある．$\boldsymbol{A}=A_x\boldsymbol{i}+A_y\boldsymbol{j}+A_z\boldsymbol{k}$,　$\boldsymbol{B}=B_x\boldsymbol{i}+B_y\boldsymbol{j}+B_z\boldsymbol{k}$,　$\boldsymbol{C}=C_x\boldsymbol{i}+C_y\boldsymbol{j}+C_z\boldsymbol{k}$ とすると，(2.5) と (2.7) より，

$$\begin{aligned}\boldsymbol{A}\cdot(\boldsymbol{B}\times\boldsymbol{C}) &= (A_x\boldsymbol{i}+A_y\boldsymbol{j}+A_z\boldsymbol{k})\cdot\{(B_yC_z-B_zC_y)\boldsymbol{i}+(B_zC_x-B_xC_z)\boldsymbol{j}\\ &\qquad +(B_xC_y-B_yC_x)\boldsymbol{k}\}\\ &= A_x(B_yC_z-B_zC_y)+A_y(B_zC_x-B_xC_z)+A_z(B_xC_y-B_yC_x)\end{aligned}$$

または，(2.5) と (2.8) より，

$$\begin{aligned}\boldsymbol{A}\cdot(\boldsymbol{B}\times\boldsymbol{C}) &= A_x\begin{vmatrix}B_y & B_z\\ C_y & C_z\end{vmatrix}+A_y\begin{vmatrix}B_z & B_x\\ C_z & C_x\end{vmatrix}+A_z\begin{vmatrix}B_x & B_y\\ C_x & C_y\end{vmatrix}\\ &= \begin{vmatrix}A_x & A_y & A_z\\ B_x & B_y & B_z\\ C_x & C_y & C_z\end{vmatrix}\end{aligned} \tag{2.9}$$

ベクトル $\boldsymbol{A},\boldsymbol{B},\boldsymbol{C}$ が右手系をなすならば，スカラー 3 重積 $\boldsymbol{A}\cdot(\boldsymbol{B}\times\boldsymbol{C})$ は，$\boldsymbol{A}$, $\boldsymbol{B},\boldsymbol{C}$ を辺とする平行 6 面体の体積に等しい(→問題 3)．スカラー 3 重積では，3 つのベクトルを循環的に順序を変えてもその値は変わらない．

$$\boldsymbol{A}\cdot(\boldsymbol{B}\times\boldsymbol{C}) = \boldsymbol{B}\cdot(\boldsymbol{C}\times\boldsymbol{A}) = \boldsymbol{C}\cdot(\boldsymbol{A}\times\boldsymbol{B}) \tag{2.10}$$

(2.10) は直接に計算によって確かめてもよいし，または行列式の性質を知っているならば，行の交換を 2 度おこなっても行列式の値は変わらないことから正しいことがわかる．

3つのベクトルのベクトル積 $\boldsymbol{A}\times(\boldsymbol{B}\times\boldsymbol{C})$ を**ベクトル3重積**という．$\boldsymbol{A}\times(\boldsymbol{B}\times\boldsymbol{C})$ は，$\boldsymbol{A}$ と $\boldsymbol{B}\times\boldsymbol{C}$ のベクトル積の意味であり，一般には $\boldsymbol{A}\times(\boldsymbol{B}\times\boldsymbol{C})\neq(\boldsymbol{A}\times\boldsymbol{B})\times\boldsymbol{C}$ である．例えば，$\boldsymbol{j}\times(\boldsymbol{j}\times\boldsymbol{k})=\boldsymbol{j}\times\boldsymbol{i}=-\boldsymbol{k}$ であるが，$(\boldsymbol{j}\times\boldsymbol{j})\times\boldsymbol{k}=0\times\boldsymbol{k}=0$ である．ベクトル積とスカラー積が理解できたならば，次の等式は各人が証明できるであろう．

$$\boldsymbol{A}\times(\boldsymbol{B}\times\boldsymbol{C}) = (\boldsymbol{A}\cdot\boldsymbol{C})\boldsymbol{B}-(\boldsymbol{A}\cdot\boldsymbol{B})\boldsymbol{C} \qquad (2.11)$$

(→問題4)．

問　　題

1. ベクトル $\boldsymbol{A}$ と $\boldsymbol{B}$ の間の角度を θ とすれば，

$$\cos\theta = \frac{\boldsymbol{A}\cdot\boldsymbol{B}}{\sqrt{\boldsymbol{A}\cdot\boldsymbol{A}}\sqrt{\boldsymbol{B}\cdot\boldsymbol{B}}}$$

であることを示せ．

2. $\boldsymbol{A}$ と $\boldsymbol{B}$ を辺とする平行4辺形の面積は $|\boldsymbol{A}\times\boldsymbol{B}|$ であることを示せ．

3. $\boldsymbol{A}, \boldsymbol{B}, \boldsymbol{C}$ を辺とする平行6面体の体積は，$\boldsymbol{A}\cdot(\boldsymbol{B}\times\boldsymbol{C})$ であることを示せ．ただし，$\boldsymbol{A}, \boldsymbol{B}, \boldsymbol{C}$ は右手系をなすとする．

4. 等式 $\boldsymbol{A}\times(\boldsymbol{B}\times\boldsymbol{C})=(\boldsymbol{A}\cdot\boldsymbol{C})\boldsymbol{B}-(\boldsymbol{A}\cdot\boldsymbol{B})\boldsymbol{C}$ を証明せよ．

2-3 行列

行列　m 行 n 列の行列または $m\times n$ 行列は，

$$A = \begin{pmatrix} a_{11} & a_{12} & \cdots & a_{1n} \\ a_{21} & a_{22} & \cdots & a_{2n} \\ \vdots & \vdots & & \vdots \\ a_{m1} & a_{m2} & \cdots & a_{mn} \end{pmatrix} \begin{matrix} \leftarrow\text{第1行} \\ \leftarrow\text{第2行} \\ \\ \leftarrow\text{第}m\text{行} \end{matrix}$$

（↑第1列　↑第2列　↑第 n 列）

のように，m 個の行と n 個の列に mn 個の数を並べたものである．各 a_{jk} は行列の (j, k) 要素または (j, k) 成分と呼ばれる．a_{jk} の添字 j と k は，その要素が占める行と列を示している．

英語では行を row，列を column という．新聞で囲み記事を「コラム」というが，英字新聞を見れば，「コラム」が縦長のものであることがわかる．

行列の要素は実数でも複素数でもよい．特にすべての要素が実数のとき**実行列**という．1行しかない行列は**行ベクトル**，1列しかない行列は**列ベクトル**と呼ばれる．行列は行ベクトルまたは列ベクトルを並べたものともみなせる．

行と列の数が等しい行列を $n\times n$ 行列または n 次の**正方行列**という．行列は大文字体で A と書くか，あるいは，その要素を示して (a_{jk}) と書く．単に A_{jk} と書いて，行列の意味とその成分の意味を兼ねさせることもある．

行列の演算　行列の四則演算は次のようである．行列どうしの積を除いては容易に理解できるであろう．

1.　2つの m 行 n 列の行列 $A=(a_{jk})$ と $B=(b_{jk})$ の**和** $A+B$ は，その要素が $c_{jk}=a_{jk}+b_{jk}$ の m 行 n 列の行列 $C=(c_{jk})$ である．**差** $A-B$ は，その要素が $c_{jk}=a_{jk}-b_{jk}$ の m 行 n 列の行列 $C=(c_{jk})$ である．

例 1　$A=\begin{pmatrix}-2 & 5 & 3\\ 0 & 1 & 4\end{pmatrix}$，$B=\begin{pmatrix}8 & -4 & 0\\ 3 & 7 & 1\end{pmatrix}$ ならば，

$$A+B=\begin{pmatrix}6 & 1 & 3\\ 3 & 8 & 5\end{pmatrix},\qquad A-B=\begin{pmatrix}-10 & 9 & 3\\ -3 & -6 & 3\end{pmatrix}\qquad \blacksquare$$

2.　m 行 n 列の行列 $A=(a_{jk})$ と数 s の**積**は，そのすべての要素に s をかけて得られる m 行 n 列の行列 $sA=(sa_{jk})$ である．

例 2　$A=\begin{pmatrix}-2 & 5 & 3\\ 0 & -1 & 4\end{pmatrix}$ ならば，$3A=\begin{pmatrix}-6 & 15 & 9\\ 0 & -3 & 12\end{pmatrix}$　▮

3.　$A=(a_{jk})$ を m 行 n 列の行列，$B=(b_{jk})$ を n 行 p 列の行列とする．**積** AB は，その要素が $c_{jk}=\sum_{l=1}^{n}a_{jl}b_{lk}$ で与えられる m 行 p 列の行列である．

例 3　$A=\begin{pmatrix}4 & 1 & 2\\ 2 & 0 & -3\end{pmatrix}$，$B=\begin{pmatrix}5 & 3\\ -1 & 2\\ 2 & 4\end{pmatrix}$ ならば，

$$AB=\begin{pmatrix}20-1+4 & 12+2+8\\ 10+0-6 & 6+0-12\end{pmatrix}=\begin{pmatrix}23 & 22\\ 4 & -6\end{pmatrix}\qquad \blacksquare$$

積 AB が定義されるのは，行列 A の列の数と行列 B の行の数が等しいときだけであることに注意しよう．例1の行列 A と B では，AB も BA も存在しない．一般に行列の積はその順序による．すなわち，積 AB と積 BA が存在するとき，一般には $AB\neq BA$ である．

例 4　$\begin{pmatrix}0 & 1\\ 1 & 0\end{pmatrix}\begin{pmatrix}1 & 0\\ 0 & 0\end{pmatrix}=\begin{pmatrix}0 & 0\\ 1 & 0\end{pmatrix}$，$\begin{pmatrix}1 & 0\\ 0 & 0\end{pmatrix}\begin{pmatrix}0 & 1\\ 1 & 0\end{pmatrix}=\begin{pmatrix}0 & 1\\ 0 & 0\end{pmatrix}$　▮

行列の積は次の規則をみたす.

1) k をスカラーとして $(kA)B = k(AB) = A(kB)$

2) 結合則 $A(BC) = (AB)C$

3) 分配則 $(A+B)C = AC+BC,\ C(A+B) = CA+CB$

特別な行列 これから紹介する特別な行列は，物理学においては特別ではなく，むしろひんぱんに登場するものである．まず行列の転置を定義する．$m\times n$ 行列 $A=(a_{jk})$ の**転置行列** A^{T} は，A の行と列を入れかえて得られる $n\times m$ 行列である.

$$A = (a_{jk}) = \begin{pmatrix} a_{11} & a_{12} & \cdots & a_{1n} \\ a_{21} & a_{22} & \cdots & a_{2n} \\ \vdots & \vdots & & \vdots \\ a_{m1} & a_{m2} & \cdots & a_{mn} \end{pmatrix} \Rightarrow A^{\mathrm{T}} = (a_{kj}) = \begin{pmatrix} a_{11} & a_{21} & \cdots & a_{m1} \\ a_{12} & a_{22} & \cdots & a_{m2} \\ \vdots & \vdots & & \vdots \\ a_{1n} & a_{2n} & \cdots & a_{mn} \end{pmatrix}$$

実正方行列 $A=(a_{jk})$ は，$A^{\mathrm{T}}=A$ すなわち $a_{kj}=a_{jk}$ のとき，**対称行列**という．また，$A^{\mathrm{T}}=-A$ すなわち $a_{kj}=-a_{jk}$ のとき，**交代行列**または反対称行列という．交代行列では $a_{jj}=-a_{jj}$ であるから，その対角要素 a_{jj} はすべて0である.

$A=(a_{jk})$ を任意の行列としよう．A の要素 a_{jk} をその複素共役 $a_{jk}{}^*$ で置きかえて得られる行列を A^* で表わす.

$$A = (a_{jk}) = \begin{pmatrix} a_{11} & a_{12} & \cdots & a_{1n} \\ a_{21} & a_{22} & \cdots & a_{2n} \\ \vdots & \vdots & & \vdots \\ a_{m1} & a_{m2} & \cdots & a_{mn} \end{pmatrix}$$

$$\Rightarrow A^* = (a_{jk}{}^*) = \begin{pmatrix} a_{11}{}^* & a_{12}{}^* & \cdots & a_{1n}{}^* \\ a_{21}{}^* & a_{22}{}^* & \cdots & a_{2n}{}^* \\ \vdots & \vdots & & \vdots \\ a_{m1}{}^* & a_{m2}{}^* & \cdots & a_{mn}{}^* \end{pmatrix}$$

正方行列 $A=(a_{jk})$ は，$A^{\mathrm{T}}=A^*$，すなわち $a_{kj}=a_{jk}{}^*$ のとき，**エルミット行列**という．実行列の場合の対称行列を，要素が複素数の場合に拡張したものがエルミット行列である．言いかえれば，エルミット行列で実行列のものが対称行列である．転置と複素共役とを同時におこなって得られる行列を**エルミット共役行列**といい，$A^\dagger$ で表わす.

$$A=(a_{jk})=\begin{pmatrix} a_{11} & a_{12} & \cdots & a_{1n} \\ a_{21} & a_{22} & \cdots & a_{2n} \\ \vdots & \vdots & & \vdots \\ a_{m1} & a_{m2} & \cdots & a_{mn} \end{pmatrix}$$

$$\Rightarrow \quad A^{\dagger}=(a_{kj}{}^{*})=\begin{pmatrix} a_{11}{}^{*} & a_{21}{}^{*} & \cdots & a_{m1}{}^{*} \\ a_{12}{}^{*} & a_{22}{}^{*} & \cdots & a_{m2}{}^{*} \\ \vdots & \vdots & & \vdots \\ a_{1n}{}^{*} & a_{2n}{}^{*} & \cdots & a_{mn}{}^{*} \end{pmatrix}$$

定義より，$A^{\dagger}=(A^{*})^{\mathrm{T}}=(A^{\mathrm{T}})^{*}$ であることは明らかであろう．エルミット行列は，行列とそのエルミット共役行列とが等しい行列である，すなわち，$A^{\dagger}=A$. また，正方行列 A が $A^{\dagger}=-A$ をみたすとき，**反エルミット行列**という．反エルミット行列で実行列のものが交代行列である．

正方行列 $A=(a_{jk})$ で，すべての非対角要素 $a_{jk}\,(j\neq k)$ が 0 のものを**対角行列**という．特に，すべての対角要素 a_{jj} が 1 の対角行列を**単位行列**といい，I または E で表わす．例えば，3 行 3 列の単位行列は，

$$I=\begin{pmatrix} 1 & 0 & 0 \\ 0 & 1 & 0 \\ 0 & 0 & 1 \end{pmatrix}$$

である．単位行列 I は次のような重要な性質をもつ．

$$AI=IA=A, \qquad I^{n}=I\cdot I\cdots I=I \qquad (n=1,2,\cdots)$$

単位行列は行列の代数において，通常の代数での数 1 と同じ役割をする．

すべての要素が 0 である行列を**ゼロ行列**といい，O または単に 0 で表わす．A と 0 が正方行列ならば

$$A0=0A=0$$

である．ゼロ行列は行列の代数において，通常の代数でのゼロと同じ役割をする．

以上の定義について 1 つだけ注意しておく．要素 a_{jk} が複素数の場合も $a_{jk}=a_{kj}$ ならば対称行列とよぶべきである．そして，すべての a_{jk} が実数の場合を実対称行列といわなくてはならない．しかし，物理学にあらわれる対称行列はほとんどの場合要素 a_{jk} が実数であるので，いちいち実対称行列とはいわな

いことにした．この注意は，交代行列に対しても同様である．

問　題

1. $A(\theta)=\begin{pmatrix}\cos\theta & \sin\theta \\ -\sin\theta & \cos\theta\end{pmatrix}$ とするとき，(i) $A(\theta_1+\theta_2)=A(\theta_1)A(\theta_2)$，(ii) $A(\theta)A(-\theta)=I$ を示せ．

2. $(AB)^{\mathrm{T}}=B^{\mathrm{T}}A^{\mathrm{T}}$ を証明せよ．

3. $\sigma_1=\begin{pmatrix}0 & 1 \\ 1 & 0\end{pmatrix}$，$\sigma_2=\begin{pmatrix}0 & -i \\ i & 0\end{pmatrix}$，$\sigma_3=\begin{pmatrix}1 & 0 \\ 0 & -1\end{pmatrix}$ とする．

(i) $\sigma_1, \sigma_2, \sigma_3$ はエルミット行列であることを確かめよ．

(ii) $\sigma_1\sigma_1=I$，$\sigma_2\sigma_2=I$，$\sigma_3\sigma_3=I$ を示せ．

(iii) $\sigma_1\sigma_2=i\sigma_3$，$\sigma_2\sigma_3=i\sigma_1$，$\sigma_3\sigma_1=i\sigma_2$ を示せ．

$\sigma_1, \sigma_2, \sigma_3$ を**パウリ行列**という．

2-4 行列式

行列式 行列 A が正方行列であるとき，行列 A に対して，

$$D=\begin{vmatrix}a_{11} & a_{12} & \cdots & a_{1n} \\ a_{21} & a_{22} & \cdots & a_{2n} \\ \vdots & \vdots & & \vdots \\ a_{n1} & a_{n2} & \cdots & a_{nn}\end{vmatrix} \tag{2.12}$$

で表わされる数を導入し，n 次の**行列式**(determinant)とよぶ．A の行列式を，$\det A$ または $|A|$ と書く．

まだ行列式とは何かということを説明していない．最初に，2次の行列式と3次の行列式を単に書き下してみよう．2次の行列式は，

$$\begin{vmatrix}a_{11} & a_{12} \\ a_{21} & a_{22}\end{vmatrix}=a_{11}a_{22}-a_{12}a_{21} \tag{2.13}$$

である．3次の行列式は

$$\begin{vmatrix}a_{11} & a_{12} & a_{13} \\ a_{21} & a_{22} & a_{23} \\ a_{31} & a_{32} & a_{33}\end{vmatrix}=a_{11}a_{22}a_{33}+a_{12}a_{23}a_{31}+a_{13}a_{21}a_{32}$$

$$-a_{13}a_{22}a_{31}-a_{11}a_{23}a_{32}-a_{12}a_{21}a_{33} \tag{2.14}$$

である．(2.13)と(2.14)は，図2-10と図2-11のように覚えるとよい．4次以上の行列式に対しては，残念ながら，図2-10,2-11のような手法は使えない．

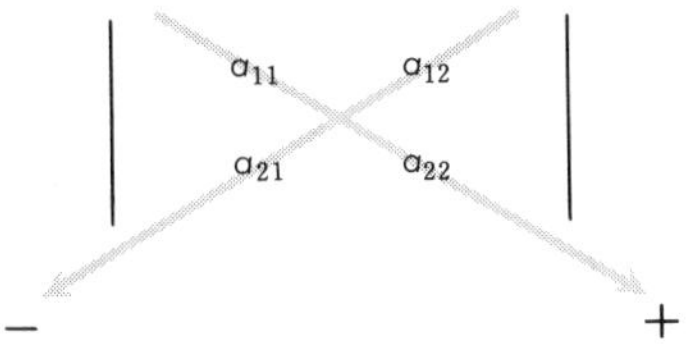

図2-10　2次の行列式はたすき掛けにする．

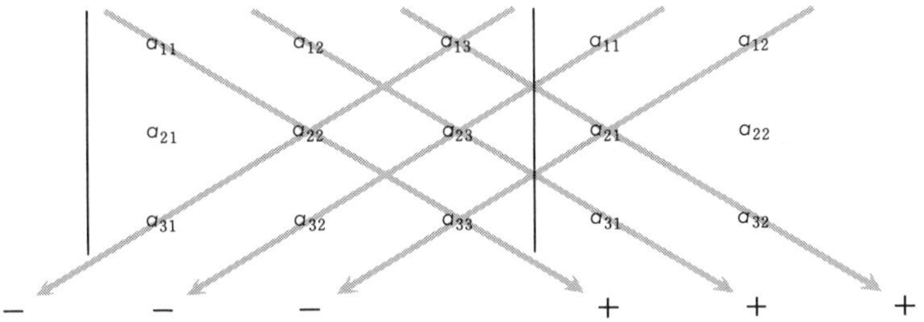

図2-11　3次の行列式もたすき掛けにできる．

一般にn次の行列式は$n-1$次の行列式を使って定義できる．そのために少し準備がいる．(2.12)の行列式Dからj行k列を除いて得られる$n-1$次の行列式をa_{jk}の**小行列式**といい，M_{jk}と書く．すなわち，

$$M_{jk}=\begin{vmatrix} a_{11} & a_{12} & \cdots & \boxed{a_{1k}} & \cdots & a_{1n} \\ a_{21} & a_{22} & \cdots & \boxed{a_{2k}} & \cdots & a_{2n} \\ \cdots & \cdots & & & \cdots & \\ \boxed{a_{j1}} & \boxed{a_{j2}} & \cdots & \boxed{a_{jk}} & \cdots & \boxed{a_{jn}} \\ \cdots & \cdots & & & \cdots & \\ a_{n1} & a_{n2} & \cdots & \boxed{a_{nk}} & \cdots & a_{nn} \end{vmatrix} \tag{2.15}$$

上の式の右辺で，箱で囲んだ部分は取り去ったことを意味する．たとえば，3次の行列式

$$D=\begin{vmatrix} a_{11} & a_{12} & a_{13} \\ a_{21} & a_{22} & a_{23} \\ a_{31} & a_{32} & a_{33} \end{vmatrix} \tag{2.16}$$

に対して，

$$M_{11}=\begin{vmatrix}a_{22} & a_{23}\\ a_{32} & a_{33}\end{vmatrix},\quad M_{21}=\begin{vmatrix}a_{12} & a_{13}\\ a_{32} & a_{33}\end{vmatrix},\quad M_{31}=\begin{vmatrix}a_{12} & a_{13}\\ a_{22} & a_{23}\end{vmatrix}$$

$$M_{12}=\begin{vmatrix}a_{21} & a_{23}\\ a_{31} & a_{33}\end{vmatrix},\quad M_{22}=\begin{vmatrix}a_{11} & a_{13}\\ a_{31} & a_{33}\end{vmatrix},\quad M_{32}=\begin{vmatrix}a_{11} & a_{13}\\ a_{21} & a_{23}\end{vmatrix}$$

$$M_{13}=\begin{vmatrix}a_{21} & a_{22}\\ a_{31} & a_{32}\end{vmatrix},\quad M_{23}=\begin{vmatrix}a_{11} & a_{12}\\ a_{31} & a_{32}\end{vmatrix},\quad M_{33}=\begin{vmatrix}a_{11} & a_{12}\\ a_{21} & a_{22}\end{vmatrix}$$

また，小行列式 M_{jk} に $(-1)^{j+k}$ をかけたものを a_{jk} の**余因子**といい，C_{jk} と書く．

$$C_{jk}=(-1)^{j+k}M_{jk} \tag{2.17}$$

余因子 C_{jk} を使って，n 次の行列式(2.12)は

$$D = a_{j1}C_{j1}+a_{j2}C_{j2}+\cdots+a_{jn}C_{jn} \qquad (j=1,2,\cdots,n) \tag{2.18}$$

$$= a_{1k}C_{1k}+a_{2k}C_{2k}+\cdots+a_{nk}C_{nk} \qquad (k=1,2,\cdots,n) \tag{2.19}$$

と定義される．(2.18)と(2.19)のどちらを用いてもよいし，また j と k は $1,2,\cdots,n$ のどれを選んでもよい．すなわち，行列式を展開するのに任意の行または列を用いることができる．

行列式の定義式，(2.18)と(2.19)，が実際に(2.13)と(2.14)を与えることをたしかめてみよう．まず，2次の行列式

$$D=\begin{vmatrix}a_{11} & a_{12}\\ a_{21} & a_{22}\end{vmatrix}$$

について調べる．第1行について展開する．小行列式と余因子の定義から，

$$M_{11}=a_{22},\qquad M_{12}=a_{21}$$

$$C_{11}=(-1)^{1+1}M_{11}=a_{22},\qquad C_{12}=(-1)^{1+2}M_{12}=-a_{21}$$

である．したがって，(2.18)で $j=1$ とおき，

$$D=a_{11}C_{11}+a_{12}C_{12}=a_{11}a_{22}-a_{12}a_{21}$$

これは(2.13)と同じである．他の行または列について展開しても同じ結果を与える．次に，3次の行列式

$$D=\begin{vmatrix}a_{11} & a_{12} & a_{13}\\ a_{21} & a_{22} & a_{23}\\ a_{31} & a_{32} & a_{33}\end{vmatrix}$$

について調べる．第1行について展開する．小行列式と余因子の定義から，

$$C_{11} = M_{11} = \begin{vmatrix} a_{22} & a_{23} \\ a_{32} & a_{33} \end{vmatrix}, \qquad C_{12} = -M_{12} = -\begin{vmatrix} a_{21} & a_{23} \\ a_{31} & a_{33} \end{vmatrix}$$

$$C_{13} = M_{13} = \begin{vmatrix} a_{21} & a_{22} \\ a_{31} & a_{32} \end{vmatrix}$$

したがって，(2.18)で$j=1$とおき，

$$\begin{aligned} D &= a_{11}C_{11}+a_{12}C_{12}+a_{13}C_{13} \\ &= a_{11}\begin{vmatrix} a_{22} & a_{23} \\ a_{32} & a_{33} \end{vmatrix} - a_{12}\begin{vmatrix} a_{21} & a_{23} \\ a_{31} & a_{33} \end{vmatrix} + a_{13}\begin{vmatrix} a_{21} & a_{22} \\ a_{31} & a_{32} \end{vmatrix} \\ &= a_{11}a_{22}a_{33}-a_{11}a_{23}a_{32}-a_{12}a_{21}a_{33}+a_{12}a_{23}a_{31} \\ &\quad +a_{13}a_{21}a_{32}-a_{13}a_{22}a_{31} \end{aligned}$$

これは(2.14)と同じである．他の行または列について展開しても同じ結果を与える．

行列式を実際に計算するのは項の数が多い(n次の行列式では$n!$個の項)ので手数がかかる．しかし，次の性質をうまく用いると計算が簡単になる．

1)　行列式の行と列を交換してもその値は変わらない．すなわち，$|A|=|A^{\mathrm{T}}|$.

2)　どの行で展開してもどの列で展開しても行列式の値は変わらない．

3)　ある行(または列)の要素がすべて0ならば行列式は0である．

4)　行列式の任意の2行(または2列)を交換すると，その値は符号だけ変わる．

5)　行列式の1つの行(または列)のすべての要素に同一の数をかけて得られる行列式の値は，もとの行列式の値にその数をかけたものに等しい．

例　$\begin{vmatrix} 2 & 4 \\ 1 & 3 \end{vmatrix} = 2\begin{vmatrix} 1 & 2 \\ 1 & 3 \end{vmatrix} = 2(3-2) = 2$　▎

6)　2つの行(または列)の対応する要素が比例しているならば，行列式は0である．

7)　行列式の任意の行(または列)のすべての要素に同じ数をかけて，これを他の行(または列)の対応する要素に加えても行列式の値は変わらない．

例
$$\begin{vmatrix} 2 & 1 & 5 \\ 3 & -2 & 4 \\ 8 & 1 & 7 \end{vmatrix} = \begin{vmatrix} 2 & 1 & 5 \\ 3+2\times 2 & -2+2\times 1 & 4+2\times 5 \\ 8-2 & 1-1 & 7-5 \end{vmatrix} \begin{matrix} \\ \leftarrow \text{第2行}+2\times\text{第1行} \\ \leftarrow \text{第3行}-\text{第1行} \end{matrix}$$

$$= \begin{vmatrix} 2 & 1 & 5 \\ 7 & 0 & 14 \\ 6 & 0 & 2 \end{vmatrix} = -\begin{vmatrix} 7 & 14 \\ 6 & 2 \end{vmatrix} \quad (\text{第2列での展開})$$

$$= -(14-84) = 70 \quad \blacksquare$$

8) A, B が正方行列ならば，$|AB|=|A||B|$.

線形独立　n 次の正方行列 A の行ベクトル(または列ベクトル)を $v_1, v_2, \cdots, v_n$ としよう．$\det A=0$ となるための必要十分条件は，

$$k_1v_1+k_2v_2+\cdots+k_nv_n = 0 \tag{2.20}$$

となるような，少なくとも 1 つがゼロでない定数 $k_1, k_2, \cdots, k_n$ が存在することである．条件(2.20)が成り立つとき，ベクトル $v_1, v_2, \cdots, v_n$ は**線形従属**(1 次従属)であるという．そうでないときは**線形独立**(1 次独立)という．

例　$\begin{vmatrix} 3 & 1 \\ 1 & 3 \end{vmatrix}=9-1=8\neq 0$ であるから，ベクトル(3,1)とベクトル(1,3)は線形独立である．列ベクトルも線形独立である．また，$\begin{vmatrix} 3 & 1 \\ -6 & -2 \end{vmatrix}=-6+6=0$ であるから，ベクトル(3,1)とベクトル(−6,−2)は線形従属である．実際，$2(3,1)+(-6,-2)=(0,0)=0$ であるから，条件(2.20)が成り立っている．列ベクトルに対しても条件(2.20)が成り立ち，線形従属であることを確かめてみなさい．$\blacksquare$

逆行列　$n\times n$ 行列 $A=(a_{jk})$ の**逆行列** A^{-1} は

$$AA^{-1} = A^{-1}A = I \tag{2.21}$$

をみたす行列として定義される．行列 A は逆行列をもつならば**正則**であるという．2×2 行列の場合，$\det A=a_{11}a_{22}-a_{12}a_{21}\neq 0$ として，

$$A = \begin{bmatrix} a_{11} & a_{12} \\ a_{21} & a_{22} \end{bmatrix}, \quad A^{-1} = \frac{1}{\det A}\begin{bmatrix} a_{22} & -a_{12} \\ -a_{21} & a_{11} \end{bmatrix} \tag{2.22}$$

である．(2.22)が(2.21)をみたすことは簡単にたしかめられるであろう．

一般に，正則な行列 $A=(a_{jk})$ の逆行列は，a_{jk} の余因子 C_{jk} と行列式 $D=\det A$ を使って

$$A^{-1} = \frac{1}{D}\begin{pmatrix} C_{11} & C_{21} & \cdots & C_{n1} \\ C_{12} & C_{22} & \cdots & C_{n2} \\ \vdots & \vdots & & \vdots \\ C_{1n} & C_{2n} & \cdots & C_{nn} \end{pmatrix} \tag{2.23}$$

と書ける．上の式で，j 行 k 列に現われる余因子は C_{jk} ではなく C_{kj} であることに注意しよう．

例題 1　$A=\begin{pmatrix} \cos\theta & \sin\theta & 0 \\ -\sin\theta & \cos\theta & 0 \\ 0 & 0 & 1 \end{pmatrix}$ の逆行列を求めよ．　(2.24)

［解］

$$\det A = \begin{vmatrix} \cos\theta & \sin\theta & 0 \\ -\sin\theta & \cos\theta & 0 \\ 0 & 0 & 1 \end{vmatrix} = \begin{vmatrix} \cos\theta & \sin\theta \\ -\sin\theta & \cos\theta \end{vmatrix} = 1$$

$$C_{11} = \begin{vmatrix} \cos\theta & 0 \\ 0 & 1 \end{vmatrix} = \cos\theta, \qquad C_{12} = -\begin{vmatrix} -\sin\theta & 0 \\ 0 & 1 \end{vmatrix} = \sin\theta$$

$$C_{21} = -\begin{vmatrix} \sin\theta & 0 \\ 0 & 1 \end{vmatrix} = -\sin\theta, \qquad C_{22} = \begin{vmatrix} \cos\theta & 0 \\ 0 & 1 \end{vmatrix} = \cos\theta$$

$$C_{33} = \begin{vmatrix} \cos\theta & \sin\theta \\ -\sin\theta & \cos\theta \end{vmatrix} = 1, \qquad C_{13} = C_{23} = C_{31} = C_{32} = 0$$

したがって，

$$A^{-1} = \begin{pmatrix} \cos\theta & -\sin\theta & 0 \\ \sin\theta & \cos\theta & 0 \\ 0 & 0 & 1 \end{pmatrix} \tag{2.25}$$

(2.24) と (2.25) は，$AA^{-1}=A^{-1}A=I$ を与えることを検算しなさい． ▌

特別な行列　前の節で物理学においてよく現われる特別な行列を紹介したが，もう 1 つ重要な特別な行列がある．正方行列 $A=(a_{jk})$ は

$$A^{\mathrm{T}} = (A^*)^{-1} \qquad (\text{ユニタリー行列})$$

をみたすとき，**ユニタリー行列**という．実ユニタリー行列は**直交行列**と呼ばれる．直交行列は，逆行列と転置行列が等しい実行列である．

$$\boxed{A^{\mathrm{T}} = A^{-1} \qquad (\text{直交行列})}$$

例　本節の例題1の行列(2.24)は直交行列である．なぜならば，Aは実行列であり，また(2.24)と(2.25)より，$A^{\mathrm{T}}=A^{-1}$である．▎

2つの列ベクトル

$$A = \begin{pmatrix} a_1 \\ a_2 \\ a_3 \end{pmatrix}, \qquad B = \begin{pmatrix} b_1 \\ b_2 \\ b_3 \end{pmatrix}$$

があるとき，

$$(A^*)^{\mathrm{T}}B = (a_1{}^* a_2{}^* a_3{}^*)\begin{pmatrix} b_1 \\ b_2 \\ b_3 \end{pmatrix} = a_1{}^*b_1 + a_2{}^*b_2 + a_3{}^*b_3 = 0$$

ならば，ベクトルAとBは**直交**しているという．ユニタリー行列や直交行列の列ベクトルは互いに直交している．また，行ベクトルも直交している．

問　　題

1.　行列$A=\begin{pmatrix} \cos\theta & \sin\theta \\ -\sin\theta & \cos\theta \end{pmatrix}$について，(i) $\det A$を求めよ．(ii) A^{-1}を求めよ．(iii) Aは直交行列であることを確かめよ．

2.　行列A, Bが共に正則であるならば，$(AB)^{-1}=B^{-1}A^{-1}$であることを示せ．

3.　ベクトル

$$A_1 = \begin{pmatrix} \cos\theta \\ -\sin\theta \\ 0 \end{pmatrix}, \qquad A_2 = \begin{pmatrix} \sin\theta \\ \cos\theta \\ 0 \end{pmatrix}, \qquad A_3 = \begin{pmatrix} 0 \\ 0 \\ 1 \end{pmatrix}$$

は，互いに直交していることを示せ．

4.　$A = \begin{pmatrix} -\frac{1}{2} & \frac{1}{2} & \frac{1}{\sqrt{2}} \\ \frac{1}{2} & -\frac{1}{2} & \frac{1}{\sqrt{2}} \\ \frac{1}{\sqrt{2}} & \frac{1}{\sqrt{2}} & 0 \end{pmatrix}$の逆行列を求めよ．

2-5　連立1次方程式を行列式でとく

まず初めに，連立1次方程式

$$a_{11}x_1+a_{12}x_2=b_1 \tag{2.26 a}$$

$$a_{21}x_1+a_{22}x_2=b_2 \tag{2.26 b}$$

を解くことと，方程式の係数から作られる行列式とはどのような関係にあるかを調べてみよう．(2.26 a)に a_{22}, (2.26 b)に $-a_{12}$ をかけて辺々を加えると，

$$(a_{11}a_{22}-a_{21}a_{12})x_1=b_1a_{22}-b_2a_{12} \tag{2.27}$$

また，(2.26 a)に $-a_{21}$，(2.26 b)に a_{11} をかけて辺々加えると，

$$(a_{11}a_{22}-a_{21}a_{12})x_2=a_{11}b_2-a_{21}b_1 \tag{2.28}$$

(2.27)と(2.28)に現われる係数の組み合わせは，前節で導入した行列式で書き表わせることに気づく．すなわち，

$$D=\begin{vmatrix} a_{11} & a_{12} \\ a_{21} & a_{22} \end{vmatrix}, \qquad D_1=\begin{vmatrix} b_1 & a_{12} \\ b_2 & a_{22} \end{vmatrix}, \qquad D_2=\begin{vmatrix} a_{11} & b_1 \\ a_{21} & b_2 \end{vmatrix}$$

とおくと，(2.27)と(2.28)はそれぞれ

$$Dx_1=D_1, \qquad Dx_2=D_2 \tag{2.29}$$

である．したがって，$D\neq 0$ ならば，解は

$$x_1=\frac{D_1}{D}, \qquad x_2=\frac{D_2}{D} \tag{2.30}$$

で与えられることがわかる．行列式 D_1 は行列式 D の第1列を b_1, b_2 を要素とする列ベクトルで置きかえたものである．また，行列式 D_2 は行列式 D の第2列を b_1, b_2 を要素とする列ベクトルで置きかえたものである．$D=0$ は，係数の間に線形従属の関係(2-4節の(2.20)を思いだす)

$$k_1\begin{pmatrix} a_{11} \\ a_{12} \end{pmatrix}+k_2\begin{pmatrix} a_{21} \\ a_{22} \end{pmatrix}=0$$

があることを示す．したがって，$k_1b_1+k_2b_2=0$ でなければ，(2.26)をみたす x_1 と x_2 は存在しない．$D=0$ で $k_1b_1+k_2b_2=0$ のときは，実際には(2.26)の2つ

の方程式は独立ではない．

ここまで述べてきたことは，1次方程式(2.26)を幾何学的に考えると理解しやすいであろう(図2-12)．(2.26 a)と(2.26 b)はそれぞれ(x_1, x_2)平面での直線を表わしている．平面上の2直線は，1点で交わるか，完全に一致するか，平行である．$D \neq 0$は2つの直線の傾きが異なり1点で交わることを示している．$D=0$の場合，2つの直線の傾きは同じである．2つの直線が完全に一致するのは，係数が比例関係；

$$k_1\begin{pmatrix} a_{11} \\ a_{12} \\ b_1 \end{pmatrix} + k_2\begin{pmatrix} a_{21} \\ a_{22} \\ b_2 \end{pmatrix} = 0$$

をみたすときであり，$D=D_1=D_2=0$の場合である．

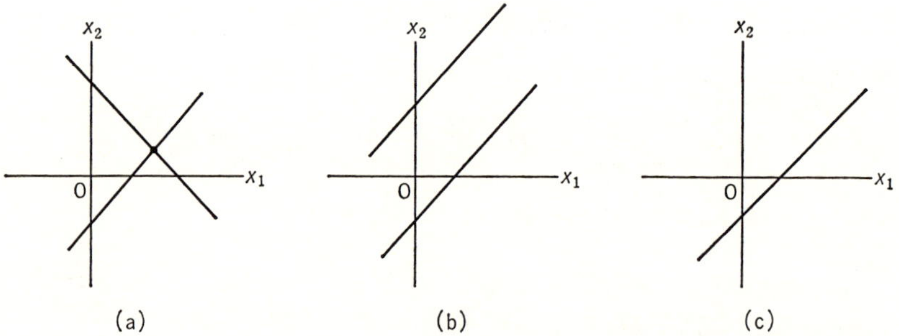

図2-12 (a) $D \neq 0$．解は一意に求まる．(b) $D=0$, D_1とD_2の少なくとも一方は0でない．解はない．(c) $D=D_1=D_2=0$．直線上の(x_1, x_2)の組はすべて解．無限個の解がある．

特に，(2.26)で$b_1=b_2=0$，すなわち

$$a_{11}x_1 + a_{12}x_2 = 0 \qquad (2.31\text{ a})$$

$$a_{21}x_1 + a_{22}x_2 = 0 \qquad (2.31\text{ b})$$

の場合を考えよう．この場合，$D_1=D_2 \equiv 0$であるから(2.29)から明らかに，$D \neq 0$ならば，$x_1=x_2=0$である．一方，$D=0$ならば，(2.31 a)と(2.31 b)は独立な方程式ではなく，x_1とx_2の比しか決まらない．

以上のことは十分理解できたと思うので，一般に，n個の未知数$x_1, x_2, \cdots, x_n$

に対する n 個の1次方程式

$$\begin{aligned} a_{11}x_1+a_{12}x_2+\cdots+a_{1n}x_n &= b_1 \\ a_{21}x_1+a_{22}x_2+\cdots+a_{2n}x_n &= b_2 \\ \cdots\cdots\cdots&\cdots\cdots \\ a_{n1}x_1+a_{n2}x_2+\cdots+a_{nn}x_n &= b_n \end{aligned} \tag{2.32}$$

を解くことを考える．上の式は，行列を使って，

$$\begin{pmatrix} a_{11} & a_{12} & \cdots & a_{1n} \\ a_{21} & a_{22} & \cdots & a_{2n} \\ \vdots & \vdots & & \vdots \\ a_{n1} & a_{n2} & \cdots & a_{nn} \end{pmatrix} \begin{pmatrix} x_1 \\ x_2 \\ \vdots \\ x_n \end{pmatrix} = \begin{pmatrix} b_1 \\ b_2 \\ \vdots \\ b_n \end{pmatrix}$$

またはより簡潔に，

$$AX = B \tag{2.33}$$

と書ける．A が正則な行列であるならば，逆行列 A^{-1} が存在し，

$$X = A^{-1}B \tag{2.34}$$

すなわち，

$$x_k = \sum_{l=1}^{n}(A^{-1})_{kl}b_l \tag{2.35}$$

と解くことができる．逆行列の表式(2.23)を代入して，

$$\boxed{x_k = \frac{1}{D}\sum_{l=1}^{n}C_{lk}b_l = \frac{D_k}{D} \qquad \text{（クラメルの公式）}} \tag{2.36}$$

と表わされる．$D_k \equiv \sum_{l=1}^{n}C_{lk}b_l$ は，行列式 $D=\det A$ の k 列目を要素 $b_1, b_2, \cdots, b_n$ の列ベクトルで置きかえたものである．(2.36)を**クラメルの公式**という．

例1
$$\left.\begin{aligned} a_{11}x_1+a_{12}x_2 &= b_1 \\ a_{21}x_1+a_{22}x_2 &= b_2 \end{aligned}\right\}, \qquad a_{11}a_{22}-a_{12}a_{21} \neq 0$$

をクラメルの公式を使って解く．定義より，

$$D = \begin{vmatrix} a_{11} & a_{12} \\ a_{21} & a_{22} \end{vmatrix}, \qquad D_1 = \begin{vmatrix} b_1 & a_{12} \\ b_2 & a_{22} \end{vmatrix}, \qquad D_2 = \begin{vmatrix} a_{11} & b_1 \\ a_{21} & b_2 \end{vmatrix}$$

クラメルの公式(2.36)を使って，$x_1=D_1/D$，$x_2=D_2/D$．これは(2.30)に一致する．❙

例2
$$a_{11}x_1+a_{12}x_2+a_{13}x_3 = b_1$$

$$a_{21}x_1+a_{22}x_2+a_{23}x_3 = b_2$$

$$a_{31}x_1+a_{32}x_2+a_{33}x_3 = b_3$$

の解は，

$$D = \begin{vmatrix} a_{11} & a_{12} & a_{13} \\ a_{21} & a_{22} & a_{23} \\ a_{31} & a_{32} & a_{33} \end{vmatrix} \neq 0$$

ならば，

$$D_1 = \begin{vmatrix} b_1 & a_{12} & a_{13} \\ b_2 & a_{22} & a_{23} \\ b_3 & a_{32} & a_{33} \end{vmatrix}, \quad D_2 = \begin{vmatrix} a_{11} & b_1 & a_{13} \\ a_{21} & b_2 & a_{23} \\ a_{31} & b_3 & a_{33} \end{vmatrix}, \quad D_3 = \begin{vmatrix} a_{11} & a_{12} & b_1 \\ a_{21} & a_{22} & b_2 \\ a_{31} & a_{32} & b_3 \end{vmatrix}$$

として，

$$x_1 = \frac{D_1}{D}, \quad x_2 = \frac{D_2}{D}, \quad x_3 = \frac{D_3}{D} \qquad \blacksquare$$

1次方程式(2.33)すなわち(2.32)の解は次のようにまとめられる．$D=\det A$ とする．

1)　$D\neq 0, B\neq 0$ ならば，少なくとも1つの x_k が0でない一意な解がある．

2)　$D\neq 0, B=0$ ならば，$X=0$ すなわち $x_1=x_2=\cdots=x_n=0$ だけが解である．この解を**自明な解**という．

3)　$D=0, B=0$ ならば，自明な解以外に無限個の解が存在する．この場合，方程式の少なくとも1つは他の方程式から得られる．

4)　$D=0, B\neq 0$ ならば，すべての D_k が0のときにだけ無限個の解が存在する．そうでなければ解はない．

これらの例題を，問題1に与えた．

この節では1次方程式の解法について述べた．特に強調したいのは次のことである．1次方程式 $AX=0$ が与えられたとする．この方程式では $X=0$ は常に解(自明な解)である．そして，$D\neq 0$ ならば，クラメルの公式によって解は一意的に求まるので，$X=0$ がただ1つの解である．したがって，自明でない解をもつためには，$D=0$ でなければならない．この結論は次の節の固有値問題で重要な役割をはたす．

問　題

1. 次の連立1次方程式を解け．

(i)
$$\begin{aligned}4x+6y+z&=2\\2x+y-4z&=3\\3x-2y+5z&=8\end{aligned}$$

(ii)
$$\begin{aligned}4x+6y+z&=0\\2x+y-4z&=0\\3x-2y+5z&=0\end{aligned}$$

(iii)
$$\begin{aligned}-x+y+2z&=0\\3x+4y+z&=0\\2x+5y+3z&=0\end{aligned}$$

(iv)
$$\begin{aligned}-x+y+2z&=1\\3x+4y+z&=3\\2x+5y+3z&=5\end{aligned}$$

2-6　行列の固有値と行列の対角化

固有値と固有ベクトル　これから述べる固有値と固有ベクトルの問題は，物理学における行列理論の応用の中で，最も重要なものといえる．

$A=(a_{jk})$ を $n\times n$ 行列，X を列ベクトルとして，1次方程式

$$AX = \lambda X \tag{2.37}$$

を考える．この方程式をみたすベクトル X は，行列 A を作用させても大きさが λ 倍になるだけである．または次のようにもいえる．(2.37)をみたすベクトル X は，行列 A の作用を普通の数 λ と同じ働きにしてしまう‘特別なベクトル’である．このようなうまいことがおきるのは，どのような λ と X に対してであろうか．これが，固有値と固有ベクトルの問題の出発点である．

方程式(2.37)は，n 個の連立方程式

$$\begin{aligned}(a_{11}-\lambda)x_1+\quad a_{12}x_2\quad+\cdots+\quad a_{1n}x_n\quad&=0\\a_{21}x_1\quad+(a_{22}-\lambda)x_2+\cdots+\quad a_{2n}x_n\quad&=0\\\cdots\cdots\cdots\cdots\cdots\cdots\cdots\cdots\cdots\cdots\cdots\cdots&\\a_{n1}x_1\quad+\quad a_{n2}x_2\quad+\cdots+(a_{nn}-\lambda)x_n&=0\end{aligned} \tag{2.38}$$

を表わしている．(2.38)は常に自明な解 $X=0$，すなわち $x_1=x_2=\cdots=x_n=0$ をもつ．自明でない解をもつのは，前節の議論によって，係数から作られる行列式が0，すなわち

$$\begin{vmatrix} a_{11}-\lambda & a_{12} & \cdots & a_{1n} \\ a_{21} & a_{22}-\lambda & \cdots & a_{2n} \\ \vdots & \vdots & & \vdots \\ a_{n1} & a_{n2} & \cdots & a_{nn}-\lambda \end{vmatrix} = 0 \tag{2.39}$$

のときである．(2.39)はλに対するn次の方程式であり，その根$\lambda_1, \lambda_2, \cdots, \lambda_n$を**固有値**という．各固有値$\lambda_k$ $(k=1, 2, \cdots, n)$に対して，**固有値方程式**

$$AX_k = \lambda_k X_k \qquad (k=1, 2, \cdots, n) \tag{2.40}$$

は自明でない解X_kをもつ．ベクトルX_kをλ_kに対する**固有ベクトル**という．(2.39)は，

$$D(\lambda) \equiv \det |A-\lambda I| = 0 \tag{2.41}$$

と書かれ，**固有方程式**または**特性方程式**とよばれる．

固有値は一般には複素数である．また，固有方程式が重根をもつことがある．この場合，固有値は**縮退**しているという．以下の議論では，固有値は縮退していない，すなわち，すべての固有値は相異なると仮定する．

例題 1 行列$A=\begin{pmatrix} 4 & -2 \\ 1 & 1 \end{pmatrix}$の固有値と固有ベクトルを求めよ．

[解] 行列Aより，固有方程式は

$$D(\lambda) = \begin{vmatrix} 4-\lambda & -2 \\ 1 & 1-\lambda \end{vmatrix} = \lambda^2-5\lambda+6 = (\lambda-2)(\lambda-3) = 0$$

である．したがって，固有値は$\lambda_1=2$と$\lambda_2=3$．これらの固有値に対する固有ベクトルを$AX=\lambda X$，すなわち，

$$\begin{aligned} (4-\lambda)x_1-2x_2 &= 0 \\ x_1+(1-\lambda)x_2 &= 0 \end{aligned} \tag{2.42}$$

より求める．$\lambda_1=2$の場合，(2.42)の2つの式は，

$$2x_1-2x_2 = 0, \qquad x_1-x_2 = 0$$

を与える．したがって，$x_1=x_2$であり，$\lambda_1=2$に対する固有ベクトルは，

$$X_1 = \begin{pmatrix} x_1 \\ x_2 \end{pmatrix} = \begin{pmatrix} x_2 \\ x_2 \end{pmatrix} = x_2\begin{pmatrix} 1 \\ 1 \end{pmatrix} \quad \text{または単に} \quad \begin{pmatrix} 1 \\ 1 \end{pmatrix}$$

同様にして，$\lambda_2=3$に対する固有ベクトルは，(2.42)より$x_1=2x_2$であるから，

$$X_2 = \begin{pmatrix} x_1 \\ x_2 \end{pmatrix} = \begin{pmatrix} 2x_2 \\ x_2 \end{pmatrix} = x_2\begin{pmatrix} 2 \\ 1 \end{pmatrix} \quad \text{または単に} \quad \begin{pmatrix} 2 \\ 1 \end{pmatrix}$$

この２つの固有ベクトル X_1 と X_2 は線形独立である. ▎

上の例題からわかるように, X_k が A の固有ベクトルであるならば, c を定数として cX_k も同じ固有値に対する固有ベクトルである.

行列の対角化 $A=(a_{jk})$ を $n\times n$ の対称行列, すなわち $A^{\mathrm{T}}=A$ として, 固有値方程式

$$AX=\lambda X \tag{2.43}$$

を考える. 固有値を λ_k, それに対応する固有ベクトルを v_k とすると

$$Av_k=\lambda_k v_k \qquad (k=1,2,\cdots,n) \tag{2.44}$$

簡単のために, 固有値はすべて異なるとしよう. 列ベクトル v_k

$$v_k=\begin{pmatrix} v_{1k} \\ v_{2k} \\ \vdots \\ v_{nk} \end{pmatrix} \qquad (k=1,2,\cdots,n)$$

を並べて行列

$$V=(v_1,v_2,\cdots,v_n)=\begin{pmatrix} v_{11} & v_{12} & \cdots & v_{1n} \\ v_{21} & v_{22} & \cdots & v_{2n} \\ \vdots & \vdots & & \vdots \\ v_{n1} & v_{n2} & \cdots & v_{nn} \end{pmatrix}$$

を作る. この行列 V は, (2.44), すなわち,

$$\sum_{l=1}^{n} a_{jl}v_{lk}=\lambda_k v_{jk}=v_{jk}\lambda_k$$

からわかるように,

$$AV=V\Lambda \tag{2.45}$$

をみたす. ここで行列 Λ は対角要素が固有値である対角行列

$$\Lambda=\begin{pmatrix} \lambda_1 & 0 & \cdots & 0 \\ 0 & \lambda_2 & \cdots & 0 \\ \vdots & \vdots & & \vdots \\ 0 & 0 & \cdots & \lambda_n \end{pmatrix} \tag{2.46}$$

である. (2.45) の両辺の転置をとる. $A^{\mathrm{T}}=A$, $\Lambda^{\mathrm{T}}=\Lambda$ であり, また行列の積の転置は $(AV)^{\mathrm{T}}=V^{\mathrm{T}}A^{\mathrm{T}}$ という性質(2-3 節の問題 2)をもつので, (2.45) より,

$$V^{\mathrm{T}}A=\Lambda V^{\mathrm{T}} \tag{2.47}$$

(2.45) の**左から** V^{T} をかけた式と (2.47) の**右から** V をかけた式を比べると,

$$V^{\mathrm{T}}V\Lambda = \Lambda V^{\mathrm{T}}V$$

を得る．上の式の左辺と右辺の (j,k) 要素はおのおの

$$(V^{\mathrm{T}}V\Lambda)_{jk} = \sum_{l=1}^{n}(V^{\mathrm{T}}V)_{jl}\Lambda_{lk} = \lambda_k(V^{\mathrm{T}}V)_{jk}$$

$$(\Lambda V^{\mathrm{T}}V)_{jk} = \sum_{l=1}^{n}\Lambda_{jl}(V^{\mathrm{T}}V)_{lk} = \lambda_j(V^{\mathrm{T}}V)_{jk}$$

ゆえに，

$$\lambda_k(V^{\mathrm{T}}V)_{jk} = \lambda_j(V^{\mathrm{T}}V)_{jk} \tag{2.48}$$

$\lambda_j \neq \lambda_k\,(j \neq k)$ と仮定したので，上の式より

$$(V^{\mathrm{T}}V)_{jk} = 0 \qquad (j \neq k) \tag{2.49}$$

である．(2.48) で $j=k$ としたものは単に恒等式を与えるだけである．したがって，行列 $V^{\mathrm{T}}V$ の対角要素 $(V^{\mathrm{T}}V)_{jj}\,(j=1,2,\cdots,n)$ は任意であり，大きさを1と取れる．

$$(V^{\mathrm{T}}V)_{jj} = 1 \qquad (j=1,2,\cdots,n) \tag{2.50}$$

(2.49) と (2.50) は，$V^{\mathrm{T}}V=I$，すなわち V は直交行列であることを示す．このとき，(2.45) の左から行列 V^{T} をかけると，

$$V^{\mathrm{T}}AV = V^{\mathrm{T}}V\Lambda = \Lambda \tag{2.51}$$

となる．このように，対称行列 A は固有ベクトル v_k から作った直交行列 V によって，対角行列 Λ に変換できるのである．これを**行列の対角化**という．行列 A がエルミット行列の場合には，ユニタリー行列 U によって，$U^{\dagger}AU$ を対角行列にすることができる．

例題 2 $A=\begin{pmatrix} 2 & -1 \\ -1 & 2 \end{pmatrix}$ を対角化せよ．

［解］ 固有方程式は $D(\lambda)=(2-\lambda)^2-(-1)^2=(\lambda-1)(\lambda-3)=0$ である．よって，固有値は $\lambda_1=1$ と $\lambda_2=3$．$AX=\lambda X$ より，λ_1 に対する固有ベクトル v_1 と λ_2 に対する固有ベクトル v_2 は，それぞれ

$$v_1 = \begin{pmatrix} 1/\sqrt{2} \\ 1/\sqrt{2} \end{pmatrix}, \qquad v_2 = \begin{pmatrix} 1/\sqrt{2} \\ -1/\sqrt{2} \end{pmatrix}$$

と求まる．ベクトル v_1 と v_2 は大きさが1となるようにした．行列 $V=(v_1, v_2)$ とその転置 V^{T} は，

$$V = V^{\mathrm{T}} = \begin{pmatrix} 1/\sqrt{2} & 1/\sqrt{2} \\ 1/\sqrt{2} & -1/\sqrt{2} \end{pmatrix} \tag{2.52}$$

で与えられる．この直交行列 V は行列 A を対角化する．実際，

$$V^{\mathrm{T}}AV = \begin{pmatrix} 1/\sqrt{2} & 1/\sqrt{2} \\ 1/\sqrt{2} & -1/\sqrt{2} \end{pmatrix}\begin{pmatrix} 2 & -1 \\ -1 & 2 \end{pmatrix}\begin{pmatrix} 1/\sqrt{2} & 1/\sqrt{2} \\ 1/\sqrt{2} & -1/\sqrt{2} \end{pmatrix} = \begin{pmatrix} 1 & 0 \\ 0 & 3 \end{pmatrix}$$

となり，与えられた行列 A は対角化された．▎

2 次形式の標準形　対称行列の対角化の問題は，これから述べるように，2 次形式を標準形にする問題と密接に関係している．表式

$$\begin{aligned} Q &= \sum_{j=1}^{n}\sum_{k=1}^{n} a_{jk}x_jx_k \\ &= a_{11}x_1{}^2 + (a_{12}+a_{21})x_1x_2 + \cdots + (a_{1n}+a_{n1})x_1x_n \\ &\quad + \quad a_{22}x_2{}^2 \quad + \cdots + (a_{2n}+a_{n2})x_2x_n \\ &\qquad + \cdots\cdots \\ &\qquad + a_{nn}x_n{}^2 \end{aligned} \tag{2.53}$$

を変数 $x_1, x_2, \cdots, x_n$ の **2 次形式**という．係数 a_{jk} は対称 $a_{jk}=a_{kj}$ にとれる．なぜならば，a_{jk} が対称でないならば，$(a_{jk}+a_{kj})/2$ をあらためて a_{jk} とおけばよい．(2.53) の 2 次形式 Q は，

$$X = \begin{pmatrix} x_1 \\ x_2 \\ \vdots \\ x_n \end{pmatrix}, \qquad A = \begin{pmatrix} a_{11} & a_{12} & \cdots & a_{1n} \\ a_{21} & a_{22} & \cdots & a_{2n} \\ \vdots & \vdots & & \vdots \\ a_{n1} & a_{n2} & \cdots & a_{nn} \end{pmatrix}$$

で定義される列ベクトル X と対称行列 A を使って

$$Q = X^{\mathrm{T}}AX \tag{2.54}$$

と書ける．ここで，行列の対角化の際に導入した行列 V を使って，変換 $X=VY$ を行なう．これを (2.54) に代入して，

$$Q = Y^{\mathrm{T}}V^{\mathrm{T}}AVY = Y^{\mathrm{T}}\Lambda Y \tag{2.55}$$

行列 $\Lambda=V^{\mathrm{T}}AV$ は (2.46) で定義された対角行列であることを思い出そう．したがって，$Y^{\mathrm{T}}=(y_1, y_2, \cdots, y_n)$ として，(2.55) は，

$$Q = \lambda_1 y_1{}^2 + \lambda_2 y_2{}^2 + \cdots + \lambda_n y_n{}^2 \tag{2.56}$$

を与える．上の式のように，y_1y_2, y_2y_3, y_1y_4 などの項を含まない 2 次形式を標

準形という．2次形式(2.53)は変換 $X=VY$ (V：直交行列)によって標準形にすることができた．

例題3　$Q=2x_1^2-2x_1x_2+2x_2^2$ を標準形になおせ．

［解］　2次形式 Q は

$$Q = X^{\mathrm{T}}AX, \qquad X = \begin{pmatrix} x_1 \\ x_2 \end{pmatrix}, \qquad A = \begin{pmatrix} 2 & -1 \\ -1 & 2 \end{pmatrix} \tag{2.57}$$

と書き直せる．前の例題より，行列 A を対角化する行列は(2.52)で与えられる．その結果を使って，変換 $X=VY$，すなわち，変換

$$\begin{pmatrix} x_1 \\ x_2 \end{pmatrix} = \begin{pmatrix} 1/\sqrt{2} & 1/\sqrt{2} \\ 1/\sqrt{2} & -1/\sqrt{2} \end{pmatrix}\begin{pmatrix} y_1 \\ y_2 \end{pmatrix} \tag{2.58}$$

を行なうと，

$$\begin{aligned} Q &= (x_1 \quad x_2)\begin{pmatrix} 2 & -1 \\ -1 & 2 \end{pmatrix}\begin{pmatrix} x_1 \\ x_2 \end{pmatrix} \\ &= (y_1 \quad y_2)\begin{pmatrix} 1/\sqrt{2} & 1/\sqrt{2} \\ 1/\sqrt{2} & -1/\sqrt{2} \end{pmatrix}\begin{pmatrix} 2 & -1 \\ -1 & 2 \end{pmatrix}\begin{pmatrix} 1/\sqrt{2} & 1/\sqrt{2} \\ 1/\sqrt{2} & -1/\sqrt{2} \end{pmatrix}\begin{pmatrix} y_1 \\ y_2 \end{pmatrix} \\ &= (y_1 \quad y_2)\begin{pmatrix} 1 & 0 \\ 0 & 3 \end{pmatrix}\begin{pmatrix} y_1 \\ y_2 \end{pmatrix} = y_1^2+3y_2^2 \end{aligned} \tag{2.59}$$

となり標準形が得られる．実際に，(2.58)の式 $x_1=(y_1+y_2)/\sqrt{2}$，$x_2=(y_1-y_2)/\sqrt{2}$ を $Q=2x_1^2-2x_1x_2+2x_2^2$ に代入して，$Q=y_1^2+3y_2^2$ となることを確かめてみなさい．∎

問　題

1.　$(AB)^{\dagger}=B^{\dagger}A^{\dagger}$ を示せ．

2.　エルミット行列の固有値は実数であることを示せ．また異なる固有値に対する固有ベクトルは直交することを示せ．

3.　反エルミット行列の固有値は0または純虚数であることを示せ．

4.　(i)　対称行列 $A=\begin{pmatrix} 1 & 1 & 3 \\ 1 & 5 & 1 \\ 3 & 1 & 1 \end{pmatrix}$ の固有値と固有ベクトルを求めよ．

(ii)　行列 A を対角化せよ．

(iii)　2次形式 $Q=x_1^2+5x_2^2+x_3^2+2x_1x_2+6x_1x_3+2x_2x_3$ を標準形になおせ．

2-7　座標変換とベクトル

座標軸の平行移動　直交座標系 O-xyz の各座標軸を平行移動して，新しい直交座標系 O′-$x'y'z'$ をつくる(図 2-13)．空間の任意の点 P の O に関する位置ベクトルを $\boldsymbol{r}=\overrightarrow{\mathrm{OP}}$, O′ に関する位置ベクトルを $\boldsymbol{r}'=\overrightarrow{\mathrm{O'P}}$, そして $\boldsymbol{b}=\overrightarrow{\mathrm{OO'}}$ とする．図 2.13 より，$\overrightarrow{\mathrm{OO'}}+\overrightarrow{\mathrm{O'P}}=\overrightarrow{\mathrm{OP}}$, すなわち，

$$\boldsymbol{r}' = \boldsymbol{r}-\boldsymbol{b} \tag{2.60}$$

である．成分で書けば，$\boldsymbol{b}(b_1, b_2, b_3)$ として，

$$\boxed{x' = x-b_1, \quad y' = y-b_2, \quad z' = z-b_3} \tag{2.61}$$

これが**座標軸の平行移動を表わす座標変換の式**である．座標軸の平行移動によっては，ベクトルの成分は変化しない(→問題 1)．

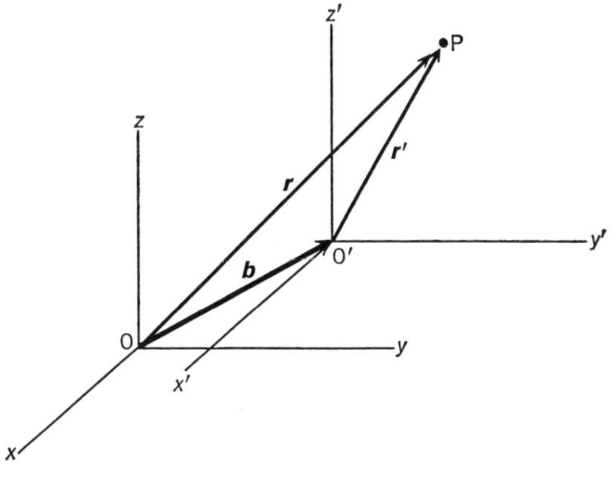

図 2-13　座標軸の平行移動．

座標軸の平行移動によってはベクトルの成分は変わらないといっても，位置ベクトルは(2.61)のように成分が変わっているとの反論が聞こえる．位置ベクトルは始点を固定しているので，座標軸の平行移動によってその成分が変わるのである．位置ベクトルのように始点を固定したベクトルを**束縛ベクトル**という．座標軸の平行移動によってベクトルの成分は変わらないというときには，束縛ベクトルは含まれていないのである．

座標軸の回転 直交座標系 O-xyz を原点 O のまわりに回転させて，新しい座標系 O-$x'y'z'$ をつくる(図 2-14)．これらの座標系での直交単位ベクトルをそれぞれ $\boldsymbol{i}, \boldsymbol{j}, \boldsymbol{k}$ と $\boldsymbol{i}', \boldsymbol{j}', \boldsymbol{k}'$ とする．ベクトルの組 $\boldsymbol{i}, \boldsymbol{j}, \boldsymbol{k}$ は基底ベクトルを構成するので，その組で $\boldsymbol{i}', \boldsymbol{j}', \boldsymbol{k}'$ を表わすことができる．

$$\begin{aligned} \boldsymbol{i}' &= a_{11}\boldsymbol{i}+a_{12}\boldsymbol{j}+a_{13}\boldsymbol{k} \\ \boldsymbol{j}' &= a_{21}\boldsymbol{i}+a_{22}\boldsymbol{j}+a_{23}\boldsymbol{k} \\ \boldsymbol{k}' &= a_{31}\boldsymbol{i}+a_{32}\boldsymbol{j}+a_{33}\boldsymbol{k} \end{aligned} \tag{2.62}$$

行列記号を用いて，(2.62)は

$$\begin{pmatrix} \boldsymbol{i}' \\ \boldsymbol{j}' \\ \boldsymbol{k}' \end{pmatrix} = \begin{pmatrix} a_{11} & a_{12} & a_{13} \\ a_{21} & a_{22} & a_{23} \\ a_{31} & a_{32} & a_{33} \end{pmatrix} \begin{pmatrix} \boldsymbol{i} \\ \boldsymbol{j} \\ \boldsymbol{k} \end{pmatrix} = A \begin{pmatrix} \boldsymbol{i} \\ \boldsymbol{j} \\ \boldsymbol{k} \end{pmatrix} \tag{2.63}$$

と書ける．

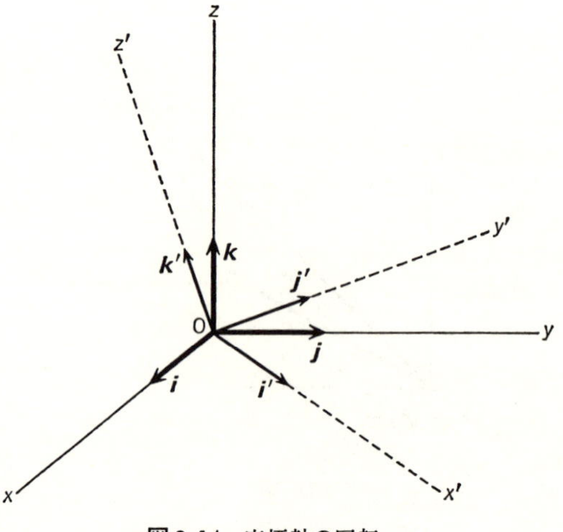

図 2-14 座標軸の回転.

9 つの係数 a_{jk} はすべてが独立というわけではない．$\boldsymbol{i}'\cdot\boldsymbol{i}'=1$ から

$$(a_{11}\boldsymbol{i}+a_{12}\boldsymbol{j}+a_{13}\boldsymbol{k})\cdot(a_{11}\boldsymbol{i}+a_{12}\boldsymbol{j}+a_{13}\boldsymbol{k}) = a_{11}^2+a_{12}^2+a_{13}^2 = 1 \tag{2.64 a}$$

同様にして，$\boldsymbol{j}'\cdot\boldsymbol{j}'=\boldsymbol{k}'\cdot\boldsymbol{k}'=1$ から

$$a_{21}^2+a_{22}^2+a_{23}^2 = a_{31}^2+a_{32}^2+a_{33}^2 = 1 \tag{2.64 b}$$

次に，$\boldsymbol{i}'\cdot\boldsymbol{j}'=0$ から

$$(a_{11}\boldsymbol{i}+a_{12}\boldsymbol{j}+a_{13}\boldsymbol{k})\cdot(a_{21}\boldsymbol{i}+a_{22}\boldsymbol{j}+a_{23}\boldsymbol{k})$$
$$= a_{11}a_{21}+a_{12}a_{22}+a_{13}a_{23} = 0 \qquad (2.64\,\mathrm{c})$$

同様にして，$\boldsymbol{j}'\cdot\boldsymbol{k}'=\boldsymbol{k}'\cdot\boldsymbol{i}'=0$ から，

$$a_{21}a_{31}+a_{22}a_{32}+a_{23}a_{33} = a_{31}a_{11}+a_{32}a_{12}+a_{33}a_{13} = 0 \qquad (2.64\,\mathrm{d})$$

(2.64) の 6 個の関係式をまとめて書く；

$$\sum_{k=1}^{3} a_{jk}a_{lk} = \begin{cases} 1 & (j=l) \\ 0 & (j\neq l) \end{cases} \qquad (2.65)$$

ここで，**クロネッカー(Kronecker)のデルタ記号**

$$\delta_{jk} = \begin{cases} 1 & (j=k) \\ 0 & (j\neq k) \end{cases} \qquad (2.66)$$

を用いると，(2.65) は次式のように書ける.

$$\sum_{k=1}^{3} a_{jk}a_{lk} = \delta_{jl} \qquad (2.67)$$

係数 a_{jk} は簡単な幾何学的意味をもっている．(2.62) より，$a_{11}=\boldsymbol{i}'\cdot\boldsymbol{i}$．ところが $\boldsymbol{i}$ と $\boldsymbol{i}'$ は単位ベクトルであるから，x' 軸と x 軸の間の角を α_1 とおけば，$a_{11}=\cos\alpha_1$ である．$x_1=x$，$x_2=y$，$x_3=z$，$x_1'=x'$，$x_2'=y'$，$x_3'=z'$ とするならば，a_{jk} は x_j' 軸と x_k 軸との間の角のコサインであることがわかる.

行列の記号を用いると，(2.67) は

$$AA^{\mathrm{T}} = I \quad \text{または} \quad A^{\mathrm{T}} = A^{-1} \qquad (2.68)$$

したがって，行列 A は直交行列であることがわかる．(2.63) に左から行列 A^{T} をかけると，$A^{\mathrm{T}}A=I$ であるから，

$$\begin{pmatrix} \boldsymbol{i} \\ \boldsymbol{j} \\ \boldsymbol{k} \end{pmatrix} = A^{\mathrm{T}} \begin{pmatrix} \boldsymbol{i}' \\ \boldsymbol{j}' \\ \boldsymbol{k}' \end{pmatrix} \qquad (2.69)$$

または，

$$\begin{aligned} \boldsymbol{i} &= a_{11}\boldsymbol{i}'+a_{21}\boldsymbol{j}'+a_{31}\boldsymbol{k}' \\ \boldsymbol{j} &= a_{12}\boldsymbol{i}'+a_{22}\boldsymbol{j}'+a_{32}\boldsymbol{k}' \\ \boldsymbol{k} &= a_{13}\boldsymbol{i}'+a_{23}\boldsymbol{j}'+a_{33}\boldsymbol{k}' \end{aligned} \qquad (2.70)$$

これは基底ベクトル $\boldsymbol{i}', \boldsymbol{j}', \boldsymbol{k}'$ を使って，$\boldsymbol{i}, \boldsymbol{j}, \boldsymbol{k}$ を表わした式である．

いま，点 P の O-xyz と O-$x'y'z'$ に関する座標をそれぞれ (x, y, z) および (x', y', z') とする．

$$\begin{aligned}\boldsymbol{r} &= x\boldsymbol{i}+y\boldsymbol{j}+z\boldsymbol{k} \\ &= x'\boldsymbol{i}'+y'\boldsymbol{j}'+z'\boldsymbol{k}' \end{aligned} \tag{2.71}$$

(2.70)を(2.71)に代入する．

$$\begin{aligned}&x(a_{11}\boldsymbol{i}'+a_{21}\boldsymbol{j}'+a_{31}\boldsymbol{k}')+y(a_{12}\boldsymbol{i}'+a_{22}\boldsymbol{j}'+a_{32}\boldsymbol{k}')+z(a_{13}\boldsymbol{i}'+a_{23}\boldsymbol{j}'+a_{33}\boldsymbol{k}') \\ &\quad = x'\boldsymbol{i}'+y'\boldsymbol{j}'+z'\boldsymbol{k}'\end{aligned}$$

ベクトル $\boldsymbol{i}', \boldsymbol{j}', \boldsymbol{k}'$ の係数をそれぞれ等しいとおくと，

$$\boxed{\begin{aligned} x' &= a_{11}x+a_{12}y+a_{13}z \\ y' &= a_{21}x+a_{22}y+a_{23}z \\ z' &= a_{31}x+a_{32}y+a_{33}z \end{aligned}} \tag{2.72}$$

または行列記号を用いて，

$$\begin{pmatrix} x' \\ y' \\ z' \end{pmatrix} = A\begin{pmatrix} x \\ y \\ z \end{pmatrix} \tag{2.73}$$

これが**座標軸の回転を表わす座標変換の式**である．

ベクトルの変換則も同様に導くことができる．ベクトル $\boldsymbol{V}$ の O-xyz での成分を (V_x, V_y, V_z)，O-$x'y'z'$ での成分を (V_x', V_y', V_z') とする．

$$\begin{aligned}\boldsymbol{V} &= V_x\boldsymbol{i}+V_y\boldsymbol{j}+V_z\boldsymbol{k} \\ &= V_x'\boldsymbol{i}'+V_y'\boldsymbol{j}'+V_z'\boldsymbol{k}' \end{aligned} \tag{2.74}$$

(2.72)を得たときと同じように，(2.70)を(2.74)に代入して，$\boldsymbol{i}', \boldsymbol{j}', \boldsymbol{k}'$ の係数を等しいとおくと，

$$\boxed{\begin{aligned} V_x' &= a_{11}V_x+a_{12}V_y+a_{13}V_z \\ V_y' &= a_{21}V_x+a_{22}V_y+a_{23}V_z \\ V_z' &= a_{31}V_x+a_{32}V_y+a_{33}V_z \end{aligned}} \tag{2.75}$$

または行列記号で

$$\begin{pmatrix} V_x' \\ V_y' \\ V_z' \end{pmatrix} = A \begin{pmatrix} V_x \\ V_y \\ V_z \end{pmatrix} \tag{2.76}$$

これが**座標軸の回転に関してのベクトルの変換**を表わす公式である．

一般の座標変換　一般に2つの直交座標系 O-xyz と O′-$x'y'z'$ があるとき，一方の座標から他方の座標系への変換は，座標軸の平行移動と座標軸の回転を組み合わせることによって得られる．

$$\boxed{\begin{aligned} x' &= a_{11}x+a_{12}y+a_{13}z-b_1 \\ y' &= a_{21}x+a_{22}y+a_{23}z-b_2 \\ z' &= a_{31}x+a_{32}y+a_{33}z-b_3 \end{aligned}} \tag{2.77}$$

座標軸の平行移動と回転は，どちらを先にやってもその結果は変わらない．座標軸の平行移動によってはベクトルの成分は変わらないから，一般の座標変換(2.77)によってベクトルの成分は(2.75)のように変換することがわかる．

ベクトルの他の定義　(2.75)をベクトルの定義として用いることができる．すなわち，ある量 $\boldsymbol{V}$ が1つの座標系に関して3つの成分 (V_x, V_y, V_z) で表わされ，その成分が座標系の変換(2.72)（または(2.77)）に際して(2.75)で変換されるとき，この量を**ベクトル**とよぶ．また，変換(2.72)（または(2.77)）に際して変わらない量を**スカラー**という．

鏡像　座標変換 $x'=-x$, $y'=-y$, $z'=-z$ を**鏡像**という．これは，右手系を左手系に移す．鏡像によってベクトル $\boldsymbol{A}$ の成分は，

$$A_x' = -A_x, \quad A_y' = -A_y, \quad A_z' = -A_z \tag{2.78}$$

と変換される(図2-15)．これに対して，2つのベクトルのベクトル積 $\boldsymbol{C}=\boldsymbol{A}\times\boldsymbol{B}$ は，$C_x=A_yB_z-A_zB_y$, $C_y=A_zB_x-A_xB_z$, $C_z=A_xB_y-A_yB_x$ であるから，鏡像によっては変わらない．

$$C_x' = C_x, \quad C_y' = C_y, \quad C_z' = C_z \tag{2.79}$$

このことは，図2-16からも理解できるであろう．

したがって，変換の性質からいえば，$\boldsymbol{C}=\boldsymbol{A}\times\boldsymbol{B}$ はベクトルではない．つま

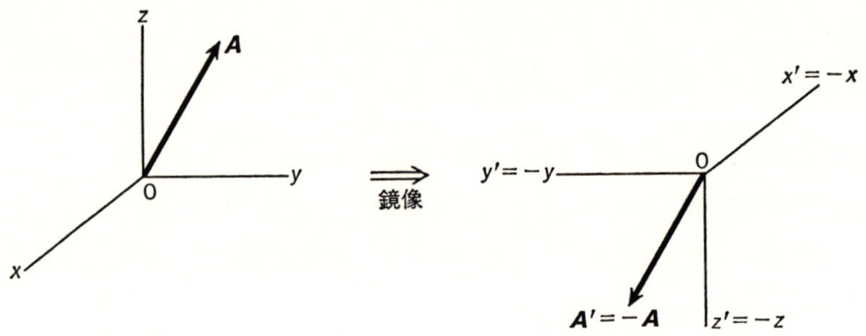

図 2-15　鏡像．O-xyz は右手系，O-$x'y'z'$ は左手系であることに注意する．

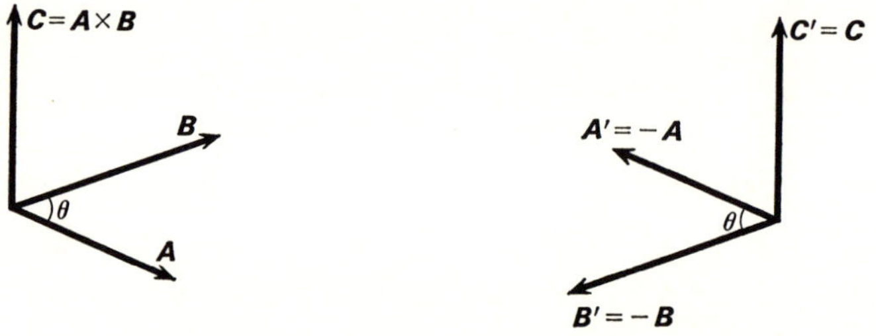

図 2-16

り，ベクトルには２種類ある．鏡像によってその成分が(2.78)で変換されるベクトルを**極性ベクトル**，その成分が(2.79)で変換されるベクトルを**軸性ベクトル**という．

物理例　力，速度，加速度は極性ベクトル，角速度ベクトル，力のモーメントは軸性ベクトルである．▎

問　　題

1.　座標軸の平行移動(2.60)によって，ベクトル $\boldsymbol{V}$ の成分は変わらないことを示せ．

2.　２点 (x_1, y_1, z_1) と (x_2, y_2, z_2) の間の距離 $r_{12}=[(x_2-x_1)^2+(y_2-y_1)^2+(z_2-z_1)^2]^{1/2}$ は一般の座標変換(2.77)によって変わらない．すなわち２点間の距離 r_{12} はスカラーであることを示せ．

3.　ベクトルのスカラー積 $\boldsymbol{u}\cdot\boldsymbol{v}=u_xv_x+u_yv_y+u_zv_z$ はスカラーであることを示せ．

2-8 テンソル

テンソル この節では，座標 (x, y, z) を (x_1, x_2, x_3)，ベクトルの成分 (V_x, V_y, V_z) を (V_1, V_2, V_3) と書くことにする．2-7 節では，ベクトルは次のようにも定義できることを述べた．座標変換

$$x_i' = \sum_{j=1}^{3} a_{ij} x_j \qquad (i=1,2,3)$$
$$A = (a_{jk}) \qquad (A：\text{直交行列}) \tag{2.80}$$

に際して，その成分が

$$V_i' = \sum_{j=1}^{3} a_{ij} V_j \qquad (i=1,2,3) \tag{2.81}$$

と変換するならば，$\boldsymbol{V}=(V_1, V_2, V_3)$ はベクトルである．この考えをさらに拡張してみよう．

$x_1x_2x_3$ 座標系で 9 個の数 $T_{ij}\,(i,j=1,2,3)$,

$$\begin{matrix} T_{11} & T_{12} & T_{13} \\ T_{21} & T_{22} & T_{23} \\ T_{31} & T_{32} & T_{33} \end{matrix}$$

があるとする．それを $x_1'x_2'x_3'$ 座標系でみたときは，9 個の数 $T_{ij}'\,(i,j=1,2,3)$

$$\begin{matrix} T_{11}' & T_{12}' & T_{13}' \\ T_{21}' & T_{22}' & T_{23}' \\ T_{31}' & T_{32}' & T_{33}' \end{matrix}$$

であるとしよう．座標変換(2.80)に際して，

$$T_{rs}' = \sum_{i=1}^{3}\sum_{j=1}^{3} a_{ri} a_{sj} T_{ij} \tag{2.82}$$

と変換するならば，これらの 9 個の数の組を**テンソル**といい，T_{ij} を**テンソルの成分**という．記述を簡単にするために，T_{ij} を成分とするテンソルを単に T_{ij} と表わすことにする．同様に，v_j を成分とするベクトルを単に v_j と書くこと

もある.

テンソルの基本的な性質をまとめる.

1) 2つのテンソルを T_{ij}, S_{ij} とすれば，和 $T_{ij}+S_{ij}$，差 $T_{ij}-S_{ij}$ もテンソルである.

2) λ をスカラーとすれば λT_{ij} もテンソルである.

3) 2つのベクトル u_i, v_j の積 $T_{ij}=u_i v_j$ はテンソルである．なぜならば，座標変換(2.80)によって，

$$u_i' = \sum_j a_{ij} u_j, \qquad v_i' = \sum_j a_{ij} v_j$$

であるから，

$$\begin{aligned} T_{rs}' = u_r' v_s' &= \sum_i a_{ri} u_i \sum_j a_{sj} v_j = \sum_i \sum_j a_{ri} a_{sj} u_i v_j \\ &= \sum_i \sum_j a_{ri} a_{sj} T_{ij} \end{aligned}$$

4) すべての成分が0のテンソルを**ゼロテンソル**という．ゼロテンソルは座標系が変わってもゼロテンソルである．なぜならば，$T_{ij}=0$ のとき $T_{rs}' = \sum_i \sum_j a_{ri} a_{sj} T_{ij} = 0$.

5) クロネッカーのデルタ δ_{ij}，

$$\delta_{ij} = \begin{cases} 1 & (i=j) \\ 0 & (i \neq j) \end{cases}$$

はテンソルである．なぜならば，

$$\sum_{i,j} a_{ri} a_{sj} \delta_{ij} = \sum_i a_{ri} a_{si} = \begin{cases} 1 & (r=s) \\ 0 & (r \neq s) \end{cases}$$

よって，$\delta_{rs}' = \sum_{i,j} a_{ri} a_{sj} \delta_{ij}$.

6) T_{ij} をテンソル，v_i をベクトルとすれば，$\sum_j T_{ij} v_j$, $\sum_j T_{ji} v_j$ はいずれもベクトルである．前者について証明しよう(後者は問題1).

$$u_i = \sum_j T_{ij} v_j, \qquad u_i' = \sum_j T_{ij}' v_j'$$

とおく.

$$\begin{aligned} u_i' = \sum_j T_{ij}' v_j' &= \sum_j \left(\sum_k \sum_l a_{ik} a_{jl} T_{kl}\right)\left(\sum_m a_{jm} v_m\right) \\ &= \sum_k \sum_l \sum_m a_{ik} \left(\sum_j a_{jl} a_{jm}\right) T_{kl} v_m = \sum_k \sum_l \sum_m a_{ik} \delta_{lm} T_{kl} v_m \end{aligned}$$

$$= \sum_k \sum_l a_{ik} T_{kl} v_l = \sum_k a_{ik} u_k$$

ゆえに u_i はベクトルである．上の証明では直交行列の性質 $\sum_j a_{jl} a_{jm} = \delta_{lm}$ を用いた．

7) 6)の逆も成り立つ．すなわち，9個の数の組を $T_{ij}\,(i,j=1,2,3)$ とするとき，任意のベクトル v_i に対し，つねに $\sum_j T_{ij} v_j$ または $\sum_j T_{ji} v_j$ がベクトルならば，T_{ij} はテンソルである．

高階テンソル　(2.82)で定義したテンソル T_{ij} は，次の意味で2階テンソルである．一般に n 階テンソル $T_{i_1 \cdots i_n}$ は，その成分の変換における性質

$$T'_{r_1 r_2 \cdots r_n} = \sum_{i_1} \sum_{i_2} \cdots \sum_{i_n} a_{r_1 i_1} a_{r_2 i_2} \cdots a_{r_n i_n} T_{i_1 i_2 \cdots i_n} \qquad (2.83)$$

で定義される．この定義によれば，ベクトルは1階テンソル，スカラーは0階テンソルである．

さて，ここまでくると，任意の3つの量の組がすべてベクトルというわけではなく，また，任意の9つの量の組がすべてテンソルというわけではないことがわかるであろう．変換における性質が重要なのである．座標変換と同じように変換するのがベクトル，ベクトルの積のように変換するのがテンソル，変換しないのがスカラーである．ステレオ，自動車，マイコンという現代若者の**3**種の神器はベクトルではない．そして，野球チームの9人の**9**つの背番号はテンソルではない．

対称テンソルと反対称テンソル　テンソル T_{ij} の成分に対して $T_{ij}=T_{ji}$，すなわち，$T_{12}=T_{21}$，$T_{23}=T_{32}$，$T_{31}=T_{13}$ が成り立つとき，このテンソルを**対称テンソル**という．対称テンソルは座標変換によってその性質を変えない(→問題2)．

テンソル T_{ij} の成分に対して，$T_{ij}=-T_{ji}$ が成り立つとき，このテンソルを**反対称テンソル**または**交代テンソル**という．$i=j$ の成分は $T_{ii}=-T_{ii}$ であるから，$T_{11}=T_{22}=T_{33}=0$ である．すなわち，反対称テンソルの成分は3つの成分 T_{12}, T_{23}, T_{31} によって定まる．

$$\text{反対称テンソル}\quad \begin{matrix} 0 & T_{12} & -T_{31} \\ -T_{12} & 0 & T_{23} \\ T_{31} & -T_{23} & 0 \end{matrix}$$

反対称テンソルも座標変換によってその性質を変えない.

任意のテンソルは対称テンソルと反対称テンソルの和に分解できる. T_{ij} をテンソルとして,

$$S_{ij} = \frac{1}{2}(T_{ij}+T_{ji}), \qquad A_{ij} = \frac{1}{2}(T_{ij}-T_{ji}) \tag{2.84}$$

とおけば, S_{ij} は対称テンソル, A_{ij} は反対称テンソルである. また明らかに,

$$T_{ij} = S_{ij}+A_{ij} \tag{2.85}$$

である.

問　題

1. T_{ij} をテンソル, v_j をベクトルとするならば, $\sum_j T_{ji}v_j$ はベクトルであることを示せ.

2. 対称テンソルは座標変換によってその性質を変えないことを示せ.

3. T_{ij} を2階テンソルとすれば, $\sum_i T_{ii} = T_{11}+T_{22}+T_{33}$ は0階テンソルすなわちスカラーであることを示せ.

4. 次のようなベクトル V とテンソル T がある.

$$V = \begin{pmatrix} v_1 \\ v_2 \end{pmatrix}, \qquad T = \begin{pmatrix} T_{11} & T_{12} \\ T_{21} & T_{22} \end{pmatrix}$$

これらはともに2次元直角座標系 x_1, x_2 に関して与えられている. 元の座標系を正方向に 90° だけ回転した新しい座標 x_1', x_2' に関するベクトルとテンソルの各成分を求めよ.

2-9　テンソルの物理例

角速度ベクトルとテンソル　剛体が原点Oのまわりに角速度 $\boldsymbol{\omega}$ で回転している. 剛体内の点Pの速度 $\boldsymbol{v}$ は, Pの位置ベクトルを $\boldsymbol{r}$ とすれば, $\boldsymbol{v} = \boldsymbol{\omega} \times \boldsymbol{r}$ で与えられる. $\boldsymbol{v}, \boldsymbol{\omega}, \boldsymbol{r}$ の成分を $v_i, \omega_i, x_i\ (i=1,2,3)$ とすれば,

$$v_1 = \omega_2 x_3 - \omega_3 x_2, \qquad v_2 = \omega_3 x_1 - \omega_1 x_3, \qquad v_3 = \omega_1 x_2 - \omega_2 x_1 \tag{2.86}$$

ここで，

$$\omega_{ij} = \begin{pmatrix} \omega_{11} & \omega_{12} & \omega_{13} \\ \omega_{21} & \omega_{22} & \omega_{23} \\ \omega_{31} & \omega_{32} & \omega_{33} \end{pmatrix} = \begin{pmatrix} 0 & \omega_3 & -\omega_2 \\ -\omega_3 & 0 & \omega_1 \\ \omega_2 & -\omega_1 & 0 \end{pmatrix}$$

とおくと，(2.86)は，

$$v_i = -\sum_{j=1}^{3} \omega_{ij} x_j \qquad (i=1,2,3) \tag{2.87}$$

したがって，テンソルの性質 7)により ω_{ij} は反対称テンソルである．

慣性テンソル　剛体を細分して考える．剛体が原点Oのまわりに角速度 $\boldsymbol{\omega}$ で回転しているとき，剛体の各点 $\boldsymbol{r}_i$ の速度は，$\boldsymbol{v}_i = \boldsymbol{\omega} \times \boldsymbol{r}_i$ で与えられる．全角運動量 $\boldsymbol{L}$ は細分した1片の質量を m_i として，

$$\boldsymbol{L} = \sum_i m_i \boldsymbol{r}_i \times \boldsymbol{v}_i = \sum_i m_i \boldsymbol{r}_i \times (\boldsymbol{\omega} \times \boldsymbol{r}_i) \tag{2.88}$$

ベクトル3重積の公式(2.11)を使えば，

$$\boldsymbol{L} = \sum_i \{(m_i r_i^2)\boldsymbol{\omega} - m_i \boldsymbol{r}_i (\boldsymbol{r}_i \cdot \boldsymbol{\omega})\} \tag{2.89}$$

である．これを成分で書くと，$\boldsymbol{L} = (L_1, L_2, L_3)$，$\boldsymbol{r}_i = (x_i, y_i, z_i)$ として，

$$\begin{aligned} L_1 &= \sum_i \{m_i(x_i^2 + y_i^2 + z_i^2)\omega_1 - m_i x_i (x_i \omega_1 + y_i \omega_2 + z_i \omega_3)\} \\ &= \sum_i m_i (y_i^2 + z_i^2)\omega_1 - \sum_i m_i x_i y_i \omega_2 - \sum_i m_i x_i z_i \omega_3 \\ L_2 &= -\sum_i m_i y_i x_i \omega_1 + \sum_i m_i (x_i^2 + z_i^2)\omega_2 - \sum_i m_i y_i z_i \omega_3 \\ L_3 &= -\sum_i m_i z_i x_i \omega_1 - \sum_i m_i z_i y_i \omega_2 + \sum_i m_i (x_i^2 + y_i^2)\omega_3 \end{aligned} \tag{2.90}$$

ここで，

$$\begin{aligned} I_{11} &= \sum_i m_i (y_i^2 + z_i^2), & I_{12} &= -\sum_i m_i x_i y_i, & I_{13} &= -\sum_i m_i x_i z_i \\ I_{21} &= -\sum_i m_i y_i x_i, & I_{22} &= \sum_i m_i (x_i^2 + z_i^2), & I_{23} &= -\sum_i m_i y_i z_i \\ I_{31} &= -\sum_i m_i z_i x_i, & I_{32} &= -\sum_i m_i z_i y_i, & I_{33} &= \sum_i m_i (x_i^2 + y_i^2) \end{aligned} \tag{2.91}$$

とおくと，(2.90)は

$$\boxed{L_i = \sum_{j=1}^{3} I_{ij}\omega_j \qquad (i=1,2,3)} \tag{2.92}$$

と書ける．したがって，I_{ij} は対称テンソルであり，**慣性テンソル**(または慣性モーメントテンソル)とよばれる．剛体の運動エネルギーは慣性テンソルを使って，

$$T = \frac{1}{2}\sum_{j,k} I_{jk}\omega_j\omega_k \tag{2.93}$$

と表わされる(→問題1)．

物理学におけるテンソルの例は数え上げだすときりがない．例えば，連続体理論では，ひずみテンソル，応力テンソルなどが登場する．

対称テンソルの主軸変換 対称テンソルの例として慣性テンソル $I=(I_{ij})$,

$$I = (I_{ij}) = \begin{pmatrix} I_{11} & I_{12} & I_{13} \\ I_{21} & I_{22} & I_{23} \\ I_{31} & I_{32} & I_{33} \end{pmatrix}, \qquad I_{ij} = I_{ji} \tag{2.94}$$

を考える．2-6節で議論したように，(2.94)は固有ベクトルから作った直交行列 V によって対角形にできる；

$$V^{\mathrm{T}} I V = \begin{pmatrix} I_1 & 0 & 0 \\ 0 & I_2 & 0 \\ 0 & 0 & I_3 \end{pmatrix} \tag{2.95}$$

慣性モーメントが対角形になるような直交軸は**主軸**と呼ばれ，それに対応する対角要素 I_1, I_2, I_3 を**主軸モーメント**という．剛体に固定された1つの座標軸が与えられると，直交変換によって主軸に変換することができるのである．このような直交変換を**主軸変換**という．主軸に対しては，角運動量，運動エネルギーはそれぞれ，

$$L_1 = I_1\omega_1, \qquad L_2 = I_2\omega_2, \qquad L_3 = I_3\omega_3 \tag{2.96}$$

$$T = \frac{1}{2}I_1{\omega_1}^2 + \frac{1}{2}I_2{\omega_2}^2 + \frac{1}{2}I_3{\omega_3}^2 \tag{2.97}$$

のように簡単な形になる．(2.97)は2次形式(2.93)を標準形にしたものといえる．

落葉が一番小さい慣性モーメントをもつ軸を回転軸として，ひらひら舞い落ちてくるのを見たときには主軸変換という言葉をおもいだしてほしい．空気の影響を無視するならば，慣性モーメントが最大または最小になっている主軸のまわりの回転は安定であり，またそれ以外の主軸の回転は不安定であることが知られている．

図 2-17　落葉．慣性モーメントがいちばん小さいのは，矢印方向を回転軸とした場合である．

問　題

1.　剛体の運動エネルギーは，

$$T=\frac{1}{2}\sum_i m_i \boldsymbol{v}_i\cdot\boldsymbol{v}_i, \qquad \boldsymbol{v}_i=\boldsymbol{\omega}\times\boldsymbol{r}_i$$

で与えられる．この式を変形して，

$$T=\frac{1}{2}\sum_j\sum_k I_{jk}\omega_j\omega_k$$

と書けることを示せ．上の式では，角速度ベクトル $\boldsymbol{\omega}$ の成分を $\omega_j\,(j=1,2,3)$ と書いた．

Coffee Break

左向けぇ，逆立ち！

‘左を向く’という動作と‘逆立ち’という動作を続けて行なうとする．図からわかるように，この2つの動作はその順序によって，異なった結果をもたらす．このことを行列を使って示そう(2-7節で座標系の回転を行列で記述したことを思い出す)．図で示したように座標系をとると，‘左を向く’動作は，z軸のまわりの90°回転に相当し，‘逆立ち’動作は，y軸のまわりの180°回転に相当する．したがって，それぞれの動作は，行列AとBによって

$$A = \begin{pmatrix} \cos 90^\circ & \sin 90^\circ & 0 \\ -\sin 90^\circ & \cos 90^\circ & 0 \\ 0 & 0 & 1 \end{pmatrix} = \begin{pmatrix} 0 & 1 & 0 \\ -1 & 0 & 0 \\ 0 & 0 & 1 \end{pmatrix}$$

$$B = \begin{pmatrix} \cos 180^\circ & 0 & -\sin 180^\circ \\ 0 & 1 & 0 \\ \sin 180^\circ & 0 & \cos 180^\circ \end{pmatrix} = \begin{pmatrix} -1 & 0 & 0 \\ 0 & 1 & 0 \\ 0 & 0 & -1 \end{pmatrix}$$

で与えられる．一連の動作は行列の積で記述され，図の(a)は行列BA，(b)は行列ABに相当する．簡単にたしかめられるように，AB≠BAである．

ルービック・キューブで遊んだことのある人は，回転操作が順序によること，すなわち，行列の積が順序によることを身をもって体験しているはずである．

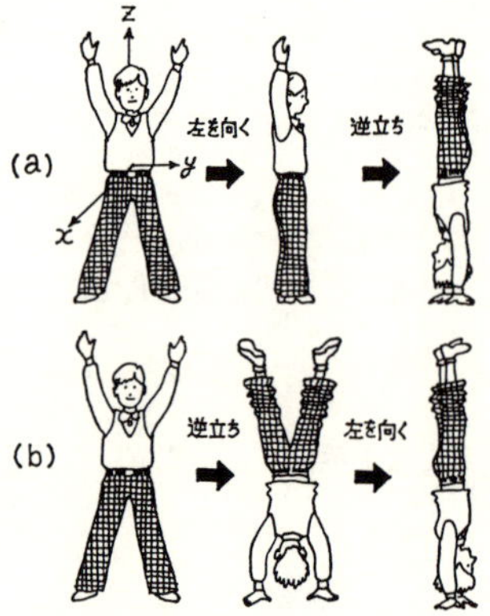

3

常微分方程式

物理学の基本法則は，そのほとんどすべてが微分方程式の形に書かれる．自然界は微分方程式によって記述されるといってもよい．微分方程式は独立変数の数により，常微分方程式と偏微分方程式に大別される．この章では常微分方程式，第 7 章では偏微分方程式を考える．この章の目的は，微分方程式の基本的な解き方と 2 階線形微分方程式の解法を習得することである．求めた解が正しいかどうかは，元の方程式に代入することによって簡単に確かめられるので，検算をする習慣を身につけてほしい．

3-1 常微分方程式

未知関数とその導関数を含む方程式を**微分方程式**という．

例1 $\dfrac{dy}{dx}=y$ **例2** $\dfrac{d^2y}{dx^2}+a_1(x)\dfrac{dy}{dx}+a_2(x)y=f(x)$

例3 $\dfrac{d^2y}{dx^2}=k\sin y$ **例4** $\dfrac{\partial^2 V}{\partial x^2}+\dfrac{\partial^2 V}{\partial y^2}=0$

例1～例3のように，独立変数の数が1つの場合には**常微分方程式**，例4のように，独立変数の数が2つ以上の場合には**偏微分方程式**という．この章では常微分方程式だけを取り扱う．したがって特にことわらない限り，微分方程式というときは常微分方程式を指すことにする．

微分方程式に含まれる導関数の最高階のものが n 階の導関数であるとき，それを**n 階の微分方程式**という．例1は1階の微分方程式，例2と例3は2階の微分方程式である．また未知関数およびその導関数について1次の項しか含まないものを**線形**という．線形でないものを**非線形**という．例1と例2は線形である．一方，例3は $\sin y$ の項を含むので非線形である．

微分方程式をみたす関数を**解**という．n 階の微分方程式の**一般解**は，n 個の任意定数を含む解である．大まかにいえば，解を求めるには n 回積分するので n 個の任意定数が含まれることになる．一般解における任意定数を特別な値にして得られる解を**特解**という．

例 $y=Ae^x$ は $dy/dx=y$ をみたし，1つの任意定数 A を含むので，$dy/dx=y$ の一般解である．$y=e^x$ は，一般解で $A=1$ としたものであるから，$dy/dx=y$ の特解である．❙

物理においては一般解を求めるだけではなく，別に与えられた条件があって，それをみたす解を要求される場合が多い．例えば，ある時刻での物体の位置と速度を与えて，その後の運動を求めよ，というのが力学での代表的な問題である．ある時刻で与える条件を**初期条件**という．初期条件をみたすように運動方程式を解くということは，一般解から特解を求めることに相当している．

高校の教育課程では微分方程式を解くことを教えない．したがって，微分方程式を解くことは大学生の特権であると考えて，楽しみながら勉強しよう．

例題1 次の微分方程式の一般解を求めよ．また，その一般解から，（ ）内の初期条件をみたす特解を求めよ．

（i） $\dfrac{dx(t)}{dt}=0 \qquad (x(0)=x_0)$

（ii） $\dfrac{d^2x(t)}{dt^2}=0 \qquad (\dot{x}(0)=v_0,\ x(0)=x_0)$

［解］（i） x は t によらないから定数である．よって，$x=C$. C は任意定数であるから，$x=C$ は一般解．$x(0)=C=x_0$. したがって，初期条件 $x(0)=x_0$ をみたす特解は，$x=x_0$ である．

（ii） $d^2x/dt^2=d/dt(dx/dt)=0$. (i) より，C_1 を任意定数として，$dx/dt=C_1$. これは，

$$\frac{d}{dt}(x-C_1t)=0$$

であるから，再び(i)より，C_2 を任意定数として，$x-C_1t=C_2$. よって，一般解 $x=C_1t+C_2$ を得る．初期条件 $\dot{x}(0)=v_0$，$x(0)=x_0$ より定数 C_1, C_2 を決める．

$$\dot{x}(0)=C_1=v_0, \qquad x(0)=C_2=x_0$$

であるから，求める特解は $x=v_0t+x_0$. ▌

問　題

1. 次の方程式は，（ ）内の解をもつかどうか確かめよ．また一般解であることをいえ．

（i） $\dfrac{d^2x}{dt^2}=g \quad (g：定数) \qquad \left(x(t)=\dfrac{1}{2}gt^2+C_1t+C_2\right)$

（ii） $\dfrac{dI}{dt}+5I=25\sin 5t \qquad \left(I(t)=\dfrac{5}{2}(\sin 5t-\cos 5t)+Ce^{-5t}\right)$

（iii） $\dfrac{dv}{dt}=32-\dfrac{1}{2}v^2 \qquad \left(v(t)=8\dfrac{Ae^{8t}-1}{1+Ae^{8t}}\right)$

2. 上の問で，次の初期条件をみたす特解を求めよ．

(i) $x(0)=h,\ \dot{x}(0)=v_0$　　(ii) $I(0)=0$　　(iii) $v(0)=0$

3-2 1階微分方程式

変数分離形 次の形の微分方程式を**変数分離形**という.

$$\boxed{\frac{dy}{dx} = f(x)g(y)} \tag{3.1}$$

$g(y)\neq 0$ として,

$$\frac{1}{g(y)}dy = f(x)dx$$

と書き, 両辺を積分すれば,

$$\boxed{\int \frac{1}{g(y)}dy = \int f(x)dx + C \qquad (C：任意定数)} \tag{3.2}$$

が得られる. (3.2)は任意定数 C を含み, (3.1)の一般解である. $g(y_0)=0$ となる定数 y_0 があるならば, $y=y_0$ は(3.1)の解である. (3.2)の両辺の不定積分は簡単な関数になるとは限らない. その場合でも, 微分方程式は積分できたと考える.

例題1 微分方程式 $\dfrac{dy}{dx}=\dfrac{y+1}{x+1}$ を解け.

[解] この方程式を

$$\frac{dy}{y+1} = \frac{dx}{x+1}$$

と書いて, 両辺を積分すると,

$$\log(y+1) = \log(x+1)+C \qquad (C：任意定数)$$

ゆえに,

$$y+1 = C_1(x+1), \qquad C_1 = e^C$$

したがって, $y=C_1x+(C_1-1)$ は任意定数 C_1 を含み, 一般解である. ▎

線形微分方程式 次の形の微分方程式を**線形微分方程式**という.

$$\boxed{\frac{dy}{dx}+p(x)y = q(x)} \tag{3.3}$$

はじめに，$q(x)\equiv 0$ の場合を考える．

$$\boxed{\frac{dy}{dx}+p(x)y = 0} \tag{3.4}$$

(3.4)を(3.3)の**同次方程式**という．これに対して，(3.3)は**非同次方程式**と呼ばれる．(3.4)は変数分離形であるのですぐに積分できて，

$$\boxed{y = Ce^{-\int p(x)dx} \qquad (C：任意定数)} \tag{3.5}$$

これは任意定数 C を含み，(3.4)の一般解である．

非同次方程式(3.3)は**定数変化法**を使って積分できる．(3.5)の C を定数ではなく，x の関数として(3.3)の解を求める．すなわち，(3.3)の解は，

$$y = C(x)e^{-\int p(x)dx} \tag{3.6}$$

と表わされるとする．x で微分すると，

$$\frac{dy}{dx} = \frac{dC(x)}{dx}e^{-\int p(x)dx} - p(x)y$$

であるから，これを(3.3)に代入して，

$$\frac{dC(x)}{dx}e^{-\int p(x)dx} = q(x)$$

したがって，

$$C(x) = \int q(x)e^{\int p(x)dx}dx+C \qquad (C：任意定数)$$

上の結果を(3.6)に代入して，(3.3)の一般解

$$\boxed{y = e^{-\int p(x)dx}\left(\int q(x)e^{\int p(x)dx}dx+C\right)} \tag{3.7}$$

を得る．

例題2　図3-1の RL 回路を流れる電流を $I(t)$ とすると，キルヒホッフの法則により，電流 $I(t)$ は微分方程式

$$L\frac{dI(t)}{dt}+RI(t) = V(t) \tag{3.8}$$

をみたす．(i)定数変化法を使って，(3.8)の一般解を求めよ．(ii) $V(t)=V_0$ (V_0：定数)の場合の一般解を求めよ．また，このとき初期条件 $I(0)=0$ をみたす特解を求めよ．

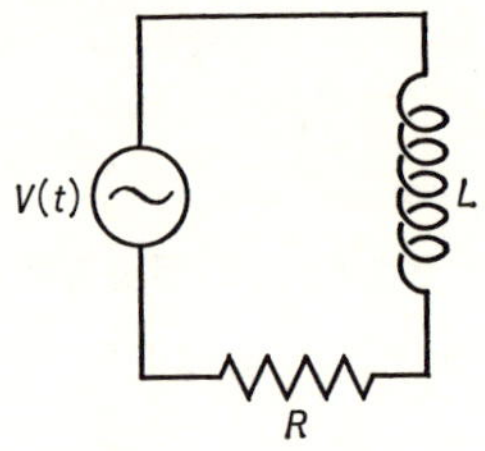

図 3-1　RL 回路．

［解］（i）(3.8)の同次方程式の一般解は，$a=R/L$ として，$I(t)=Ce^{-at}$ である．定数変化法を用いる．$I(t)=C(t)e^{-at}$ とおき，これを(3.8)に代入すると，

$$L\frac{dC(t)}{dt}e^{-at} = V(t)$$

上の式はすぐに積分できて，

$$C(t) = \frac{1}{L}\int e^{at}V(t)dt+C \qquad (C：任意定数)$$

であるから，(3.8)の一般解は，

$$I(t) = e^{-at}\left[\frac{1}{L}\int e^{at}V(t)dt+C\right], \qquad a=\frac{R}{L} \tag{3.9}$$

で与えられる．

（ii）$V(t)=V_0$ の場合，(3.9)から

$$I(t) = e^{-at}\left[\frac{V_0}{L}\int e^{at}dt+C\right]$$
$$= e^{-at}\left[\frac{V_0}{L}\frac{1}{a}e^{at}+C\right] = \frac{V_0}{R}+Ce^{-(R/L)t}$$

これは，$V=V_0$ の場合の一般解である．初期条件 $I(0)=0$ をみたす特解は，$(V_0/R)+C=0$，すなわち，$C=-V_0/R$ より

$$I(t) = \frac{V_0}{R}(1-e^{-(R/L)t})$$

で与えられる(図 3-2)．▎

線形微分方程式(3.3)の一般解は，(3.7)より，

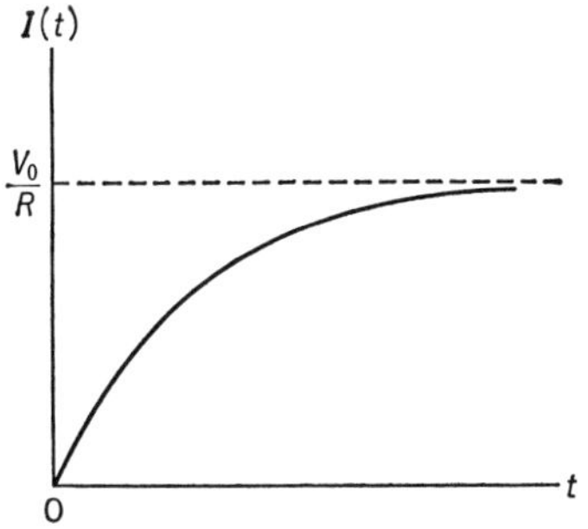

図 3-2　$I(t)=(V_0/R)(1-e^{-(R/L)t})$. 十分時間がたてば，一定値 V_0/R に近づく.

$$y_1 = e^{-\int p(x)dx}\int q(x)e^{\int p(x)dx}dx, \qquad y_2 = Ce^{-\int p(x)dx}$$

の 2 つの項にわけられる．y_1 は(3.3)の特解，y_2 は同次方程式の一般解であることをたしかめてみよう(→問題 4).

問　題

1.　次の微分方程式の一般解を求めよ.

(i)　$\dfrac{dy}{dx}=2x$　　(ii)　$\dfrac{dy}{dx}=2xy$

(iii)　$\dfrac{dy}{dx}+y=0$　　(iv)　$\dfrac{dy}{dx}+y=1$

(i), (ii) は変数分離形，(iii) は線形同次方程式，(iv) は線形非同次方程式である.

2.　(i)　$\dfrac{dy}{dx}=-\dfrac{2x+xy^2}{2y+x^2y}$ の一般解を求めよ(変数分離形).

(ii)　上で求めた一般解から，$y(1)=3$ をみたす特解を求めよ.

3.　RL 回路(図 3-1)を流れる電流 $I(t)$ は次の微分方程式に従う.

$$L\frac{dI(t)}{dt}+RI(t) = V(t) \qquad \text{(線形非同次)}$$

$V(t)=V_0\sin\omega t$ の場合に一般解を求めよ.

4.　線形方程式 $\dfrac{dy}{dx}+p(x)y=q(x)$ の一般解 y は，$y=y_1+y_2$,

$$y_1 = e^{-\int p(x)dx}\int q(x)e^{\int p(x)dx}dx, \qquad y_2=Ce^{-\int p(x)dx}$$

である．このとき，y_1 は与えられた方程式の特解，y_2 は同次方程式の一般解であることを確かめよ.

3-3 完全形

完全形 1階微分方程式

$$\frac{dy}{dx} = -\frac{p(x,y)}{q(x,y)} \tag{3.10}$$

を

$$\boxed{p(x,y)dx+q(x,y)dy = 0} \tag{3.11}$$

の形に書く．このとき，(3.11)の左辺がある関数 $u(x,y)$ の全微分

$$du = \frac{\partial u}{\partial x}dx+\frac{\partial u}{\partial y}dy \tag{3.12}$$

になっているならば，**完全形**であるという．完全形であるならば，(3.11)は

$$du(x,y) = 0 \tag{3.13}$$

と書けるので，(3.11)の一般解は，C を任意定数として，

$$\boxed{u(x,y) = C} \tag{3.14}$$

で与えられる．

(3.11)が完全形であるための必要十分条件は，

$$\frac{\partial p(x,y)}{\partial y} = \frac{\partial q(x,y)}{\partial x} \tag{3.15}$$

である．以下はその証明である．$p(x,y)$ と $q(x,y)$ は，考えている領域で連続な1階偏導関数をもつとする．

［必要条件］ $pdx+qdy$ が関数 u の全微分であるならば，

$$du = \frac{\partial u}{\partial x}dx+\frac{\partial u}{\partial y}dy = pdx+qdy$$

であるから，$p=\partial u/\partial x$，$q=\partial u/\partial y$．したがって，

$$\frac{\partial p}{\partial y} = \frac{\partial^2 u}{\partial y\partial x} = \frac{\partial^2 u}{\partial x\partial y} = \frac{\partial q}{\partial x}$$

［十分条件］ $\partial p/\partial y=\partial q/\partial x$ とする．このとき，

$$F(x, y) = \int p(x, y)dx$$

とおくと，

$$p(x, y) = \frac{\partial F}{\partial x}, \qquad \frac{\partial q}{\partial x} = \frac{\partial p}{\partial y} = \frac{\partial^2 F}{\partial x \partial y}$$

であるから，$\partial/\partial x(q-\partial F/\partial y)=0$．すなわち，$q-\partial F/\partial y$ は y だけの関数である．

$$q - \frac{\partial F}{\partial y} = G(y)$$

したがって，

$$u(x, y) \equiv \int q(x, y)dy = F(x, y) + \int G(y)dy$$

とおけば，

$$\frac{\partial u}{\partial y} = q(x, y), \qquad \frac{\partial u}{\partial x} = \frac{\partial F}{\partial x} = p(x, y)$$

であるから，

$$du = \frac{\partial u}{\partial x}dx + \frac{\partial u}{\partial y}dy = p(x, y)dx + q(x, y)dy \quad \text{（証明終り）}$$

以上の議論からわかるように，(3.11) において，条件 (3.15) が成り立つとき，その一般解は

$$\begin{aligned} u(x, y) &= F(x, y) + \int G(y)dy \\ &= \int p(x, y)dx + \int \left(q(x, y) - \frac{\partial}{\partial y} \int p(x, y)dx \right) dy \\ &= C \end{aligned} \tag{3.16}$$

で与えられる．

一般解は次のようにしても得られる．まず初めに，$\partial p/\partial y = \partial q/\partial x$ ならば，$pdx + qdy = du$ であるから，

$$\int (pdx + qdy)$$

は積分する路の始点と終点にだけ依存し，どのような路を選んでもよいことに

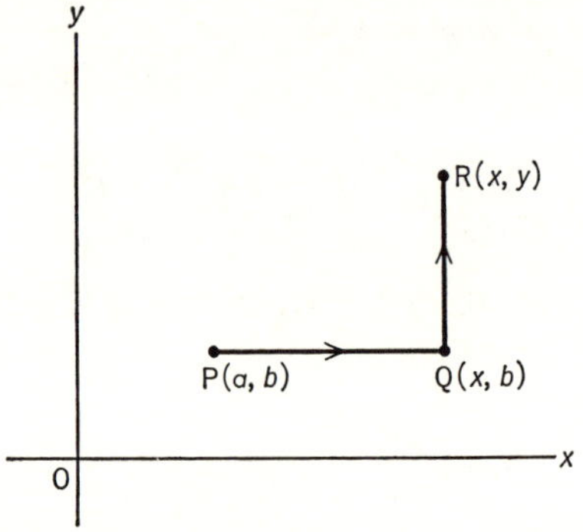

図 3-3 積分路 PQR. 積分路 PQ では $dy=0$, 積分路 QR では $dx=0$ に注意する.

注意しよう．図3-3のような積分路に沿って(3.11)を積分する．a, b は任意の定数で，積分路 PQ, QR はそれぞれ x 軸，y 軸に平行な直線である．$du=pdx+qdy=0$ より，一般解

$$u(x, y) = \int_{\mathrm{P}}^{\mathrm{R}}(pdx+qdy) = \int_{\mathrm{P}}^{\mathrm{Q}}pdx+\int_{\mathrm{Q}}^{\mathrm{R}}qdy$$
$$= \int_a^x p(x, b)dx+\int_b^y q(x, y)dy = C \tag{3.17}$$

を得る．この解法では，5-2節で述べる線積分という概念を用いているのであるが，(3.17)に現われる積分は単に1変数の普通の積分と同じようにすればよい．

例題1 $(x+y+1)dx+(x-y^2+3)dy=0$ を解け．

［解］ $(\partial/\partial y)(x+y+1)=1=(\partial/\partial x)(x-y^2+3)$ であるから，与えられた方程式は完全形である．

(解法1) 与えられた方程式は完全形であるので，必ず $d(\cdots)=0$ の形に書けるはずである．実際，

$$(x+y+1)dx+(x-y^2+3)dy$$
$$=d\left(\frac{1}{2}x^2+xy+x\right)-xdy+xdy+d\left(-\frac{1}{3}y^3+3y\right)$$
$$=d\left(\frac{1}{2}x^2+xy+x-\frac{1}{3}y^3+3y\right)=0$$

したがって，一般解は $\frac{1}{2}x^2+xy+x-\frac{1}{3}y^3+3y=C.$

（解法2）　公式(3.16)を用いる．

$$\int p(x,y)dx = \int(x+y+1)dx = \frac{1}{2}x^2+xy+x+C_1(y)$$

$$\int\left(q(x,y)-\frac{\partial}{\partial y}\int p(x,y)dx\right)dy$$

$$= \int\left(x-y^2+3-\frac{\partial}{\partial y}\left(\frac{1}{2}x^2+xy+x+C_1(y)\right)\right)dy$$

$$= \int(-y^2+3-C_1{}'(y))dy = -\frac{1}{3}y^3+3y-C_1(y)+C_2$$

したがって，一般解は，$u=\frac{1}{2}x^2+xy+x-\frac{1}{3}y^3+3y=C.$

（解法3）　公式(3.17)を用いる．

$$u = \int_a^x(x+b+1)dx+\int_b^y(x-y^2+3)dy$$

$$= \frac{1}{2}(x^2-a^2)+(b+1)(x-a)+(x+3)(y-b)-\frac{1}{3}(y^3-b^3)$$

$$= \frac{1}{2}x^2+xy+x-\frac{1}{3}y^3+3y-\left(\frac{1}{2}a^2+ab+a-\frac{1}{3}b^3+3b\right)$$

したがって，一般解は，$u=\frac{1}{2}x^2+xy+x-\frac{1}{3}y^3+3y=C.$ ▎

解法を3つ示したがどれを用いてもよい．公式(3.17)を用いた解法3は線積分のふんい気を感じてもらうためにここに紹介した．

積分因子　1階微分方程式

$$p(x,y)dx+q(x,y)dy = 0 \tag{3.18}$$

が完全形でないときでも，適当な関数 $\lambda(x,y)$ を選んで，

$$\lambda(x,y)p(x,y)dx+\lambda(x,y)q(x,y)dy = 0 \tag{3.19}$$

が完全形であるようにできる．(‘できる’というのは，数学的に $\lambda(x,y)$ の存在が証明できることをいっているのであり，実際にうまく求められるかどうかは別問題である．) このような $\lambda(x,y)$ を**積分因子**という．$\lambda(x,y)$ が積分因子ならば，

$$\frac{\partial u}{\partial x} = \lambda p, \qquad \frac{\partial u}{\partial y} = \lambda q \tag{3.20}$$

となる関数 $u(x, y)$ が存在する．このとき，C を任意定数として，$u(x, y)=C$ は(3.19)すなわち(3.18)の一般解である．$\lambda(x, y)$ が積分因子となるための必要十分条件は

$$\frac{\partial}{\partial y}(\lambda p) = \frac{\partial}{\partial x}(\lambda q) \tag{3.21}$$

である．この偏微分方程式を解いて積分因子 $\lambda(x, y)$ を決めるのは特別な場合を除いて容易ではない．多くの場合，積分因子の導入は発見的である．

例題 2　$(3xy^2+2y)dx+(2x^2y+x)dy=0$ を解け(積分因子は x)．

［解］　この方程式は完全形ではない．なぜならば，$(\partial/\partial y)(3xy^2+2y)=6xy+2$，$(\partial/\partial x)(2x^2y+x)=4xy+1$．微分方程式の両辺に x をかけて得られる方程式

$$(3x^2y^2+2xy)dx+(2x^3y+x^2)dy = 0$$

は完全形である．なぜならば，$(\partial/\partial y)(3x^2y^2+2xy)=6x^2y+2x$，$(\partial/\partial x)(2x^3y+x^2)=6x^2y+2x$．したがって，前の例題の解法1と同様にして，

$$\begin{aligned} &d(x^3y^2)-2x^3ydy+d(x^2y)-x^2dy+(2x^3y+x^2)dy \\ &\quad = d(x^3y^2+x^2y) = 0 \end{aligned}$$

したがって，一般解は $x^3y^2+x^2y=C$ である．∎

物理例　積分因子としての温度．体積 V，圧力 p，内部エネルギー U の理想気体が断熱的(熱の出入りなし)に変化するとき，

$$dU+pdV = 0$$

が成り立つ．積分因子を見つけることによって，この式を積分する．理想気体では内部エネルギーは絶対温度 T だけの関数である．また，状態方程式は $pV=RT$ である．したがって，

$$dU+pdV = \frac{dU}{dT}dT+\frac{RT}{V}dV = 0$$

両辺に積分因子 $1/T$ をかけると，

$$\frac{1}{T}dU+\frac{p}{T}dV=\frac{1}{T}\frac{dU}{dT}dT+\frac{R}{V}dV$$
$$=d\left\{\int\frac{1}{T}\frac{dU}{dT}dT+R\log V\right\}=0$$

したがって，$dU+pdV=0$ の一般解は，

$$S=\int\frac{1}{T}\frac{dU}{dT}dT+R\log V=C \qquad (C：定数)$$

この S はエントロピーである．さらに，理想気体では，定積比熱 $C_v=dU/dT$ が一定であることを用いれば，

$$S=C_v\log T+R\log V+C'=C \qquad (C'：定数)$$

となる．▎

問　　題

1. 次の微分方程式は完全形であることを示し，そして，一般解を求めよ．

(i) $(3x+4y)dx+(4x-5y)dy=0.$

(ii) $(y^2e^x+xe^{-y})dx+\left(2ye^x-\frac{1}{2}x^2e^{-y}\right)dy=0.$

3-4　2階微分方程式

2階微分方程式は，ある場合にはその階数を下げ，1階微分方程式にすることができる．その例として，次の2つの場合を考える．

(i) $F(x, y', y'')=0$，すなわち<u>微分方程式の中に y が含まれていないとき</u>．
$y'=p$ とおくと，$y''=dp/dx$ であるから，

$$F(x,p,p')=0 \tag{3.22}$$

これは，p について1階の微分方程式である．(3.22) を積分して，

$$p=\varphi(x,C) \qquad (C：任意定数)$$

が得られたとする．$p=dy/dx$ であるから，上の式より，

$$y=\int\varphi(x,C)dx+C' \qquad (C'：任意定数) \tag{3.23}$$

これは任意定数を2つ含み，与えられた微分方程式の一般解である．

物理例 スカイダイビング．速度の2乗に比例する抵抗が働くとして，落下の様子を調べる．スカイダイバーの質量を m，重力加速度を g，抵抗の係数を k とすると，運動方程式は，

$$m\frac{d^2y}{dt^2} = mg-k\left(\frac{dy}{dt}\right)^2 \tag{3.24}$$

で与えられる．$v=dy/dt$, $b=k/m$, $v_f=\sqrt{mg/k}$ とおくと，(3.24)は

$$\frac{dv}{dt} = -b(v^2-v_f{}^2) \tag{3.25}$$

(3.25)は変数分離形であるので積分できる．

$$\frac{dv}{v^2-v_f{}^2} = -bdt$$

$$\frac{1}{2v_f}\left(-\frac{1}{v_f-v}-\frac{1}{v_f+v}\right)dv = -bdt$$

積分公式 $\int dF/F=\log|F|$ を用いて，

$$\frac{1}{2v_f}\log\frac{v_f-v}{v_f+v} = -bt+C \qquad (C:\text{任意定数})$$

これを v について解くと，

$$v(t) = v_f\frac{1-C_1e^{-2v_fbt}}{1+C_1e^{-2v_fbt}} = v_f-\frac{2v_fC_1e^{-2v_fbt}}{1+C_1e^{-2v_fbt}} \tag{3.26}$$

ここで，$C_1=e^{2v_fC}$ とおいた．t が十分大きくなると，速度 v は終端速度 v_f に近づく．$v=dy/dt$ であるから，(3.26)を積分して，(3.24)の一般解

$$y(t) = \int v(t)dt+C_2 = \int\left(v_f-\frac{2v_fC_1e^{-2v_fbt}}{1+C_1e^{-2v_fbt}}\right)dt+C_2$$

$$= v_ft+\frac{1}{b}\log(1+C_1e^{-2v_fbt})+C_2$$

を得る．▌

(ii) $F(y, y', y'')=0$，すなわち<u>微分方程式の中に x が含まれていないとき</u>．$y'=p$ とおくと，

$$y'' = \frac{dp}{dx} = \frac{dp}{dy}\frac{dy}{dx} = p\frac{dp}{dy}$$

であるから，与えられた方程式は，

$$F\left(y, p, p\frac{dp}{dy}\right) = 0 \tag{3.27}$$

となる．これは y を独立変数として p に関する1階微分方程式である．(3.27)を積分して，

$$p = \frac{dy}{dx} = \varphi(y, C) \qquad (C：定数) \tag{3.28}$$

が得られたとすれば，一般解

$$x = \int \frac{dy}{\varphi(y, C)} + C' \qquad (C'：定数) \tag{3.29}$$

を得る．

物理例　1次元の力学．直線上を動く質点(質量 m)の従う運動方程式は，力 F が y だけの関数であるとすれば，

$$m\frac{d^2y}{dt^2} = F(y) \tag{3.30}$$

$v = dy/dt$ とおけば，

$$\frac{d^2y}{dt^2} = \frac{dv}{dt} = \frac{dy}{dt}\frac{dv}{dy} = v\frac{dv}{dy}$$

であるから，(3.30)は

$$mv\frac{dv}{dy} = F(y)$$

ゆえに

$$\frac{d}{dy}\left\{\frac{1}{2}mv^2 - \int^y F(y)dy\right\} = 0$$

$$\frac{1}{2}mv^2 - \int^y F(y)dy = E \qquad (E：定数) \tag{3.31}$$

上の式で第2項は，ポテンシャル・エネルギー $V(y)$,

$$V(y) = -\int^y F(y)dy$$

である．(3.31)は，運動エネルギー $mv^2/2$ とポテンシャル・エネルギーの和は一定であることを示している．(3.31)を v について解くと，

$$v = \frac{dy}{dt} = \pm\sqrt{\frac{2}{m}}\sqrt{E-V(y)} \tag{3.32}$$

(3.32)は変数分離形であるから容易に積分できる；

$$\frac{dy}{\sqrt{E-V(y)}} = \pm\sqrt{\frac{2}{m}}dt$$

ゆえに，

$$\int\frac{dy}{\sqrt{E-V(y)}} = \pm\sqrt{\frac{2}{m}}t+C \qquad (C:\text{定数}) \tag{3.33}$$

上の式で，符号 ± は，時間とともに y が増すならば ＋，y が減るならば － を取る．すなわち，± は運動の方向を指定する．(3.33)はポテンシャルが与えられた場合に質点の軌道を決める公式である．▍

問　題

1. 速度に比例する抵抗が働くとして落下の様子を調べよ．質量を m，重力加速度を g，抵抗の係数を k とすると，運動方程式は

$$m\frac{d^2y}{dt^2} = mg-k\frac{dy}{dt}$$

で与えられる．

2. 運動方程式が，$m\dfrac{d^2y}{dt^2} = -\dfrac{dV(y)}{dy}$ で与えられるとき，

$$\frac{1}{2}m\left(\frac{dy}{dt}\right)^2+V(y) = E = \text{一定}$$

であることを確かめよ．

3-5　2 階線形微分方程式

未知関数 $y(x)$ とその導関数 $y'(x)$，$y''(x)$ について線形(1 次)の微分方程式

$$y''+p(x)y'+q(x)y = f(x) \tag{3.34}$$

を**2 階線形微分方程式**という．$f(x)\equiv 0$ のときは同次方程式，$f(x)\not\equiv 0$ のとき

は非同次方程式とよばれる．記述を簡単にするために，(3.34)の左辺を $L(y)$ と書く，すなわち，

$$L(y) \equiv y'' + p(x)y' + q(x)y \tag{3.35}$$

2階同次線形方程式　2階同次線形方程式

$$L(y) = y'' + p(x)y' + q(x)y = 0 \tag{3.36}$$

について考える．(3.36)より，C_1 と C_2 を定数として，

$$\begin{aligned} L(C_1y_1+C_2y_2) &= (C_1y_1+C_2y_2)'' + p(C_1y_1+C_2y_2)' + q(C_1y_1+C_2y_2) \\ &= C_1(y_1''+py_1'+qy_1) + C_2(y_2''+py_2'+qy_2) \\ &= C_1L(y_1) + C_2L(y_2) \end{aligned}$$

したがって，$L(y_1)=0$，$L(y_2)=0$ ならば $L(C_1y_1+C_2y_2)=0$．すなわち，y_1 と y_2 が(3.36)の解であるならば，C_1 と C_2 を任意定数として，$y=C_1y_1+C_2y_2$ も解である．言い直すと，解の1次結合もまた解である．これを**重ね合わせの原理**という．重ね合わせの原理は，線形同次方程式のもつ重要な性質である．

微分方程式の2つの解を y_1 と y_2 とする．少なくとも一方が0でない定数 C_1 と C_2 に対して，$C_1y_1+C_2y_2=0$ が恒等的に成り立つならば，y_1 と y_2 は**1次従属**であるという．そうでない場合を**1次独立**という．

例　$y''=0$．$y_1=1$ と $y_2=x$ は解である(実際に，$y_1''=0$，$y_2''=0$ はすぐに検算できる)．$C_1y_1+C_2y_2=C_1+C_2x=0$ が恒等的に成り立つのは，$C_1=C_2=0$．したがって，y_1 と y_2 は1次独立である．▎

解 y_1 と y_2 が1次独立であるかどうかを調べるには，行列式

$$\Delta(x) = \begin{vmatrix} y_1(x) & y_2(x) \\ y_1'(x) & y_2'(x) \end{vmatrix} = y_1(x)y_2'(x) - y_1'(x)y_2(x) \tag{3.37}$$

を用いるのが便利である．解 y_1 と y_2 が1次独立であるならば，行列式 Δ は0ではない．また逆に，行列式 Δ が0でないならば，y_1 と y_2 は1次独立である．(3.37)の行列式を**ロンスキー行列式**という．1次独立な解の組 $\{y_1, y_2\}$ は**解の基本系**と呼ばれ，$y=C_1y_1+C_2y_2$ は(3.36)の一般解を与える．そして，C_1 と C_2 を適当に選ぶことにより，初期条件 $y(x_0)=y_0$，$y'(x_0)=y_0'$ をみたす解を作ることができる．

2階非同次線形方程式 2階非同次方程式

$$\boxed{L(y) = y''+p(x)y'+q(x)y = f(x)} \tag{3.38}$$

について考える．同次方程式$L(y)=0$，すなわち，

$$L(y) = y''+p(x)y'+q(x)y = 0 \tag{3.39}$$

の2つの独立な解y_1とy_2が求められたとしよう．このとき，**定数変化法**を用いて，(3.38)を解くことができる．

$$y(x) = C_1(x)y_1+C_2(x)y_2 \tag{3.40}$$

とおく．決めるべき関数は$C_1(x)$と$C_2(x)$で2つあり，方程式(3.38)は1つの条件しか与えないので，条件

$$y_1C_1'(x)+y_2C_2'(x) = 0 \tag{3.41}$$

をつけ加える．(3.40)を微分して，(3.41)を用いると，

$$y' = C_1y_1'+C_2y_2'$$
$$y'' = C_1y_1''+C_2y_2''+C_1'y_1'+C_2'y_2'$$

ゆえに，

$$\begin{aligned} &y''+py'+qy \\ &\quad = (C_1y_1''+C_2y_2''+C_1'y_1'+C_2'y_2')+p(C_1y_1'+C_2y_2')+q(C_1y_1+C_2y_2) \\ &\quad = C_1\{y_1''+py_1'+qy_1\}+C_2\{y_2''+py_2'+qy_2\}+y_1'C_1'+y_2'C_2' \\ &\quad = f(x) \end{aligned}$$

ところが，y_1とy_2は同次方程式(3.39)の解であるから，上の式で{ }内はおのおの0であり，

$$y_1'C_1'(x)+y_2'C_2'(x) = f(x) \tag{3.42}$$

を得る．仮定により，y_1とy_2は1次独立な解であるからロンスキー行列式は0でない．すなわち

$$\varDelta(x) = y_1y_2'-y_1'y_2 \neq 0$$

したがって，連立方程式(3.41)と(3.42)から，

$$C_1'(x) = \frac{1}{\varDelta}\begin{vmatrix} 0 & y_2 \\ f(x) & y_2' \end{vmatrix} = -\frac{1}{\varDelta}f(x)y_2$$

$$C_2'(x) = \frac{1}{\Delta}\begin{vmatrix} y_1 & 0 \\ y_1' & f(x) \end{vmatrix} = \frac{1}{\Delta} f(x) y_1$$

上の式を積分して，

$$C_1(x) = -\int \frac{1}{\Delta} f(x) y_2 dx + A_1 \qquad (A_1 : \text{定数})$$

$$C_2(x) = \int \frac{1}{\Delta} f(x) y_1 dx + A_2 \qquad (A_2 : \text{定数})$$

こうして，(3.38) の一般解

$$\boxed{y(x) = A_1 y_1 + A_2 y_2 - y_1 \int \frac{f(x) y_2}{\Delta} dx + y_2 \int \frac{f(x) y_1}{\Delta} dx} \tag{3.43}$$

が得られる．y_1 と y_2 は同次方程式の独立な解である．

例題 1 $x^2 y'' - 2xy' + 2y = x^4$ の一般解を求めよ．

［解］ 同次方程式 $x^2 y'' - 2xy' + 2y = 0$ の解は，$y = x^m$ を代入して $m(m-1) \cdot x^2 x^{m-2} - 2mx x^{m-1} + 2x^m = (m^2 - 3m + 2) x^m = (m-1)(m-2) x^m = 0$ からわかるように，$y_1 = x$ と $y_2 = x^2$ である．ロンスキー行列式は

$$\Delta = y_1 y_2' - y_1' y_2 = x \cdot 2x - 1 \cdot x^2 = x^2$$

であり，$\Delta \neq 0$ ($x \neq 0$) であるから $y_1 = x$ と $y_2 = x^2$ は独立な解である．公式(3.43) を用いる．与えられた微分方程式は $y'' - (2/x) y' + (2/x^2) y = x^2$ であるから，$f(x) = x^2$.

$$\int \frac{f(x) y_2}{\Delta} dx = \int \frac{x^2 \cdot x^2}{x^2} dx = \int x^2 dx = \frac{1}{3} x^3$$

$$\int \frac{f(x) y_1}{\Delta} dx = \int \frac{x^2 \cdot x}{x^2} dx = \int x dx = \frac{1}{2} x^2$$

したがって，求める一般解は，

$$y = A_1 x + A_2 x^2 - x \cdot \frac{1}{3} x^3 + x^2 \cdot \frac{1}{2} x^2 = A_1 x + A_2 x^2 + \frac{1}{6} x^4$$

となる．▎

公式(3.43) を注意深く見ると，初めの 2 項は同次方程式の一般解であることがわかる．また，うしろの 2 項は非同次方程式の特解(particular solution)で

ある．なぜならば，

$$y_{\mathrm{p}} \equiv -y_1\int\frac{f(x)y_2}{\varDelta}dx+y_2\int\frac{f(x)y_1}{\varDelta}dx$$

$$y_{\mathrm{p}}' = -y_1'\int\frac{f(x)y_2}{\varDelta}dx+y_2'\int\frac{f(x)y_1}{\varDelta}dx$$

$$y_{\mathrm{p}}'' = -y_1''\int\frac{f(x)y_2}{\varDelta}dx+y_2''\int\frac{f(x)y_1}{\varDelta}dx+\frac{f(x)}{\varDelta}(-y_1'y_2+y_1y_2')$$

$$= (py_1'+qy_1)\int\frac{f(x)y_2}{\varDelta}dx-(py_2'+qy_2)\int\frac{f(x)y_1}{\varDelta}dx+f(x)$$

$$= -py_{\mathrm{p}}'-qy_{\mathrm{p}}+f(x)$$

一般に，非同次線形微分方程式の一般解は，対応する同次方程式の一般解と非同次方程式の特解の和に等しい．したがって，何らかの方法で非同次方程式の特解が見つけられたならば，一般解を書くのは比較的容易である．

問　　題

1.　$y''+p(x)y'+q(x)y=0$ の 2 つの解を y_1, y_2 とする．

（i）　ロンスキー行列式 $\varDelta(x)\equiv y_1y_2'-y_1'y_2$ は，

$$\varDelta(x)=Ce^{-\int p(x)dx} \qquad (C\text{：任意定数})$$

であることを示せ．

（ii）　(i)の結果から，一方の解 y_1 がわかっているならば，他方の解は，

$$y_2 = y_1\int\frac{e^{-\int p(x)dx}}{{y_1}^2}dx$$

で与えられることを示せ．

3-6　定数係数の 2 階線形微分方程式

この節では，定数係数の 2 階線形微分方程式

$$y''+2ay'+by = f(x) \qquad (a, b\text{：定数}) \tag{3.44}$$

を考える．実際に解くのが簡単であり，物理において広い応用をもっている．

定数係数の同次方程式　微分方程式

$$\boxed{y''+2ay'+by=0} \tag{3.45}$$

を考えよう．$y=e^{\lambda x}$ とおくと，(3.45) より

$$\lambda^2+2a\lambda+b=0 \tag{3.46}$$

これを**特性方程式**という．λ が(3.46)の根であるならば，$y=e^{\lambda x}$ は(3.45)の解である．特性方程式の2つの根 λ_1 と λ_2 は，

$$\lambda_1 = -a+\sqrt{a^2-b}, \qquad \lambda_2 = -a-\sqrt{a^2-b} \tag{3.47}$$

である．$\lambda_1 \neq \lambda_2$ ならば，$y_1=e^{\lambda_1 x}$ と $y_2=e^{\lambda_2 x}$ は1次独立な解である．なぜならば，

$$k_1y_1+k_2y_2 = k_1e^{\lambda_1 x}+k_2e^{\lambda_2 x} = 0$$

となるのは，$k_1=k_2=0$ に限られる．または，ロンスキー行列式が0にならないことからもわかる．

$$\Delta(x) = y_1y_2'-y_2y_1' = (\lambda_2-\lambda_1)e^{(\lambda_1+\lambda_2)x} \neq 0 \qquad (\lambda_1 \neq \lambda_2)$$

定数 a, b は実数であるので，それらの値により，次の3つの場合が考えられる．(i) λ_1 と λ_2 は相異なる実数，(ii) λ_1 と λ_2 は複素共役数，(iii) 重根 $\lambda_1=\lambda_2$.

(i) 相異なる実根の場合．$y_1=e^{\lambda_1 x}$ と $y_2=e^{\lambda_2 x}$ は1次独立な解であり，解の基本系を作る．一般解は

$$\boxed{y = C_1e^{\lambda_1 x}+C_2e^{\lambda_2 x}} \tag{3.48}$$

例1 $y''-y'-6y=0$. 特性方程式は $\lambda^2-\lambda-6=(\lambda+2)(\lambda-3)=0$. よって，その解は $-2, 3$. 解の基本系は $y_1=e^{-2x}$，$y_2=e^{3x}$ であり，一般解は $y=C_1e^{-2x}+C_2e^{3x}$ で与えられる．▌

(ii) 複素共役な根の場合．k と l を実数として，2つの根は，

$$\lambda_1 = k+il, \qquad \lambda_2 = \lambda_1{}^* = k-il \tag{3.49}$$

と表わされる．

$$y_1 = e^{(k+il)x}, \qquad y_2 = e^{(k-il)x} \tag{3.50}$$

は1次独立な解であり，解の基本系を作る．一般解は

$$y = C_1e^{(k+il)x}+C_2e^{(k-il)x} \tag{3.51}$$

で与えられる．物理の問題としては，実数の解を求める必要がある．オイラー

の公式

$$e^{\pm ilx} = \cos lx \pm i \sin lx$$

を(3.51)に代入して，

$$y = C_1 e^{kx}\{\cos lx + i \sin lx\} + C_2 e^{kx}\{\cos lx - i \sin lx\}$$

よって，

$$\boxed{y = Ae^{kx}\cos lx + Be^{kx}\sin lx} \tag{3.52}$$

ここで，$A=C_1+C_2$，$B=i(C_1-C_2)$ とおいた．$\lambda_1=k+il$，$\lambda_2=k-il$ の場合には，はじめから

$$y_1 = e^{kx}\cos lx, \qquad y_2 = e^{kx}\sin lx \tag{3.53}$$

が解の基本系であるとして，一般解(3.52)を書いてもよい．

例 2 $y''-2y'+2y=0$．特性方程式は，$\lambda^2-2\lambda+2=0$ で，2つの複素共役根 $\lambda_1=1+i$ と $\lambda_2=1-i$ をもつ．したがって，解の基本系は $e^x \cos x$ と $e^x \sin x$ であり，一般解は $y=e^x(A\cos x+B\sin x)$ で与えられる．▎

(iii) 重根の場合．重根は $a^2=b$ のときに起きる．このとき解くべき方程式は

$$\boxed{y''+2ay'+a^2y = 0} \tag{3.54}$$

である．特性方程式の根は $\lambda_1=\lambda_2=-a$ であり，$y_1=e^{-ax}$ は解である．これと独立な解を見つける必要がある．定数変化法を用いる．

$$y_2(x) = C(x)y_1(x) = e^{-ax}C(x) \tag{3.55}$$

とおき，(3.54)に代入する．

$$\begin{aligned} y''+2ay'+a^2y &= (C''y_1+2C'y_1'+Cy_1'')+2a(C'y_1+Cy_1')+a^2y_1C \\ &= C(y_1''+2ay_1'+a^2y_1)+(C''y_1+2C'y_1'+2aC'y_1) = 0 \end{aligned}$$

上の式で最初の（　）内は0であるので，$C(x)$ を決める式は，$y_1=e^{-ax}$ を使って，

$$C''-2aC'+2aC' = C'' = 0$$

したがって，$C(x)=C_1+C_2x$．いまは，$y_1=e^{-ax}$ と独立な解を求めるのが目的

であるから，単に$C(x)=x$ととり，(3.55)に代入して，$y_2=xe^{-ax}$を得る．$y_1=e^{-ax}$と$y_2=xe^{-ax}$は解の基本系であり，一般解は，

$$\boxed{y(x) = (C_1+C_2x)e^{-ax}} \tag{3.56}$$

で与えられる．この式は，相異なる実根の場合の公式(3.48)の極限としても得られる．

$$\begin{aligned} y_1 &= C_1e^{\lambda_1 x}+\lim_{\lambda_2\to\lambda_1}\frac{C_2}{\lambda_2-\lambda_1}(e^{\lambda_2 x}-e^{\lambda_1 x}) \\ &= C_1e^{\lambda_1 x}+C_2xe^{\lambda_1 x} = e^{\lambda_1 x}(C_1+C_2x) \end{aligned}$$

例3 $y''-6y'+9y=0$．特性方程式は$\lambda^2-6\lambda+9=(\lambda-3)^2=0$．重根$\lambda=3$をもつ．したがって，解の基本系は$e^{3x}$と$xe^{3x}$であり，一般解は$y=e^{3x}(C_1+C_2x)$で与えられる．▎

定数係数の非同次方程式 微分方程式

$$\boxed{y''+2ay'+by = f(x)} \tag{3.57}$$

を考える．この方程式の一般解は，同次方程式$y''+2ay'+by=0$の2つの独立な解y_1とy_2を使って，

$$\boxed{\begin{aligned} y &= y_{\mathrm{g}}+y_{\mathrm{p}} \\ y_{\mathrm{g}} &= A_1y_1+A_2y_2 \qquad (A_1, A_2:\text{定数}) \\ y_{\mathrm{p}} &= -y_1\int\frac{f(x)y_2}{\varDelta}dx+y_2\int\frac{f(x)y_1}{\varDelta}dx \\ \varDelta &= y_1y_2'-y_1'y_2 \end{aligned}} \tag{3.58}$$

と表わされる．3-5節で，より一般の場合に証明したので導出法はくり返さない((3.43)参照)．

例 $y''-y'-6y=-6x-7$．$y''-y'-6y=0$の独立な解は，$y_1=e^{-2x}$，$y_2=e^{3x}$である．したがって，

$$\varDelta(x) = e^{-2x}\cdot 3e^{3x}-(-2)e^{-2x}\cdot e^{3x} = 5e^x$$

$$y_{\mathrm{p}} = -e^{-2x}\int\frac{1}{5}(-6x-7)e^{2x}dx+e^{3x}\int\frac{1}{5}(-6x-7)e^{-3x}dx$$

$$=\frac{1}{5}e^{-2x}\left\{6\left(\frac{x}{2}-\frac{1}{4}\right)e^{2x}+7\cdot\frac{1}{2}e^{2x}\right\}-\frac{1}{5}e^{3x}\left\{6\left(-\frac{x}{3}-\frac{1}{9}\right)e^{-3x}\right.$$

$$\left.-7\cdot\frac{1}{3}e^{-3x}\right\}=x+1$$

一般解は，$y=A_1e^{-2x}+A_2e^{3x}+x+1$. ▎

問　題

1. 次の線形微分方程式の一般解を求めよ．

(i) $y''-2y'-3y=0$　　(ii) $y''+\omega_0{}^2y=0$

(iii) $y''+4y'+8y=0$　　(iv) $y''-8y'+16y=0$

2. 次の線形非同次微分方程式の一般解を求めよ．

(i) $y''+y=2e^x$　　(ii) $y''-2y'+2y=-3e^x\sin 2x$

3-7 振動

定数係数の線形微分方程式は物理において重要な応用を持っている．それは，力学や電気回路における振動現象である．この節では，各種の振動を微分方程式の観点からまとめてみよう．

単振動　バネに結ばれた質点の運動は，バネ定数をk，質点の質量をm，平衡からのずれをxとすれば(図3-4(a))，

$$m\ddot{x}=-kx \tag{3.59}$$

によって記述される．特性方程式は$m\lambda^2+k=0$である．$\omega_0=\sqrt{k/m}$として，$\lambda=\pm i\omega_0$が根である．よって，2つの独立な解は$\cos\omega_0t$と$\sin\omega_0t$であり，一般解は

$$x(t)=A\cos\omega_0t+B\sin\omega_0t,\qquad \omega_0=\sqrt{k/m} \tag{3.60}$$

で与えられる．三角関数の合成(1-1節)を用いると，

$$x(t)=C\sin(\omega_0t+\delta),\qquad C=\sqrt{A^2+B^2},\ \tan\delta=A/B \tag{3.61}$$

この形の解で，Cを振幅，δを初期位相という．

同様な現象はLC回路(図3-4(b))においても実現される．回路を流れる電流

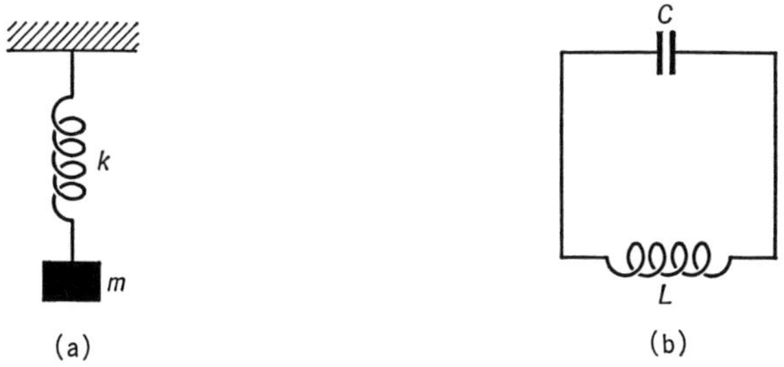

図 3-4　単振動. (a) バネ, (b) LC 回路.

を $I(t)$ とすれば，$I(t)$ は微分方程式

$$L\frac{d^2I(t)}{dt^2}+\frac{1}{C}I(t)=0 \tag{3.62}$$

に従う．(3.62) の一般解は $\omega_0=1/\sqrt{LC}$ として，$I(t)=A\cos\omega_0 t+B\sin\omega_0 t$ である．

減衰振動　バネに結びつけられた質点に，速度に比例する摩擦力がはたらくとしよう (図 3-5(a))．摩擦係数を b として，運動方程式は

$$m\frac{d^2x}{dt^2}=-kx-b\frac{dx}{dt} \tag{3.63}$$

で与えられる．$\gamma=b/2m$，$\omega_0=\sqrt{k/m}$ とおくと，(3.63) は

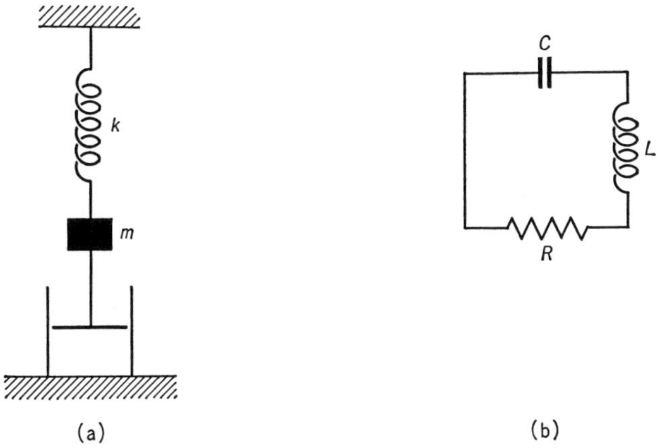

図 3-5　減衰振動. (a) ダッシュポット, (b) RLC 回路.

$$\frac{d^2x}{dt^2}+2\gamma\frac{dx}{dt}+\omega_0{}^2x=0 \tag{3.64}$$

この方程式に対する特性方程式は，$\lambda^2+2\gamma\lambda+\omega_0{}^2=0$ である．その根は，

$$\lambda=-\gamma\pm\sqrt{\gamma^2-\omega_0{}^2}$$

であるから，一般解は次のようになる．

（i）　$\gamma>\omega_0$（過減衰）

$$x=e^{-\gamma t}(C_1e^{t\sqrt{\gamma^2-\omega_0{}^2}}+C_2e^{-t\sqrt{\gamma^2-\omega_0{}^2}}) \tag{3.65 a}$$

（ii）　$\gamma<\omega_0$（減衰振動）

$$x=e^{-\gamma t}(C_1\cos t\sqrt{\omega_0{}^2-\gamma^2}+C_2\sin t\sqrt{\omega_0{}^2-\gamma^2}) \tag{3.65 b}$$

（iii）　$\gamma=\omega_0$（臨界減衰）

$$x=e^{-\gamma t}(C_1+C_2t) \tag{3.65 c}$$

それぞれの場合をグラフに例示すると，図 3-6 のようになる．

抵抗 R，コイル L，コンデンサー C を直列につないだ RLC 回路（図 3-5(b)）

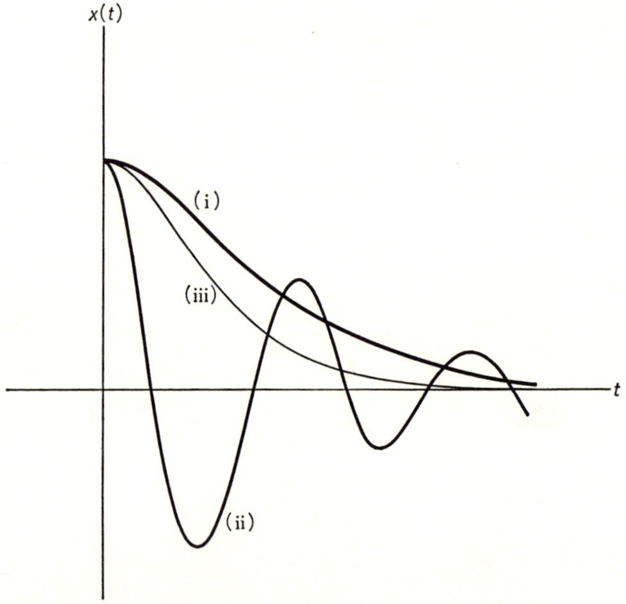

図 3-6　(i) 過減衰，(ii) 減衰振動，(iii) 臨界減衰．

は，(3.63) と同じ形の微分方程式を与える．

$$L\frac{d^2I}{dt^2}+R\frac{dI}{dt}+\frac{1}{C}I=0 \tag{3.66}$$

したがって，$R>2\sqrt{L/C}$ のとき過減衰，$R<2\sqrt{L/C}$ のとき減衰振動，$R=2\sqrt{L/C}$ のとき臨界減衰になることがわかる(→問題 2)．

強制振動　外力 $F(t)=F_0\cos\omega t$ が作用する場合の減衰振動を考えよう．運動方程式は，

$$\frac{d^2x}{dt^2}+2\gamma\frac{dx}{dt}+\omega_0{}^2x=\frac{F_0}{m}\cos\omega t, \qquad \omega_0>\gamma \tag{3.67}$$

で与えられる．これは非同次線形方程式である．一般解は，同次方程式の一般解と非同次方程式の特解の和で表わされる．すでに同次方程式の一般解は(3.65 b)に求めてあるので，残された問題は(3.67)の特解を見つけることである．同次方程式の一般解から非同次方程式の特解を作る一般的な方法は(3.58)に与えた．しかし計算は複雑になるので，もっと直感的な方法を用いる．

まず，(3.67)を解くことと，

$$\frac{d^2z}{dt^2}+2\gamma\frac{dz}{dt}+\omega_0{}^2z=\frac{F_0}{m}e^{i\omega t} \tag{3.68}$$

をみたす z を求め $x=\mathrm{Re}\,z$ とすることが同じ結果を与えることに注意しよう．このような方法が使えるのは線形方程式に対してだけである．$z=Ae^{i\omega t}$ とおき，(3.68)に代入すると，

$$[-\omega^2+2i\gamma\omega+\omega_0{}^2]A=\frac{F_0}{m}$$

すなわち，

$$A=\frac{F_0}{m}\frac{1}{\omega_0{}^2-\omega^2+2i\gamma\omega}=\frac{F_0}{m}\frac{(\omega_0{}^2-\omega^2)-2i\gamma\omega}{(\omega_0{}^2-\omega^2)^2+4\gamma^2\omega^2}$$

$$=ae^{-i\phi} \tag{3.69}$$

ここで，

$$a=\frac{F_0}{m}\frac{1}{[(\omega_0{}^2-\omega^2)^2+4\gamma^2\omega^2]^{1/2}}, \qquad \tan\phi=\frac{2\gamma\omega}{\omega_0{}^2-\omega^2}$$

$z=ae^{i(\omega t-\phi)}$ であるから，その実数部分をとって，

$$x_p(t) = \mathrm{Re}\, ae^{i(\omega t-\phi)} = a\cos(\omega t-\phi)$$

を得る．これは，(3.67)の特解である．一般解は，

$$x(t) = e^{-\gamma t}(C_1 \cos t\sqrt{\omega_0{}^2-\gamma^2}+C_2 \sin t\sqrt{\omega_0{}^2-\gamma^2})+a\cos(\omega t-\phi) \quad (3.70)$$

で与えられる．第1項は時間と共に速やかに減衰するので，定常的に残るのは第2項 $x_p(t)=a\cos(\omega t-\phi)$ である．その定常的な振動の振幅 a は，外力の振動数 ω が，$\omega^2=\omega_0{}^2-2\gamma^2$ の時最大になる．この現象を**共鳴**または**共振**という．

電気回路においても，(3.67)と同じ形の微分方程式は実現される．図3-7のように RCL 回路に電圧源 $E_0 \sin\omega t$ をつなげば，電流 $I(t)$ に対する方程式は，

$$L\frac{d^2I}{dt^2}+R\frac{dI}{dt}+\frac{1}{C}I = \omega E_0 \cos\omega t \quad (3.71)$$

である．この方程式の解き方は，(3.67)に対するものと全く同じであるから繰り返さない(→問題3)．

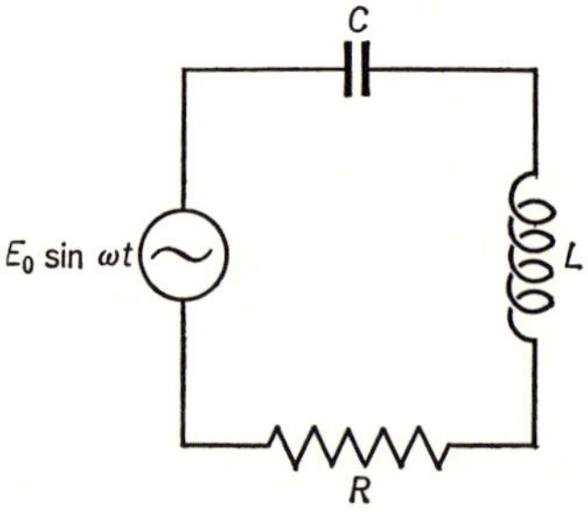

図3-7

問　題

1. 単振動の運動方程式 $m\ddot{x}=-kx$ について，次の問に答えよ．

(i) 一般解を求めよ．

(ii) 初期条件 $x(0)=x_0$，$\dot{x}(0)=v_0$ をみたす解を求めよ．

(iii) 振幅が A で，$t=0$ のとき $x(0)=A\sin\delta$ である解を求めよ．

2. 定数係数の2階微分方程式

$$L\frac{d^2I(t)}{dt^2}+R\frac{dI(t)}{dt}+\frac{1}{C}I(t) = 0$$

の一般解を求めよ．

3. (i) 図3-7の電気回路を流れる電流 $I(t)$ は，微分方程式

$$L\frac{d^2I}{dt^2}+R\frac{dI}{dt}+\frac{1}{C}I = \omega E_0 \cos\omega t$$

によって記述されることを示せ.

(ii) 上で導いた微分方程式の特解を求めよ.

3-8 連成振動

バネで結ばれた2つの質点(図3-8)の運動は，平衡点からのそれぞれの変位を x_1, x_2 として，

$$\begin{aligned} m\ddot{x}_1 &= -kx_1-k(x_1-x_2) = -2kx_1+kx_2 \\ m\ddot{x}_2 &= -kx_2+k(x_1-x_2) = kx_1-2kx_2 \end{aligned} \tag{3.72}$$

で記述される．(3.72)は連立2階線形微分方程式である.

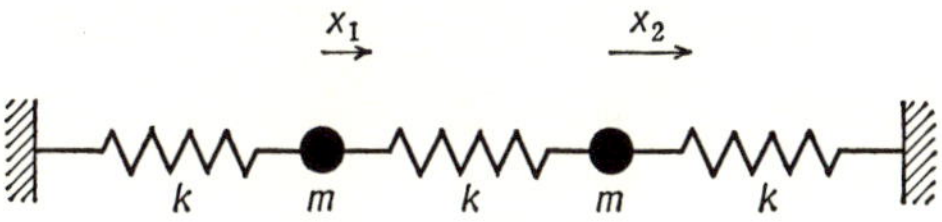

図3-8 連成振動.

(3.72)は次のことに気がつけば簡単に解ける.

$$m(\ddot{x}_1+\ddot{x}_2) = -k(x_1+x_2)$$
$$m(\ddot{x}_1-\ddot{x}_2) = -3k(x_1-x_2)$$

よって，

$$\begin{aligned} x_1+x_2 &= a\cos(\omega_1 t+\alpha), \qquad \omega_1 = \sqrt{k/m} \\ x_1-x_2 &= b\cos(\omega_2 t+\beta), \qquad \omega_2 = \sqrt{3k/m} \end{aligned} \tag{3.73}$$

したがって，(3.72)の一般解は，

$$\begin{aligned} x_1 &= \frac{1}{2}a\cos(\omega_1 t+\alpha)+\frac{1}{2}b\cos(\omega_2 t+\beta) \\ x_2 &= \frac{1}{2}a\cos(\omega_1 t+\alpha)-\frac{1}{2}b\cos(\omega_2 t+\beta) \end{aligned} \tag{3.74}$$

と求まる．こうして，うまい座標を選べば独立な単振動に分けられることがわかった．(3.73)のように単振動に帰着させる新しい座標を**基準座標**という.

いまの問題を考え直し，どのように基準座標が導入されるかを調べてみよう．

$$X=\begin{pmatrix}x_1\\x_2\end{pmatrix},\qquad A=\begin{pmatrix}2&-1\\-1&2\end{pmatrix}\tag{3.75}$$

とおくと，(3.72)は，

$$\ddot{X}=-\omega_0{}^2AX,\qquad \omega_0=\sqrt{k/m}\tag{3.76}$$

と書ける．ある直交行列を V として，

$$X=VQ\quad\text{または}\quad Q=V^{\mathrm{T}}X\tag{3.77}$$

で定義される新しい座標 Q を考える．(3.77)を(3.76)に代入する．

$$V\ddot{Q}=-\omega_0{}^2AVQ\tag{3.78}$$

V は直交行列であるから，$V^{\mathrm{T}}V=VV^{\mathrm{T}}=I$. したがって，

$$\ddot{Q}=-\omega_0{}^2V^{\mathrm{T}}AVQ\tag{3.79}$$

ここで2-6節の重要な結果を用いる．行列 A は(3.75)からわかるように対称行列であるから，固有ベクトルから作った直交行列 V によって，$V^{\mathrm{T}}AV$ を対角形にすることができる．2-6節の例題2に示したように，対称行列 A を対角化する直交行列は，

$$V=V^{\mathrm{T}}=\begin{pmatrix}1/\sqrt{2}&1/\sqrt{2}\\1/\sqrt{2}&-1/\sqrt{2}\end{pmatrix}\tag{3.80}$$

である．実際，

$$V^{\mathrm{T}}AV=\begin{pmatrix}1/\sqrt{2}&1/\sqrt{2}\\1/\sqrt{2}&-1/\sqrt{2}\end{pmatrix}\begin{pmatrix}2&-1\\-1&2\end{pmatrix}\begin{pmatrix}1/\sqrt{2}&1/\sqrt{2}\\1/\sqrt{2}&-1/\sqrt{2}\end{pmatrix}=\begin{pmatrix}1&0\\0&3\end{pmatrix}$$

であるから，期待通り単振動に分解できた；

$$\ddot{Q}=-\omega_0{}^2\begin{pmatrix}1&0\\0&3\end{pmatrix}Q\tag{3.81}$$

したがって，Q は基準座標である．Q を成分で書けば，(3.77)より，

$$Q=\begin{pmatrix}q_1\\q_2\end{pmatrix},\qquad q_1=\frac{1}{\sqrt{2}}(x_1+x_2),\ q_2=\frac{1}{\sqrt{2}}(x_1-x_2)\tag{3.82}$$

すなわち，(3.73)と同じである．力学的エネルギー $E=K+U$,

$$K=\frac{1}{2}m(\dot{x}_1{}^2+\dot{x}_2{}^2)\qquad\text{(運動エネルギー)}$$

$$U = \frac{1}{2}k(x_1{}^2+(x_1-x_2)^2+x_2{}^2) \qquad \text{(ポテンシャル・エネルギー)}$$

を基準座標で表わすと,

$$K = \frac{1}{2}m\dot{X}^{\mathrm{T}}\dot{X} = \frac{1}{2}m\dot{Q}^{\mathrm{T}}V^{\mathrm{T}}V\dot{Q} = \frac{1}{2}m\dot{Q}^{\mathrm{T}}\dot{Q}$$

$$= \frac{1}{2}m(\dot{q}_1{}^2+\dot{q}_2{}^2)$$

$$U = k(x_1{}^2-x_1x_2+x_2{}^2) = \frac{1}{2}kX^{\mathrm{T}}AX$$

$$= \frac{1}{2}kQ^{\mathrm{T}}V^{\mathrm{T}}AVQ = \frac{1}{2}kQ^{\mathrm{T}}\begin{pmatrix}1 & 0\\ 0 & 3\end{pmatrix}Q$$

$$= \frac{1}{2}k(q_1{}^2+3q_2{}^2)$$

である．ポテンシャル・エネルギーが2次形式の標準形(47ページ)になっていることに注意しよう．

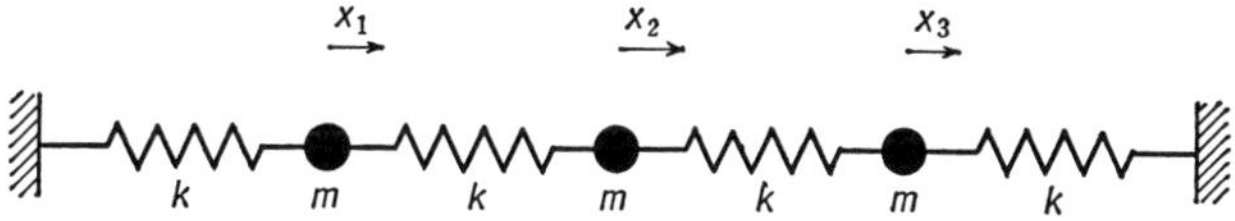

図3-9　連成振動.

以上のことが理解できたならば，図3-9のようにバネで結ばれた3つの質点に対する運動方程式

$$\begin{aligned} m\ddot{x}_1 &= -kx_1-k(x_1-x_2) &&= -k(2x_1-x_2)\\ m\ddot{x}_2 &= -k(x_2-x_1)-k(x_2-x_3) &&= -k(2x_2-x_1-x_3)\\ m\ddot{x}_3 &= -k(x_3-x_2)-kx_3 &&= -k(2x_3-x_2) \end{aligned} \tag{3.83}$$

を解くことも簡単であろう．(3.83)は，$\omega_0=\sqrt{k/m}$ として，

$$\ddot{X} = -\omega_0{}^2AX, \qquad A = \begin{pmatrix} 2 & -1 & 0\\ -1 & 2 & -1\\ 0 & -1 & 2\end{pmatrix}$$

と書ける．対称行列 A を対角化する直交行列 V を探そう．固有方程式は

$$D(\lambda)=\begin{vmatrix}2-\lambda & -1 & 0\\ -1 & 2-\lambda & -1\\ 0 & -1 & 2-\lambda\end{vmatrix}=(2-\lambda)\{(2-\lambda)^2-2\}=0$$

したがって，行列 A の固有値は，$\lambda_1=2-\sqrt{2}$，$\lambda_2=2$，$\lambda_3=2+\sqrt{2}$ である．対応する固有ベクトルは，

$$Au=\lambda u, \qquad u=\begin{pmatrix}u_1\\ u_2\\ u_3\end{pmatrix}$$

すなわち，

$$\begin{aligned}2u_1-u_2&=\lambda u_1\\ -u_1+2u_2-u_3&=\lambda u_2\\ -u_2+2u_3&=\lambda u_3\end{aligned}$$

より決まる．$\lambda=\lambda_1, \lambda_2, \lambda_3$ に対する固有ベクトルは，それぞれ，

$$v_1=\frac{1}{2}\begin{pmatrix}1\\ \sqrt{2}\\ 1\end{pmatrix}, \qquad v_2=\frac{1}{2}\begin{pmatrix}\sqrt{2}\\ 0\\ -\sqrt{2}\end{pmatrix}, \qquad v_3=\frac{1}{2}\begin{pmatrix}1\\ -\sqrt{2}\\ 1\end{pmatrix}$$

である．この3つの固有ベクトルから直交行列 V を作る．

$$V=V^{\mathrm{T}}=\frac{1}{2}\begin{pmatrix}1 & \sqrt{2} & 1\\ \sqrt{2} & 0 & -\sqrt{2}\\ 1 & -\sqrt{2} & 1\end{pmatrix}$$

基準座標 $Q=V^{\mathrm{T}}X$ の従う運動方程式は，

$$\ddot{Q}=-\omega_0{}^2V^{\mathrm{T}}AVQ=-\begin{pmatrix}\omega_1{}^2 & 0 & 0\\ 0 & \omega_2{}^2 & 0\\ 0 & 0 & \omega_3{}^2\end{pmatrix}Q$$

$$\omega_1{}^2=(2-\sqrt{2})\omega_0{}^2, \qquad \omega_2{}^2=2\omega_0{}^2, \qquad \omega_3{}^2=(2+\sqrt{2})\omega_0{}^2$$

であるから，$Q^{\mathrm{T}}=(q_1, q_2, q_3)$ として，

$$q_1=a\cos(\omega_1t+\alpha), \qquad q_2=b\cos(\omega_2t+\beta), \qquad q_3=c\cos(\omega_3t+\gamma)$$

したがって，$X=VQ$ より，(3.83) の一般解

$$x_1=\frac{1}{2}a\cos(\omega_1t+\alpha)+\frac{\sqrt{2}}{2}b\cos(\omega_2t+\beta)+\frac{1}{2}c\cos(\omega_3t+\gamma)$$

$$x_2 = \frac{\sqrt{2}}{2} a\cos(\omega_1 t+\alpha) - \frac{\sqrt{2}}{2} c\cos(\omega_3 t+\gamma)$$

$$x_3 = \frac{1}{2} a\cos(\omega_1 t+\alpha) - \frac{\sqrt{2}}{2} b\cos(\omega_2 t+\beta) + \frac{1}{2} c\cos(\omega_3 t+\gamma)$$

を得る．上の式で，a, b, c，α, β, γ は任意定数である．

行列の対角化という無味乾燥な数学が，物理の問題を解くのに偉力を発揮する様子をもう一度味わってほしい．

問　題

1. 2つの等しい質点(質量 m)をバネ定数が a と k(両端が a, 中央が k)のバネで連結し，つり合いの付近でバネの方向に振動させる(右図)．両質点の変位をそれぞれ x_1, x_2 とすれば，運動方程式は

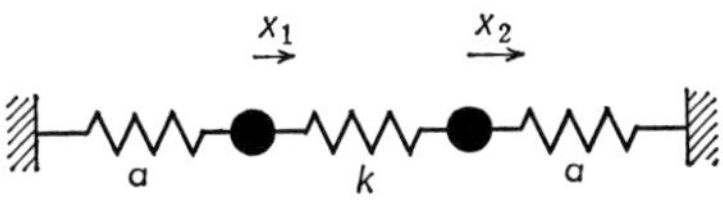

問題1 連成振動.

$$m\ddot{x}_1 = -ax_1 + k(x_2 - x_1)$$
$$m\ddot{x}_2 = -ax_2 - k(x_2 - x_1)$$

で与えられる．次の順序に従って運動方程式を解け．

(1) 運動方程式を

$$\ddot{X} = -AX, \qquad X = \begin{pmatrix} x_1 \\ x_2 \end{pmatrix}, \qquad A：対称行列$$

の形に書く．

(2) 行列 A の固有値 λ_1, λ_2 とそれに対する(大きさ1)の固有ベクトル v_1, v_2 を求めよ．

(3) 固有ベクトル v_1, v_2 から直交行列 $V=(v_1, v_2)$ を作る．行列 V から基準座標 $Q = V^{\mathrm{T}}X$ を導入し，運動方程式

$$\ddot{Q} = -\begin{pmatrix} \lambda_1 & 0 \\ 0 & \lambda_2 \end{pmatrix} Q, \qquad Q = \begin{pmatrix} q_1 \\ q_2 \end{pmatrix}$$

を導き，q_1, q_2 の一般解を求める．

(4) $X = VQ$ より，$\omega_1 = \sqrt{\lambda_1}$，$\omega_2 = \sqrt{\lambda_2}$ として，

$$x_1 = B_1\cos(\omega_1 t+\alpha) + B_2\cos(\omega_2 t+\beta)$$
$$x_2 = B_1\cos(\omega_1 t+\alpha) - B_2\cos(\omega_2 t+\beta)$$

を得る．ここで，B_1, B_2, α, β は定数である．

Coffee Break

微分記号

微分係数を表わす記号として，$\dot{x}$，$\dfrac{dy}{dx}$，y'，$f'(x)$ などがある．この本でも，これらを適当に使っているが，歴史をふりかえってみると，なかなかおもしろい．

ニュートン(1642〜1727)は1704年に出版された『光学』の付録で，量 x の増加の速さを表わすのにドット記号 $\dot{x}$ を用いた．完全ではないが，ニュートンの考え方は，現在の微分係数の定義

$$\dot{x} = \lim_{h \to 0} \frac{x(t+h)-x(t)}{h}$$

に非常に近い．一方，ライプニッツ(1646〜1716)は1684年に発表した論文中で，x と y の微分 dx と dy や微分係数 $\dfrac{dy}{dx}$ を使っている．ライプニッツの微分 dx は，幾何学的な接線の概念から定義され，計算法は明らかではない．

ニュートンとライプニッツの微積分発見の争いは有名である．この論争はさておき，概念的にはニュートンの方がより現代的であるにもかかわらず，記号としてはライプニッツの方がより一般的に用いられているのは興味深いことである．y' や $f'(x)$ という書き方も便利であり，よく用いられる．これらは，ラグランジュ(1736〜1813)の記号である．

積分記号ではライプニッツの $\int$(s を長くのばしたもの，s は和を意味するラテン語 summa の頭文字)がもっぱら用いられる．微積分の争いは，記号に関する限りはライプニッツの圧勝のようである．

4

ベクトルの微分とベクトル微分演算子

微分法をベクトル関数やベクトル場に拡張する．初めに，ベクトルを用いた運動の記述のしかたと座標系の取り扱いについて述べる．章の後半ではベクトル微分演算子が導入される．ベクトル微分演算子とスカラー関数またはベクトル関数の組み合わせによって，勾配，発散，回転，ラプラスの演算子が定義される．それらは物理学の各分野で自然に現われる量である．次の章に述べる積分定理と密接に関連し，物理的意味も積分定理によっていっそう明確になる．

4-1 ベクトルの微分

ベクトル関数とその微分 ベクトル $\boldsymbol{A}$ が変数 t の関数であるとき，$\boldsymbol{A}(t)$ と書き，**ベクトル関数**と呼ぶ．$\boldsymbol{A}(t)$ を成分で書けば，

$$\boldsymbol{A}(t) = A_x(t)\boldsymbol{i}+A_y(t)\boldsymbol{j}+A_z(t)\boldsymbol{k} \tag{4.1}$$

である．$\boldsymbol{A}(t)$ の t に関する微分は

$$\dot{\boldsymbol{A}}(t) = \frac{d\boldsymbol{A}}{dt} = \lim_{\Delta t\to 0}\frac{\boldsymbol{A}(t+\Delta t)-\boldsymbol{A}(t)}{\Delta t} \tag{4.2}$$

で定義される．(4.1) より，

$$\frac{d\boldsymbol{A}}{dt} = \frac{dA_x(t)}{dt}\boldsymbol{i}+\frac{dA_y(t)}{dt}\boldsymbol{j}+\frac{dA_z(t)}{dt}\boldsymbol{k} \tag{4.3}$$

である．同様に，高階微分も定義できる．例えば，

$$\begin{aligned}\frac{d^2\boldsymbol{A}}{dt^2} &= \lim_{\Delta t\to 0}\frac{1}{\Delta t}\{\dot{\boldsymbol{A}}(t+\Delta t)-\dot{\boldsymbol{A}}(t)\}\\ &= \frac{d^2A_x}{dt^2}\boldsymbol{i}+\frac{d^2A_y}{dt^2}\boldsymbol{j}+\frac{d^2A_z}{dt^2}\boldsymbol{k}\end{aligned} \tag{4.4}$$

である．

例 質点Pの位置ベクトルを $\boldsymbol{r}(t)=x(t)\boldsymbol{i}+y(t)\boldsymbol{j}+z(t)\boldsymbol{k}$ とすれば，**速度ベクトル** $\boldsymbol{v}(t)$ と**加速度ベクトル** $\boldsymbol{a}(t)$ は，おのおの

$$\boldsymbol{v}(t) = \dot{\boldsymbol{r}}(t) = \frac{d\boldsymbol{r}(t)}{dt} = \frac{dx(t)}{dt}\boldsymbol{i}+\frac{dy(t)}{dt}\boldsymbol{j}+\frac{dz(t)}{dt}\boldsymbol{k}$$

$$\boldsymbol{a}(t) = \dot{\boldsymbol{v}}(t) = \ddot{\boldsymbol{r}}(t) = \frac{d^2x(t)}{dt^2}\boldsymbol{i}+\frac{d^2y(t)}{dt^2}\boldsymbol{j}+\frac{d^2z(t)}{dt^2}\boldsymbol{k} \qquad ▎$$

ベクトルには大きさと方向があるから，変数 t が変化するとき，ベクトル $\boldsymbol{A}(t)$ はその大きさと方向がともに変化することもあり，また大きさと方向の一方だけが変化することもある．とくに，大きさも方向も変化しないベクトルを**定ベクトル**という．定ベクトルを $\boldsymbol{C}$ とすれば，もちろん $d\boldsymbol{C}/dt=0$ である．

スカラー関数 $\phi(t)$，ベクトル関数 $\boldsymbol{A}(t), \boldsymbol{B}(t)$ の積の微分は，公式

1) $\dfrac{d}{dt}(\phi \boldsymbol{A}) = \phi\dfrac{d\boldsymbol{A}}{dt} + \dfrac{d\phi}{dt}\boldsymbol{A}$

2) $\dfrac{d}{dt}(\boldsymbol{A}\cdot\boldsymbol{B}) = \boldsymbol{A}\cdot\dfrac{d\boldsymbol{B}}{dt} + \dfrac{d\boldsymbol{A}}{dt}\cdot\boldsymbol{B}$

3) $\dfrac{d}{dt}(\boldsymbol{A}\times\boldsymbol{B}) = \boldsymbol{A}\times\dfrac{d\boldsymbol{B}}{dt} + \dfrac{d\boldsymbol{A}}{dt}\times\boldsymbol{B}$

で与えられる．公式2)の証明を行なう(他は問題1，問題2)．

$$\begin{aligned}\frac{d}{dt}(\boldsymbol{A}\cdot\boldsymbol{B}) &= \frac{d}{dt}(A_xB_x+A_yB_y+A_zB_z)\\ &= A_x\frac{dB_x}{dt}+\frac{dA_x}{dt}B_x+A_y\frac{dB_y}{dt}+\frac{dA_y}{dt}B_y+A_z\frac{dB_z}{dt}+\frac{dA_z}{dt}B_z\\ &= A_x\frac{dB_x}{dt}+A_y\frac{dB_y}{dt}+A_z\frac{dB_z}{dt}+\frac{dA_x}{dt}B_x+\frac{dA_y}{dt}B_y+\frac{dA_z}{dt}B_z\\ &= \boldsymbol{A}\cdot\frac{d\boldsymbol{B}}{dt}+\frac{d\boldsymbol{A}}{dt}\cdot\boldsymbol{B}\end{aligned}$$

公式2)から，大きさが一定のベクトル $\boldsymbol{A}(t)$ では，$\boldsymbol{A}$ と $\dot{\boldsymbol{A}}$ は必ず垂直であることがわかる．なぜならば，$|\boldsymbol{A}|^2=\boldsymbol{A}\cdot\boldsymbol{A}=$一定 であるから，

$$\frac{d}{dt}(\boldsymbol{A}\cdot\boldsymbol{A}) = 0 = 2\boldsymbol{A}\cdot\frac{d\boldsymbol{A}}{dt}$$

運動の記述(運動学)　質点は3次元空間内の曲線 C 上を動くとして，その記述法を考えてみよう．曲線 C 上の点は，時間 t の関数として位置ベクトル $\boldsymbol{r}(t)$ で表わされる．時刻 t には点P，時刻 $t+\Delta t$ には点Qに質点があるとする(図4-1)．ベクトル $\overrightarrow{\mathrm{PQ}}$ は，$\Delta\boldsymbol{r}=\boldsymbol{r}(t+\Delta t)-\boldsymbol{r}(t)$ で与えられる．点Qを点Pに近づけていくと，$\Delta\boldsymbol{r}$ は点Pにおける接線 L の方向を向くようになる．そして，その極限

$$\frac{d\boldsymbol{r}}{dt} = \lim_{\Delta t\to 0}\frac{\boldsymbol{r}(t+\Delta t)-\boldsymbol{r}(t)}{\Delta t} \tag{4.5}$$

は，点Pにおける曲線 C の**接線ベクトル**である．すなわち，速度ベクトル $\boldsymbol{v}=\dot{\boldsymbol{r}}$ は点Pにおける瞬間的な運動の方向を表わしており，点Pにおける接線の方向と一致する．ベクトル $\dot{\boldsymbol{r}}$ は接線ベクトルであるから，

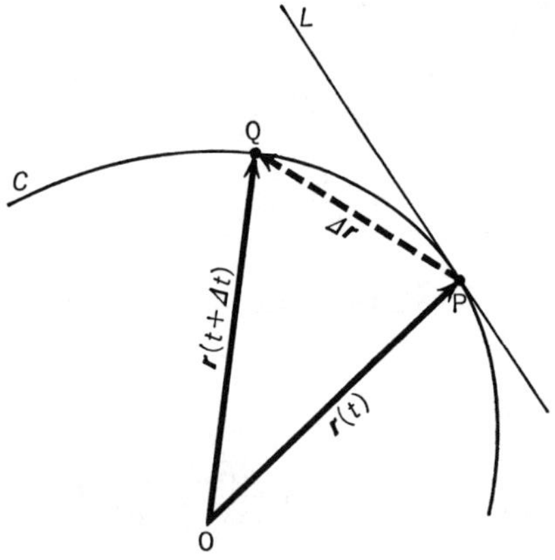

図 4-1　質点の運動.

$$\boldsymbol{t} = \frac{\dot{\boldsymbol{r}}(t)}{|\dot{\boldsymbol{r}}(t)|} \tag{4.6}$$

は，点 P における単位接線ベクトルである．変数 t を‘時間’と呼んだが，数学的には t は曲線 $\boldsymbol{r}(t)$ を表わすためのパラメタであり，時間である必要はない．

運動の表わし方として，次のような幾何学的な記述もよく用いられる．曲線上のある点から運動の向きに測った弧の長さを s とすると，点 P の位置ベクトルは s の関数として，$\boldsymbol{r}=\boldsymbol{r}(s)$ で与えられる．図 4-2(a) で，ベクトル $\overrightarrow{\mathrm{PQ}}$ は，

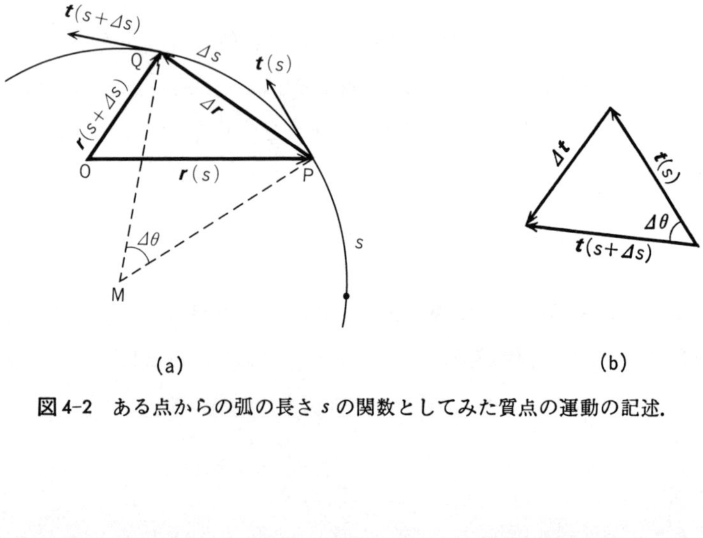

(a)　　　　(b)

図 4-2　ある点からの弧の長さ s の関数としてみた質点の運動の記述.

$\varDelta\boldsymbol{r}=\boldsymbol{r}(s+\varDelta s)-\boldsymbol{r}(s)$ である．$\varDelta s\to 0$ とすると，弧の長さ $\varDelta s$ とベクトル $\overrightarrow{\mathrm{PQ}}$ の長さ $|\varDelta\boldsymbol{r}|$ は等しくなる

$$\lim_{\varDelta s\to 0}\frac{|\varDelta\boldsymbol{r}|}{|\varDelta s|}=1$$

また，$\varDelta\boldsymbol{r}/\varDelta s$ は $\varDelta s\to 0$ のとき接線ベクトルである．したがって，

$$\boldsymbol{t}(s)=\frac{d\boldsymbol{r}(s)}{ds}=\boldsymbol{r}'(s) \tag{4.7}$$

は単位接線ベクトルである．合成関数の微分規則により，

$$\frac{d\boldsymbol{r}}{dt}=\frac{d\boldsymbol{r}}{ds}\frac{ds}{dt}=\frac{ds}{dt}\boldsymbol{t}(s) \tag{4.8}$$

であるから，**速さ** v と**速度** $\boldsymbol{v}$ は，おのおの

$$v=\frac{ds}{dt},\qquad \boldsymbol{v}=v\boldsymbol{t} \tag{4.9}$$

と書けることがわかる．次に接線ベクトル $\boldsymbol{t}(s)$ の変化率を考えよう．$\boldsymbol{t}(s)$ と $\boldsymbol{t}(s+\varDelta s)$ との間の角を $\varDelta\theta$ とする(図 4-2(b))．曲線 PQ は，Q が P に十分近ければ円の一部とみなせるから円で近似して，その中心 M を**曲率中心**とよぶ．また，

$$\kappa=\lim_{\varDelta s\to 0}\frac{\varDelta\theta}{\varDelta s}=\frac{d\theta}{ds} \tag{4.10}$$

を**曲率**，

$$\rho=\frac{1}{\kappa} \tag{4.11}$$

を**曲率半径**という．$\boldsymbol{t}(s)$ は単位接線ベクトルであるから，図 4-2(b) より，$\varDelta\theta\approx 0$ ならば，$|\varDelta\boldsymbol{t}|=|\boldsymbol{t}|\varDelta\theta=\varDelta\theta$．ゆえに，

$$\left|\frac{d\boldsymbol{t}}{d\theta}\right|=\lim_{\varDelta\theta\to 0}\left|\frac{\boldsymbol{t}(s+\varDelta s)-\boldsymbol{t}(s)}{\varDelta\theta}\right|=\lim_{\varDelta\theta\to 0}\left|\frac{\varDelta\boldsymbol{t}}{\varDelta\theta}\right|=1$$

すなわち，$d\boldsymbol{t}/d\theta$ は単位ベクトルである．また，図 4-2(b) より，$\varDelta\theta\to 0$ のとき $\varDelta\boldsymbol{t}/\varDelta s$ は $\boldsymbol{t}$ に垂直なベクトルに近づくことがわかる．よって，$\boldsymbol{t}$ に垂直な曲率中心方向の単位ベクトルを $\boldsymbol{n}$ として，

$$\frac{d\boldsymbol{t}}{ds} = \frac{d\theta}{ds}\frac{d\boldsymbol{t}}{d\theta} = \kappa\boldsymbol{n} = \frac{1}{\rho}\boldsymbol{n} \tag{4.12}$$

であることがわかる．$\boldsymbol{n}$ を**主法線ベクトル**という．加速度ベクトルは $\boldsymbol{a}=\dot{\boldsymbol{v}}$ であるから，(4.9)と(4.12)より，

$$\boldsymbol{a} = \frac{d\boldsymbol{v}}{dt} = \frac{dv}{dt}\boldsymbol{t} + v\frac{d\boldsymbol{t}}{ds}\frac{ds}{dt} = \frac{dv}{dt}\boldsymbol{t} + \frac{v^2}{\rho}\boldsymbol{n} \tag{4.13}$$

を得る．加速度ベクトルは，速さの変化を表わす接線方向を向く部分と，その方向変化を表わす曲率中心方向を向く部分から成っていることがわかる．

問　　題

1.　$\dfrac{d}{dt}(\phi\boldsymbol{A}) = \dfrac{d\phi}{dt}\boldsymbol{A} + \phi\dfrac{d\boldsymbol{A}}{dt}$ を示せ．

2.　$\dfrac{d}{dt}(\boldsymbol{A}\times\boldsymbol{B}) = \boldsymbol{A}\times\dfrac{d\boldsymbol{B}}{dt} + \dfrac{d\boldsymbol{A}}{dt}\times\boldsymbol{B}$ を示せ．

3.　半径 R の円周上を一定の速さで動く質点を考える．質点の位置ベクトルは，

$$\boldsymbol{r}(t) = R(\cos\omega t\,\boldsymbol{i} + \sin\omega t\,\boldsymbol{j})$$

で与えられる(右図)．

(i)　速度ベクトル $\boldsymbol{v}(t)$ と加速度ベクトル $\boldsymbol{a}(t)$ を計算せよ．

(ii)　$\boldsymbol{v}(t)$ と $\boldsymbol{a}(t)$ の大きさを求めよ．

(iii)　$\boldsymbol{r}\cdot\boldsymbol{v}=0$ をたしかめよ．

4.　$\dfrac{d}{dt}\left(\boldsymbol{r}\times\dfrac{d\boldsymbol{r}}{dt}\right) = \boldsymbol{r}\times\dfrac{d^2\boldsymbol{r}}{dt^2}$ を示せ．

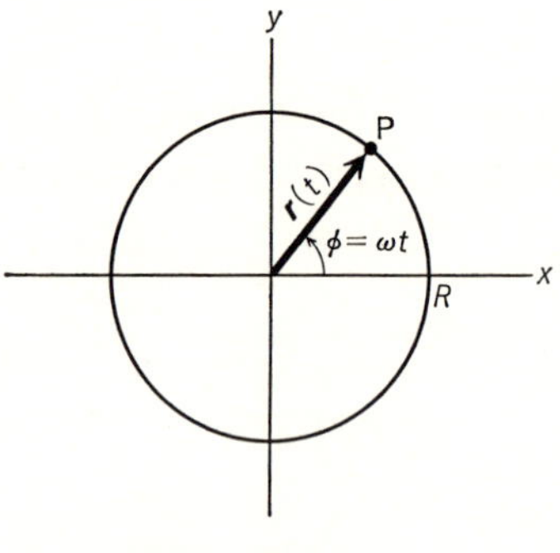

問題3　等速円運動．

4-2　2次元(平面)極座標

物理の基礎方程式を導くには直角座標 x, y, z が適している．しかし，実際の問題を解く際には必ずしも直角座標が最適ではない．むしろ，問題に応じては，極座標あるいは円柱座標と呼ばれる座標系を用いた方が計算も簡単で，物理的意味も得やすい．ここでは，2次元(平面)極座標でのベクトルの表示を考える

ことにする．

2次元極座標 ρ, ϕ は，2次元直角座標 x, y を用いて

$$\begin{cases} x = \rho\cos\phi \\ y = \rho\sin\phi \end{cases} \quad \text{または} \quad \begin{cases} \rho = \sqrt{x^2+y^2} \\ \tan\phi = y/x \end{cases} \tag{4.14}$$

で定義される(図4-3)．ρ, ϕ の変域は $0 \leqq \rho$，$0 \leqq \phi < 2\pi$ である．

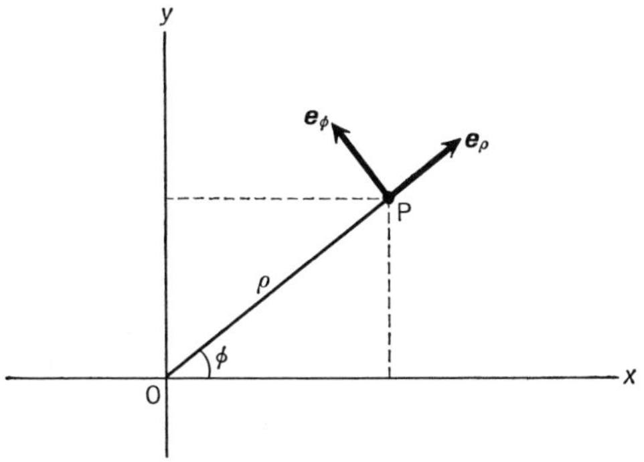

図4-3　2次元極座標 ρ, ϕ．$\boldsymbol{e}_\rho, \boldsymbol{e}_\phi$ は ρ 方向，ϕ 方向の単位ベクトル．

原点Oと点Pを結んで延長した方向を ρ 方向(動径方向)，これに直角に ϕ の増す向きにとった方向を ϕ 方向(方位角方向)という．ρ 方向の単位ベクトルを $\boldsymbol{e}_\rho$，ϕ 方向の単位ベクトルを $\boldsymbol{e}_\phi$ とする(図4-3)．

$$\boldsymbol{e}_\rho \cdot \boldsymbol{e}_\rho = \boldsymbol{e}_\phi \cdot \boldsymbol{e}_\phi = 1, \qquad \boldsymbol{e}_\rho \cdot \boldsymbol{e}_\phi = 0 \tag{4.15}$$

図4-4からわかるように，直角座標の単位ベクトル $\boldsymbol{i}, \boldsymbol{j}$ との関係は，

$$\begin{aligned} \boldsymbol{e}_\rho &= \cos\phi\,\boldsymbol{i} + \sin\phi\,\boldsymbol{j} \\ \boldsymbol{e}_\phi &= -\sin\phi\,\boldsymbol{i} + \cos\phi\,\boldsymbol{j} \end{aligned} \tag{4.16}$$

または

$$\begin{aligned} \boldsymbol{i} &= \cos\phi\,\boldsymbol{e}_\rho - \sin\phi\,\boldsymbol{e}_\phi \\ \boldsymbol{j} &= \sin\phi\,\boldsymbol{e}_\rho + \cos\phi\,\boldsymbol{e}_\phi \end{aligned} \tag{4.17}$$

である．

まず2つの座標系でのベクトルの成分の関係を導く．ベクトル $\boldsymbol{A}$ の，x, y 成分を A_x, A_y，ρ, ϕ 成分を A_ρ, A_ϕ とする．

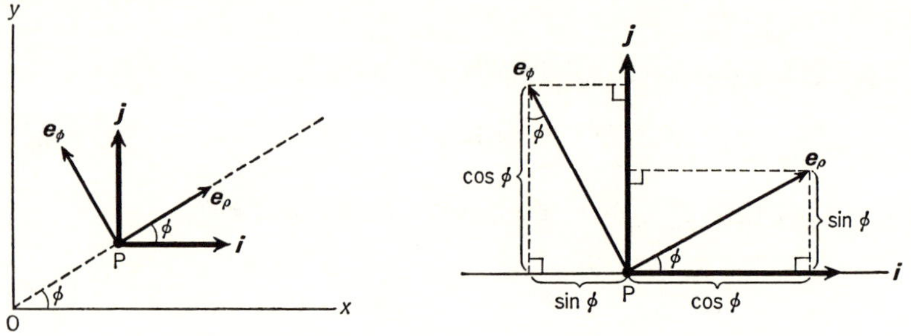

図 4-4　xy 座標の単位ベクトル $\boldsymbol{i}, \boldsymbol{j}$ と $\rho\phi$ 座標の単位ベクトル $\boldsymbol{e}_\rho, \boldsymbol{e}_\phi$. ベクトル $\boldsymbol{e}_\rho$ の $\boldsymbol{i}$ への射影は $\cos\phi$, $\boldsymbol{j}$ への射影は $\sin\phi$. よって, $\boldsymbol{e}_\rho = \cos\phi\,\boldsymbol{i} + \sin\phi\,\boldsymbol{j}$. また, ベクトル $\boldsymbol{e}_\phi$ の $\boldsymbol{i}$ への射影は $-\sin\phi$, $\boldsymbol{j}$ への射影は $\cos\phi$. よって, $\boldsymbol{e}_\phi = -\sin\phi\,\boldsymbol{i} + \cos\phi\,\boldsymbol{j}$.

$$\begin{aligned} \boldsymbol{A} &= A_x\boldsymbol{i} + A_y\boldsymbol{j} \\ &= A_\rho \boldsymbol{e}_\rho + A_\phi \boldsymbol{e}_\phi \end{aligned} \tag{4.18}$$

(4.18) と (4.16) を使って,

$$\begin{aligned} A_\rho &= \boldsymbol{A}\cdot\boldsymbol{e}_\rho = (A_x\boldsymbol{i} + A_y\boldsymbol{j})\cdot(\cos\phi\,\boldsymbol{i} + \sin\phi\,\boldsymbol{j}) \\ &= A_x\cos\phi + A_y\sin\phi \\ A_\phi &= \boldsymbol{A}\cdot\boldsymbol{e}_\phi = (A_x\boldsymbol{i} + A_y\boldsymbol{j})\cdot(-\sin\phi\,\boldsymbol{i} + \cos\phi\,\boldsymbol{j}) \\ &= -A_x\sin\phi + A_y\cos\phi \end{aligned} \tag{4.19}$$

(4.18) と (4.17) を使って,

$$\begin{aligned} A_x &= \boldsymbol{A}\cdot\boldsymbol{i} = A_\rho\cos\phi - A_\phi\sin\phi \\ A_y &= \boldsymbol{A}\cdot\boldsymbol{j} = A_\rho\sin\phi + A_\phi\cos\phi \end{aligned} \tag{4.20}$$

(4.19) または (4.20) は, ベクトルの成分の変換公式である.

点 P (図 4-3) が時間 t とともに動くとき, 直角座標での単位ベクトルは時間によって**変わらない**が, 2 次元極座標の単位ベクトルはその方向を**変える**. ベクトルの微分規則 (4.3) を (4.16) に適用して,

$$\begin{aligned} \frac{d}{dt}\boldsymbol{e}_\rho &= -\dot{\phi}\sin\phi\,\boldsymbol{i} + \dot{\phi}\cos\phi\,\boldsymbol{j} = \dot{\phi}\boldsymbol{e}_\phi \\ \frac{d}{dt}\boldsymbol{e}_\phi &= -\dot{\phi}\cos\phi\,\boldsymbol{i} - \dot{\phi}\sin\phi\,\boldsymbol{j} = -\dot{\phi}\boldsymbol{e}_\rho \end{aligned} \tag{4.21}$$

この結果を使って，平面上を運動する質点の速度と加速度を2次元極座標で表示してみよう．位置ベクトル $\boldsymbol{r}=x\boldsymbol{i}+y\boldsymbol{j}$ は，2次元極座標では，

$$\boldsymbol{r} = \rho\boldsymbol{e}_\rho \tag{4.22}$$

である．(4.22)を時間 t で微分して，

$$\boldsymbol{v} = \dot{\boldsymbol{r}}(t) = \dot{\rho}\boldsymbol{e}_\rho+\rho\dot{\boldsymbol{e}}_\rho = \dot{\rho}\boldsymbol{e}_\rho+\rho\dot{\phi}\boldsymbol{e}_\phi \tag{4.23}$$

したがって，速度の ρ 成分を v_ρ，ϕ 成分を v_ϕ とすれば，

$$\boldsymbol{v} = v_\rho\boldsymbol{e}_\rho+v_\phi\boldsymbol{e}_\phi, \qquad v_\rho = \dot{\rho}, \qquad v_\phi = \rho\dot{\phi} \tag{4.24}$$

である．(4.23)をもう一度 t で微分して，

$$\begin{aligned}\boldsymbol{a} = \dot{\boldsymbol{v}} &= \ddot{\rho}\boldsymbol{e}_\rho+\dot{\rho}\dot{\phi}\boldsymbol{e}_\phi+(\rho\ddot{\phi}+\dot{\rho}\dot{\phi})\boldsymbol{e}_\phi+\rho\dot{\phi}(-\dot{\phi})\boldsymbol{e}_\rho \\ &= (\ddot{\rho}-\rho\dot{\phi}^2)\boldsymbol{e}_\rho+(\rho\ddot{\phi}+2\dot{\rho}\dot{\phi})\boldsymbol{e}_\phi\end{aligned} \tag{4.25}$$

したがって，加速度の ρ 成分を a_ρ，ϕ 成分を a_ϕ とすれば，

$$\boldsymbol{a} = a_\rho\boldsymbol{e}_\rho+a_\phi\boldsymbol{e}_\phi, \qquad a_\rho = \ddot{\rho}-\rho\dot{\phi}^2, \qquad a_\phi = \rho\ddot{\phi}+2\dot{\rho}\dot{\phi} \tag{4.26}$$

ゆえに，ニュートンの運動方程式 $m\boldsymbol{a}=\boldsymbol{F}$ を2次元極座標で表わせば，

$$m(\ddot{\rho}-\rho\dot{\phi}^2) = F_\rho, \qquad m(\rho\ddot{\phi}+2\dot{\rho}\dot{\phi}) = F_\phi \tag{4.27}$$

となる．ここで，F_ρ は力の ρ 成分，F_ϕ は力の ϕ 成分である；$\boldsymbol{F}=F_\rho\boldsymbol{e}_\rho+F_\phi\boldsymbol{e}_\phi$. すなわち，$xy$ 座標での力 $\boldsymbol{F}$ の成分を F_x, F_y とすれば，(4.19)より，

$$\begin{aligned}F_\rho &= F_x\cos\phi+F_y\sin\phi \\ F_\phi &= -F_x\sin\phi+F_y\cos\phi\end{aligned} \tag{4.28}$$

問　　題

1.　(i) 2次元極座標 ρ, ϕ において，力 $\boldsymbol{F}$ が

$$\boldsymbol{F}(\rho) = f(\rho)\frac{\boldsymbol{\rho}}{\rho}, \qquad \boldsymbol{\rho} = \rho\boldsymbol{e}_\rho$$

のとき，2次元極座標で表わしたニュートンの運動方程式を書け．

(ii)　上で求めた運動方程式から，

$$\frac{d}{dt}L = 0, \qquad L = m\rho^2\dot{\phi}$$

を示せ．L は角運動量である．

4-3　運動座標系

並進運動　この節ではふたたび3次元での話に戻る．空間に固定された座標系O-xyzに対して並進運動している座標系O′-$x'y'z'$を考える(図4-5)．$t=0$でO-xyzとO′-$x'y'z'$は一致しており，それ以後もx軸とx'軸，y軸とy'軸，z軸とz'軸は常に平行に保たれているとする．空間の動点P(t)の，O-xyzに関する位置ベクトルを$\boldsymbol{r}(t)$，O′-$x'y'z'$に関する位置ベクトルを$\boldsymbol{r}'(t)$とする．$\boldsymbol{r}_0(t)=\overrightarrow{\mathrm{OO'}}$とすれば，図4-5から

$$\boldsymbol{r}(t) = \boldsymbol{r}'(t)+\boldsymbol{r}_0(t) \tag{4.29}$$

である．したがって，2つの座標系での速度ベクトルと加速度ベクトルには，それぞれ，関係式

$$\dot{\boldsymbol{r}}(t) = \dot{\boldsymbol{r}}'(t)+\dot{\boldsymbol{r}}_0(t) \quad \text{または} \quad \boldsymbol{v}(t) = \boldsymbol{v}'(t)+\boldsymbol{v}_0(t)$$

$$\ddot{\boldsymbol{r}}(t) = \ddot{\boldsymbol{r}}'(t)+\ddot{\boldsymbol{r}}_0(t) \quad \text{または} \quad \boldsymbol{a}(t) = \boldsymbol{a}'(t)+\boldsymbol{a}_0(t)$$

が成り立つ．O-xyz系とO′-$x'y'z'$系では座標軸が互いに平行であるので，ベクトル，たとえば力，の成分は変わらない(2-7節の座標軸の平行移動の項参照)．

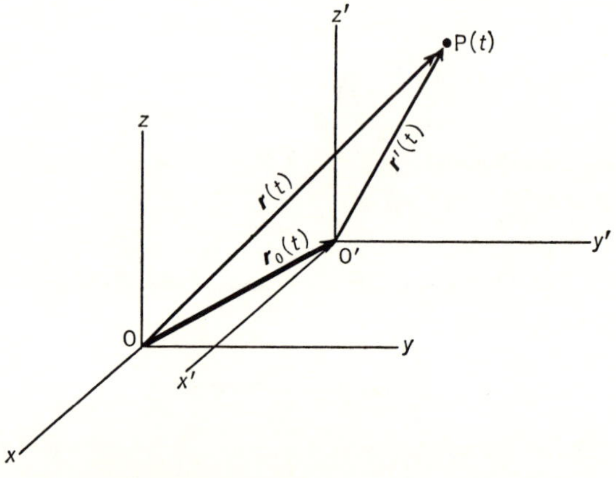

図4-5　空間に固定した座標系O-xyzと，座標軸の向きは同じで原点O′が移動する座標系O′-$x'y'z'$.

特に，$\boldsymbol{v}_0$ を定ベクトル(時間によらないベクトル)として，$\boldsymbol{r}(t)=\boldsymbol{r}'(t)+\boldsymbol{v}_0t$ であるとき，座標系 O'-$x'y'z'$ を**等速運動する座標系**という．この場合，$\boldsymbol{a}(t)=\boldsymbol{a}'(t)$ であるので，ニュートンの運動方程式 $m\boldsymbol{a}=\boldsymbol{F}$ は両方の座標系で同じである．座標変換 $\boldsymbol{r}(t)=\boldsymbol{r}'(t)+\boldsymbol{v}_0t$ を**ガリレイ変換**という．ニュートンの運動方程式はガリレイ変換によって形を変えない．これを**ガリレイ不変性**という．

また，$\boldsymbol{a}_0$ が一定のとき，座標系 O'-$x'y'z'$ を**等加速度運動する座標系**という．この場合，O-xyz でのニュートン方程式 $m\boldsymbol{a}=\boldsymbol{F}$ は，O'-$x'y'z'$ では

$$m\boldsymbol{a}' = m(\boldsymbol{a}-\boldsymbol{a}_0) = \boldsymbol{F}-m\boldsymbol{a}_0$$

となる．等加速度運動する座標系では，みかけの力(慣性力) $-m\boldsymbol{a}_0$ が余分にはたらくことになる．

回転座標系　空間に直交座標系 O-xyz を固定する．その単位直交ベクトルを $\boldsymbol{i},\boldsymbol{j},\boldsymbol{k}$ とする．原点 O のまわりに回転するもう1つの直交座標系 O-$x'y'z'$ を考える(図 4-6)．O-$x'y'z'$ の単位直交ベクトルを $\boldsymbol{i}',\boldsymbol{j}',\boldsymbol{k}'$ とする．O-$x'y'z'$ は回転しているので，$\boldsymbol{i}',\boldsymbol{j}',\boldsymbol{k}'$ は時間 t の関数であることに注意しよう．

$$\boldsymbol{i}' = \boldsymbol{i}'(t), \qquad \boldsymbol{j}' = \boldsymbol{j}'(t), \qquad \boldsymbol{k}' = \boldsymbol{k}'(t) \tag{4.30}$$

時刻 t と $t+\Delta t$ での単位直交ベクトルには

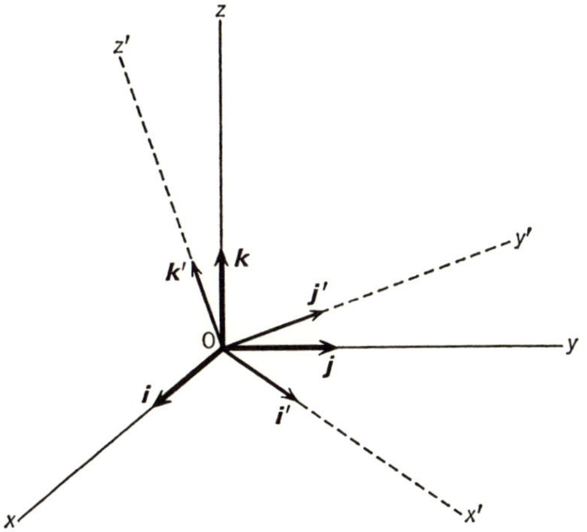

図 4-6　空間に固定した座標系 O-xyz と，回転座標系 O-$x'y'z'$．

$$\begin{pmatrix} \boldsymbol{i}'(t+\Delta t) \\ \boldsymbol{j}'(t+\Delta t) \\ \boldsymbol{k}'(t+\Delta t) \end{pmatrix} = A(t)\begin{pmatrix} \boldsymbol{i}'(t) \\ \boldsymbol{j}'(t) \\ \boldsymbol{k}'(t) \end{pmatrix} \tag{4.31}$$

の関係がある．A は3行3列の直交行列である．(4.31) より，$\Delta t=0$ ならば，$A=I$ であるから，小さい Δt に対し展開して，

$$A(t) = I+B\Delta t \tag{4.32}$$

が成り立つ．ところが行列 A は直交行列であるから，小さい Δt に対して

$$I = AA^{\mathrm{T}} = (I+B\Delta t)(I+B^{\mathrm{T}}\Delta t) = I+(B+B^{\mathrm{T}})\Delta t$$

すなわち，行列 B は交代行列 $B^{\mathrm{T}}=-B$ であることがわかる．また，(4.31) と (4.32) より，

$$\begin{aligned} \frac{d}{dt}\begin{pmatrix} \boldsymbol{i}'(t) \\ \boldsymbol{j}'(t) \\ \boldsymbol{k}'(t) \end{pmatrix} &= \lim_{\Delta t\to 0}\frac{1}{\Delta t}\left\{\begin{pmatrix} \boldsymbol{i}'(t+\Delta t) \\ \boldsymbol{j}'(t+\Delta t) \\ \boldsymbol{k}'(t+\Delta t) \end{pmatrix}-\begin{pmatrix} \boldsymbol{i}'(t) \\ \boldsymbol{j}'(t) \\ \boldsymbol{k}'(t) \end{pmatrix}\right\} \\ &= \lim_{\Delta t\to 0}\frac{1}{\Delta t}(A-I)\begin{pmatrix} \boldsymbol{i}'(t) \\ \boldsymbol{j}'(t) \\ \boldsymbol{k}'(t) \end{pmatrix} \\ &= B\begin{pmatrix} \boldsymbol{i}'(t) \\ \boldsymbol{j}'(t) \\ \boldsymbol{k}'(t) \end{pmatrix} \end{aligned} \tag{4.33}$$

であることがわかる．交代行列 B を

$$B = \begin{pmatrix} 0 & \omega_3 & -\omega_2 \\ -\omega_3 & 0 & \omega_1 \\ \omega_2 & -\omega_1 & 0 \end{pmatrix}$$

とおく．この $\omega_1, \omega_2, \omega_3$ を成分とするベクトル

$$\boldsymbol{\omega} = \omega_1\boldsymbol{i}'+\omega_2\boldsymbol{j}'+\omega_3\boldsymbol{k}'$$

を回転座標系 O-$x'y'z'$ の**角速度ベクトル**という．ベクトル $\boldsymbol{\omega}$ を用いれば，(4.33) は，

$$\frac{d\boldsymbol{i}'}{dt} = \boldsymbol{\omega}\times\boldsymbol{i}', \quad \frac{d\boldsymbol{j}'}{dt} = \boldsymbol{\omega}\times\boldsymbol{j}', \quad \frac{d\boldsymbol{k}'}{dt} = \boldsymbol{\omega}\times\boldsymbol{k}' \tag{4.34}$$

と書ける．例えば，$d\boldsymbol{i}'/dt=B_{11}\boldsymbol{i}'+B_{12}\boldsymbol{j}'+B_{13}\boldsymbol{k}'=\omega_3\boldsymbol{j}'-\omega_2\boldsymbol{k}'=\boldsymbol{\omega}\times\boldsymbol{i}'$.

$\boldsymbol{V}(t)$ をベクトル関数として，O-xyz での成分を V_x, V_y, V_z，O-$x'y'z'$ での成分を V_x', V_y', V_z' とする．

$$\begin{aligned}\boldsymbol{V}(t) &= V_x\boldsymbol{i}+V_y\boldsymbol{j}+V_z\boldsymbol{k}\\ &= V_x'\boldsymbol{i}'+V_y'\boldsymbol{j}'+V_z'\boldsymbol{k}'\end{aligned} \tag{4.35}$$

ここで，固定した座標系での時間微分

$$\left(\frac{d\boldsymbol{V}}{dt}\right)_{\mathrm{f}} = \frac{dV_x}{dt}\boldsymbol{i}+\frac{dV_y}{dt}\boldsymbol{j}+\frac{dV_z}{dt}\boldsymbol{k} \tag{4.36}$$

と，回転座標系での時間微分

$$\left(\frac{d\boldsymbol{V}}{dt}\right)_{\mathrm{r}} = \frac{dV_x'}{dt}\boldsymbol{i}'+\frac{dV_y'}{dt}\boldsymbol{j}'+\frac{dV_z'}{dt}\boldsymbol{k}' \tag{4.37}$$

を定義する．(4.35) より

$$\begin{aligned}&\frac{dV_x}{dt}\boldsymbol{i}+\frac{dV_y}{dt}\boldsymbol{j}+\frac{dV_z}{dt}\boldsymbol{k}\\ &\quad= \frac{dV_x'}{dt}\boldsymbol{i}'+\frac{dV_y'}{dt}\boldsymbol{j}'+\frac{dV_z'}{dt}\boldsymbol{k}'+V_x'\frac{d\boldsymbol{i}'}{dt}+V_y'\frac{d\boldsymbol{j}'}{dt}+V_z'\frac{d\boldsymbol{k}'}{dt}\end{aligned}$$

であるから，(4.34), (4.36), (4.37) を使って，

$$\begin{aligned}\left(\frac{d\boldsymbol{V}}{dt}\right)_{\mathrm{f}} &= \left(\frac{d\boldsymbol{V}}{dt}\right)_{\mathrm{r}}+V_x'(\boldsymbol{\omega}\times\boldsymbol{i}')+V_y'(\boldsymbol{\omega}\times\boldsymbol{j}')+V_z'(\boldsymbol{\omega}\times\boldsymbol{k}')\\ &= \left(\frac{d\boldsymbol{V}}{dt}\right)_{\mathrm{r}}+\boldsymbol{\omega}\times\boldsymbol{V}\end{aligned} \tag{4.38}$$

を得る．固定座標系での時間微分 $(d\boldsymbol{V}/dt)_{\mathrm{f}}$ は，回転座標系の各軸に対する $\boldsymbol{V}$ の時間変化からくる寄与 $(d\boldsymbol{V}/dt)_{\mathrm{r}}$ と，回転座標系の各軸が固定座標系に対して回転することからくる寄与 $\boldsymbol{\omega}\times\boldsymbol{V}$ との 2 つの部分から成り立っていることがわかる．(4.38) は時間微分に対する公式

$$\boxed{\left(\frac{d}{dt}\right)_{\mathrm{f}} = \left(\frac{d}{dt}\right)_{\mathrm{r}}+\boldsymbol{\omega}\times} \tag{4.39}$$

として覚えておくとよい．時間の 2 階微分に対する関係式は，公式(4.39) を 2 度用いると考えればよい(→問題 2)．

例　(4.39) の結果を位置ベクトル $\boldsymbol{r}$ に用いてみよう．

$$\left(\frac{d\boldsymbol{r}}{dt}\right)_{\mathrm{f}} = \left(\frac{d\boldsymbol{r}}{dt}\right)_{\mathrm{r}} + \boldsymbol{\omega}\times\boldsymbol{r} \tag{4.40}$$

(4.40)の意味を考えよう．メリーゴーラウンドの上を速度$(d\boldsymbol{r}/dt)_{\mathrm{r}}$で走っている人がいるとする．その人の速度を地上からみるならば，当然メリーゴーラウンドが回転していることによる寄与$\boldsymbol{\omega}\times\boldsymbol{r}$も足し合わせて観測される．ふつう，遊園地ではメリーゴーラウンドの上で走りまわるのは禁止されている．その事情に対応して，(4.40)で$(d\boldsymbol{r}/dt)_{\mathrm{r}}=0$とすれば，

$$\boldsymbol{v} \equiv \left(\frac{d\boldsymbol{r}}{dt}\right)_{\mathrm{f}} = \boldsymbol{\omega}\times\boldsymbol{r} \tag{4.41}$$

これは，回転している剛体内の点P(位置ベクトル$\boldsymbol{r}$)の速度を表わす．▌

問　題

1. (4.34)すなわち

$$\frac{d\boldsymbol{i}'}{dt} = \boldsymbol{\omega}\times\boldsymbol{i}', \quad \frac{d\boldsymbol{j}'}{dt} = \boldsymbol{\omega}\times\boldsymbol{j}', \quad \frac{d\boldsymbol{k}'}{dt} = \boldsymbol{\omega}\times\boldsymbol{k}'$$

$$\boldsymbol{\omega} = \omega_1\boldsymbol{i}'+\omega_2\boldsymbol{j}'+\omega_3\boldsymbol{k}'$$

から，

$$\omega_1 = \boldsymbol{k}'\cdot\frac{d\boldsymbol{j}'}{dt}, \quad \omega_2 = \boldsymbol{i}'\cdot\frac{d\boldsymbol{k}'}{dt}, \quad \omega_3 = \boldsymbol{j}'\cdot\frac{d\boldsymbol{i}'}{dt}$$

を示せ．

2. 時間微分に対する公式(4.39)，$(d/dt)_{\mathrm{f}}=(d/dt)_{\mathrm{r}}+\boldsymbol{\omega}\times$ を2度用いることにより，任意のベクトル$\boldsymbol{V}(t)$に対し，

$$\left(\frac{d^2\boldsymbol{V}}{dt^2}\right)_{\mathrm{f}} = \left(\frac{d^2\boldsymbol{V}}{dt^2}\right)_{\mathrm{r}} + \left(\frac{d\boldsymbol{\omega}}{dt}\right)_{\mathrm{r}}\times\boldsymbol{V} + 2\boldsymbol{\omega}\times\left(\frac{d\boldsymbol{V}}{dt}\right)_{\mathrm{r}} + \boldsymbol{\omega}\times(\boldsymbol{\omega}\times\boldsymbol{V})$$

を示せ．また，この結果を用いて，回転座標系での運動方程式を導け．

4-4 ベクトル場とベクトル演算子

ベクトル場　空間の各点(x,y,z)にベクトル関数$\boldsymbol{A}$を指定するとき，ベクトル場$\boldsymbol{A}(x,y,z)$が与えられたという(図4-7)．ベクトル場$\boldsymbol{A}(x,y,z)$を成分で書くと，

$$\boldsymbol{A}(x, y, z) = A_x(x, y, z)\boldsymbol{i} + A_y(x, y, z)\boldsymbol{j} + A_z(x, y, z)\boldsymbol{k} \qquad (4.42)$$

同様に，空間の各点 (x, y, z) にスカラー関数 ϕ を指定するとき，**スカラー場** $\phi(x, y, z)$ が与えられたという．$\boldsymbol{A}(x, y, z)$, $\phi(x, y, z)$ を略して $\boldsymbol{A}(\boldsymbol{r})$, $\phi(\boldsymbol{r})$ と書くこともある．

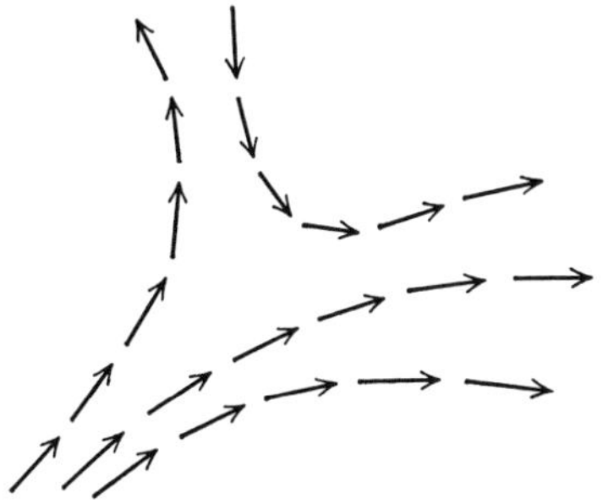

図 4-7　ベクトル場 $\boldsymbol{A}(x, y, z)$．各点でベクトル $\boldsymbol{A}$ をかいた．

'場' は物理学において非常に重要な概念である．位置 $\boldsymbol{r}_2$ にある電荷 q_2 が位置 $\boldsymbol{r}_1$ にある電荷 q_1 におよぼす力 $\boldsymbol{F}_{12}$ は

$$\boldsymbol{F}_{12} = \frac{q_1 q_2}{4\pi\varepsilon_0} \frac{\boldsymbol{r}_1 - \boldsymbol{r}_2}{|\boldsymbol{r}_1 - \boldsymbol{r}_2|^3} \qquad (4.43)$$

で与えられる(クーロンの法則)．このとき，(i) 電荷 q_2 は電荷 q_1 に直接的に力

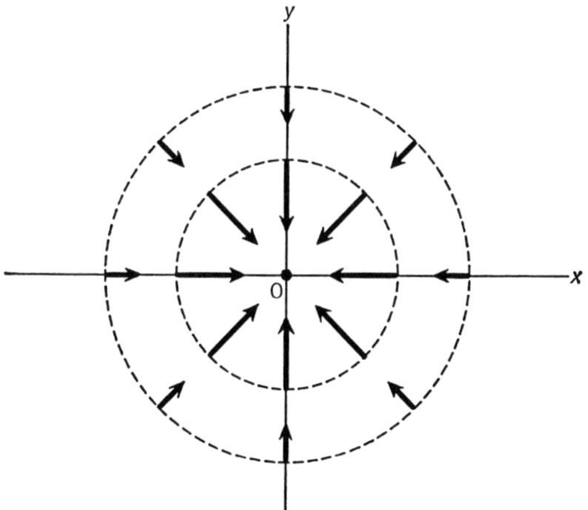

図 4-8　電場 (4.44)．原点におかれた点電荷(電荷 $q_2<0$)のまわりの電場．

をおよぼす，と考えてもよいし，(ii) 電荷 q_2 は電場 $\boldsymbol{E}(\boldsymbol{r})$ を作り，その電場が $\boldsymbol{r}_1$ に置かれた電荷 q_1 に力をおよぼす，すなわち，

$$\boldsymbol{F}_{12} = q_1\boldsymbol{E}(\boldsymbol{r}_1), \qquad \boldsymbol{E}(\boldsymbol{r}) = \frac{q_2}{4\pi\varepsilon_0}\frac{\boldsymbol{r}-\boldsymbol{r}_2}{|\boldsymbol{r}-\boldsymbol{r}_2|^3} \tag{4.44}$$

と考えてもよい．(i) の考え方は，力が遠隔作用としてはたらくことを意味する．一方，(ii) の考え方は，場(この場合は電場)を媒体として力がはたらくことを意味する．(4.44) の電場 $\boldsymbol{E}(\boldsymbol{r})$ を図示すると，図 4-8 のようになる．

ナブラ演算子　ベクトルが物理量を表わすのに便利であるのと同様に，偏微分 $\partial/\partial x, \partial/\partial y, \partial/\partial z$ を x, y, z 成分とするベクトル演算子

$$\nabla = \boldsymbol{i}\frac{\partial}{\partial x} + \boldsymbol{j}\frac{\partial}{\partial y} + \boldsymbol{k}\frac{\partial}{\partial z} \tag{4.45}$$

は物理において非常に有用である．この演算子 ∇ は，**ナブラ演算子**と呼ばれる．‘……子’ というのは ‘……するもの’ という意味である．‘演算子’ は ‘演算するもの’ であり，演算されるものは右側に置かれた関数である．なお，ナブラ(nabla)は古代アッシリアのたて琴に由来するという．

勾配　関数 $\phi(x, y, z)$ の勾配(こうばい)(グラジアント，gradient) は

$$\begin{aligned} \operatorname{grad}\phi = \nabla\phi &= \left(\boldsymbol{i}\frac{\partial}{\partial x} + \boldsymbol{j}\frac{\partial}{\partial y} + \boldsymbol{k}\frac{\partial}{\partial z}\right)\phi \\ &= \frac{\partial\phi}{\partial x}\boldsymbol{i} + \frac{\partial\phi}{\partial y}\boldsymbol{j} + \frac{\partial\phi}{\partial z}\boldsymbol{k} \end{aligned} \tag{4.46}$$

で定義される．

例題 1　$r = \sqrt{x^2+y^2+z^2}$ の勾配 ∇r を計算せよ．

［解］

$$\frac{\partial r}{\partial x} = \frac{\partial}{\partial x}\sqrt{x^2+y^2+z^2} = \frac{x}{\sqrt{x^2+y^2+z^2}} = \frac{x}{r}$$

$$\frac{\partial r}{\partial y} = \frac{y}{r}, \qquad \frac{\partial r}{\partial z} = \frac{z}{r}$$

したがって，

$$\nabla r = \frac{x}{r}\boldsymbol{i} + \frac{y}{r}\boldsymbol{j} + \frac{z}{r}\boldsymbol{k} = \frac{1}{r}(x\boldsymbol{i} + y\boldsymbol{j} + z\boldsymbol{k}) = \frac{\boldsymbol{r}}{r}$$ ∎

例題 2　$r=\sqrt{x^2+y^2+z^2}$．$1/r$ の勾配 $\nabla(1/r)$ を計算せよ．

［解］
$$\frac{\partial}{\partial x}\left(\frac{1}{r}\right)=\frac{\partial r}{\partial x}\frac{\partial}{\partial r}\left(\frac{1}{r}\right)=-\frac{x}{r^3}$$
$$\frac{\partial}{\partial y}\left(\frac{1}{r}\right)=-\frac{y}{r^3},\qquad \frac{\partial}{\partial z}\left(\frac{1}{r}\right)=-\frac{z}{r^3}$$

したがって，
$$\nabla\left(\frac{1}{r}\right)=-\frac{x}{r^3}\boldsymbol{i}-\frac{y}{r^3}\boldsymbol{j}-\frac{z}{r^3}\boldsymbol{k}=-\frac{\boldsymbol{r}}{r^3} \quad\blacksquare \tag{4.47}$$

物理例　原点に置かれた電荷 q が作る電場 $\boldsymbol{E}(x,y,z)$ は，
$$\boldsymbol{E}(x,y,z)=\frac{q}{4\pi\varepsilon_0}\frac{\boldsymbol{r}}{r^3}$$
である．例題 2 より，
$$\boldsymbol{E}(x,y,z)=-\nabla\phi,\qquad \phi(x,y,z)=\frac{q}{4\pi\varepsilon_0}\frac{1}{r}$$
と書けることがわかる．❙

$\nabla\phi$ のもつ意味を考えてみよう．

(1)　関数 $\phi(x,y,z)$ は曲線 C の上で定義されているとする．C 上の 1 点 P から点 Q(x,y,z) までの弧の長さを s とする（図 4-9(a)）．曲線 C 上の点 Q は
$$\boldsymbol{r}=\boldsymbol{r}(s)=x(s)\boldsymbol{i}+y(s)\boldsymbol{j}+z(s)\boldsymbol{k} \tag{4.48}$$

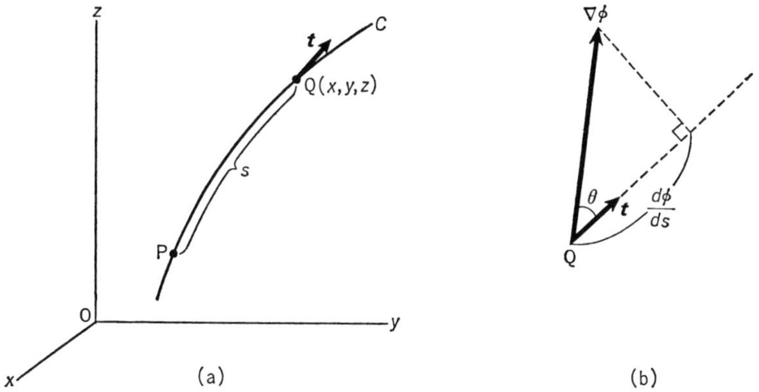

図 4-9　弧の長さ s と，方向微分係数 $d\phi/ds$．

で表わされる．したがって，合成関数の微分規則(1-4 節)により，

$$\frac{d}{ds}\phi(x(s), y(s), z(s)) = \frac{\partial\phi}{\partial x}\frac{dx}{ds}+\frac{\partial\phi}{\partial y}\frac{dy}{ds}+\frac{\partial\phi}{\partial z}\frac{dz}{ds}$$
$$= \left(\frac{\partial\phi}{\partial x}\boldsymbol{i}+\frac{\partial\phi}{\partial y}\boldsymbol{j}+\frac{\partial\phi}{\partial z}\boldsymbol{k}\right)\cdot\left(\frac{dx}{ds}\boldsymbol{i}+\frac{dy}{ds}\boldsymbol{j}+\frac{dz}{ds}\boldsymbol{k}\right)$$
$$= \nabla\phi\cdot\frac{d\boldsymbol{r}}{ds} \tag{4.49}$$

(4.49)の左辺 $d\phi/ds$ は**方向微分係数**と呼ばれる．ベクトル $d\boldsymbol{r}/ds$ は曲線 C の単位接線ベクトルである(4-1 節の式(4.7)参照)．$\boldsymbol{t}=d\boldsymbol{r}/ds$ と $\nabla\phi$ の間の角を θ とすると(図 4-9(b))，スカラー積の定義より，

$$\frac{d\phi}{ds} = |\nabla\phi|\cos\theta \tag{4.50}$$

よって，$\theta=0$ のとき $d\phi/ds$ は最大値 $|\nabla\phi|$ をとる．すなわち，$\nabla\phi$ は ϕ が最も急激に変化する方向を向いている．

例 $\nabla(1/r)=-\boldsymbol{r}/r^3$ であるから，$1/r$ が最も急激に変化するのは，$\boldsymbol{r}$ 方向(動径方向)である．▎

(2) a を定数とすれば $\phi(x, y, z)=a$ は曲面を表わす．曲面上に曲線 C をとる(図 4-10)．曲線 C を，t をパラメタとして，$\boldsymbol{r}(t)=x(t)\boldsymbol{i}+y(t)\boldsymbol{j}+z(t)\boldsymbol{k}$ で表わす．曲線 C は曲面の上にあるから，

$$\phi(x(t), y(t), z(t)) = a$$

でなければならない．両辺を t で微分すれば，

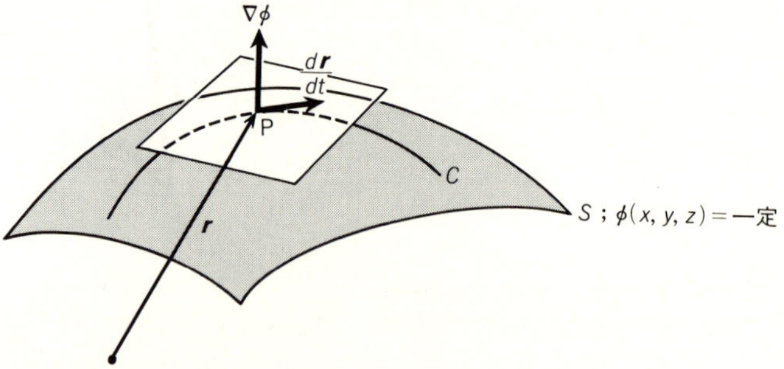

図 4-10 勾配 $\nabla\phi$ と曲面 S に接する平面．

$$\frac{d\phi}{dt}=0=\frac{\partial\phi}{\partial x}\frac{dx}{dt}+\frac{\partial\phi}{\partial y}\frac{dy}{dt}+\frac{\partial\phi}{\partial z}\frac{dz}{dt}$$

すなわち，点Pの位置ベクトルを $\boldsymbol{r}$ とすれば，

$$\nabla\phi\cdot\frac{d\boldsymbol{r}}{dt}=0 \tag{4.51}$$

ベクトル $d\boldsymbol{r}/dt$ は点Pにおける曲線 C に対する接線ベクトルである(4-1節の式(4.6)を参照)．(4.51)は任意の曲線に対して成り立つから，$\nabla\phi$ は点Pで曲面に垂直である．こうして，$\phi(x,y,z)=$一定 の曲面と $\nabla\phi$ は垂直であることが示された．

物理例 電場 $\boldsymbol{E}$ と電位 ϕ は関係式 $\boldsymbol{E}=-\nabla\phi$ をみたす(実は，この式は電位 ϕ の定義式である)．したがって，等電位面($\phi=$一定)と電気力線($\boldsymbol{E}$ の向きを結んだ線)は常に直交している．もっと身近な例もある．$\phi=$一定 を山の等高線とするならば，$-\nabla\phi$ は山に降った雨水が流れ落ちる方向である．❙

発散 ベクトル $\boldsymbol{A}(x,y,z)$ の発散(ダイバージェンス，divergence)は，

$$\begin{aligned}\mathrm{div}\,\boldsymbol{A}=\nabla\cdot\boldsymbol{A}&=\left(\boldsymbol{i}\frac{\partial}{\partial x}+\boldsymbol{j}\frac{\partial}{\partial y}+\boldsymbol{k}\frac{\partial}{\partial z}\right)\cdot(A_x\boldsymbol{i}+A_y\boldsymbol{j}+A_z\boldsymbol{k})\\&=\frac{\partial A_x}{\partial x}+\frac{\partial A_y}{\partial y}+\frac{\partial A_z}{\partial z}\end{aligned} \tag{4.52}$$

で定義される．

例題3 $\boldsymbol{r}=x\boldsymbol{i}+y\boldsymbol{j}+z\boldsymbol{k}$ の発散を計算せよ．

［解］ $\nabla\cdot\boldsymbol{r}=\dfrac{\partial x}{\partial x}+\dfrac{\partial y}{\partial y}+\dfrac{\partial z}{\partial z}=3$ ❙

例題4 $\boldsymbol{r}/r^3\ (r\neq 0)$ の発散を計算せよ．

［解］
$$\begin{aligned}\nabla\cdot\left(\frac{\boldsymbol{r}}{r^3}\right)&=\frac{\partial}{\partial x}\left(\frac{x}{r^3}\right)+\frac{\partial}{\partial y}\left(\frac{y}{r^3}\right)+\frac{\partial}{\partial z}\left(\frac{z}{r^3}\right)\\&=\frac{1}{r^3}-\frac{3x^2}{r^5}+\frac{1}{r^3}-\frac{3y^2}{r^5}+\frac{1}{r^3}-\frac{3z^2}{r^5}\\&=\frac{3}{r^3}-\frac{3(x^2+y^2+z^2)}{r^5}=0\qquad(r\neq 0)\end{aligned} \tag{4.53}$$
❙

物理例 流体の流れを考え，各点での流体の速度を $\boldsymbol{v}(x,y,z)$ とする．いま，

点 P(x, y, z) を 1 つの頂点とする 1 辺 $\Delta x, \Delta y, \Delta z$ の小さな直方体を流体内にとる(図 4-11).

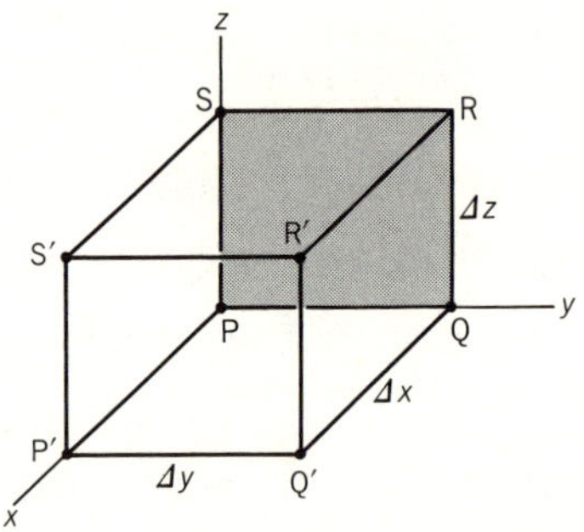

図 4-11 発散.

x 軸に垂直な面 PQRS から直方体の中に単位時間に**入る**流体は, P における $\boldsymbol{v}$ の x 成分と面 PQRS の面積 $\Delta y\Delta z$ の積 $v_x\Delta y\Delta z$ で表わされる. 一方, 面 P′Q′R′S′ では, $\boldsymbol{v}$ の x 成分は

$$v_x(x+\Delta x, y, z) = v_x+\frac{\partial v_x}{\partial x}\Delta x$$

である. したがって, その面から**流れ出る**流体の体積は $(v_x+\partial v_x/\partial x\cdot\Delta x)\Delta y\Delta z$ となる. よって, x 軸に垂直な 2 つの面から単位時間に直方体の外に出る流体の体積は, 差し引きで,

$$\left(v_x+\frac{\partial v_x}{\partial x}\Delta x\right)\Delta y\Delta z-v_x\Delta y\Delta z = \frac{\partial v_x}{\partial x}\Delta x\Delta y\Delta z$$

である. y 軸に垂直な 2 つの面, z 軸に垂直な 2 つの面から単位時間に外に出る流体の体積は, 同様にして, $(\partial v_y/\partial y)\Delta x\Delta y\Delta z$, $(\partial v_z/\partial z)\Delta x\Delta y\Delta z$ である. したがって, 直方体の各面を通って, 単位時間に外に流れ出る流体の体積は

$$\frac{\partial v_x}{\partial x}\Delta x\Delta y\Delta z+\frac{\partial v_y}{\partial y}\Delta x\Delta y\Delta z+\frac{\partial v_z}{\partial z}\Delta x\Delta y\Delta z = (\nabla\cdot\boldsymbol{v})\Delta x\Delta y\Delta z$$

直方体の体積は $\Delta x\Delta y\Delta z$ であるから, $\nabla\cdot\boldsymbol{v}$ は単位体積から単位時間に流れ出る流体の量を表わすことがわかる. (このことは 5-4 節でもう一度議論する.) ∎

回転 ベクトル $\boldsymbol{A}(x, y, z)$ の回転(ローテーション, rotation)は,

$$\operatorname{rot}\boldsymbol{A}=\nabla\times\boldsymbol{A}=\left(\boldsymbol{i}\frac{\partial}{\partial x}+\boldsymbol{j}\frac{\partial}{\partial y}+\boldsymbol{k}\frac{\partial}{\partial z}\right)\times(A_x\boldsymbol{i}+A_y\boldsymbol{j}+A_z\boldsymbol{k})$$
$$=\left(\frac{\partial A_z}{\partial y}-\frac{\partial A_y}{\partial z}\right)\boldsymbol{i}+\left(\frac{\partial A_x}{\partial z}-\frac{\partial A_z}{\partial x}\right)\boldsymbol{j}+\left(\frac{\partial A_y}{\partial x}-\frac{\partial A_x}{\partial y}\right)\boldsymbol{k} \qquad (4.54)$$

で定義される．行列式を使って，

$$\nabla\times\boldsymbol{A}=\begin{vmatrix}\boldsymbol{i} & \boldsymbol{j} & \boldsymbol{k}\\ \partial/\partial x & \partial/\partial y & \partial/\partial z\\ A_x & A_y & A_z\end{vmatrix}$$

とおぼえておくのも便利である．

例題5　$\boldsymbol{r}=x\boldsymbol{i}+y\boldsymbol{j}+z\boldsymbol{k}$ の回転を求めよ．

［解］
$$\nabla\times\boldsymbol{r}=\begin{vmatrix}\boldsymbol{i} & \boldsymbol{j} & \boldsymbol{k}\\ \partial/\partial x & \partial/\partial y & \partial/\partial z\\ x & y & z\end{vmatrix}$$
$$=\left(\frac{\partial z}{\partial y}-\frac{\partial y}{\partial z}\right)\boldsymbol{i}+\left(\frac{\partial x}{\partial z}-\frac{\partial z}{\partial x}\right)\boldsymbol{j}+\left(\frac{\partial y}{\partial x}-\frac{\partial x}{\partial y}\right)\boldsymbol{k}=0 \qquad \blacksquare$$

例題6　$\boldsymbol{r}=x\boldsymbol{i}+y\boldsymbol{j}+z\boldsymbol{k}$，$\boldsymbol{\omega}=\omega\boldsymbol{k}$（$\omega$ は正の定数）とするとき，$\boldsymbol{v}=\boldsymbol{\omega}\times\boldsymbol{r}$ の回転を求めよ．

［解］　$\boldsymbol{v}=\omega\boldsymbol{k}\times(x\boldsymbol{i}+y\boldsymbol{j}+z\boldsymbol{k})=-\omega y\boldsymbol{i}+\omega x\boldsymbol{j}$

$$\nabla\times\boldsymbol{v}=\begin{vmatrix}\boldsymbol{i} & \boldsymbol{j} & \boldsymbol{k}\\ \partial/\partial x & \partial/\partial y & \partial/\partial z\\ -\omega y & \omega x & 0\end{vmatrix}=\left(\frac{\partial}{\partial x}(\omega x)+\frac{\partial}{\partial y}(\omega y)\right)\boldsymbol{k}$$
$$=2\omega\boldsymbol{k}=2\boldsymbol{\omega} \qquad \blacksquare$$

上の例題のベクトル $\boldsymbol{v}=\boldsymbol{\omega}\times\boldsymbol{r}$ を図示してみよう（図4-12）．$\boldsymbol{v}=v_x\boldsymbol{i}+v_y\boldsymbol{j}$，$v_x=-\omega y$，$v_y=\omega x$ であるから，第1象限（$x>0, y>0$）では $v_x<0$，$v_y>0$ である．同様に他の象限でのベクトルの向きがわかる．また，ベクトルの大きさは $|\boldsymbol{v}|=\omega\sqrt{x^2+y^2}$ であり，原点からの距離と ω とに比例している．ベクトル $\boldsymbol{v}$ が渦状であることと，計算結果 $\nabla\times\boldsymbol{v}=2\boldsymbol{\omega}$ から $\nabla\times\boldsymbol{v}$ は渦の強さと関係していることがわかる．

スカラー関数 ϕ が連続な2階偏導関数をもつならば，

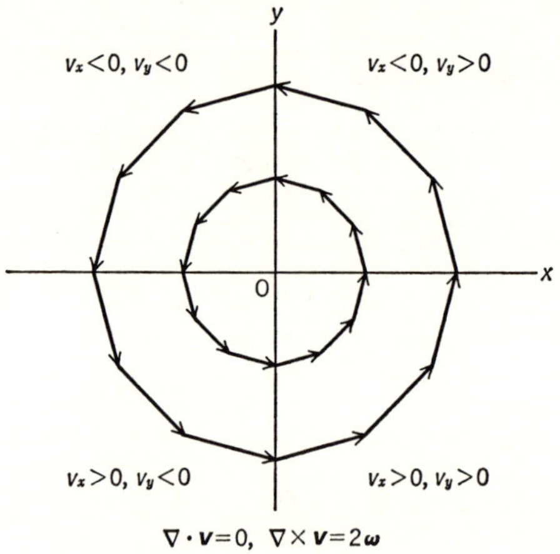

図 4-12　$\boldsymbol{v}=\boldsymbol{\omega}\times\boldsymbol{r}$,　$\boldsymbol{r}=x\boldsymbol{i}+y\boldsymbol{j}+z\boldsymbol{k}$,　$\boldsymbol{\omega}=\omega\boldsymbol{k}$（$\omega$ は正の定数）．

$$\nabla\times(\nabla\phi)=\left(\frac{\partial^2\phi}{\partial y\partial z}-\frac{\partial^2\phi}{\partial z\partial y}\right)\boldsymbol{i}+\left(\frac{\partial^2\phi}{\partial z\partial x}-\frac{\partial^2\phi}{\partial x\partial z}\right)\boldsymbol{j}$$
$$+\left(\frac{\partial^2\phi}{\partial x\partial y}-\frac{\partial^2\phi}{\partial y\partial x}\right)\boldsymbol{k}=0 \qquad (4.55)$$

$\boldsymbol{F}=\nabla\phi$ であるとき，ϕ を $\boldsymbol{F}$ のポテンシャルという（物理では $\boldsymbol{F}=-\nabla\phi$ でポテンシャルを定義する）．(4.55) によれば，ポテンシャルによって表わされるベクトル $\boldsymbol{F}$ の回転は 0 である．

また，ベクトル関数 $\boldsymbol{A}$ が連続な 2 階偏導関数をもつならば，

$$\nabla\cdot(\nabla\times\boldsymbol{A})=\frac{\partial}{\partial x}\left(\frac{\partial A_z}{\partial y}-\frac{\partial A_y}{\partial z}\right)+\frac{\partial}{\partial y}\left(\frac{\partial A_x}{\partial z}-\frac{\partial A_z}{\partial x}\right)+\frac{\partial}{\partial z}\left(\frac{\partial A_y}{\partial x}-\frac{\partial A_x}{\partial y}\right)$$
$$=\left(\frac{\partial^2 A_x}{\partial y\partial z}-\frac{\partial^2 A_x}{\partial z\partial y}\right)+\left(\frac{\partial^2 A_y}{\partial z\partial x}-\frac{\partial^2 A_y}{\partial x\partial z}\right)+\left(\frac{\partial^2 A_z}{\partial x\partial y}-\frac{\partial^2 A_z}{\partial y\partial x}\right)$$
$$=0 \qquad (4.56)$$

$\boldsymbol{B}=\nabla\times\boldsymbol{A}$ であるとき，$\boldsymbol{A}$ を $\boldsymbol{B}$ のベクトル・ポテンシャルという．(4.56) によれば，ベクトル・ポテンシャルによって表わされるベクトル $\boldsymbol{B}$ の発散は 0 である．

ラプラスの演算子　演算子 ∇ を2回くり返して得られる演算子

$$\nabla^2 = \mathrm{div}\,\mathrm{grad} = \nabla\cdot\nabla$$
$$= \left(\boldsymbol{i}\frac{\partial}{\partial x}+\boldsymbol{j}\frac{\partial}{\partial y}+\boldsymbol{k}\frac{\partial}{\partial z}\right)\cdot\left(\boldsymbol{i}\frac{\partial}{\partial x}+\boldsymbol{j}\frac{\partial}{\partial y}+\boldsymbol{k}\frac{\partial}{\partial z}\right) = \frac{\partial^2}{\partial x^2}+\frac{\partial^2}{\partial y^2}+\frac{\partial^2}{\partial z^2} \tag{4.57}$$

を**ラプラスの演算子**またはラプラシアンという．ラプラスの演算子は，ポテンシャル問題や波動方程式などに登場する．

例題 7　$\nabla^2(1/r)$ を計算せよ．

［解］
$$\nabla^2\left(\frac{1}{r}\right) = \frac{\partial^2}{\partial x^2}\left(\frac{1}{r}\right)+\frac{\partial^2}{\partial y^2}\left(\frac{1}{r}\right)+\frac{\partial^2}{\partial z^2}\left(\frac{1}{r}\right)$$
$$= -\frac{1}{r^3}+\frac{3x^2}{r^5}-\frac{1}{r^3}+\frac{3y^2}{r^5}-\frac{1}{r^3}+\frac{3z^2}{r^5}$$
$$= -\frac{3}{r^3}+\frac{3(x^2+y^2+z^2)}{r^5} = -\frac{3}{r^3}+\frac{3r^2}{r^5} = 0 \qquad (r\neq 0) \tag{4.58}$$
▮

ラプラスの演算子について1つ注意をしておく．直交座標系 x, y, z **以外の座標系**(例えば，極座標や円柱座標)においてラプラスの演算子を求める際に，その座標系でのナブラ演算子 ∇ を求め，内積 $\nabla\cdot\nabla$ を計算すると正しい結果は得られない．正しい結果を得るには，(i)定義どおりに，その座標系で div grad を計算するか，(ii) $\partial^2/\partial x^2+\partial^2/\partial y^2+\partial^2/\partial z^2$ をその座標系で評価すればよい(18ページの問題3では，2次元の極座標でのラプラスの演算子を求めた)．

問　題

1.　ϕ, ψ をスカラー関数，$\boldsymbol{A}$ をベクトル関数として，

(i)　$\nabla(\phi\psi) = \phi\nabla\psi+\psi\nabla\phi$

(ii)　$\nabla\cdot(\phi\boldsymbol{A}) = (\nabla\phi)\cdot\boldsymbol{A}+\phi(\nabla\cdot\boldsymbol{A})$

(iii)　$\nabla\times(\phi\boldsymbol{A}) = (\nabla\phi)\times\boldsymbol{A}+\phi(\nabla\times\boldsymbol{A})$

を示せ．

2.　点Oのまわりに一定の角速度 $\boldsymbol{\omega}$ で回転している剛体内の点Pの速度 $\boldsymbol{v}$ は，点P

の位置ベクトルを $\boldsymbol{r}$ として，$\boldsymbol{v}=\boldsymbol{\omega}\times\boldsymbol{r}$ で与えられる．このとき，$\nabla\times\boldsymbol{v}=2\boldsymbol{\omega}$ を示せ．

3. $\boldsymbol{r}=x\boldsymbol{i}+y\boldsymbol{j}+z\boldsymbol{k}$, $r=\sqrt{x^2+y^2+z^2}$．次の量を計算せよ．

(i) $\nabla f(r)$　(ii) $\nabla\times(\boldsymbol{r}f(r))$　(iii) $\nabla^2 f(r)$

4-5　公式とその応用

演算子 ∇ を含んだ公式をまとめる．

(1) $\nabla(\phi\psi)=\phi\nabla\psi+\psi\nabla\phi$

(2) $\nabla\cdot(\phi\boldsymbol{A})=(\nabla\phi)\cdot\boldsymbol{A}+\phi(\nabla\cdot\boldsymbol{A})$

(3) $\nabla\times(\phi\boldsymbol{A})=(\nabla\phi)\times\boldsymbol{A}+\phi(\nabla\times\boldsymbol{A})$

(4) $\nabla\cdot(\boldsymbol{A}\times\boldsymbol{B})=\boldsymbol{B}\cdot(\nabla\times\boldsymbol{A})-\boldsymbol{A}\cdot(\nabla\times\boldsymbol{B})$

(5) $\nabla\times(\boldsymbol{A}\times\boldsymbol{B})=(\boldsymbol{B}\cdot\nabla)\boldsymbol{A}-\boldsymbol{B}(\nabla\cdot\boldsymbol{A})-(\boldsymbol{A}\cdot\nabla)\boldsymbol{B}+\boldsymbol{A}(\nabla\cdot\boldsymbol{B})$

(6) $\nabla(\boldsymbol{A}\cdot\boldsymbol{B})=(\boldsymbol{B}\cdot\nabla)\boldsymbol{A}+(\boldsymbol{A}\cdot\nabla)\boldsymbol{B}+\boldsymbol{B}\times(\nabla\times\boldsymbol{A})+\boldsymbol{A}\times(\nabla\times\boldsymbol{B})$

(7) $\nabla\times(\nabla\phi)=\mathrm{rot}\,\mathrm{grad}\,\phi=0$

(8) $\nabla\cdot(\nabla\times\boldsymbol{A})=\mathrm{div}\,\mathrm{rot}\,\boldsymbol{A}=0$

(9) $\nabla\times(\nabla\times\boldsymbol{A})=\nabla(\nabla\cdot\boldsymbol{A})-\nabla^2\boldsymbol{A}$

(1)，(2)，(3) は前節の問題で導いた．また，(7) と (8) の証明は (4.55) と (4.56) に与えてある．まだ証明してない公式(4)，(5)，(6)，(9) の証明を述べる．以下の証明では小さな添字は偏微分ではなく，すべてベクトルの成分を表わす．

(4) の証明

$$\begin{aligned}
\nabla\cdot(\boldsymbol{A}\times\boldsymbol{B}) &= \frac{\partial}{\partial x}(\boldsymbol{A}\times\boldsymbol{B})_x+\frac{\partial}{\partial y}(\boldsymbol{A}\times\boldsymbol{B})_y+\frac{\partial}{\partial z}(\boldsymbol{A}\times\boldsymbol{B})_z \\
&= \frac{\partial}{\partial x}(A_yB_z-A_zB_y)+\frac{\partial}{\partial y}(A_zB_x-A_xB_z)+\frac{\partial}{\partial z}(A_xB_y-A_yB_x) \\
&= B_x\left(\frac{\partial A_z}{\partial y}-\frac{\partial A_y}{\partial z}\right)+B_y\left(\frac{\partial A_x}{\partial z}-\frac{\partial A_z}{\partial x}\right)+B_z\left(\frac{\partial A_y}{\partial x}-\frac{\partial A_x}{\partial y}\right) \\
&\quad -A_x\left(\frac{\partial B_z}{\partial y}-\frac{\partial B_y}{\partial z}\right)-A_y\left(\frac{\partial B_x}{\partial z}-\frac{\partial B_z}{\partial x}\right)-A_z\left(\frac{\partial B_y}{\partial x}-\frac{\partial B_x}{\partial y}\right) \\
&= B_x(\nabla\times\boldsymbol{A})_x+B_y(\nabla\times\boldsymbol{A})_y+B_z(\nabla\times\boldsymbol{A})_z
\end{aligned}$$

$$-A_x(\nabla\times\boldsymbol{B})_x-A_y(\nabla\times\boldsymbol{B})_y-A_z(\nabla\times\boldsymbol{B})_z=\boldsymbol{B}\cdot(\nabla\times\boldsymbol{A})-\boldsymbol{A}\cdot(\nabla\times\boldsymbol{B})$$

(5) の証明

$$\nabla\times(\boldsymbol{A}\times\boldsymbol{B})=\left\{\frac{\partial}{\partial y}(\boldsymbol{A}\times\boldsymbol{B})_z-\frac{\partial}{\partial z}(\boldsymbol{A}\times\boldsymbol{B})_y\right\}\boldsymbol{i}+\left\{\frac{\partial}{\partial z}(\boldsymbol{A}\times\boldsymbol{B})_x-\frac{\partial}{\partial x}(\boldsymbol{A}\times\boldsymbol{B})_z\right\}\boldsymbol{j}$$
$$+\left\{\frac{\partial}{\partial x}(\boldsymbol{A}\times\boldsymbol{B})_y-\frac{\partial}{\partial y}(\boldsymbol{A}\times\boldsymbol{B})_x\right\}\boldsymbol{k}$$

上の式の第1項は,

$$\left\{\frac{\partial}{\partial y}(A_xB_y-A_yB_x)-\frac{\partial}{\partial z}(A_zB_x-A_xB_z)\right\}\boldsymbol{i}$$
$$=\left\{B_y\frac{\partial A_x}{\partial y}+B_z\frac{\partial A_x}{\partial z}-B_x\frac{\partial A_y}{\partial y}-B_x\frac{\partial A_z}{\partial z}\right\}\boldsymbol{i}$$
$$+\left\{A_x\frac{\partial B_y}{\partial y}+A_x\frac{\partial B_z}{\partial z}-A_y\frac{\partial B_x}{\partial y}-A_z\frac{\partial B_x}{\partial z}\right\}\boldsymbol{i}$$
$$=\{(\boldsymbol{B}\cdot\nabla)A_x-B_x(\nabla\cdot\boldsymbol{A})\}\boldsymbol{i}+\{A_x(\nabla\cdot\boldsymbol{B})-(\boldsymbol{A}\cdot\nabla)B_x\}\boldsymbol{i}$$

同様にして,

$$\left\{\frac{\partial}{\partial z}(\boldsymbol{A}\times\boldsymbol{B})_x-\frac{\partial}{\partial x}(\boldsymbol{A}\times\boldsymbol{B})_z\right\}\boldsymbol{j}=\{(\boldsymbol{B}\cdot\nabla)A_y-B_y(\nabla\cdot\boldsymbol{A})+A_y(\nabla\cdot\boldsymbol{B})-(\boldsymbol{A}\cdot\nabla)B_y\}\boldsymbol{j}$$

$$\left\{\frac{\partial}{\partial x}(\boldsymbol{A}\times\boldsymbol{B})_y-\frac{\partial}{\partial y}(\boldsymbol{A}\times\boldsymbol{B})_x\right\}\boldsymbol{k}=\{(\boldsymbol{B}\cdot\nabla)A_z-B_z(\nabla\cdot\boldsymbol{A})+A_z(\nabla\cdot\boldsymbol{B})-(\boldsymbol{A}\cdot\nabla)B_z\}\boldsymbol{k}$$

したがって,

$$\nabla\times(\boldsymbol{A}\times\boldsymbol{B})=(\boldsymbol{B}\cdot\nabla)(A_x\boldsymbol{i}+A_y\boldsymbol{j}+A_z\boldsymbol{k})-(B_x\boldsymbol{i}+B_y\boldsymbol{j}+B_z\boldsymbol{k})(\nabla\cdot\boldsymbol{A})$$
$$+(A_x\boldsymbol{i}+A_y\boldsymbol{j}+A_z\boldsymbol{k})(\nabla\cdot\boldsymbol{B})-(\boldsymbol{A}\cdot\nabla)(B_x\boldsymbol{i}+B_y\boldsymbol{j}+B_z\boldsymbol{k})$$
$$=(\boldsymbol{B}\cdot\nabla)\boldsymbol{A}-\boldsymbol{B}(\nabla\cdot\boldsymbol{A})+\boldsymbol{A}(\nabla\cdot\boldsymbol{B})-(\boldsymbol{A}\cdot\nabla)\boldsymbol{B}$$

(6) の証明

$$\nabla(\boldsymbol{A}\cdot\boldsymbol{B})=\boldsymbol{i}\frac{\partial}{\partial x}(\boldsymbol{A}\cdot\boldsymbol{B})+\boldsymbol{j}\frac{\partial}{\partial y}(\boldsymbol{A}\cdot\boldsymbol{B})+\boldsymbol{k}\frac{\partial}{\partial z}(\boldsymbol{A}\cdot\boldsymbol{B})$$
$$=\left\{\boldsymbol{i}\left(\frac{\partial\boldsymbol{A}}{\partial x}\cdot\boldsymbol{B}\right)+\boldsymbol{j}\left(\frac{\partial\boldsymbol{A}}{\partial y}\cdot\boldsymbol{B}\right)+\boldsymbol{k}\left(\frac{\partial\boldsymbol{A}}{\partial z}\cdot\boldsymbol{B}\right)\right\}$$
$$+\left\{\boldsymbol{i}\left(\boldsymbol{A}\cdot\frac{\partial\boldsymbol{B}}{\partial x}\right)+\boldsymbol{j}\left(\boldsymbol{A}\cdot\frac{\partial\boldsymbol{B}}{\partial y}\right)+\boldsymbol{k}\left(\boldsymbol{A}\cdot\frac{\partial\boldsymbol{B}}{\partial z}\right)\right\}$$

上の式のはじめの { } 内は,

$$\boldsymbol{i}\left(\frac{\partial A_x}{\partial x}B_x+\frac{\partial A_y}{\partial x}B_y+\frac{\partial A_z}{\partial x}B_z\right)+\boldsymbol{j}\left(\frac{\partial A_x}{\partial y}B_x+\frac{\partial A_y}{\partial y}B_y+\frac{\partial A_z}{\partial y}B_z\right)$$
$$+\boldsymbol{k}\left(\frac{\partial A_x}{\partial z}B_x+\frac{\partial A_y}{\partial z}B_y+\frac{\partial A_z}{\partial z}B_z\right)$$

$$= B_x\frac{\partial}{\partial x}(A_x\boldsymbol{i}+A_y\boldsymbol{j}+A_z\boldsymbol{k})+B_y\frac{\partial}{\partial y}(A_x\boldsymbol{i}+A_y\boldsymbol{j}+A_z\boldsymbol{k})$$

$$+B_z\frac{\partial}{\partial z}(A_x\boldsymbol{i}+A_y\boldsymbol{j}+A_z\boldsymbol{k})+\boldsymbol{i}\left\{B_y\left(\frac{\partial A_y}{\partial x}-\frac{\partial A_x}{\partial y}\right)-B_z\left(\frac{\partial A_x}{\partial z}-\frac{\partial A_z}{\partial x}\right)\right\}$$

$$+\boldsymbol{j}\left\{B_z\left(\frac{\partial A_z}{\partial y}-\frac{\partial A_y}{\partial z}\right)-B_x\left(\frac{\partial A_y}{\partial x}-\frac{\partial A_x}{\partial y}\right)\right\}$$

$$+\boldsymbol{k}\left\{B_x\left(\frac{\partial A_x}{\partial z}-\frac{\partial A_z}{\partial x}\right)-B_y\left(\frac{\partial A_z}{\partial y}-\frac{\partial A_y}{\partial z}\right)\right\}$$

$$=\left(B_x\frac{\partial}{\partial x}+B_y\frac{\partial}{\partial y}+B_z\frac{\partial}{\partial z}\right)\boldsymbol{A}+\boldsymbol{i}\{B_y(\nabla\times\boldsymbol{A})_z-B_z(\nabla\times\boldsymbol{A})_y\}$$

$$+\boldsymbol{j}\{B_z(\nabla\times\boldsymbol{A})_x-B_x(\nabla\times\boldsymbol{A})_z\}+\boldsymbol{k}\{B_x(\nabla\times\boldsymbol{A})_y-B_y(\nabla\times\boldsymbol{A})_x\}$$

$$=(\boldsymbol{B}\cdot\nabla)\boldsymbol{A}+\boldsymbol{B}\times(\nabla\times\boldsymbol{A})$$

同様にして，2つめの｛　｝内は，

$$(\boldsymbol{A}\cdot\nabla)\boldsymbol{B}+\boldsymbol{A}\times(\nabla\times\boldsymbol{B})$$

したがって，この2つの結果をたし合わせて，

$$\nabla(\boldsymbol{A}\cdot\boldsymbol{B})=(\boldsymbol{B}\cdot\nabla)\boldsymbol{A}+\boldsymbol{B}\times(\nabla\times\boldsymbol{A})+(\boldsymbol{A}\cdot\nabla)\boldsymbol{B}+\boldsymbol{A}\times(\nabla\times\boldsymbol{B})$$

(9) の証明

$$\nabla\times(\nabla\times\boldsymbol{A})=\left\{\frac{\partial}{\partial y}(\nabla\times\boldsymbol{A})_z-\frac{\partial}{\partial z}(\nabla\times\boldsymbol{A})_y\right\}\boldsymbol{i}+\left\{\frac{\partial}{\partial z}(\nabla\times\boldsymbol{A})_x-\frac{\partial}{\partial x}(\nabla\times\boldsymbol{A})_z\right\}\boldsymbol{j}$$

$$+\left\{\frac{\partial}{\partial x}(\nabla\times\boldsymbol{A})_y-\frac{\partial}{\partial y}(\nabla\times\boldsymbol{A})_x\right\}\boldsymbol{k}$$

上の式の第1項は，$\boldsymbol{A}$ が連続な2階偏導関数をもつとして，

$$\left\{\frac{\partial}{\partial y}\left(\frac{\partial A_y}{\partial x}-\frac{\partial A_x}{\partial y}\right)-\frac{\partial}{\partial z}\left(\frac{\partial A_x}{\partial z}-\frac{\partial A_z}{\partial x}\right)\right\}\boldsymbol{i}$$

$$=\left\{\frac{\partial}{\partial x}\left(\frac{\partial A_y}{\partial y}+\frac{\partial A_z}{\partial z}\right)-\left(\frac{\partial^2 A_x}{\partial y^2}+\frac{\partial^2 A_x}{\partial z^2}\right)\right\}\boldsymbol{i}$$

$$=\boldsymbol{i}\frac{\partial}{\partial x}(\nabla\cdot\boldsymbol{A})-\nabla^2 A_x\boldsymbol{i}$$

同様にして，第2項，第3項はそれぞれ

$$\boldsymbol{j}\frac{\partial}{\partial y}(\nabla\cdot\boldsymbol{A})-\nabla^2 A_y\boldsymbol{j},\qquad \boldsymbol{k}\frac{\partial}{\partial z}(\nabla\cdot\boldsymbol{A})-\nabla^2 A_z\boldsymbol{k}$$

となるから，

$$\nabla\times(\nabla\times\boldsymbol{A})=\left(\boldsymbol{i}\frac{\partial}{\partial x}+\boldsymbol{j}\frac{\partial}{\partial y}+\boldsymbol{k}\frac{\partial}{\partial z}\right)(\nabla\cdot\boldsymbol{A})-\nabla^2(A_x\boldsymbol{i}+A_y\boldsymbol{j}+A_z\boldsymbol{k})$$

$$=\nabla(\nabla\cdot\boldsymbol{A})-\nabla^2\boldsymbol{A}$$

物理例　真空中の電場 $\boldsymbol{E}(x,y,z,t)$ と磁場(磁束密度) $\boldsymbol{B}(x,y,z,t)$ は，マクスウェル方程式

$$\nabla\cdot\boldsymbol{E} = 0 \qquad (4.59\,\mathrm{a}) \qquad\qquad \nabla\cdot\boldsymbol{B} = 0 \qquad (4.59\,\mathrm{b})$$

$$\nabla\times\boldsymbol{E} = -\frac{\partial\boldsymbol{B}}{\partial t} \qquad (4.59\,\mathrm{c}) \qquad\qquad \nabla\times\boldsymbol{B} = \varepsilon_0\mu_0\frac{\partial\boldsymbol{E}}{\partial t} \qquad (4.59\,\mathrm{d})$$

によって記述される．ただし，真電荷と真電流は存在しないとした．(4.59 c) の両辺に $\nabla\times$ を演算し，(4.59 d) を用いる．

$$\nabla\times\nabla\times\boldsymbol{E} = -\nabla\times\frac{\partial\boldsymbol{B}}{\partial t} = -\frac{\partial}{\partial t}\nabla\times\boldsymbol{B} = -\varepsilon_0\mu_0\frac{\partial^2\boldsymbol{E}}{\partial t^2} \qquad (4.60)$$

一方，公式(9) と (4.59 a) を使うと，

$$\nabla\times\nabla\times\boldsymbol{E} = \nabla(\nabla\cdot\boldsymbol{E}) - \nabla^2\boldsymbol{E} = -\nabla^2\boldsymbol{E} \qquad (4.61)$$

(4.60) と (4.61) より，電場 $\boldsymbol{E}$ は波動方程式

$$\frac{\partial^2\boldsymbol{E}}{\partial t^2} = c^2\nabla^2\boldsymbol{E} = c^2\left(\frac{\partial^2\boldsymbol{E}}{\partial x^2} + \frac{\partial^2\boldsymbol{E}}{\partial y^2} + \frac{\partial^2\boldsymbol{E}}{\partial z^2}\right) \qquad (4.62)$$

をみたすことがわかる．ここで，$c=1/\sqrt{\varepsilon_0\mu_0}$ は光速度である．同様にして，磁場 $\boldsymbol{B}$ も波動方程式

$$\frac{\partial^2\boldsymbol{B}}{\partial t^2} = c^2\nabla^2\boldsymbol{B} \qquad (4.63)$$

をみたすことが示される．電磁場のエネルギー密度 u は，

$$u = \frac{1}{2}\varepsilon_0\boldsymbol{E}^2 + \frac{1}{2\mu_0}\boldsymbol{B}^2$$

で与えられる．(4.59 c) と (4.59 d) を使って，

$$\frac{\partial u}{\partial t} = \varepsilon_0\boldsymbol{E}\cdot\frac{\partial\boldsymbol{E}}{\partial t} + \frac{1}{\mu_0}\boldsymbol{B}\cdot\frac{\partial\boldsymbol{B}}{\partial t} = \frac{1}{\mu_0}\{\boldsymbol{E}\cdot(\nabla\times\boldsymbol{B}) - \boldsymbol{B}\cdot(\nabla\times\boldsymbol{E})\}$$

上の式の右辺は公式(4) を使って変形できて，

$$\frac{\partial u}{\partial t} = -\nabla\cdot\left\{\frac{1}{\mu_0}(\boldsymbol{E}\times\boldsymbol{B})\right\}$$

と書ける．この式は**保存則**の形をしている．$\boldsymbol{S}\equiv(\boldsymbol{E}\times\boldsymbol{B})/\mu_0$ はポインティング・ベクトル (Poynting vector) と呼ばれ，電磁エネルギーの流れの密度を表わす．∎

問　題

1.　$\boldsymbol{a}$ を定ベクトル，$\boldsymbol{A}$ をベクトル関数，$\boldsymbol{r}=x\boldsymbol{i}+y\boldsymbol{j}+z\boldsymbol{k}$，$r=|\boldsymbol{r}|$ とする．つぎの関係式を証明せよ．

(i)　$\nabla(\boldsymbol{a}\cdot\boldsymbol{A}) = (\boldsymbol{a}\cdot\nabla)\boldsymbol{A}+\boldsymbol{a}\times(\nabla\times\boldsymbol{A})$

(ii)　$\nabla\cdot(\boldsymbol{a}\times\boldsymbol{A}) = -\boldsymbol{a}\cdot(\nabla\times\boldsymbol{A})$

(iii)　$\nabla\times(\boldsymbol{a}\times\boldsymbol{A}) = \boldsymbol{a}(\nabla\cdot\boldsymbol{A})-(\boldsymbol{a}\cdot\nabla)\boldsymbol{A}$

(iv)　$\nabla\times\left(\dfrac{\boldsymbol{a}\times\boldsymbol{r}}{r^3}\right) = -\dfrac{\boldsymbol{a}}{r^3}+3\dfrac{\boldsymbol{a}\cdot\boldsymbol{r}}{r^5}\boldsymbol{r}$

2.　スカラー関数 θ とベクトル関数 $\boldsymbol{s}$ がつぎの関係を満足するとする．

$$\rho\frac{\partial^2\boldsymbol{s}}{\partial t^2} = \mu\nabla^2\boldsymbol{s}+(\lambda+\mu)\nabla\theta, \qquad \theta = \nabla\cdot\boldsymbol{s}$$

ただし，ρ, λ, μ は定数である．$\boldsymbol{w}=\dfrac{1}{2}\nabla\times\boldsymbol{s}$ とすれば

(i)　$\rho\dfrac{\partial^2\theta}{\partial t^2} = (\lambda+2\mu)\nabla^2\theta$　　(ii)　$\rho\dfrac{\partial^2\boldsymbol{w}}{\partial t^2} = \mu\nabla^2\boldsymbol{w}$

であることを示せ．これらの波動方程式は，等方的弾性体を伝わる波動を記述する．

3.　マクスウェルの方程式 $\nabla\cdot\boldsymbol{B}=0$，$\nabla\cdot\boldsymbol{E}=\rho/\varepsilon_0$，$\nabla\times\boldsymbol{B}=\dfrac{1}{c^2}\dfrac{\partial\boldsymbol{E}}{\partial t}$，$\nabla\times\boldsymbol{E}=-\dfrac{\partial\boldsymbol{B}}{\partial t}$ において，

$$\boldsymbol{E} = -\nabla\phi-\frac{\partial\boldsymbol{A}}{\partial t}, \qquad \boldsymbol{B} = \nabla\times\boldsymbol{A}$$

とすれば，

(i)　$\nabla^2\phi-\dfrac{1}{c^2}\dfrac{\partial^2\phi}{\partial t^2} = -\dfrac{\rho}{\varepsilon_0}$　　(ii)　$\nabla^2\boldsymbol{A} = \dfrac{1}{c^2}\dfrac{\partial^2\boldsymbol{A}}{\partial t^2}$

であることを示せ．ただし，$\nabla\cdot\boldsymbol{A}+\dfrac{1}{c^2}\dfrac{\partial\phi}{\partial t}=0$（ローレンツ条件）を仮定する．

5

多重積分，線積分，面積分と積分定理

1 変数についての積分の拡張として，2 変数そして 3 変数についての積分，すなわち 2 重積分と 3 重積分が導入される．また，曲線に沿っての積分（線積分）と曲面上での積分（面積分）を考える．線積分と面積分の関係や面積分と体積積分（3 重積分）の関係は，物理学を理解する上で非常に重要な数学的手段となる．グリーンの定理，ガウスの定理，ストークスの定理等の積分定理は，ベクトル関数の発散や回転を理解するのにも役立つ．4章と 5 章は，数学ではベクトル解析と呼ばれる分野についてである．

5-1　多重積分

2重積分　1変数についての定積分

$$\int_a^b f(x)dx \tag{5.1}$$

については，既に何度も勉強したと思う．定積分(5.1)は級数和の極限として，次のように定義される．区間$a \leqq x \leqq b$を，$(a, x_1), (x_1, x_2), \cdots, (x_{n-1}, b)$ とn個の区間にわける．$x_0=a$，$x_n=b$ と書き，区間 (x_{k-1}, x_k) 内の点をξ_k とする．そして，積和

$$\sum_{k=1}^{n} f(\xi_k)\varDelta x_k, \qquad \varDelta x_k = x_k - x_{k-1} \tag{5.2}$$

をつくる．各$\varDelta x_k$が0になるように，分割の数nを大きくしてゆき，その極限が存在するならば，その極限値を(5.1)のように書く．

以上のことを，2変数の場合に拡張しよう．xy平面の領域R(面積をAとする)で定義された1価連続な関数を$F(x, y)$とする．領域Rを面積$\varDelta A_k$ $(k=1, 2, \cdots, n)$のn個の長方形の領域$\varDelta R_k$に分割する(図5-1)．(ξ_k, η_k)を領域$\varDelta R_k$内の点として，積和

$$\sum_{k=1}^{n} F(\xi_k, \eta_k)\varDelta A_k, \qquad \varDelta A_k = \varDelta x_k \varDelta y_k \tag{5.3}$$

を考える．各領域$\varDelta R_k$の直径(円でなくても領域内の2点の距離の最大値を直径とよぶ)を0とするように，分割を細かくしてゆく．(5.3)の$n\to\infty$での極限値を

$$\iint_R F(x, y)dA = \iint_R F(x, y)dxdy \tag{5.4}$$

と書く．これを，関数$F(x, y)$の領域Rにおける**2重積分**という．(5.3)の和が1つなのに，(5.4)で積分記号が2つ現われたのを疑問に思う読者がいるかもしれない．それは，xy平面でのn個の長方形を**1つ**の記号$k=1, 2, \cdots, n$で順番づけをしたためである．例えば，$k=1$を$i=j=1$，$k=2$を$i=1, j=2$，k

$=3$ を $i=2, j=1$, … と，**2つ**の記号で順番づけをするならば，(5.3)は

$$\sum_i \sum_j F(\xi_i, \eta_j) \Delta x_i \Delta y_j$$

であり，積分記号が2つ現われることを理解できるであろう．

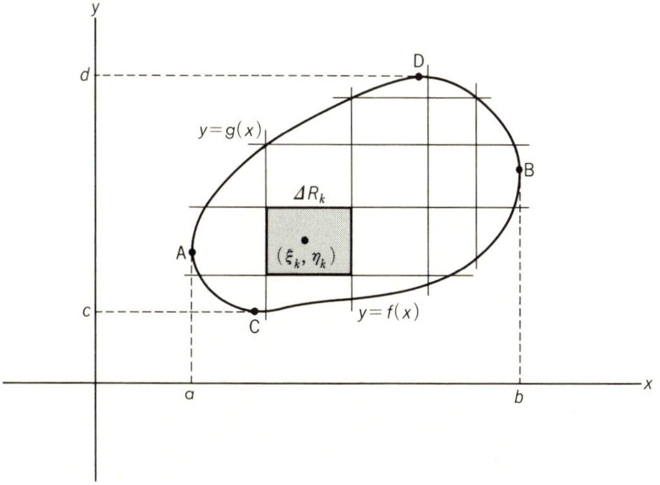

図5-1 2重積分．ACBDで囲まれた領域 R を，面積 $\Delta A_k = \Delta x_k \Delta y_k$ の長方形の領域 ΔR_k $(k=1, 2, \cdots, n)$ に分割する．

累次積分 2重積分を積和(5.3)の極限として計算することはほとんどない．積分を2回くり返して計算する(**累次積分**(るいじ))ことが多い．図5-1のような領域での累次積分を考える．曲線ACBは $y=f(x)$，曲線BDAは $y=g(x)$ によって記述されるとする．$f(x)$ と $g(x)$ は $a \leqq x \leqq b$ で1価連続な関数である．累次積分によって，(5.4)を計算しよう．まず x を固定し，y について $f(x)$ から $g(x)$ まで積分する．そして，x について a から b まで積分する．すなわち，

$$\iint_R F(x, y) dx dy = \int_a^b \left[\int_{f(x)}^{g(x)} F(x, y) dy \right] dx \tag{5.5}$$

最初に x 積分を行なってもよい．図5-1の曲線CBDが $x=l(y)$，曲線DACが $x=h(y)$ によって記述されるならば，同様にして，

$$\iint_R F(x, y) dx dy = \int_c^d \left[\int_{h(y)}^{l(y)} F(x, y) dx \right] dy \tag{5.6}$$

2重積分が存在するならば，(5.5)と(5.6)は同じ値を与えるので，便利な方を用いればよい．また，積分領域 R が複雑な形をしているならば，領域 R をいくつかに分けて，おのおのの領域で上の操作をすればよい．

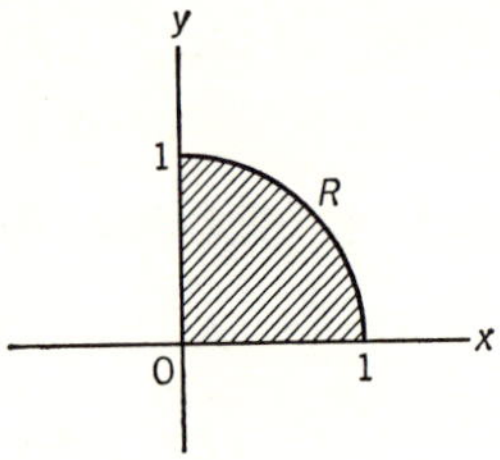

図 5-2　領域 $R: 0 \leqq x \leqq 1,\ 0 \leqq y \leqq \sqrt{1-x^2}$.

例題1　図5-2で与えられた領域 R で，$F(x, y)=1$，$F(x, y)=x$，$F(x, y)=y^2$ を積分せよ．

［解］
$$\iint_R dxdy = \int_0^1 \left[\int_0^{\sqrt{1-x^2}} dy\right] dx = \int_0^1 \sqrt{1-x^2}\, dx$$
$$= \int_0^{\pi/2} \cos^2\theta d\theta = \frac{\pi}{4} \qquad (x=\sin\theta)$$
$$\iint_R xdxdy = \int_0^1 x\left[\int_0^{\sqrt{1-x^2}} dy\right] dx = \int_0^1 x\sqrt{1-x^2}\, dx$$
$$= \int_0^1 z^2 dz = \frac{1}{3} \qquad (z=\sqrt{1-x^2})$$
$$\iint_R y^2 dxdy = \int_0^1 \left[\int_0^{\sqrt{1-x^2}} y^2 dy\right] dx = \frac{1}{3}\int_0^1 (1-x^2)^{3/2} dx$$
$$= \frac{1}{3}\int_0^{\pi/2} \cos^4\theta d\theta = \frac{\pi}{16} \qquad (x=\sin\theta)$$

上では $\cos^2\theta=(1+\cos 2\theta)/2$，$\cos^4\theta=(3+4\cos 2\theta+\cos 4\theta)/8$ を用いた．❙

3重積分　3次元の領域 R で定義された1価連続な関数 $F(x, y, z)$ を考える．領域 R を体積 ΔV_k $(k=1, 2, \cdots, n)$ の n 個の直方体の領域 ΔR_k に分割する．(ξ_k, η_k, ζ_k) を領域 ΔR_k 内の点として，積和

$$\sum_{k=1}^{n} F(\xi_k, \eta_k, \zeta_k)\Delta V_k, \qquad \Delta V_k = \Delta x_k \Delta y_k \Delta z_k \tag{5.7}$$

を考える．各領域 ΔR_k の直径が0になるように，分割の数 n を大きくする．(5.7)の $n\to\infty$ の極限値を

$$\iiint_R F(x, y, z)dV = \iiint_R F(x, y, z)dxdydz \tag{5.8}$$

と書き，$F(x, y, z)$ の領域 R における**3重積分**という．(5.8)で積分記号が3つ

現われた理由は，2重積分の場合に説明したので，その拡張として理解できる．

2重積分の場合と同様に，実際の計算は累次積分を用いることが多い．z積分(変数からzが消えてx, yが残る)，y積分(yが消えてxだけが残る)，x積分の順に積分を行なうとして，

$$\iiint_R F(x, y, z)dxdydz = \int_a^b \left[\int_{f(x)}^{g(x)} \left\{\int_{h(x,y)}^{l(x,y)} F(x, y, z)dz\right\}dy\right]dx \quad (5.9)$$

積分変数の変換　多重積分を行なう際には，領域の形によっては直角座標を用いるよりも，極座標や円柱座標を使った方が簡単なことがある．$x=f(u, v)$，$y=g(u, v)$によって，(x, y)座標から(u, v)座標に変換するとしよう．そのとき，(x, y)座標での領域Rが(u, v)座標での領域Dに対応するとすると，

$$\iint_R F(x, y)dxdy = \iint_D F[f(u, v), g(u, v)]\left|\frac{\partial(x, y)}{\partial(u, v)}\right|dudv$$

が成り立つ．ここで，

$$J \equiv \frac{\partial(x, y)}{\partial(u, v)} = \begin{vmatrix} \dfrac{\partial x}{\partial u} & \dfrac{\partial x}{\partial v} \\ \dfrac{\partial y}{\partial u} & \dfrac{\partial y}{\partial v} \end{vmatrix}$$

は，**ヤコビアン**または**ヤコビの行列式**と呼ばれる．同様に，$x=f(u, v, w)$，$y=g(u, v, w)$，$z=h(u, v, w)$によって，(x, y, z)座標から(u, v, w)座標に変換するならば，

$$\iiint_R F(x, y, z)dxdydz$$
$$= \iiint_D F[f(u, v, w), g(u, v, w), h(u, v, w)]\left|\frac{\partial(x, y, z)}{\partial(u, v, w)}\right|dudvdw$$

が成り立つ．この場合，ヤコビアンは

$$J \equiv \frac{\partial(x, y, z)}{\partial(u, v, w)} = \begin{vmatrix} \partial x/\partial u & \partial x/\partial v & \partial x/\partial w \\ \partial y/\partial u & \partial y/\partial v & \partial y/\partial w \\ \partial z/\partial u & \partial z/\partial v & \partial z/\partial w \end{vmatrix}$$

で与えられる．

例1　2次元極座標(ρ, ϕ)．$x=\rho\cos\phi$，$y=\rho\sin\phi$(図5-3)．

$$J = \frac{\partial(x, y)}{\partial(\rho, \phi)} = \begin{vmatrix} \cos\phi & -\rho\sin\phi \\ \sin\phi & \rho\cos\phi \end{vmatrix} = \rho$$

$$\iint_R F(x, y)dxdy = \iint_D F(\rho\cos\phi, \rho\sin\phi)\rho d\rho d\phi \qquad \blacksquare$$

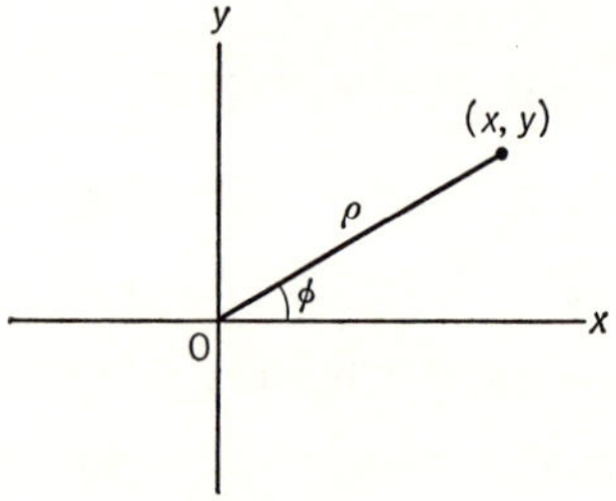

図 5-3　2次元極座標 ρ, ϕ.

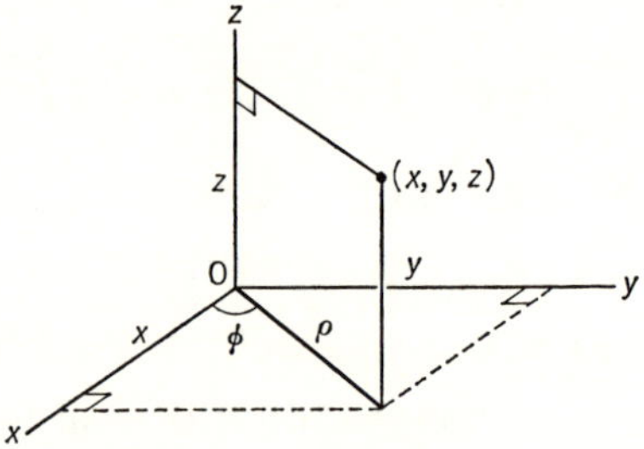

図 5-4　円柱座標 ρ, ϕ, z.

例 2　円柱座標 (ρ, ϕ, z).　$x=\rho\cos\phi$，$y=\rho\sin\phi$，$z=z$(図 5-4).

$$J = \frac{\partial(x, y, z)}{\partial(\rho, \phi, z)} = \begin{vmatrix} \cos\phi & -\rho\sin\phi & 0 \\ \sin\phi & \rho\cos\phi & 0 \\ 0 & 0 & 1 \end{vmatrix} = \rho$$

$$\iiint_R F(x, y, z)dxdydz = \iiint_D F(\rho\cos\phi, \rho\sin\phi, z)\rho d\rho d\phi dz \qquad \blacksquare$$

例 3　3次元極座標 (r, θ, ϕ).　$x=r\sin\theta\cos\phi$，$y=r\sin\theta\sin\phi$，$z=r\cos\theta$ (図 5-5).

$$J = \frac{\partial(x, y, z)}{\partial(r, \theta, \phi)} = \begin{vmatrix} \sin\theta\cos\phi & r\cos\theta\cos\phi & -r\sin\theta\sin\phi \\ \sin\theta\sin\phi & r\cos\theta\sin\phi & r\sin\theta\cos\phi \\ \cos\theta & -r\sin\theta & 0 \end{vmatrix}$$

$$= r^2\sin\theta$$

$$\iiint_R F(x, y, z)dxdydz$$

$$= \iiint_D F(r\sin\theta\cos\phi, r\sin\theta\sin\phi, r\cos\theta)r^2\sin\theta dr d\theta d\phi \qquad \blacksquare$$

物理例　物体の密度を $\rho(x, y, z)$ とすると，物体の質量 M，重心 $\boldsymbol{R}$，慣性モーメント I_{ij} $(i, j=1, 2, 3)$ は，それぞれ

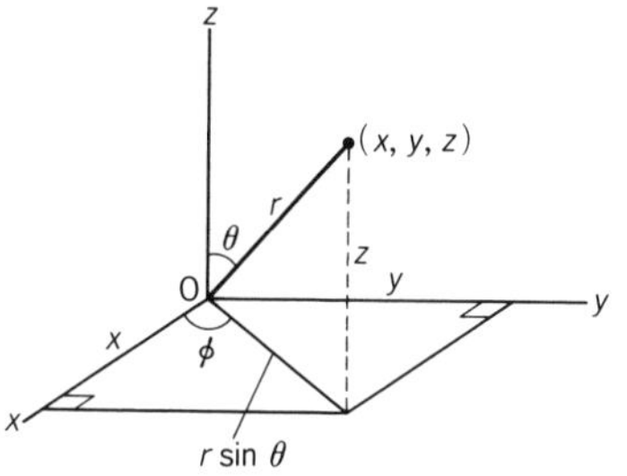

図 5-5　3 次元極座標 r, θ, ϕ.

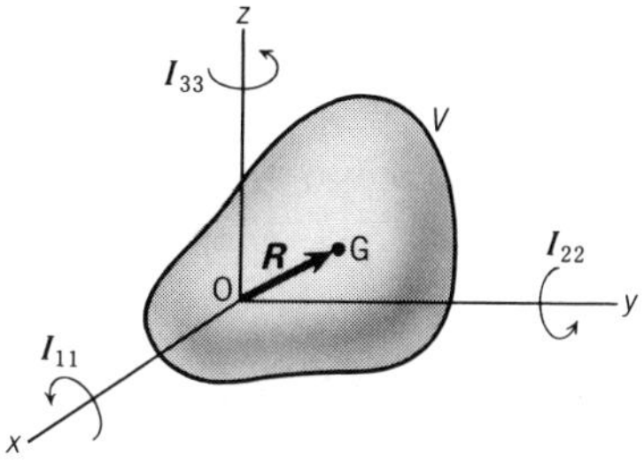

図 5-6　物体の慣性モーメント.

$$M=\iiint_V \rho(x,y,z)dxdydz, \qquad \boldsymbol{R}=\frac{1}{M}\iiint_V \rho(x,y,z)\boldsymbol{r}dxdydz$$

$$I_{ij}=\iiint_V \rho(x,y,z)\{(x^2+y^2+z^2)\delta_{ij}-x_ix_j\}dxdydz$$

で与えられる．ただし，$\boldsymbol{r}=x\boldsymbol{i}+y\boldsymbol{j}+z\boldsymbol{k}$，$x_1=x$，$x_2=y$，$x_3=z$，$\delta_{ij}$ はクロネッカーのデルタ記号；$\delta_{ij}=1\,(i=j)$，$\delta_{ij}=0\,(i\neq j)$，である．I_{11}, I_{22}, I_{33} はおのおの x, y, z 軸のまわりの慣性モーメントである(図 5-6)．また，2 次元の物体(例えば板)に対しては，z 依存性を消去すればよい．▌

例題 2　図 5-2 の形の一様な板(面密度 σ)の質量 M，重心 (X, Y)，x 軸のまわりの慣性モーメント I_x，y 軸のまわりの慣性モーメント I_y を求めよ．

［解］　2 次元極座標 ρ, ϕ を用いる．

$$M=\iint \sigma dxdy=\int_0^1 \rho d\rho \int_0^{\pi/2}\sigma d\phi=\frac{\pi}{4}\sigma$$

$$X=\frac{1}{M}\iint \sigma xdxdy=\frac{1}{M}\int_0^1 \rho d\rho\int_0^{\pi/2}\sigma\rho\cos\phi d\phi=\frac{\sigma}{3M}=\frac{4}{3\pi}$$

$$Y=\frac{1}{M}\iint \sigma ydxdy=\frac{1}{M}\int_0^1 \rho d\rho\int_0^{\pi/2}\sigma\rho\sin\phi d\phi=\frac{\sigma}{3M}=\frac{4}{3\pi}$$

$$I_x=\iint \sigma y^2dxdy=\sigma\int_0^1 \rho d\rho\int_0^{\pi/2}\rho^2\sin^2\phi d\phi=\frac{\sigma}{4}\frac{\pi}{4}=\frac{\pi}{16}\sigma$$

$$I_y=\iint \sigma x^2dxdy=\sigma\int_0^1 \rho d\rho\int_0^{\pi/2}\rho^2\cos^2\phi d\phi=\frac{\sigma}{4}\frac{\pi}{4}=\frac{\pi}{16}\sigma$$

例題 1 では累次積分で計算したことを思い出そう．▌

問　　題

1.　次の物体の z 軸のまわりの慣性モーメント I_z を求めよ．

(i)　半径 a の一様な(面密度 σ)円板(図 a)．

(ii)　半径 a，高さ h の一様な(密度 ρ)円筒(図 b)．

(iii)　半径 a の一様な(密度 ρ)球(図 c)．

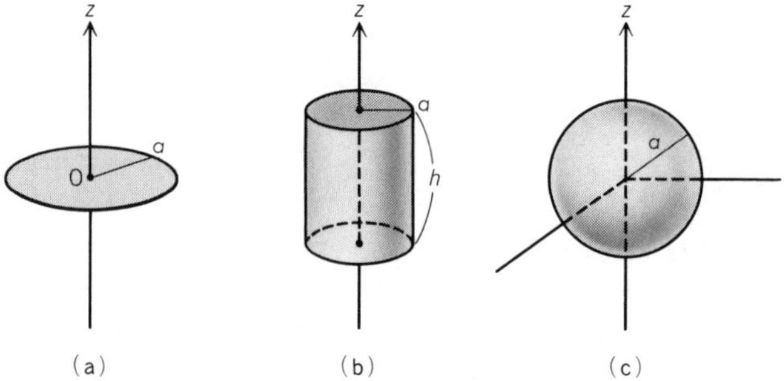

問題 1　(a)一様な円板(半径 a)．(b)一様な円筒(半径 a，高さ h)．(c)一様な球(半径 a)．

2.　密度 $\rho(\boldsymbol{r})$ の物体と質量 m の質点の間の万有引力のポテンシャル U は(図 a)，

$$U(\boldsymbol{R}) = -\iiint_V \frac{Gm\rho(\boldsymbol{r})}{r'}dV = -\iiint_V \frac{Gm\rho(\boldsymbol{r})}{|\boldsymbol{R}-\boldsymbol{r}|}dV \qquad (G：重力定数)$$

で与えられる．この表式を実際に積分して，一定な密度 ρ の物質でできている半径 a の球と質点の間の万有引力のポテンシャル U を求めよ．球対称であるので，簡単のために z 軸上の点 P$(0, 0, R)$ でのポテンシャルを求めればよい(図 b)．

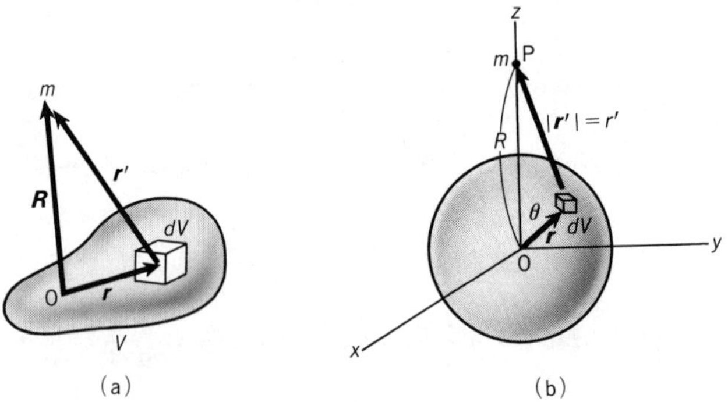

問題 2

5-2　線積分と面積分

線積分　空間のある点Pから他の点Qに物を動かすのに必要な仕事は，途中の路の選び方によらない．このことは力学でよく知られた事実である．どんな路を選んでも2点P, Q間のポテンシャル・エネルギーの差に相当する仕事をすることになる．このようなことをより一般的にあらわし議論をするために，線積分とよばれる量を導入する．積分というと，‘面積’としか頭に浮ばない人には少しわかりにくいかもしれないが，数ページのうちに実際に計算できるようになるはずである．

xy 平面上の曲線 C を考える(図5-7)．関数 $P(x,y)$ と $Q(x,y)$ は C 上のすべての点で定義された1価関数であるとする．曲線 C 上に $n-1$ 個の点 (x_1,y_1), $(x_2,y_2),\cdots,(x_{n-1},y_{n-1})$ をとり，n 個の部分に分ける．始点Aを $(a_1,b_1)\equiv(x_0,y_0)$, 終点Bを $(a_2,b_2)\equiv(x_n,y_n)$ として，$\Delta x_k=x_k-x_{k-1}$, $\Delta y_k=y_k-y_{k-1}$, $k=1,2,\cdots,n$ とおく．点 (x_{k-1},y_{k-1}) と点 (x_k,y_k) の間の C 上のある点を (ξ_k,η_k) として，積和

$$\sum_{k=1}^{n}\{P(\xi_k,\eta_k)\Delta x_k+Q(\xi_k,\eta_k)\Delta y_k\} \tag{5.10}$$

をつくる．すべての $\Delta x_k,\Delta y_k$ が0に近づくように，分割の数 n を大きくする．この極限値を**線積分**といい，

$$\int_C[P(x,y)dx+Q(x,y)dy] \tag{5.11}$$

で表わす．線積分の値は，一般には始点Aと終点Bをつなぐ曲線の選び方に依存する．したがって，どのような曲線に沿って線積分を行なったかを明記する必要があり，$\int_C$ のように選んだ曲線を積分記号の横に書く．

また，図5-7の曲線 C 上で定義された1価連続な関数 $F(x,y)$ に対して，積和

$$\sum_{k=1}^{n}F(\xi_k,\eta_k)\Delta s_k,\qquad \Delta s_k=\sqrt{(\Delta x_k)^2+(\Delta y_k)^2} \tag{5.12}$$

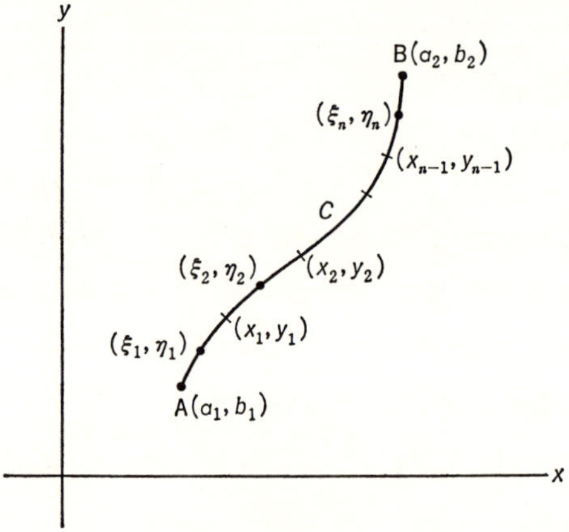

図 5-7

の極限 $n\to\infty$, $\Delta s_k\to 0$ を考え，その極限値を**弧長に関する線積分**といって

$$\int_C F(x, y)ds \tag{5.13}$$

で表わす.

(5.11)と(5.13)を3次元空間内の曲線に対して拡張できることは容易に理解できるであろう.

$$\lim_{n\to\infty}\sum_{k=1}^{n}\{P(\xi_k, \eta_k, \zeta_k)\Delta x_k+Q(\xi_k, \eta_k, \zeta_k)\Delta y_k+R(\xi_k, \eta_k, \zeta_k)\Delta z_k\}$$

$$=\int_C[P(x, y, z)dx+Q(x, y, z)dy+R(x, y, z)dz] \tag{5.14}$$

$$\lim_{n\to\infty}\sum_{k=1}^{n}F(\xi_k, \eta_k, \zeta_k)\Delta s_k=\lim_{n\to\infty}\sum_{k=1}^{n}F(\xi_k, \eta_k, \zeta_k)\sqrt{(\Delta x_k)^2+(\Delta y_k)^2+(\Delta z_k)^2}$$

$$=\int_C F(x, y, z)ds \tag{5.15}$$

物理での応用においては，(5.14)の被積分関数 P, Q, R はベクトル関数 $\boldsymbol{A}(x, y, z)=A_x\boldsymbol{i}+A_y\boldsymbol{j}+A_z\boldsymbol{k}$ の成分 A_x, A_y, A_z であることが多い．そのとき，(5.14)の［　］内は，$d\boldsymbol{r}=dx\boldsymbol{i}+dy\boldsymbol{j}+dz\boldsymbol{k}$ と $\boldsymbol{A}$ とのスカラー積に書ける.

$$\int_C[A_xdx+A_ydy+A_zdz]=\int_C\boldsymbol{A}\cdot d\boldsymbol{r} \tag{5.16}$$

物理例　質点に力 $\boldsymbol{F}$ がはたらいている．質点が曲線 C に沿って動かされるとすると，力 $\boldsymbol{F}$ が質点にした仕事は線積分

$$W = \int_C \boldsymbol{F}\cdot d\boldsymbol{r} \tag{5.17}$$

で与えられる．❙

これから後は，弧長に関する線積分も単に線積分と呼ぶことにする．線積分の性質を調べながら，実際にどのように計算するかを考えていこう．

線積分の性質と計算

(1)　曲線 C が点 A から始まって点 B で終わるとき，これと逆向きの曲線を $\bar{C}$ または $-C$ で表わす(図 5-8(a))．2 つの曲線 C_1, C_2 があって，C_1 が A から始まり B に終わり，C_2 が B から始まり D に終わるとき，C_1 と C_2 をつなぎ合わせた曲線を C_1+C_2 で表わす(図 5-8(b))．線積分に対して，つぎの関係が成り立つ．

$$\int_{\bar{C}} = -\int_C \quad \text{または} \quad \int_C + \int_{\bar{C}} = 0$$

$$\int_{C_1+C_2} = \int_{C_1} + \int_{C_2}$$

曲線 C が閉曲線のときには，線積分の記号を $\oint_C$ のように表わすことがある．

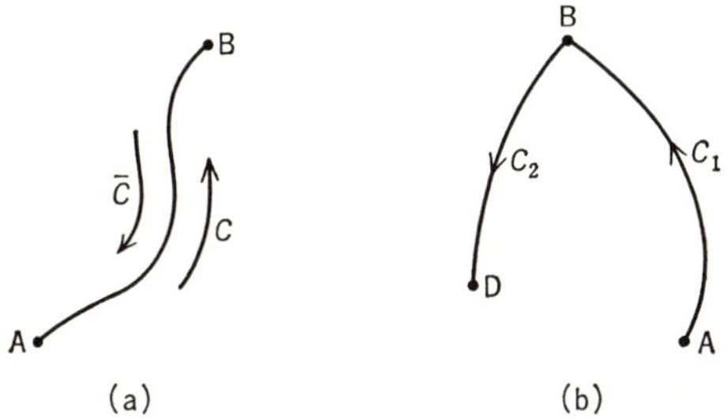

図 5-8　(a) 曲線 C と逆向きの曲線 $\bar{C}$．(b) 曲線 C_1+C_2．

(2)　xy 平面での曲線 C が，$y=f(x)$ で表わされるならば，曲線 C の始点を $(a, f(a))$，終点を $(b, f(b))$ として，

$$\int_C [P(x,y)dx+Q(x,y)dy] = \int_a^b \left[P(x,f(x))+Q(x,f(x))\frac{df}{dx}\right]dx \quad (5.18)$$

$$\int_C F(x,y)ds = \int_a^b F(x,f(x))\sqrt{1+\left(\frac{df}{dx}\right)^2}dx \quad (5.19)$$

例題 1　始点(0,0)から終点(1,1)まで3つの積分路を考える(図5-9)．(i) C_1；x 軸に沿って原点から $x=1$ まで行き，次に y 軸に平行に終点まで行く．(ii) C_2；原点と終点を直線で結ぶ．(iii) C_3；y 軸に沿って原点から $y=1$ まで行き，次に x 軸に平行に終点まで行く．それぞれの積分路に沿って

$$\int_C (xdx+xdy)$$

を計算せよ．

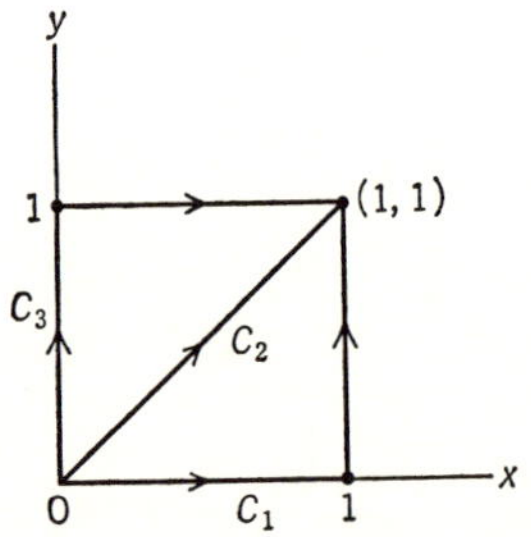

図 5-9　(0,0)から(1,1)への3つの積分路．

［解］　(i) x 軸に沿って原点から $x=1$ まで行く直線 C_1' 上では，$0\leqq x\leqq 1$, $y=0$, $dy=0$ である．よって

$$\int_{C_1'}(xdx+xdy) = \int_0^1 xdx+\int_{C_1'} x\cdot 0 = \frac{1}{2}$$

そして，(1,0)から y 軸に平行に(1,1)まで行く直線 C_1'' 上では，$x=1$, $0\leqq y\leqq 1$, $dx=0$ である．よって，

$$\int_{C_1''}(xdx+xdy) = \int_{C_1''} 1\cdot 0+\int_0^1 1\cdot dy = 1$$

$C_1=C_1'+C_1''$ であるから，

$$\int_{C_1}(xdx+xdy) = \int_{C_1'}(xdx+xdy)+\int_{C_1''}(xdx+xdy)$$

$$= \frac{1}{2}+1 = \frac{3}{2}$$

(ii) 原点と終点を結ぶ直線は $y=x$ である．(5.18)を使って，

$$\int_C (xdx+xdy) = \int_0^1 \left(x+x\frac{dx}{dx}\right)dx = 2\int_0^1 xdx = 1$$

(iii) y 軸に沿って原点から $y=1$ まで行く直線 C_3' 上では，$x=0$，$0 \leqq y \leqq 1$，$dx=0$ である．よって，

$$\int_{C_3'} (xdx+xdy) = \int_{C_3'} 0\cdot 0+\int_0^1 0\cdot dy = 0$$

そして，$(0,1)$ から x 軸に平行に $(1,1)$ まで行く直線 C_3'' 上では，$0 \leqq x \leqq 1$，$y=1$，$dy=0$ である．よって，

$$\int_{C_3''} (xdx+xdy) = \int_0^1 xdx+\int_{C_3'} x\cdot 0 = \frac{1}{2}$$

$C_3=C_3'+C_3''$ であるから，

$$\int_{C_3} (xdx+xdy) = \int_{C_3'} (xdx+xdy)+\int_{C_3''} (xdx+xdy)$$

$$= 0+\frac{1}{2} = \frac{1}{2} \qquad \blacksquare$$

(3) xy 平面の曲線 C が，$\boldsymbol{r}(t)=x(t)\boldsymbol{i}+y(t)\boldsymbol{j}$ $(t_1 \leqq t \leqq t_2)$ で表わされるならば，

$$\int_C [P(x, y)dx+Q(x, y)dy]$$

$$= \int_{t_1}^{t_2} \left[P(x(t), y(t))\frac{dx(t)}{dt}+Q(x(t), y(t))\frac{dy(t)}{dt}\right]dt \qquad (5.20)$$

$$\int_C F(x, y)ds = \int_{t_1}^{t_2} F(x(t), y(t))\sqrt{\left(\frac{dx}{dt}\right)^2+\left(\frac{dy}{dt}\right)^2}\,dt \qquad (5.21)$$

例題 2 $\boldsymbol{r}(t)=t\boldsymbol{i}+(t^2+1)\boldsymbol{j}$ $(0 \leqq t \leqq 1)$ で表わされる放物線 C(図 5-10)に沿って，線積分

$$\int_C [2(x^2-y)dx+(y^2+x)dy]$$

を計算せよ．

［解］ (5.20)を用いる．$x(t)=t$，$y(t)=t^2+1$ であるから，

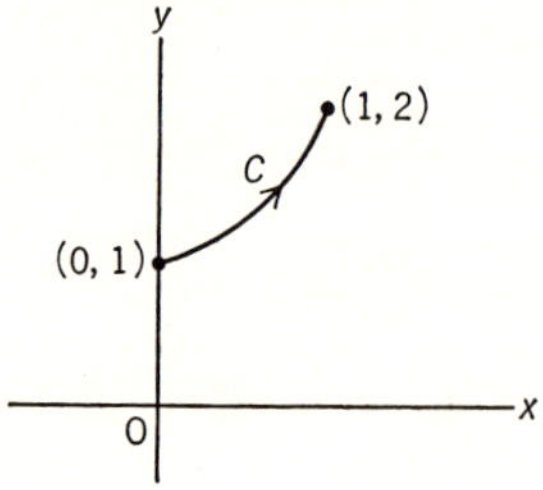

図 5-10

$$\int_C [2(x^2-y)dx+(y^2+x)dy]$$

$$=\int_0^1\left[2\{t^2-(t^2+1)\}\frac{dt}{dt}+\{(t^2+1)^2+t\}\frac{d(t^2+1)}{dt}\right]dt$$

$$=\int_0^1\{-2+(t^4+2t^2+t+1)2t\}dt$$

$$=\int_0^1(2t^5+4t^3+2t^2+2t-2)dt$$

$$=\frac{1}{3}+1+\frac{2}{3}+1-2=1 \quad \blacksquare$$

例題 3 $\boldsymbol{r}(t)=\cos t\,\boldsymbol{i}+\sin t\,\boldsymbol{j}$ $(0\leqq t\leqq \pi/2)$ で表わされる4分円C(図5-11)に沿って，線積分

$$\int_C xy^3ds$$

を計算せよ．

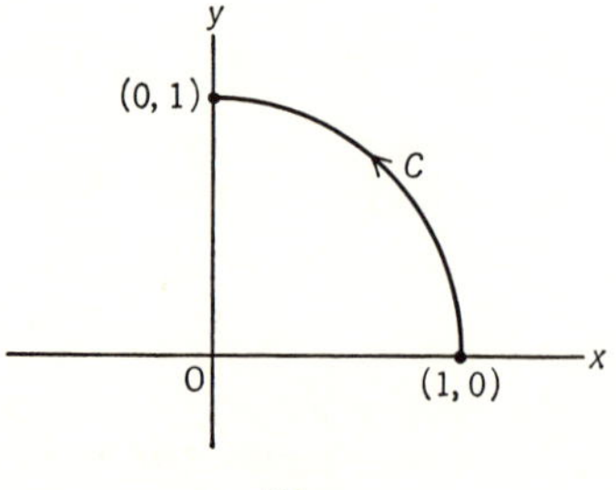

図 5-11

［解］ (5.21)を用いる．$x(t)=\cos t$, $y(t)=\sin t$ であるから，

$$\int_C xy^3ds=\int_0^{\pi/2}\cos t\sin^3 t\sqrt{(-\sin t)^2+(\cos t)^2}\,dt$$

$$=\int_0^{\pi/2}\cos t\sin^3 t dt=\int_0^1 u^3du=\frac{1}{4} \qquad (u=\sin t) \quad \blacksquare$$

例題1で示したように，線積分の値は一般には始点と終点を結ぶ曲線の選び方に依存する．それでは，曲線の選び方には依らないのはどのような場合であ

ろうか．詳しい議論はストークスの定理(5-5 節)を使って行なう．ここでは次の事実を示しておく．

線積分(5.16)において，ベクトル関数 $\boldsymbol{A}$ が $\boldsymbol{A}=\nabla U$ をみたすとき，2点P, Q を結ぶ任意の曲線 C に対して，

$$\boxed{\int_C \boldsymbol{A}\cdot d\boldsymbol{r} = \int_C (\nabla U)\cdot d\boldsymbol{r} = U(Q)-U(P)} \tag{5.22}$$

である．すなわち，線積分の値は2点P, Q だけで決まり，曲線 C の選び方には無関係である．(5.22)を証明しよう．曲線 C は $\boldsymbol{r}=\boldsymbol{r}(t)$ で表わされ，点Pは $t=a$，点Qは $t=b$ であるとする．

$$\begin{aligned}\int_C \boldsymbol{A}\cdot d\boldsymbol{r} &= \int_C \left(\frac{\partial U}{\partial x}\boldsymbol{i}+\frac{\partial U}{\partial y}\boldsymbol{j}+\frac{\partial U}{\partial z}\boldsymbol{k}\right)\cdot\left(\frac{dx}{dt}\boldsymbol{i}+\frac{dy}{dt}\boldsymbol{j}+\frac{dz}{dt}\boldsymbol{k}\right)dt \\ &= \int_C \left(\frac{\partial U}{\partial x}\frac{dx}{dt}+\frac{\partial U}{\partial y}\frac{dy}{dt}+\frac{\partial U}{\partial z}\frac{dz}{dt}\right)dt = \int_{t=a}^{t=b}\frac{dU(x(t),y(t),z(t))}{dt}dt \\ &= [U(x(t),y(t),z(t))]_{t=a}^{t=b} = U(Q)-U(P)\end{aligned}$$

物理例 $\boldsymbol{F}=-\nabla\phi$ で表わされる力 $\boldsymbol{F}$ が質点にはたらいている．質点が曲線 C に沿って点Aから点Bまで動かされるとすると，力 $\boldsymbol{F}=-\nabla\phi$ が質点にした仕事は，

$$\int_C \boldsymbol{F}\cdot d\boldsymbol{r} = \int(-\nabla\phi)\cdot d\boldsymbol{r} = \phi(A)-\phi(B) \quad \blacksquare \tag{5.23}$$

面積分 曲線に沿って関数を積分するのが線積分であった．次に，曲面の上で関数を積分することを考える．それが面積分である．

3次元空間内に，1価連続な関数 $f(x,y)$ によって $z=f(x,y)$ と表わされる曲面 S を考える(図5-12)．曲面 S の xy 面への射影を領域 R とする．領域 R を面積 $\varDelta A_l$ $(l=1,2,\cdots,n)$ の n 個の領域に分割し，その上に立てた直方体が切りとる面積を $\varDelta S_l$ とする．曲面 S 上のすべての点で1価連続な関数を $\phi(x,y,z)$ としよう．$\varDelta S_l$ 上のある点を (ξ_l,η_l,ζ_l) として，積和

$$\sum_{l=1}^{n}\phi(\xi_l,\eta_l,\zeta_l)\varDelta S_l \tag{5.24}$$

をつくる．各 $\varDelta S_l$ が0に近づくように分割の数 n を大きくするとき，(5.24)の

極限値を S 上の $\phi(x, y, z)$ の**面積分**といい，次のように書く．

$$\iint_S \phi(x, y, z) dS \tag{5.25}$$

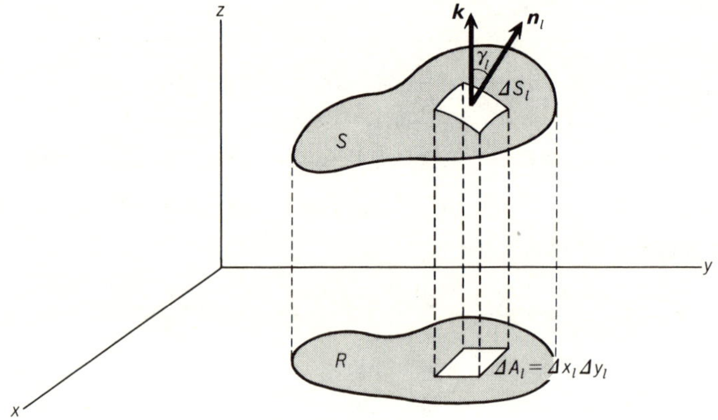

図 5-12　面積分.

ΔS_l に垂直な単位ベクトル(単位法線ベクトル) $\boldsymbol{n}_l$ と z 軸との間の角を γ_l とすれば，$\Delta A_l = |\cos\gamma_l| \Delta S_l$ である．したがって，(5.24) の極限値は，

$$\iint_R \phi(x, y, z) \frac{dA}{|\cos\gamma(x, y, z)|} = \iint_R \phi(x, y, z) \frac{dxdy}{|\cos\gamma(x, y, z)|} \tag{5.26}$$

とも書ける．(5.26) をさらに扱いやすい形にしよう．曲面 S は $F(x, y, z) \equiv z - f(x, y) = 0$ で記述され，それに垂直なベクトルは，$\nabla F = -(\partial f/\partial x)\boldsymbol{i} - (\partial f/\partial y)\boldsymbol{j} + \boldsymbol{k}$ である(4-4 節の勾配を参照)．したがって，単位法線ベクトル $\boldsymbol{n}$ は，$\boldsymbol{n} = \nabla F/|\nabla F|$ と書けるから，

$$|\cos\gamma| = |\boldsymbol{n}\cdot\boldsymbol{k}| = \frac{|\nabla F\cdot\boldsymbol{k}|}{|\nabla F|} = \frac{1}{[1+(\partial f/\partial x)^2+(\partial f/\partial y)^2]^{1/2}}$$

したがって，(5.26) より，

$$\boxed{\iint_S \phi(x, y, z) dS = \iint_R \phi(x, y, f(x, y)) \sqrt{1+\left(\frac{\partial f}{\partial x}\right)^2+\left(\frac{\partial f}{\partial y}\right)^2}\, dxdy} \tag{5.27}$$

右辺は普通の2重積分である．

単位法線ベクトル$\boldsymbol{n}$をはっきりと定義しておこう．まず面の正側と負側を決める．曲面Sの周Cを一定の向きに動く．そのとき，曲面Sを常に左に見るならばその側を正，右に見るならばその側を負とする(図5-13(a))．曲面Sの面積要素dSに垂直な単位ベクトル$\boldsymbol{n}$(**単位法線ベクトル**)は常にその正側に立てて，その向きを正とする(図5-13(b))．このように定義すると，閉曲面S上の単位法線ベクトルは，Sで囲まれた領域Vから外へ向かうことになる(図5-14)．

野球では走者はダイヤモンドを左まわりに回る．このとき，ピッチャーはダ

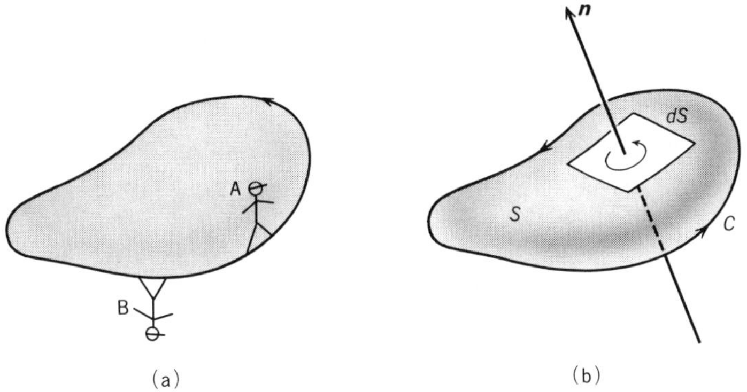

図5-13　(a)面の正側と負側．矢印の方向に人が歩くとき，Aの人が見るのは正側，Bの人が見るのは負側である．(b)単位法線ベクトル$\boldsymbol{n}$.

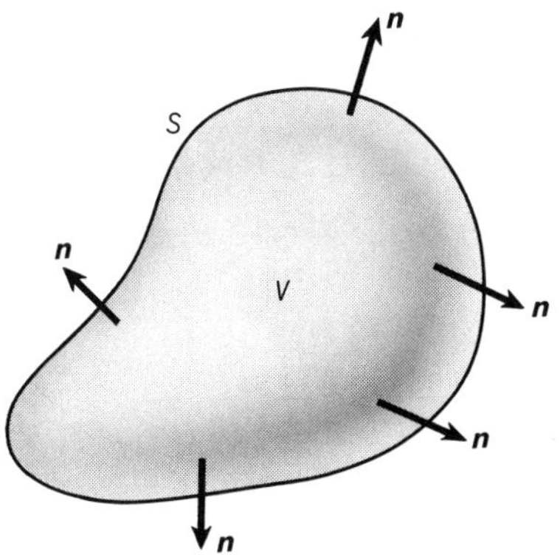

図5-14　閉曲面Sで囲まれた領域Vと単位法線ベクトル$\boldsymbol{n}$．Vを‘はりねずみ’とみると，$\boldsymbol{n}$は，はえている‘はり’．単位法線ベクトルは，各点で定義されていることに注意しよう．

イヤモンドの正側に立っていることになる．

いま，ベクトル関数を $\boldsymbol{A}(x,y,z)$ とする．曲面 S 上の各点においてスカラー積 $\boldsymbol{A}\cdot\boldsymbol{n}$ を作り，その S 上の面積分

$$\iint_S \boldsymbol{A}\cdot\boldsymbol{n}dS=\iint_S A_n dS \tag{5.28}$$

を S 上の $\boldsymbol{A}$ の面積分という(図 5-15)．

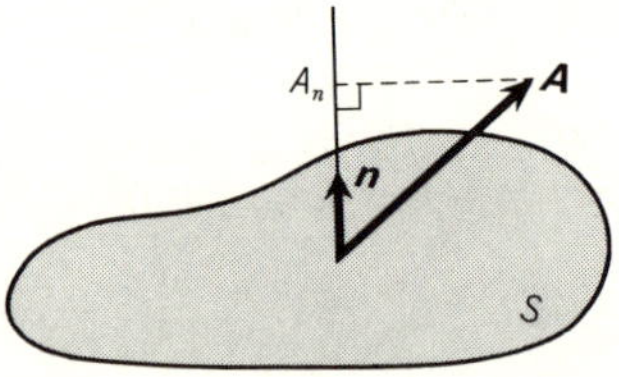

図 5-15

物理例　$\boldsymbol{E}$ を電場とする．曲面 S 上の $\boldsymbol{E}$ の面積分 $\varepsilon_0\iint_S \boldsymbol{E}\cdot\boldsymbol{n}dS$ は曲面 S を通過する電束を表わす．また，$\boldsymbol{v}$ を流体の速度とするとき，曲面 S 上の $\boldsymbol{v}$ の面積分 $\iint_S \boldsymbol{v}\cdot\boldsymbol{n}dS$ は，曲面 S を単位時間に通過する流体の体積を表わす．

面積分の性質　曲面 S は法線に一定の向き $\boldsymbol{n}$ を決めた曲面とし，これに対して法線の向きを逆にした曲面を $\bar{S}$ または $-S$ と書く(図 5-16)．このとき，面積分に対してつぎの関係が成り立つ．

$$\iint_{\bar{S}}=-\iint_S \quad \text{または} \quad \iint_S+\iint_{\bar{S}}=0 \tag{5.29}$$

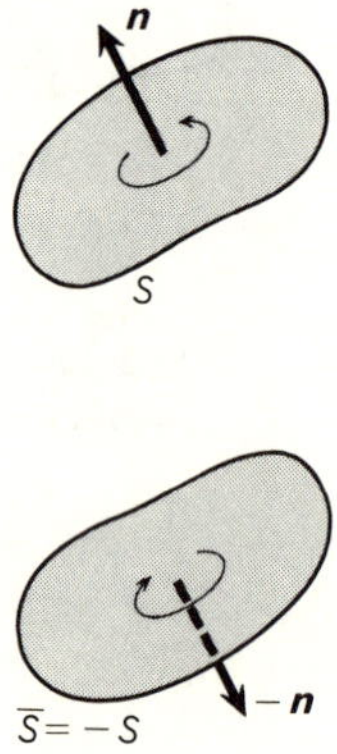

図 5-16

領域 V を囲む閉曲面を S としよう．V を 2 つの部分 V_1, V_2 にわける(図 5.17(a))．V_1 と V_2 を囲む閉曲面をそれぞれ S_1 と S_2 とする．$S_1+S_2=S+(S_1$ と S_2 の共有部分$)$ となるが，(5.29) より共有部分での面積分は打ち消し合う(図 5-17(b))．よって，

$$\iint_S=\iint_{S_1}+\iint_{S_2} \tag{5.30}$$

が成りたつ．$S=S_1+S_2$ に対して (5.30) が成りたつことは，面積分の定義から明らかである．

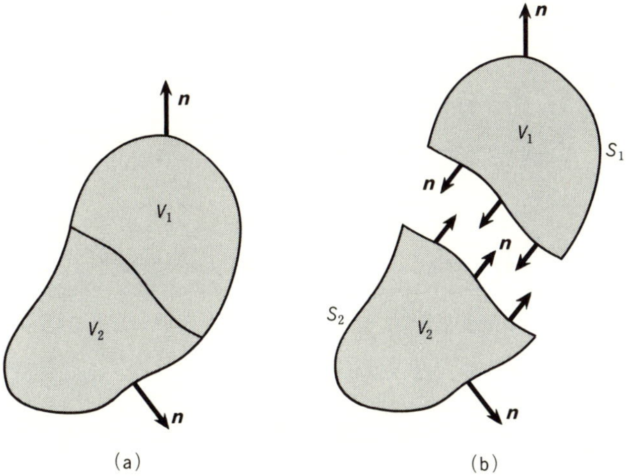

図 5-17 (a)領域 V を V_1 と V_2 に分割した．(b)切り口では，S_1 と S_2 での単位法線ベクトルの向きは逆であり，面積分は消し合う．

例題 4 平面 $2x+2y+z=2$ が座標軸と交わる点を A, B, C とする(図 5-18)．3 点 A, B, C を結ぶ線分で囲まれた三角形を S とするとき，$\phi(x,y,z)=4x+2y+z$ の S 上の面積分

$$\iint_S \phi(x,y,z)dS$$

を求めよ．

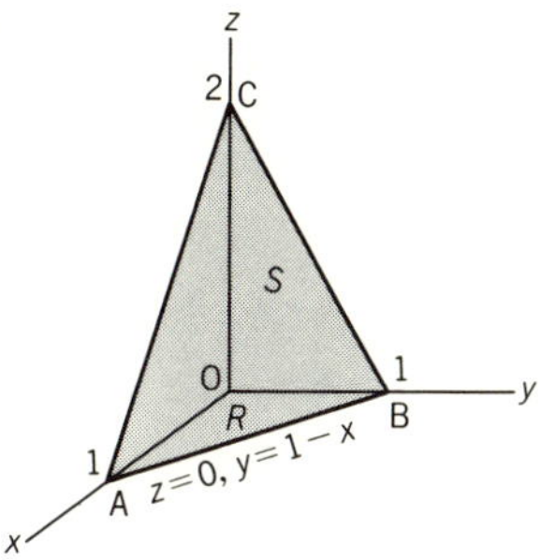

図 5-18

［解］ (5.27)を用いる．平面の方程式は $z=f(x,y)=-2x-2y+2$．$\partial f/\partial x=-2$，$\partial f/\partial y=-2$ であるから，

$$\sqrt{1+\left(\frac{\partial f}{\partial x}\right)^2+\left(\frac{\partial f}{\partial y}\right)^2}=\sqrt{1+(-2)^2+(-2)^2}=3$$

また，

$$\phi(x,y,f(x,y))=4x+2y+(-2x-2y+2)=2x+2$$

よって，(5.27)より

$$\iint_S \phi(x,y,z)dS = \iint_R (2x+2)3dxdy$$

$$= \int_0^1 \left\{ \int_0^{1-x} 6(x+1)dy \right\} dx = 6\int_0^1 (1-x^2)dx = 4 \quad \blacksquare$$

体積積分　閉曲面 S で囲まれた領域を V とする．領域 V における関数 $\phi(x, y, z)$ の積分

$$\iiint_V \phi(x,y,z)dV = \iiint_V \phi(x,y,z)dxdydz$$

は普通の意味の3重積分である．体積 V の中で積分することを強調して**体積積分**という．

問　　題

1.　$\int_C yds$ を，$y=2\sqrt{x}$ で与えられる曲線 C に沿って，$x=0$ から $x=3$ まで積分せよ．

2.　$\boldsymbol{A}=(x^2-yz)\boldsymbol{i}+(y+xz)\boldsymbol{j}+(1-xyz^2)\boldsymbol{k}$ とする．始点 $(0,0,0)$ から終点 $(1,1,1)$ まで，次の3つの積分路に沿って $\int_C \boldsymbol{A}\cdot d\boldsymbol{r}$ を計算せよ．(i) C_1 : $x=t$, $y=t^2$, $z=t^3$. (ii) C_2 : $(0,0,0)\to(0,0,1)\to(0,1,1)\to(1,1,1)$ を直線でつなぐ．(iii) C_3 : $(0,0,0)\to(1,1,1)$ を直線でつなぐ．

3.　平面 $2x+2y+z=4$ が座標軸と交わる点を A, B, C とする．3点 A, B, C を結ぶ線分で囲まれた三角形を S とする(右図).

(i)　$\phi=x^2+2y-2z+4$ の S 上での面積分 $\iint_S \phi dS$ の値を求めよ．

(ii)　$\boldsymbol{A}=z\boldsymbol{i}+x\boldsymbol{j}+y\boldsymbol{k}$ の S 上での面積分 $\iint_S \boldsymbol{A}\cdot\boldsymbol{n}dS$ の値を求めよ．ただし，$\boldsymbol{n}$ は S の単位法線ベクトルである．

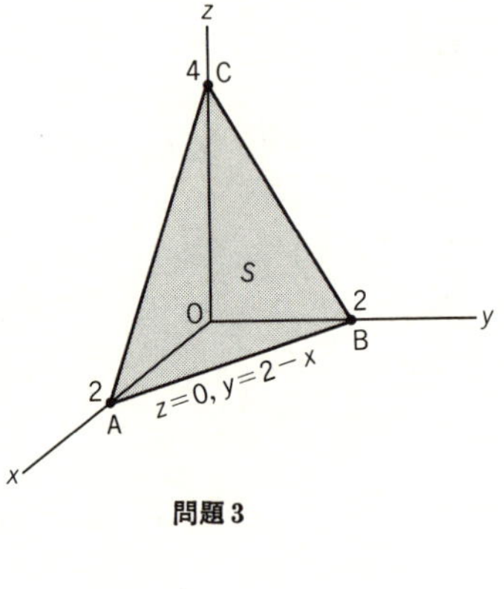

問題 3

5-3　平面におけるグリーンの定理

平面におけるグリーンの定理　2重積分を線積分に，または線積分を2重積

分に変える数学公式を**平面におけるグリーンの定理**(Green's theorem in the plane)という．

曲線Cで囲まれた図5-19のような領域Rを考える．関数$P(x,y)$，$Q(x,y)$とその偏微分$\partial P/\partial y$，$\partial Q/\partial x$はR内で1価連続であるとしよう．曲線AEBが$y=f(x)$，曲線BFAが$y=g(x)$で与えられるとき，

$$\iint_R \frac{\partial P}{\partial y}dxdy = \int_a^b \left[\int_{f(x)}^{g(x)} \frac{\partial P}{\partial y}dy\right]dx = \int_a^b [P(x,g(x))-P(x,f(x))]dx$$

$$= -\int_a^b P(x,f(x))dx - \int_b^a P(x,g(x))dx = -\oint_C Pdx \qquad (5.31)$$

同様にして，曲線FAEは$x=h(y)$，曲線EBFは$x=l(y)$で与えられるとすると，

$$\iint_R \frac{\partial Q}{\partial x}dxdy = \int_c^d \left[\int_{h(y)}^{l(y)} \frac{\partial Q}{\partial x}dx\right]dy = \int_c^d [Q(l(y),y)-Q(h(y),y)]dy$$

$$= \int_d^c Q(h(y),y)dy + \int_c^d Q(l(y),y)dy = \oint_C Qdy \qquad (5.32)$$

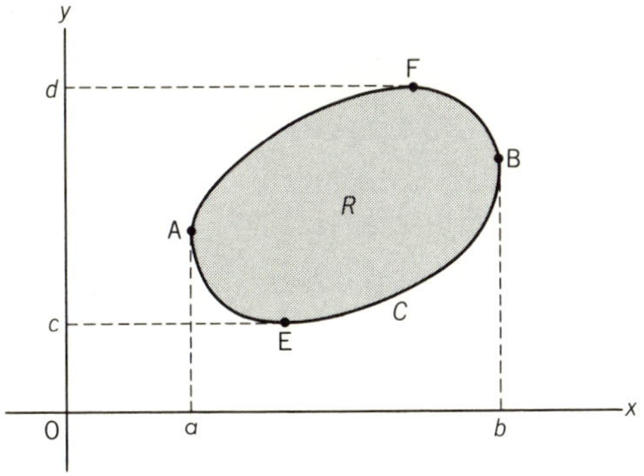

図5-19 曲線AEBは$y=f(x)$，曲線BFAは$y=g(x)$で表わされる．

(5.31)と(5.32)をたし合わせて，

$$\oint_C [Pdx+Qdy] = \iint_R \left(\frac{\partial Q}{\partial x}-\frac{\partial P}{\partial y}\right)dxdy \qquad \begin{pmatrix}\text{平面における}\\ \text{グリーンの定理}\end{pmatrix}$$

(5.33)

を得る．

領域内の任意の閉曲線を連続的に縮めていくと点にすることができる領域を**単連結領域**という．図5-19の領域は単連結領域である．一方，図5-20のようなドーナツ状の領域では，**任意の**閉曲線を点に縮めることはできない．例えば，図5-21の閉曲線C_1は点に縮められるが，閉曲線C_2は点に縮められない．図5-20のような1つの‘虫食い’がある領域を**2重連結領域**という．一般に，n個の‘虫食い’がある領域を$n+1$重連結領域という．

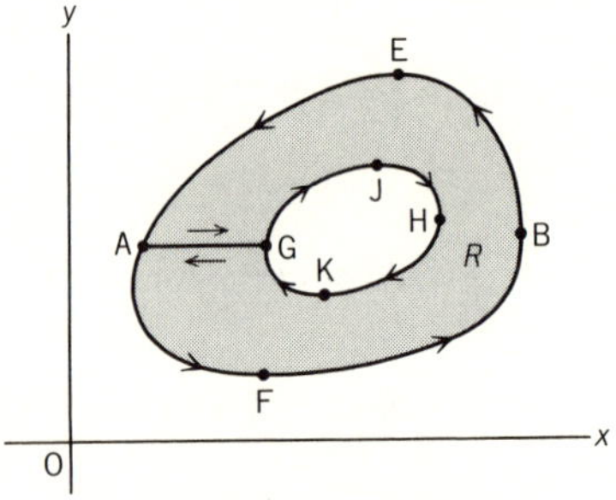

図5-20　2重連結領域．

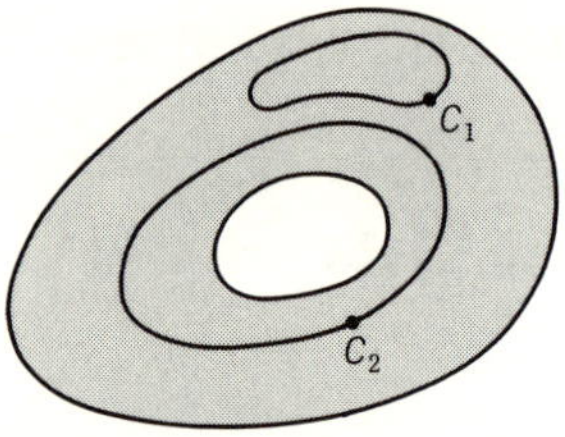

図5-21　2重連結領域．閉曲線C_2は連続的に縮めていくことはできない．

図5-20の2重連結領域Rに対して，グリーンの定理を証明しよう．補助線AGをひき，外側の周と内側の周をつなぐ．このとき，閉曲線AGJHKGAFBEAで囲まれる領域は単連結領域になるので，(5.33)を用いることができる．

$$\int_{\mathrm{AGJHKGAFBEA}}(Pdx+Qdy) = \iint_R\left(\frac{\partial Q}{\partial x}-\frac{\partial P}{\partial y}\right)dxdy \qquad (5.34)$$

左辺の線積分は，

$$\int_{\mathrm{AG}}+\int_{\mathrm{GJHKG}}+\int_{\mathrm{GA}}+\int_{\mathrm{AFBEA}} = \int_{\mathrm{GJHKG}}+\int_{\mathrm{AFBEA}} \qquad (5.35)$$

閉曲線AFBEAをC_1，閉曲線GJHKGをC_2とすると，領域Rの境界Cは，$C=C_1+C_2$で与えられるから，(5.34)と(5.35)より，この場合にも平面におけるグリーンの定理が成り立つことがわかる．図をよく見て，C_1とC_2の向きが逆であることに注意しよう.

平面上の線積分が路によらないための条件 線積分の値は，一般には途中の路の選び方に依存する．平面におけるグリーンの定理を使って，線積分の値が積分路によらないための条件を求めてみよう.

線積分が路に依らないならば，2つの任意の路を C_1, C_2 として(図5-22)，

$$\int_{C_1}(Pdx+Qdy)=\int_{C_2}(Pdx+Qdy) \tag{5.36}$$

線積分の性質より，

$$\begin{aligned}\int_{C_1}(Pdx+Qdy)-\int_{C_2}(Pdx+Qdy)&=\int_{C_1-C_2}(Pdx+Qdy)\\&=\oint_C(Pdx+Qdy)=0\end{aligned} \tag{5.37}$$

すなわち，線積分が2点間の路の選び方によらないことと，その線積分が2点を結ぶ任意の閉曲線 C の上で0になることとは同じである.

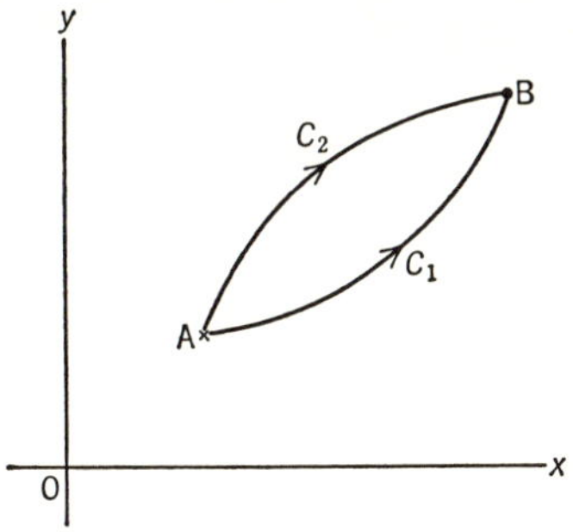

図5-22 一周 C は，$C=C_1+(-C_2)$.

単連結領域 R において，$P(x,y)$ と $Q(x,y)$ は連続であり，またその1階偏導関数も連続であるとする．R 内の任意の閉曲線 C に対して，

$$\oint_C[Pdx+Qdy]=0 \tag{5.38}$$

となるための必要十分条件は，R 内で恒等的に

$$\frac{\partial P}{\partial y}=\frac{\partial Q}{\partial x} \tag{5.39}$$

となることである．まず，十分条件であることを示す．(5.39)が成り立てば，平面におけるグリーンの定理(5.33)により，

$$\oint [Pdx+Qdy] = \iint_R \left(\frac{\partial Q}{\partial x} - \frac{\partial P}{\partial y}\right) dxdy = 0$$

次に，必要条件であることを示す．(5.38)が成り立つとしよう．ある点(x_0, y_0)で$\partial Q/\partial x - \partial P/\partial y > 0$として矛盾を導く．$\partial P/\partial y$，$\partial Q/\partial x$は$R$内で連続であるから，$\partial Q/\partial x - \partial P/\partial y > 0$となる$(x_0, y_0)$を含む領域$R_0$がある．領域$R_0$の境界を$C_0$とすれば，平面におけるグリーンの定理により，

$$\oint_{C_0} [Pdx+Qdy] = \iint_{R_0} \left(\frac{\partial Q}{\partial x} - \frac{\partial P}{\partial y}\right) dxdy > 0$$

これは，R内の任意の閉じた路Cに対して(5.38)が成り立つとした仮定に反するので，$\partial Q/\partial x - \partial P/\partial y$は正ではない．同様にして，$\partial Q/\partial x - \partial P/\partial y$は負ではない．したがって，$R$内で恒等的に$\partial P/\partial y = \partial Q/\partial x$である．

以上のことから，線積分

$$\int_{\mathrm{A}}^{\mathrm{B}} [Pdx+Qdy] \tag{5.40}$$

が，AからBへ行く路の選び方によらないための必要十分条件は，R内で恒等的に

$$\boxed{\frac{\partial P}{\partial y} = \frac{\partial Q}{\partial x}} \tag{5.39}$$

が成り立つことである．

条件(5.39)が満たされているとき，点$\mathrm{A}(x_0, y_0)$を固定し点$\mathrm{B}(x, y)$のみが動くと考えれば，積分(5.40)は(x, y)の関数，すなわち点Bの関数となる．

$$U(x, y) = \int_{(x_0, y_0)}^{(x, y)} (Pdx+Qdy) \tag{5.41}$$

この関数の性質を調べよう．まずyを固定して，変数xをΔxだけ動かすと

$$U(x+\Delta x, y) = \int_{(x_0, y_0)}^{(x+\Delta x, y)} (Pdx+Qdy) \tag{5.42}$$

積分は路によらないから，路$\mathrm{A}\to\mathrm{B}'$を$\mathrm{A}\to\mathrm{B}\to\mathrm{B}'$(図5-23)と分けて考えること

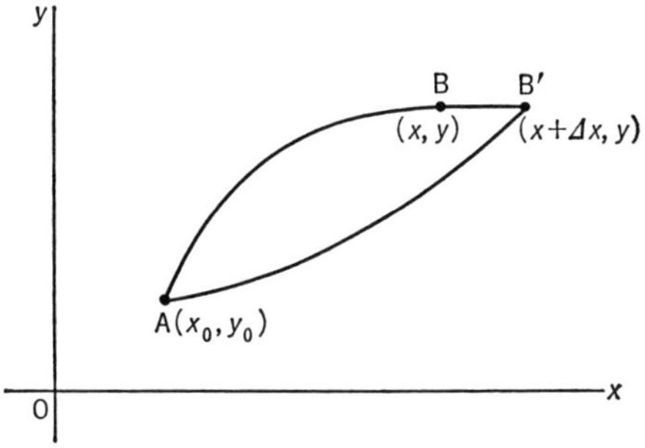

図 5-23

ができる．さらに，路 B→B′ では $dy=0$ であるから，

$$U(x+\varDelta x, y) = \int_{(x_0, y_0)}^{(x, y)} (Pdx+Qdy) + \int_{(x, y)}^{(x+\varDelta x, y)} Pdx$$

$$= U(x, y) + \int_{(x, y)}^{(x+\varDelta x, y)} Pdx \qquad (5.43)$$

上の式で，$\varDelta x$ を十分小さくすると，

$$U(x+\varDelta x, y) = U(x, y) + \frac{\partial U}{\partial x}\varDelta x$$

$$= U(x, y) + P(x, y)\varDelta x$$

すなわち，

$$\frac{\partial U}{\partial x} = P(x, y) \qquad (5.44)$$

である．まったく同様にして，

$$\frac{\partial U}{\partial y} = Q(x, y) \qquad (5.45)$$

(5.44) と (5.45) から，

$$dU = \frac{\partial U}{\partial x}dx + \frac{\partial U}{\partial y}dy = Pdx + Qdy \qquad (5.46)$$

が得られる．このようにして，条件 (5.39) が満たされるときには，$Pdx+Qdy$ は，(5.41) によって定義される関数 $U(x, y)$ の全微分を表わすことがわかる．

Coffee Break

緑のおじさん

グリーンの定理の発見者であるグリーン(G. Green)は1793年にイギリスのノッティンガムで生まれた．彼の父はパン屋であり，後にはかなり大きな製粉会社を経営した．1828年に有名な第1論文「電磁気理論への数学的解析の応用について」を出版するのであるが，家業を手伝いながらの独学であったらしい．彼は数学の才能がありすぎたため，すぐに先生をおいこし，その結果として進学はしなかったとのことである．重力ポテンシャルの概念はすでにラグランジュ，ラプラス，ポアソンなどによって用いられていたが，電磁気学に対してポテンシャルを用いたのは彼が最初である．また，ポテンシャル関数の命名者でもある．

グリーンは，1829年の父の死後家業を整理し，1833年40歳のときにケンブリッジに行った．大学においては予想された程の才能を発揮できずに終わった．その後も大学で研究を続けたが，健康を害して故郷に帰り亡くなった．無名のままで一生を終えてしまったのであるが，彼のポテンシャル論はケルビンやガウスによって再発見され高く評価されることになった．歴史的にみるならば，グリーンはイギリスにおける近代物理数学の先駆者であり，その精神はケルビン，ストークス，レーリー，マクスウェルらに引きつがれていくことになる．

敬愛をこめて‘緑のおじさん’とよんだのであるが(このしゃれはわかりますね)，グリーンの生涯をみていると，学校教育の無力さを感じてしまう．

問　題

1. 曲線 C を右図のように与えられたものとして，次の線積分について，平面でのグリーンの定理を確かめよ．

$$I=\int_C(Pdx+Qdy)=\int_C\{(xy-y^2)dx+x^2dy\}$$

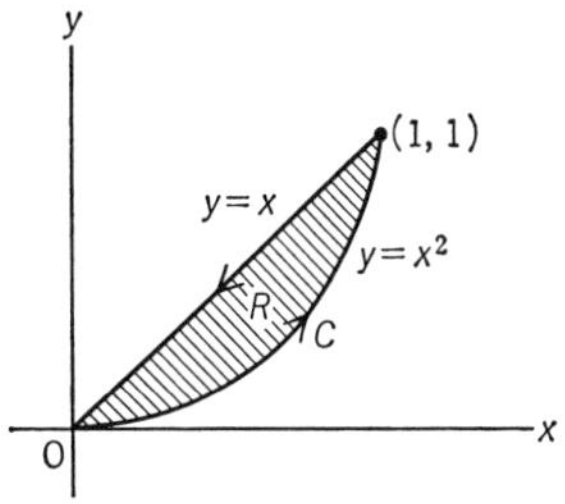

問題1 曲線 C：(0, 0)から(1, 1)まで $y=x^2$ でゆき，(1, 1)から(0, 0)まで $y=x$ でもどる．

2. 閉曲線 C で囲まれる平面上の領域 R の面積 S は

$$S=\frac{1}{2}\int_C(xdy-ydx)$$

で与えられることを示せ．

5-4 ガウスの定理

ガウスの定理　体積積分を面積分，または面積分を体積積分に変える数学公

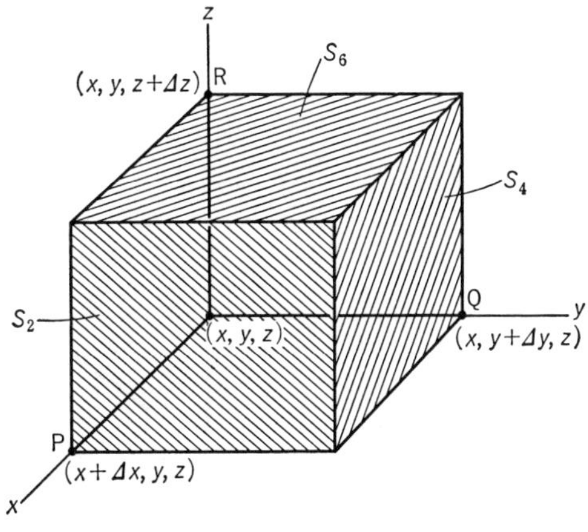

図 5-24　微小直方体．yz 面に平行な面で P を含む面を S_2，zx 面に平行な面で Q を含む面を S_4，xy 面に平行な面で R を含む面を S_6 とする．S_1，S_3，S_5 はそれぞれ S_2，S_4，S_6 に対する面である．

式を**ガウスの定理**または**発散定理**(divergence theorem)という．

初めに直観的にガウスの定理を導く．図5-24で与えられる体積$\Delta V=\Delta x\cdot\Delta y\Delta z$の微小直方体を考える．この微小直方体の表面$S=S_1+S_2+\cdots+S_6$の上で，面積分

$$\iint_S \boldsymbol{A}\cdot\boldsymbol{n}dS=\iint_{S_1}\boldsymbol{A}\cdot\boldsymbol{n}dS+\cdots+\iint_{S_6}\boldsymbol{A}\cdot\boldsymbol{n}dS \tag{5.47}$$

を計算する．ここで，$\boldsymbol{n}$は積分面の単位法線ベクトルである．直方体は十分小さいので，曲面$S_i\,(i=1,2,\cdots,6)$の上での$\boldsymbol{A}$の値を面の中心での値で代表させる．それを$\boldsymbol{A}(i)$と書く．図5-25から，$\boldsymbol{n}$の方向がS_1とS_2では反対向きであることに注意して，

$$\begin{aligned}\iint_{S_1+S_2}\boldsymbol{A}\cdot\boldsymbol{n}dS &= -A_x(1)\Delta y\Delta z+A_x(2)\Delta y\Delta z\\ &=(A_x(2)-A_x(1))\Delta y\Delta z \end{aligned}\tag{5.48}$$

Δxは十分小さいので，

$$\begin{aligned}A_x(2)-A_x(1) &= A_x\left(x+\Delta x, y+\frac{1}{2}\Delta y, z+\frac{1}{2}\Delta z\right)\\ &\quad -A_x\left(x, y+\frac{1}{2}\Delta y, z+\frac{1}{2}\Delta z\right)=\frac{\partial A_x}{\partial x}\Delta x\end{aligned}$$

したがって

$$\iint_{S_1+S_2}\boldsymbol{A}\cdot\boldsymbol{n}dS=\frac{\partial A_x}{\partial x}\Delta x\Delta y\Delta z=\frac{\partial A_x}{\partial x}\Delta V$$

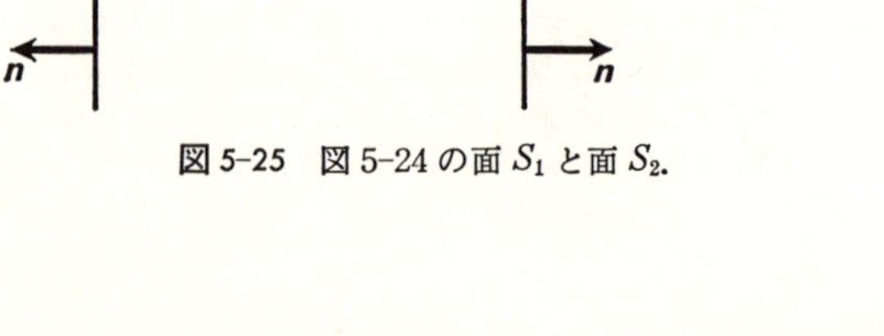

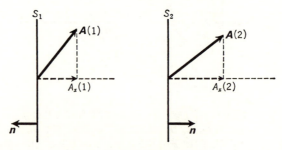

図5-25　図5-24の面S_1と面S_2.

同様にして，

$$\iint_{S_3+S_4} \boldsymbol{A}\cdot\boldsymbol{n}dS = \frac{\partial A_y}{\partial y}\varDelta V, \qquad \iint_{S_5+S_6} \boldsymbol{A}\cdot\boldsymbol{n}dS = \frac{\partial A_z}{\partial z}\varDelta V$$

以上をまとめて，微小直方体に対して，次式が成り立つ．

$$\iint_S \boldsymbol{A}\cdot\boldsymbol{n}dS = \left(\frac{\partial A_x}{\partial x}+\frac{\partial A_y}{\partial y}+\frac{\partial A_z}{\partial z}\right)\varDelta V = (\nabla\cdot\boldsymbol{A})\varDelta V \qquad (5.49)$$

任意の3次元体積 V を各体積が $\varDelta V_l\,(l=1, 2, \cdots, N)$ の N 個の微小直方体に分ける．V の表面を S, $\varDelta V_l$ の表面を $\varDelta S_l$ とする．(5.49) を各微小直方体に適用して，

$$\sum_{l=1}^{N}\iint_{\varDelta S_l} \boldsymbol{A}\cdot\boldsymbol{n}dS = \sum_{l=1}^{N}(\nabla\cdot\boldsymbol{A})\varDelta V_l \qquad (5.50)$$

左辺の各積分では $\boldsymbol{n}$ は各直方体の外側を向いている．しかし，直方体は面を共有するので，隣り合う2つの直方体の共有する面では積分は消し合う．結局左辺の積分は表面 S での面積分と同じになる．したがって，$\varDelta V_l\to 0$ となるように，$N\to\infty$ とすると，(5.50) は

$$\boxed{\iint_S \boldsymbol{A}\cdot\boldsymbol{n}dS = \iiint_V \nabla\cdot\boldsymbol{A}dV \qquad (\text{ガウスの定理})} \qquad (5.51)$$

を与える．

ガウスの定理をもう少し数学らしく証明しよう．図5-26のような閉曲面 $S=S_1+S_2$ を考える．下の部分 S_1 は $z=f(x, y)$, 上の部分 S_2 は $z=g(x, y)$ で表わされるとする．曲面 S を xy 面に射影して得られる領域を R とすれば，

$$\begin{aligned}\iiint_V \frac{\partial A_z}{\partial z}dV &= \iint_R\left[\int_{f(x,y)}^{g(x,y)}\frac{\partial A_z}{\partial z}dz\right]dxdy \\ &= \iint_R [A_z(x, y, g)-A_z(x, y, f)]dxdy \qquad (5.52)\end{aligned}$$

z 方向の単位ベクトルを $\boldsymbol{k}$, S_2 上での単位法線ベクトルを $\boldsymbol{n}_2$, S_1 上での単位法線ベクトルを $\boldsymbol{n}_1$ とすれば，

$$dxdy = \cos\gamma_2 dS_2 = \boldsymbol{k}\cdot\boldsymbol{n}_2 dS_2 \qquad (S_2\text{ 上で})$$

$$dxdy = -\cos\gamma_1 dS_1 = -\boldsymbol{k}\cdot\boldsymbol{n}_1 dS_1 \qquad (S_1\text{ 上で})$$

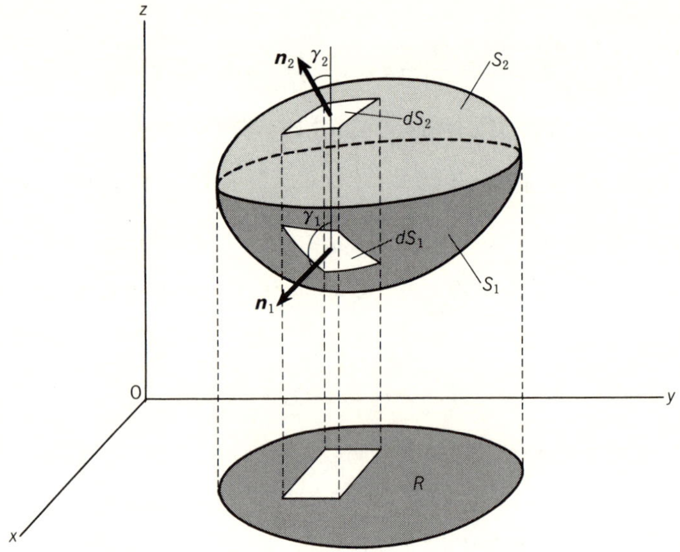

図 5–26

であるから，(5.52) より，

$$\iiint_V \frac{\partial A_z}{\partial z}\,dV = \iint_{S_2} A_z \boldsymbol{k}\cdot\boldsymbol{n}_2 dS_2 + \iint_{S_1} A_z \boldsymbol{k}\cdot\boldsymbol{n}_1 dS_1$$

$$= \iint_S A_z \boldsymbol{k}\cdot\boldsymbol{n} dS \tag{5.53}$$

同様にして，

$$\iiint_V \frac{\partial A_x}{\partial x}\,dV = \iint_S A_x \boldsymbol{i}\cdot\boldsymbol{n} dS, \qquad \iiint_V \frac{\partial A_y}{\partial y} dV = \iint_S A_y \boldsymbol{j}\cdot\boldsymbol{n} dS \tag{5.54}$$

(5.53), (5.54) から，

$$\iiint_V \left(\frac{\partial A_x}{\partial x} + \frac{\partial A_y}{\partial y} + \frac{\partial A_z}{\partial z}\right) dV = \iint_S (A_x \boldsymbol{i} + A_y \boldsymbol{j} + A_z \boldsymbol{k})\cdot\boldsymbol{n} dS$$

すなわち

$$\iiint_V \nabla\cdot\boldsymbol{A} dV = \iint_S \boldsymbol{A}\cdot\boldsymbol{n} dS$$

が証明された．

ガウスの積分　閉曲面S上の任意の点Pの位置ベクトルを$\boldsymbol{r}$とする(図5-27)．つぎの積分をガウスの積分という．

$$\boxed{\iint_S \frac{\boldsymbol{r}\cdot\boldsymbol{n}}{r^3}dS = \begin{cases} 0 & (\text{原点 O が曲面 } S \text{ の外}) \\ 4\pi & (\text{原点 O が曲面 } S \text{ の内}) \end{cases}} \tag{5.55}$$

(5.55)をガウスの定理を使って示そう．$r=0$ 以外では，

$$\nabla\cdot\left(\frac{\boldsymbol{r}}{r^3}\right) = 0 \qquad (r \neq 0) \tag{5.56}$$

を用いる(4-4 節，(4.53))．Sで囲まれる領域をVとする．原点Oが閉曲面Sの外にあるならば，Vのすべての点で(5.56)が成り立つ．よって，ガウスの定理を使って，

$$\iint_S \frac{\boldsymbol{r}\cdot\boldsymbol{n}}{r^3}dS = \iiint_V \nabla\cdot\left(\frac{\boldsymbol{r}}{r^3}\right)dV = 0 \tag{5.57}$$

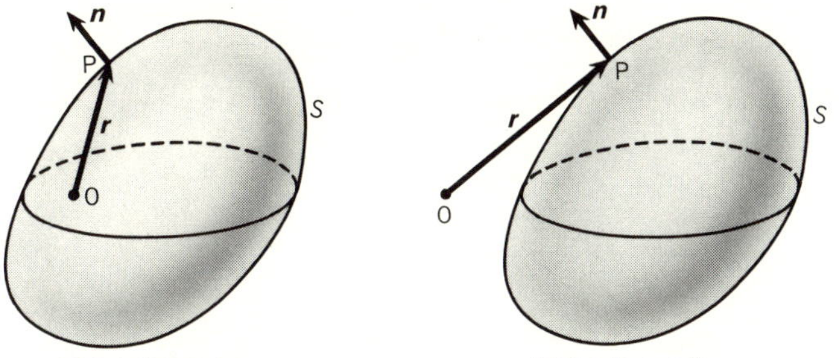

原点OはSの内　　原点OはSの外

図 5-27

原点OがSの内部Vにあるときには，点Oを中心として半径aの球面S'をV内に作る(図5-28)．いま，SとS'で作られる閉曲面$S+S'$を考えれば，原点Oはその外にあるから，

$$\iint_{S+S'} \frac{\boldsymbol{r}\cdot\boldsymbol{n}}{r^3}dS = \iint_S \frac{\boldsymbol{r}\cdot\boldsymbol{n}}{r^3}dS + \iint_{S'} \frac{\boldsymbol{r}\cdot\boldsymbol{n}}{r^3}dS = 0 \tag{5.58}$$

ところが，S'においては$r=a$で，$\boldsymbol{n}$は原点に向かっているから，$\boldsymbol{r}\cdot\boldsymbol{n}=-a$($\boldsymbol{n}$は$S$と$S'$で作られる閉曲面の単位法線ベクトルである)．したがって，(5.58)から，

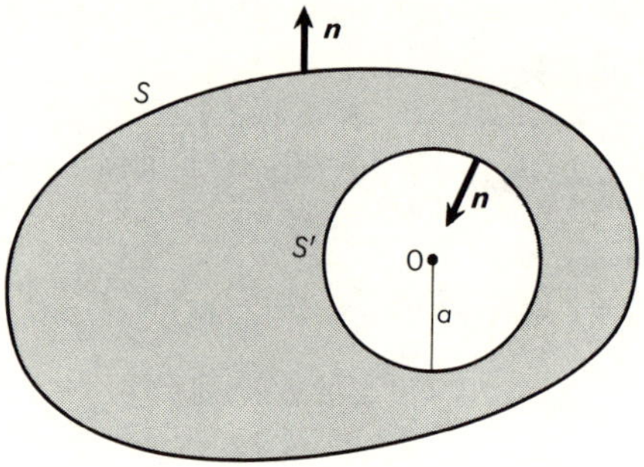

図 5-28

$$\iint_S \frac{\boldsymbol{r}\cdot\boldsymbol{n}}{r^3}dS = -\iint_{S'} \frac{\boldsymbol{r}\cdot\boldsymbol{n}}{r^3}dS = -\iint_{S'} \frac{(-a)}{a^3}dS$$

$$= -\frac{(-a)}{a^3}4\pi a^2 = 4\pi \qquad (5.59)$$

(5.57)と(5.59)をまとめたものが，(5.55)である．

物理例　原点Oに置かれた点電荷(電荷 q)のつくる電場は

$$\boldsymbol{E} = \frac{q}{4\pi\varepsilon_0}\frac{\boldsymbol{r}}{r^3}$$

である．したがって，ガウスの積分(5.55)から，

$$\varepsilon_0 \iint_S \boldsymbol{E}\cdot\boldsymbol{n}dS = \iint_S \varepsilon_0 \frac{q}{4\pi\varepsilon_0}\frac{\boldsymbol{r}\cdot\boldsymbol{n}}{r^3}dS = \begin{cases} q & (q \text{ は } S \text{ の内}) \\ 0 & (q \text{ は } S \text{ の外}) \end{cases}$$

この結果は S が球面であるならばすぐに証明できるが，いま S は任意の閉曲面であることを強調したい．❙

発散の物理的意味　ガウスの定理(5.51)を微小体積 ΔV(その表面を ΔS とする)に適用するならば，

$$\nabla\cdot\boldsymbol{A} = \frac{1}{\Delta V}\iint_{\Delta S} \boldsymbol{A}\cdot\boldsymbol{n}dS \qquad (5.60)$$

である．実際，(5.60)の $\Delta V\to 0$ の極限をベクトルの発散の定義としてもよい．(5.60)の右辺の量は，表面 ΔS から流れ出す単位体積当りのベクトル $\boldsymbol{A}$ の**流束** (flux)を表わす．$\nabla\cdot\boldsymbol{A}$ がある点Pのまわりで正ならば，そこから流れ出す流束

は正であり，点Pを**わき出し**という．また，$\nabla\cdot\boldsymbol{A}$ がある点Pのまわりで負ならば，流れはPに流れこみ，点Pを**吸い込み**という．電磁気学におけるガウスの法則

$$\iint_S \varepsilon_0 \boldsymbol{E}\cdot\boldsymbol{n}dS = Q$$

は，表面 S を通る電束は S の内部にある電荷の総量 Q に等しいことを主張している．一方，単独磁荷は存在しない(少なくとも発見されていない)ので磁場にはわき出しや吸い込みはない．したがって，$\nabla\cdot\boldsymbol{B}=0$．よって，磁場 $\boldsymbol{B}$ はベクトル場 $\boldsymbol{A}(\boldsymbol{r})$ を使って，$\boldsymbol{B}=\nabla\times\boldsymbol{A}$ と表わせる(4-5節の公式(8))．この $\boldsymbol{A}(\boldsymbol{r})$ をベクトル・ポテンシャルという．

問　　題

1. 閉曲面 S を右図に与えられた立方体 V の表面として，次の面積分について，ガウスの定理を確かめよ．

$$I = \iint_S \boldsymbol{A}\cdot\boldsymbol{n}dS, \qquad \boldsymbol{A} = 2xz\boldsymbol{i}+xy\boldsymbol{j}-xz^2\boldsymbol{k}$$

2. 閉曲面 S で囲まれる領域 D の体積 V は，

$$V = \frac{1}{3}\iint_S \boldsymbol{r}\cdot\boldsymbol{n}dS$$

で与えられることを示せ．

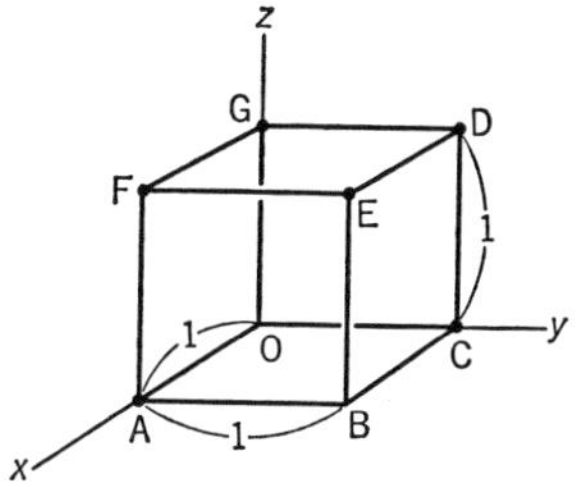

問題1　辺の長さ1の立方体．

3. 流体の密度を $\rho(x, y, z, t)$，速度を $\boldsymbol{v}(x, y, z, t)$ とする．わき出しも吸い込みもないとすれば，連続の式(保存則)

$$\frac{\partial\rho}{\partial t}+\nabla\cdot(\rho\boldsymbol{v}) = 0$$

が成り立つことを示せ．

5-5 ストークスの定理

ストークスの定理　線積分を面積分に，または面積分を線積分に変える数学公式を**ストークスの定理**(Stokes' theorem)という．

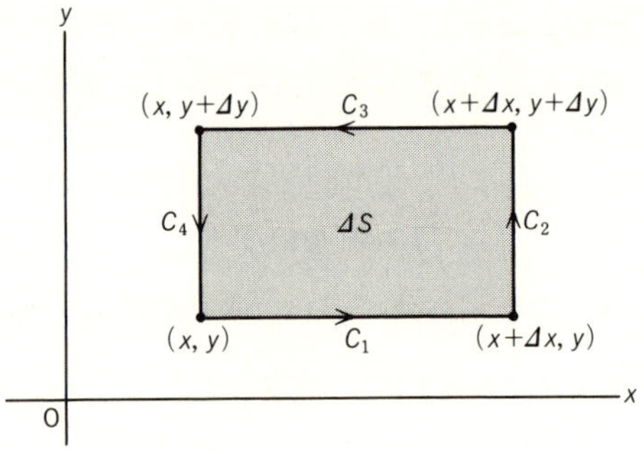

図 5-29 微小長方形．辺の長さは $\varDelta x, \varDelta y$．
面積 $\varDelta S=\varDelta x\varDelta y$．

初めに直観的にストークスの定理を導く．面積 $\varDelta S=\varDelta x\varDelta y$ の微小長方形を考える(図 5-29)．この微小長方形の周 $C=C_1+C_2+C_3+C_4$ の上で線積分

$$\int_C \boldsymbol{A}\cdot d\boldsymbol{r} = \int_{C_1} \boldsymbol{A}\cdot d\boldsymbol{r}+\int_{C_2} \boldsymbol{A}\cdot d\boldsymbol{r}+\int_{C_3} \boldsymbol{A}\cdot d\boldsymbol{r}+\int_{C_4} \boldsymbol{A}\cdot d\boldsymbol{r} \tag{5.61}$$

を計算する．直線 $C_i\ (i=1,2,3,4)$ の辺の中心での $\boldsymbol{A}$ の値を $\boldsymbol{A}(i)$ と書く．(5.61)より，

$$\begin{aligned}\int_C \boldsymbol{A}\cdot d\boldsymbol{r} &= A_x(1)\varDelta x+A_y(2)\varDelta y-A_x(3)\varDelta x-A_y(4)\varDelta y \\ &= \{A_x(1)-A_x(3)\}\varDelta x+\{A_y(2)-A_y(4)\}\varDelta y \end{aligned} \tag{5.62}$$

$\varDelta x$ と $\varDelta y$ は十分小さいので，

$$A_x(3)-A_x(1) = A_x\left(x+\frac{1}{2}\varDelta x, y+\varDelta y\right)-A_x\left(x+\frac{1}{2}\varDelta x, y\right) = \frac{\partial A_x}{\partial y}\varDelta y$$

$$A_y(2)-A_y(4) = A_y\left(x+\varDelta x, y+\frac{1}{2}\varDelta y\right)-A_y\left(x, y+\frac{1}{2}\varDelta y\right) = \frac{\partial A_y}{\partial x}\varDelta x$$

したがって，微小長方形に対して，

$$\int_C \boldsymbol{A}\cdot d\boldsymbol{r} = \left(\frac{\partial A_y}{\partial x}-\frac{\partial A_x}{\partial y}\right)\varDelta x\varDelta y = (\nabla\times\boldsymbol{A})\cdot\boldsymbol{n}\varDelta S \tag{5.63}$$

が成り立つ．ここで，$\boldsymbol{n}$ は面 $\varDelta S$ の単位法線ベクトル(この場合は z 方向の単位ベクトル)である．

任意の曲面 S を各面積が $\varDelta S_l\ (l=1,2,\cdots,N)$ の N 個の微小長方形に分ける．S の周を C，$\varDelta S_l$ の周を $\varDelta C_l$ とする．(5.63)を各微小長方形に適用して(図 5-

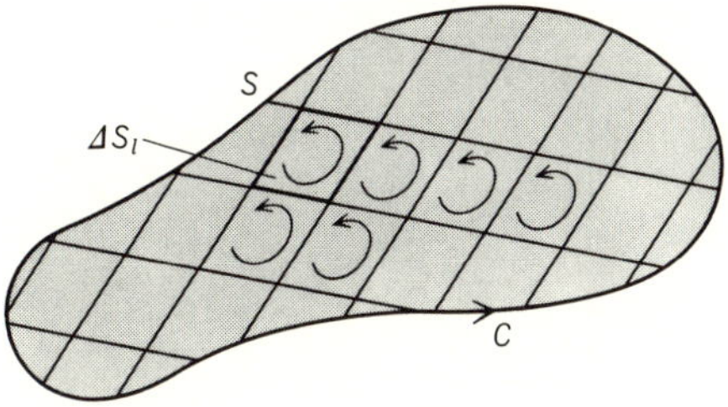

図 5-30　曲面 S を微小長方形に分割する．

30)，

$$\sum_{l=1}^{N}\int_{\Delta C_l}\boldsymbol{A}\cdot d\boldsymbol{r}=\sum_{l=1}^{N}(\nabla\times\boldsymbol{A})\cdot\boldsymbol{n}\Delta S_l \tag{5.64}$$

左辺の線積分は閉曲線 C に沿っての線積分に等しくなる．なぜならば，長方形の1辺は隣りの長方形と共有され，その積分路の向きは互いに逆で打ち消し合うからである．そして，閉曲線 C に沿う線積分のみが残ることになる．したがって，(5.64) で $\Delta S_l\to 0$ となるように $N\to\infty$ とすると，

$$\boxed{\int_C\boldsymbol{A}\cdot d\boldsymbol{r}=\iint_S(\nabla\times\boldsymbol{A})\cdot\boldsymbol{n}dS \qquad \text{（ストークスの定理）}} \tag{5.65}$$

が得られる．

ストークスの定理(5.65)をもう少し数学的に証明してみよう．曲面 S は方程式 $z=f(x,y)$ で表わされるとして，曲面 S の xy 面への射影を領域 R とする（図 5-31）．

$$\iint_S(\nabla\times(A_x\boldsymbol{i}))\cdot\boldsymbol{n}dS=\iint_S\left(\frac{\partial A_x}{\partial z}\boldsymbol{j}\cdot\boldsymbol{n}-\frac{\partial A_x}{\partial y}\boldsymbol{k}\cdot\boldsymbol{n}\right)dS \tag{5.66}$$

という量について考える．5-2 節の (5.26) と (5.27) の間で既に述べたように，単位法線ベクトル $\boldsymbol{n}$ は

$$\boldsymbol{n}=\frac{-\dfrac{\partial f}{\partial x}\boldsymbol{i}-\dfrac{\partial f}{\partial y}\boldsymbol{j}+\boldsymbol{k}}{\sqrt{1+\left(\dfrac{\partial f}{\partial x}\right)^2+\left(\dfrac{\partial f}{\partial y}\right)^2}}$$

で与えられる．よって，

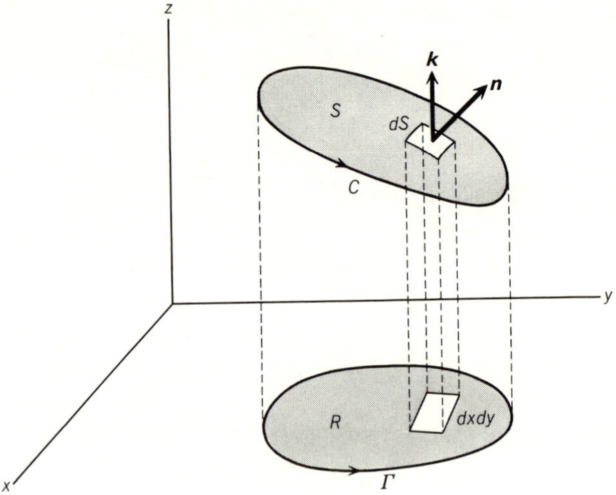

図 5-31

$$\boldsymbol{n}\cdot\boldsymbol{j} = -\frac{\partial f}{\partial y}\boldsymbol{n}\cdot\boldsymbol{k} = -\frac{\partial z}{\partial y}\boldsymbol{n}\cdot\boldsymbol{k} \tag{5.67}$$

(5.67)を(5.66)に代入して,

$$\iint_S (\nabla\times(A_x\boldsymbol{i}))\cdot\boldsymbol{n}dS = \iint_S \left\{-\left(\frac{\partial A_x}{\partial y}+\frac{\partial A_x}{\partial z}\frac{\partial z}{\partial y}\right)\right\}\boldsymbol{n}\cdot\boldsymbol{k}dS \tag{5.68}$$

曲面Sの上では,

$$A_x(x,y,z) = A_x(x,y,f(x,y)) \equiv F(x,y) \tag{5.69}$$

であるから，偏微分演算の規則により,

$$\frac{\partial F}{\partial y} = \frac{\partial A_x}{\partial y}+\frac{\partial A_x}{\partial z}\frac{\partial z}{\partial y}$$

また，面要素の間には関係式$dxdy=\boldsymbol{n}\cdot\boldsymbol{k}dS$がある．したがって，(5.68)は,

$$\iint_S (\nabla\times(A_x\boldsymbol{i}))\cdot\boldsymbol{n}dS = \iint_S\left(-\frac{\partial F}{\partial y}\right)\boldsymbol{n}\cdot\boldsymbol{k}dS = \iint_R\left(-\frac{\partial F}{\partial y}\right)dxdy \tag{5.70}$$

領域Rの周をΓとする．平面におけるグリーンの定理(5.33)より,

$$\iint_R\left(-\frac{\partial F}{\partial y}\right)dxdy = \oint_\Gamma F(x,y)dx \tag{5.71}$$

ところが，Γ上の点(x,y)での$F(x,y)$の値は，C上の点(x,y,z)での$A_x(x,$

$y, z)$ の値に等しいので,

$$\oint_{\Gamma} F(x, y)dx = \oint_{C} A_x(x, y, z)dx \tag{5.72}$$

よって,(5.70)～(5.72) より

$$\iint_{S} (\nabla\times(A_x\boldsymbol{i}))\cdot\boldsymbol{n}dS = \oint_{C} A_x dx \tag{5.73}$$

同様にして,

$$\iint_{S} (\nabla\times(A_y\boldsymbol{j}))\cdot\boldsymbol{n}dS = \oint_{C} A_y dy$$

$$\iint_{S} (\nabla\times(A_z\boldsymbol{k}))\cdot\boldsymbol{n}dS = \oint_{C} A_z dz$$

以上をまとめて,

$$\iint_{S} (\nabla\times\boldsymbol{A})\cdot\boldsymbol{n}dS = \oint_{C} (A_x dx + A_y dy + A_z dz) = \oint_{C} \boldsymbol{A}\cdot d\boldsymbol{r}$$

こうして,(5.65) が証明された.

保存力とポテンシャル　ストークスの定理から導かれる次のいくつかの結果は非常に重要である.

(1)　すべての閉曲線 C に対して,$\oint_C \boldsymbol{A}\cdot d\boldsymbol{r}=0$ となるための必要十分条件は,**恒等的に** $\nabla\times\boldsymbol{A}=0$ である.[十分条件]　$\nabla\times\boldsymbol{A}=0$ ならば,ストークスの定理により,

$$\oint_{C} \boldsymbol{A}\cdot d\boldsymbol{r} = \iint_{S} (\nabla\times\boldsymbol{A})\cdot\boldsymbol{n}dS = 0$$

[必要条件]　すべての閉曲線 C に対して $\oint_C \boldsymbol{A}\cdot d\boldsymbol{r}=0$ であるとする.ある点Pで $\nabla\times\boldsymbol{A}\neq 0$ としよう.$\nabla\times\boldsymbol{A}$ が連続であるならば,点Pのまわりに $\nabla\times\boldsymbol{A}\neq 0$ であるような領域 R が存在する.領域 R 内で,単位法線ベクトル $\boldsymbol{n}$ が $\nabla\times\boldsymbol{A}$ と同じ向きをもつ曲面 S をとり,その周を C とする.S 上では,$\nabla\times\boldsymbol{A}=a\boldsymbol{n}$ $(a>0)$ であるから,ストークスの定理を使って,

$$\oint_{C} \boldsymbol{A}\cdot d\boldsymbol{r} = \iint_{S} (\nabla\times\boldsymbol{A})\cdot\boldsymbol{n}dS = a\iint_{S} \boldsymbol{n}\cdot\boldsymbol{n}dS > 0$$

これは仮設 $\oint_C \boldsymbol{A}\cdot d\boldsymbol{r}=0$ に反するので,恒等的に $\nabla\times\boldsymbol{A}=0$ である.

この結果から，ただちに，始点をP_1，終点をP_2とする線積分

$$\int_{\mathrm{P}_1}^{\mathrm{P}_2} \boldsymbol{A}\cdot d\boldsymbol{r}$$

が，P_1からP_2への路に依存しないための必要十分条件は$\nabla\times\boldsymbol{A}=0$であることがわかる．

物理例　仕事$\int \boldsymbol{F}\cdot d\boldsymbol{r}$が途中の路に依存しないための必要十分条件は，力$\boldsymbol{F}$が$\nabla\times\boldsymbol{F}=0$をみたすことである．このとき，力$\boldsymbol{F}$を**保存力**という(問題3を参照)．❙

(2)　$\nabla\times\boldsymbol{A}=0$であるための必要十分条件は，$\boldsymbol{A}=\nabla U$である．［十分条件］$\boldsymbol{A}=\nabla U$ならば，4-5節の公式(7)より，$\nabla\times\boldsymbol{A}=\nabla\times(\nabla U)=0$．［必要条件］　$\nabla\times\boldsymbol{A}=0$ならば，(1)の結果より，任意の閉曲線$C$に対して$\oint_C \boldsymbol{A}\cdot d\boldsymbol{r}=0$である．したがって，線積分$\int \boldsymbol{A}\cdot d\boldsymbol{r}$は途中の路によらず，積分の始点と終点だけに依存する．始点(x_0, y_0, z_0)を固定し，終点(x, y, z)だけが動くとすれば，関数

$$U(x,y,z) = \int_{(x_0,y_0,z_0)}^{(x,y,z)} \boldsymbol{A}\cdot d\boldsymbol{r} \tag{5.74}$$

が定義できる．xをΔxだけ変位させると，

$$\begin{aligned} U(x+\Delta x, y, z) &= \int_{(x_0,y_0,z_0)}^{(x+\Delta x,y,z)} \boldsymbol{A}\cdot d\boldsymbol{r} = \int_{(x_0,y_0,z_0)}^{(x,y,z)} \boldsymbol{A}\cdot d\boldsymbol{r} + \int_{(x,y,z)}^{(x+\Delta x,y,z)} \boldsymbol{A}\cdot d\boldsymbol{r} \\ &= U(x,y,z) + \int_{(x,y,z)}^{(x+\Delta x,y,z)} \boldsymbol{A}\cdot d\boldsymbol{r} \end{aligned} \tag{5.75}$$

(5.75)の右辺の最後の線積分において，(x, y, z)から$(x+\Delta x, y, z)$にゆく路はどのように選んでもよい．2点を直線でつなぐと，その直線上ではy, zは変化しない．すなわち，$dy=dz=0$．さらに，Δxを十分小さくとれば，(5.75)は，

$$U(x,y,z)+\frac{\partial U}{\partial x}\Delta x = U(x,y,z)+\int_{(x,y,z)}^{(x+\Delta x,y,z)} A_x dx = U(x,y,z)+A_x\Delta x$$

すなわち，

$$\frac{\partial U}{\partial x} = A_x$$

を与える．同様にして，$A_y=\partial U/\partial y$，$A_z=\partial U/\partial z$が示される．したがって，

$$A = A_x\boldsymbol{i}+A_y\boldsymbol{j}+A_z\boldsymbol{k} = \frac{\partial U}{\partial x}\boldsymbol{i}+\frac{\partial U}{\partial y}\boldsymbol{j}+\frac{\partial U}{\partial z}\boldsymbol{k} = \nabla U$$

である(証明終り).

さらに次のことがわかる.

$$dU = \frac{\partial U}{\partial x}dx+\frac{\partial U}{\partial y}dy+\frac{\partial U}{\partial z}dz = A_x dx+A_y dy+A_z dz$$

したがって，$\nabla\times\boldsymbol{A}=0$ ならば，$A_x dx+A_y dy+A_z dz$ は(5.74)によって定義される関数 $U(x,y,z)$ の全微分を表わす．特に，$\boldsymbol{A}=P\boldsymbol{i}+Q\boldsymbol{j}+R\boldsymbol{k}$ と書けば，(1.16)は $\nabla\times\boldsymbol{A}=0$ と同じである．よって，(1.16)ならば，$Pdx+Qdy+Rdz$ はある関数 $f(x,y,z)$ の全微分であることが証明された(15ページ参照).

物理例　保存力 $\boldsymbol{F}$ は，$\nabla\times\boldsymbol{F}=0$ をみたすので，$\boldsymbol{F}=-\nabla\phi$ と書ける．関数 $\phi(x,y,z)$ を力 $\boldsymbol{F}$ のポテンシャルという．したがって，仕事 $\int\boldsymbol{F}\cdot d\boldsymbol{r}$ が途中の路によらないこと，力 $\boldsymbol{F}$ が $\nabla\times\boldsymbol{F}=0$ をみたすこと，ポテンシャルが存在すること，は全く同じ内容である．▎

回転の物理的意味　ストークスの定理(5.65)を微小面積 $\varDelta S$(その周を $\varDelta C$ とする)に適用すれば，

$$\boldsymbol{n}\cdot(\nabla\times\boldsymbol{A}) = \frac{1}{\varDelta S}\oint_{\varDelta C}\boldsymbol{A}\cdot d\boldsymbol{r} \qquad (5.76)$$

実際，(5.76)の極限 $\varDelta S\to 0$ を回転の定義としてもよい．線積分

$$\varGamma = \oint_C \boldsymbol{A}\cdot d\boldsymbol{r} \qquad (5.77)$$

は，$\boldsymbol{A}(\boldsymbol{r})$ の C に沿った**循環**または**渦量**と呼ばれる．量 $\varGamma$ は，ベクトル $\boldsymbol{A}$ がどれだけ回転的(渦状)であるかを示す．電磁気学のアンペールの法則

$$\oint_C \boldsymbol{B}\cdot d\boldsymbol{r} = \mu_0 I \qquad (5.78)$$

は，定常電流 I とそれが作る静磁場 $\boldsymbol{B}$ を関係づける．無限に長い直線電流 I は，電流に関し軸対称な渦状の磁場をつくる(図5-32)．そして，軸から距離 ρ の点 P における磁場の大きさは，(5.78)より

$$B(\rho)\cdot 2\pi\rho = \mu_0 I \quad すなわち \quad B(\rho) = \frac{\mu_0 I}{2\pi\rho}$$

一方，静電場 $\boldsymbol{E}$ は，任意の閉曲線 C に対して，

$$\oint_C \boldsymbol{E}\cdot d\boldsymbol{r}=0$$

をみたす．

$\nabla\times\boldsymbol{A}$ の大きさは渦の強さを表わし，その方向は渦の回転軸の方向を示す．$\nabla\times\boldsymbol{A}=0$ をみたすベクトル $\boldsymbol{A}$ を**渦なし**という．静電場は $\nabla\times\boldsymbol{E}=0$ をみたすので渦なしである．

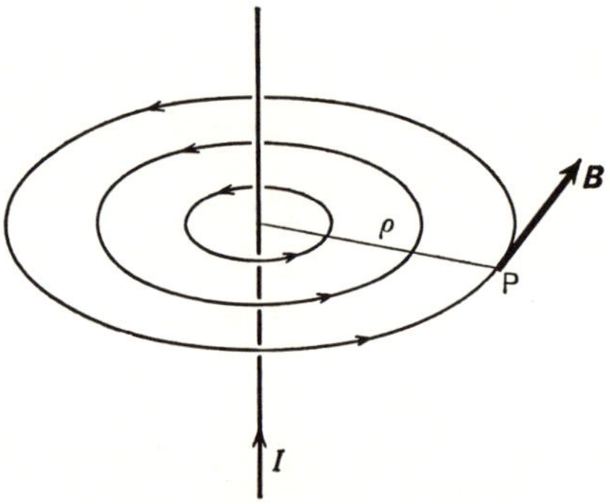

図 5-32　直線電流がつくる磁場．

問　題

1.　ストークスの定理(5.65)を xy 平面で考えることにより，平面におけるグリーンの定理(5.33)を導け．

2.　半球 $x^2+y^2+z^2=1$，$z\geqq 0$ の表面を S，S と xy 面のつくる円を C とする(右図)．$\boldsymbol{A}=(2x-y)\boldsymbol{i}-yz^2\boldsymbol{j}-y^2z\boldsymbol{k}$ とし，ストークスの定理を確かめよ．

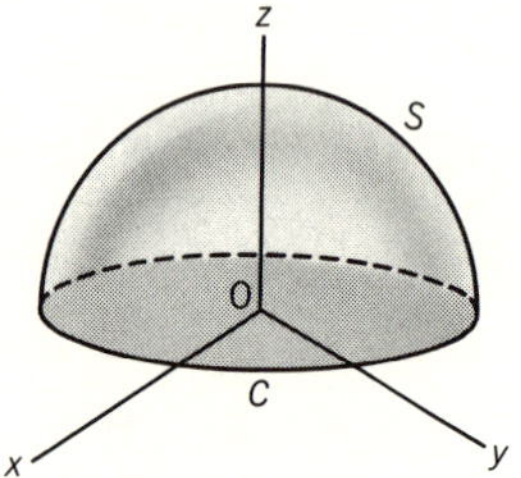

問題 2　半径 1 の半球．

3.　(i) 保存力の定義を述べよ．

(ii)　力 $\boldsymbol{F}=(4x^3y^2+2xz^2)\boldsymbol{i}+(2x^4y+z^3)\boldsymbol{j}+(3yz^2+2x^2z)\boldsymbol{k}$ が保存力であるかを調べよ．

(iii)　中心力 $\boldsymbol{F}=\boldsymbol{r}f(r)$ は保存力であることを示せ．

6

フーリエ級数とフーリエ積分

周期関数を三角関数の級数として表わす．これをフーリエ級数という．フーリエ級数の計算とその用い方を中心に述べる．級数の収束性などの数学的問題にはあまり立ち入らない．周期関数でない関数に対してフーリエ積分が導入される．フーリエ級数やフーリエ積分は微分方程式の初期値問題や境界値問題に対しても有力な方法を与える．偏微分方程式に対する応用は第7章で述べる．

6-1　フーリエ級数

周期関数　関数 $f(x)$ が，すべての x に対して

$$f(x+T)=f(x) \tag{6.1}$$

となるような正の定数 T をもつならば，この関数は周期的であるという．そのとき，$f(x)$ を**周期関数**，T を**周期**という．周期関数のグラフは，長さ T の任意の区間のグラフの‘くり返し’である(図 6-1)．

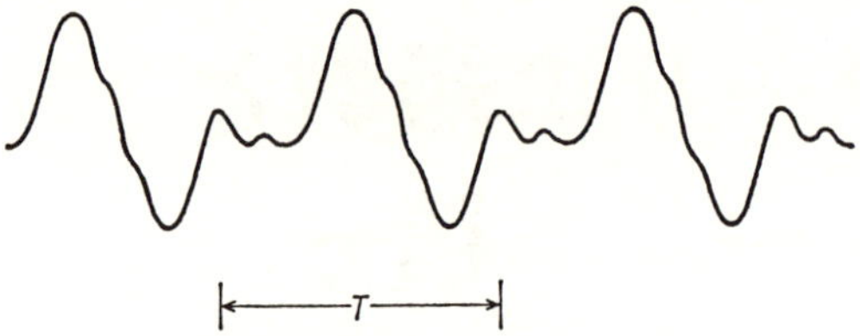

図 6-1　周期関数の例．

(6.1)から，整数 n に対して

$$f(x+nT)=f(x) \qquad (n=1,2,\cdots) \tag{6.2}$$

が成り立つ．すなわち，$2T, 3T, \cdots$ もまた周期である．(6.1)をみたす最小の T を特に**基本周期**とか**最小周期**とよぶこともある．$f(x)$ と $g(x)$ が周期関数ならば，その1次結合 $af(x)+bg(x)$ もまた周期関数である．

三角関数は周期関数である．また，$f(x)=$定数 は T がどんな正の定数でも(6.1)をみたすので，周期関数とみなせる．

区分的に連続　関数 $f(x)$ は，有限なある区間で有限個しか不連続点をもたないならば，その区間で**区分的に連続**であるという．図 6-2 にその例を示す．不連続点 x において，右側からの極限値と左側からの極限値を，それぞれ

$$f(x+0)=\lim_{\varepsilon\to 0} f(x+\varepsilon) \qquad (\varepsilon>0)$$

$$f(x-0)=\lim_{\varepsilon\to 0} f(x-\varepsilon) \qquad (\varepsilon>0)$$

と表わす．図 6-2 には，不連続点 $x=a$ における $f(a+0)$ と $f(a-0)$ が示され

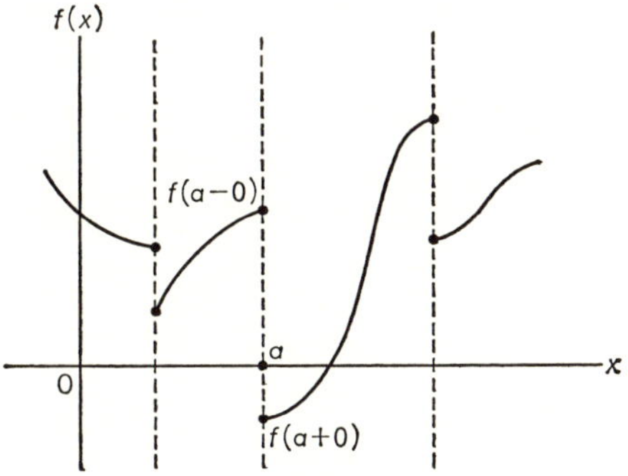

図 6-2　区分的に連続な関数.

ている．フーリエ級数は，区分的に連続な関数をも取り扱えるのが特徴である．

フーリエ級数　関数 $f(x)$ は周期 $2L$ をもつとしよう．これからの目的は，周期 $2L$ をもつ関数の集まり

$$1,\ \cos\frac{\pi x}{L},\ \sin\frac{\pi x}{L},\ \cos\frac{2\pi x}{L},\ \sin\frac{2\pi x}{L},\ \cdots$$

を使って，$f(x)$ を表わすことにある．

関数 $f(x)$ は

$$\begin{aligned} f(x) &= \frac{a_0}{2}+a_1\cos\frac{\pi x}{L}+b_1\sin\frac{\pi x}{L}+a_2\cos\frac{2\pi x}{L}+b_2\sin\frac{2\pi x}{L}+\cdots \\ &= \frac{a_0}{2}+\sum_{n=1}^{\infty}\left(a_n\cos\frac{n\pi x}{L}+b_n\sin\frac{n\pi x}{L}\right) \end{aligned} \tag{6.3}$$

と展開できるとして，$f(x)$ から係数 a_n, b_n を決める公式を導いてみよう．

三角関数 $\sin(n\pi x/L)$，$\cos(n\pi x/L)$ とそれらの積の積分は次の性質をもつ．

（i）　m が正の整数または 0 ならば，

$$\int_{-L}^{L}\cos\frac{m\pi x}{L}dx = \begin{cases} 2L & (m=0) \\ 0 & (m=1,2,3,\cdots) \end{cases} \tag{6.4}$$

$$\int_{-L}^{L}\sin\frac{m\pi x}{L}dx = 0 \qquad (m=0,1,2,\cdots) \tag{6.5}$$

（ii）　m, n が正の整数ならば，

$$\int_{-L}^{L}\sin\frac{m\pi x}{L}\cos\frac{n\pi x}{L}dx = 0 \tag{6.6}$$

$$\int_{-L}^{L}\cos\frac{m\pi x}{L}\cos\frac{n\pi x}{L}dx=\begin{cases}L & (m=n)\\ 0 & (m\neq n)\end{cases} \tag{6.7}$$

$$\int_{-L}^{L}\sin\frac{m\pi x}{L}\sin\frac{n\pi x}{L}dx=\begin{cases}L & (m=n)\\ 0 & (m\neq n)\end{cases} \tag{6.8}$$

(6.4)と(6.5)は容易に確かめられるであろう．(6.6)は加法定理 $\sin A\cos B=[\sin(A+B)+\sin(A-B)]/2$ を用いれば，(6.5)から明らかである．(6.7)の証明をしよう．$m=n$ ならば，倍角公式を使って，

$$\int_{-L}^{L}\cos^2\frac{m\pi x}{L}dx=\frac{1}{2}\int_{-L}^{L}\left(1+\cos\frac{2m\pi x}{L}\right)dx$$

$$=\frac{1}{2}\left[x+\frac{L}{2m\pi}\sin\frac{2m\pi x}{L}\right]_{-L}^{L}=L$$

$m\neq n$ ならば，加法定理を使って，

$$\int_{-L}^{L}\cos\frac{m\pi x}{L}\cos\frac{n\pi x}{L}dx=\frac{1}{2}\int_{-L}^{L}\left\{\cos\frac{(m+n)\pi}{L}x+\cos\frac{(m-n)\pi}{L}x\right\}dx$$

$$=\frac{1}{2}\left[\frac{L}{(m+n)\pi}\sin\frac{(m+n)\pi}{L}x+\frac{L}{(m-n)\pi}\sin\frac{(m-n)\pi}{L}x\right]_{-L}^{L}=0$$

(6.8)の証明も同様である(→問題1).

これらの性質を用いて，(6.3)の係数 a_n, b_n を決める．まず a_n について．(6.3)の両辺に $\cos(m\pi x/L)$ $(m=0,1,2,\cdots)$ をかけて，x について，$-L$ から L まで積分する．

$$\int_{-L}^{L}f(x)\cos\frac{m\pi x}{L}dx=\frac{a_0}{2}\int_{-L}^{L}\cos\frac{m\pi x}{L}dx$$

$$+\sum_{n=1}^{\infty}\left\{a_n\int_{-L}^{L}\cos\frac{m\pi x}{L}\cos\frac{n\pi x}{L}dx+b_n\int_{-L}^{L}\cos\frac{m\pi x}{L}\sin\frac{n\pi x}{L}dx\right\} \tag{6.9}$$

$m=0$ ならば，右辺は第1項だけが残り，その値は a_0L である．また，$m=1, 2,\cdots$ ならば，第1項は(6.4)から0である．そして，{ } 内の積分は，(6.6)と(6.7)から，はじめの方の積分が $m=n$ のときだけ残り，結局右辺は a_mL となる．まとめると，

$$\int_{-L}^{L}f(x)\cos\frac{m\pi x}{L}dx=a_mL \qquad (m=0,1,2,\cdots)$$

よって，

$$a_n = \frac{1}{L}\int_{-L}^{L} f(x)\cos\frac{n\pi x}{L}\,dx \qquad (n=0,1,2,\cdots) \tag{6.10}$$

(6.3)の式で $f(x)=a_0/2+\cdots$ と a_0 に $1/2$ をつけておいたのが少し技巧的であることに注意しておく.

次に b_n について. (6.3)の両辺に $\sin(m\pi x/L)$ $(m=1,2,\cdots)$ をかけて, x について $-L$ から L まで積分する.

$$\int_{-L}^{L} f(x)\sin\frac{m\pi x}{L}\,dx = \frac{a_0}{2}\int_{-L}^{L}\sin\frac{m\pi x}{L}\,dx$$
$$+\sum_{n=1}^{\infty}\left\{a_n\int_{-L}^{L}\sin\frac{m\pi x}{L}\cos\frac{n\pi x}{L}\,dx+b_n\int_{-L}^{L}\sin\frac{m\pi x}{L}\sin\frac{n\pi x}{L}\,dx\right\}$$

右辺の第1項は(6.5)より0である. { } 内の積分は, (6.6)と(6.8)より, 2番目の積分で $m=n$ の項だけが0でない. 結局, 右辺は b_mL であり,

$$\int_{-L}^{L} f(x)\sin\frac{m\pi x}{L}\,dx = b_mL \qquad (m=1,2,\cdots)$$

したがって,

$$b_n = \frac{1}{L}\int_{-L}^{L} f(x)\sin\frac{n\pi x}{L}\,dx \qquad (n=1,2,\cdots) \tag{6.11}$$

上の計算では, (6.3)の右辺の級数が $f(x)$ に一様に収束するとして, 和と積分の順序を入れ換えた. この仮定が成り立たない場合においても, (6.10)と(6.11)によって定義された a_n と b_n を**フーリエ係数**とよび, これらの係数を代入して得られる級数

$$\frac{a_0}{2}+\sum_{n=1}^{\infty}\left(a_n\cos\frac{n\pi x}{L}+b_n\sin\frac{n\pi x}{L}\right) \tag{6.12}$$

を $f(x)$ **に対する**フーリエ級数という. $f(x)$ に対するフーリエ級数が収束し, その和が $f(x)$ であるならば, その級数を $f(x)$ **の**フーリエ級数といい,

$$f(x) = \frac{a_0}{2}+\sum_{n=1}^{\infty}\left(a_n\cos\frac{n\pi x}{L}+b_n\sin\frac{n\pi x}{L}\right) \tag{6.13}$$

と書く.

フーリエ級数の収束性については次の定理が知られている．3つの条件；

（i）　$f(x)$ は区間 $(-L, L)$ で有限個の点を除いて1価関数

（ii）　$f(x)$ は周期 $2L$

(iii)　$f(x)$ と $f'(x)$ は区間 $(-L, L)$ で区分的に連続

が成り立つならば，級数(6.12)は，

(a)　x が連続点のとき $f(x)$

(b)　x が不連続点のとき $\frac{1}{2}(f(x+0)+f(x-0))$

に収束する．条件(i)～(iii)は**ディリクレ条件**とよばれる．

フーリエ級数 a_n, b_n の定義式(6.10), (6.11)に現われる被積分関数は周期 $2L$ をもつので，積分区間の長さが $2L$ である限り，どんな区間をとっても a_n, b_n の値は変わらない．すなわち，c を任意の定数として，

$$a_n = \frac{1}{L}\int_c^{2L+c} f(x)\cos\frac{n\pi x}{L}dx \qquad (n=0, 1, 2, \cdots)$$

$$b_n = \frac{1}{L}\int_c^{2L+c} f(x)\sin\frac{n\pi x}{L}dx \qquad (n=1, 2, \cdots)$$

$c=-L$ としたのが，(6.10)と(6.11)である．

例題1　図6-3で与えられる周期 2π の関数，すなわち，

$$f(x) = \begin{cases} -1 & (-\pi<x<0) \\ 1 & (0<x<\pi) \end{cases}, \qquad f(x+2\pi) = f(x)$$

をフーリエ級数で表わせ．

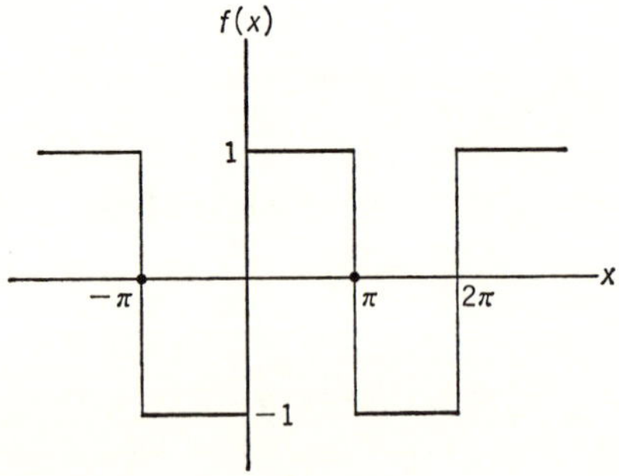

図6-3

［解］　本文では周期を $2L$ としたので，$2L=2\pi$，すなわち，$L=\pi$ として公式(6.10)と(6.11)を用いる．

$$a_0=\frac{1}{\pi}\int_{-\pi}^{\pi}f(x)dx=\frac{1}{\pi}\left[\int_{-\pi}^{0}(-1)dx+\int_{0}^{\pi}1dx\right]=\frac{1}{\pi}[(-1)\pi+\pi]=0$$

$$a_n=\frac{1}{\pi}\int_{-\pi}^{\pi}f(x)\cos nxdx=\frac{1}{\pi}\left[\int_{-\pi}^{0}(-1)\cos nxdx+\int_{0}^{\pi}1\cdot\cos nxdx\right]$$

$$=\frac{1}{\pi}\left[-\frac{1}{n}\sin nx\Big|_{-\pi}^{0}+\frac{1}{n}\sin nx\Big|_{0}^{\pi}\right]=0\qquad(n\neq0)$$

$$b_n=\frac{1}{\pi}\int_{-\pi}^{\pi}f(x)\sin nxdx=\frac{1}{\pi}\left[\int_{-\pi}^{0}(-1)\sin nxdx+\int_{0}^{\pi}1\cdot\sin nxdx\right]$$

$$=\frac{1}{\pi}\left[\frac{1}{n}\cos nx\Big|_{-\pi}^{0}-\frac{1}{n}\cos nx\Big|_{0}^{\pi}\right]=\frac{2}{n\pi}(1-\cos n\pi)$$

$$=\frac{2}{n\pi}\{1-(-1)^n\}\qquad(n=1,2,\cdots)$$

したがって，$f(x)$ のフーリエ級数は(6.13)より，次式のようになる．

$$f(x)=\frac{4}{\pi}\left(\sin x+\frac{1}{3}\sin 3x+\frac{1}{5}\sin 5x+\frac{1}{7}\sin 7x+\cdots\right)$$ ▮

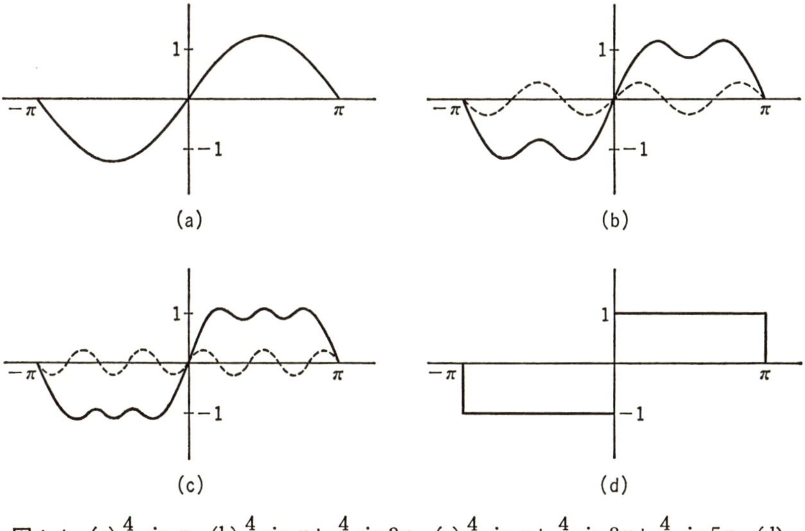

図 6-4　(a) $\frac{4}{\pi}\sin x$，(b) $\frac{4}{\pi}\sin x+\frac{4}{3\pi}\sin 3x$，(c) $\frac{4}{\pi}\sin x+\frac{4}{3\pi}\sin 3x+\frac{4}{5\pi}\sin 5x$，(d) 無限個の項の和．

さて，ここで上の例題で得た結果を図示してみよう．図6-4の(a)は第1項だけ，(b)は第2項までの和，(c)は第3項までの和，を示す．こうしてもっと多くの項を集めれば，(d)に近づいて行くのがわかる．縮尺が違うが，(d)は図6-3と同じである．

問　題

1.　m, n が正の整数ならば，

$$\int_{-L}^{L}\sin\frac{m\pi x}{L}\sin\frac{n\pi x}{L}dx = \begin{cases} L & (m=n) \\ 0 & (m\neq n)\end{cases}$$

を示せ．

2.　次の関数 $f(x)$ のフーリエ級数を求めよ(右図参照)．

$$f(x) = \begin{cases} 0 & (-2<x<-1) \\ 1 & (-1<x<1) \\ 0 & (1<x<2)\end{cases}$$

$$f(x+4) = f(x)$$

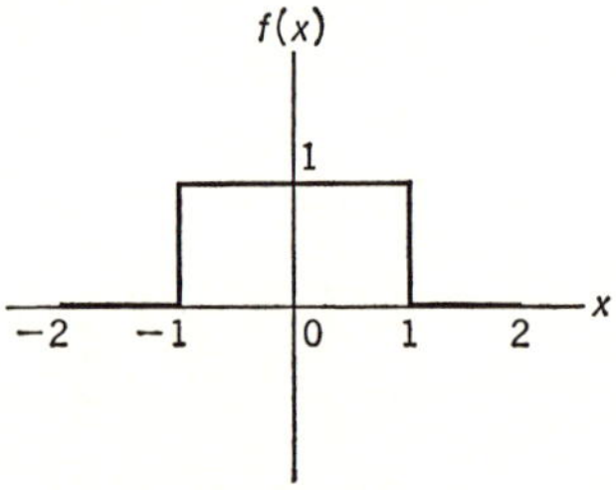

問題2　周期4.

3.　$f(x)=\dfrac{a_0}{2}+\displaystyle\sum_{n=1}^{\infty}\left(a_n\cos\frac{n\pi x}{L}+b_n\sin\frac{n\pi x}{L}\right)$

のとき，

$$\frac{1}{L}\int_{-L}^{L}\{f(x)\}^2dx = \frac{1}{2}{a_0}^2+\sum_{n=1}^{\infty}({a_n}^2+{b_n}^2)$$

を示せ．これをパーセバルの恒等式という。

6-2　フーリエ正弦級数とフーリエ余弦級数

偶関数と奇関数　$f(-x)=f(x)$ ならば $f(x)$ は偶関数，$f(-x)=-f(x)$ ならば $f(x)$ は奇関数であるという．a を定数として，$\cos ax$ は偶関数，$\sin ax$ は奇関数である．また，

偶関数×偶関数 ＝ 偶関数

偶関数×奇関数 ＝ 奇関数

奇関数×奇関数 ＝ 偶関数

である．一般に，$g(x)$ を偶関数，$h(x)$ を奇関数とすれば，任意の区間 $[-M,$

$M]$ での定積分に対して，

$$\int_{-M}^{M} g(x)dx = 2\int_{0}^{M} g(x)dx, \qquad \int_{-M}^{M} h(x)dx = 0$$

が成り立つ．

フーリエ級数において，$f(x)$ が偶関数または奇関数であるならば，フーリエ係数 a_n, b_n のどちらか一方は 0 になる．$f(x)$ が偶関数ならば，$f(x)\sin(n\pi x/L)$ は奇関数であるから，

$$b_n = \frac{1}{L}\int_{-L}^{L} f(x)\sin\left(\frac{n\pi x}{L}\right)dx = 0$$

したがって，周期 $2L$ をもつ偶関数 $f(x)$ のフーリエ級数は，コサインの項だけが残り，

$$\boxed{\begin{aligned} f(x) &= \frac{a_0}{2} + \sum_{n=1}^{\infty} a_n \cos\left(\frac{n\pi x}{L}\right) \\ a_n &= \frac{2}{L}\int_{0}^{L} f(x)\cos\left(\frac{n\pi x}{L}\right)dx \qquad (n=0,1,2,\cdots) \end{aligned}} \tag{6.14}$$

となる．これを**フーリエ余弦（コサイン）級数**という．また，$f(x)$ が奇関数ならば，$f(x)\cos(n\pi x/L)$ は奇関数であるから，

$$a_n = \frac{1}{L}\int_{-L}^{L} f(x)\cos\left(\frac{n\pi x}{L}\right)dx = 0$$

したがって，周期 $2L$ をもつ奇関数 $f(x)$ のフーリエ級数は，サインの項だけが残り，

$$\boxed{\begin{aligned} f(x) &= \sum_{n=1}^{\infty} b_n \sin\left(\frac{n\pi x}{L}\right) \\ b_n &= \frac{2}{L}\int_{0}^{L} f(x)\sin\left(\frac{n\pi x}{L}\right)dx \qquad (n=1,2,\cdots) \end{aligned}} \tag{6.15}$$

となる．これを**フーリエ正弦（サイン）級数**という．前節の例題では，$f(x)$ は奇関数であるので，サイン関数の項だけが現われたのである．

例題 1　周期 2π の関数 $f(x)=|\sin x|$ をフーリエ級数で表わせ（図 6-5）．

［解］　周期は 2π であるので，$2L=2\pi$，すなわち $L=\pi$ とおく．$f(x)$ は偶関

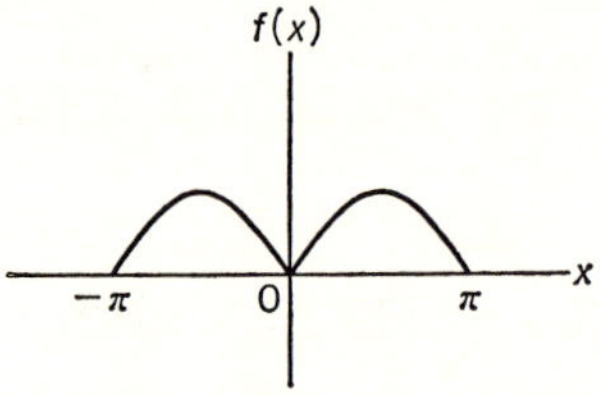

図 6-5

数であるので，$b_n=0$. (6.14) より，

$$a_n=\frac{2}{\pi}\int_0^{\pi}\sin x\cos nx dx=\frac{1}{\pi}\int_0^{\pi}\{\sin(n+1)x+\sin(1-n)x\}dx$$

$$=\frac{1}{\pi}\left[-\frac{\cos(n+1)x}{n+1}+\frac{\cos(n-1)x}{n-1}\right]_0^{\pi}=\frac{1}{\pi}\left\{\frac{1-\cos(n+1)\pi}{n+1}+\frac{\cos(n-1)\pi-1}{n-1}\right\}$$

$$=\frac{1}{\pi}\left\{\frac{1+\cos n\pi}{n+1}-\frac{1+\cos n\pi}{n-1}\right\}=-\frac{2}{\pi}\frac{1+(-1)^n}{(n^2-1)}\qquad(n\neq 1)$$

$$a_1=\frac{2}{\pi}\int_0^{\pi}\sin x\cos x dx=\frac{1}{\pi}\int_0^{\pi}\sin 2x dx=\frac{1}{\pi}\left[-\frac{1}{2}\cos 2x\right]_0^{\pi}=0$$

したがって，

$$f(x)=\frac{2}{\pi}-\frac{2}{\pi}\sum_{n=2}^{\infty}\frac{(1+(-1)^n)}{(n^2-1)}\cos nx$$

$$=\frac{2}{\pi}-\frac{4}{\pi}\left(\frac{\cos 2x}{2^2-1}+\frac{\cos 4x}{4^2-1}+\frac{\cos 6x}{6^2-1}+\cdots\right)$$

これはフーリエ余弦級数である. ▎

半区間での展開　実際の問題においては，ある有限区間で定義された関数に対してフーリエ級数の方法を応用することがある. 例えば，$f(x)$ は区間 $0\leqq x\leqq L$ で与えられていて (図 6-6(a))，この区間で $f(x)$ をフーリエ級数で展開したい. そのためには，次のように考えることができる. 区間 $0\leqq x\leqq L$ は区間 $-L\leqq x\leqq L$ の右半分の区間であるとし，$0\leqq x\leqq L$ で定義された関数 $f(x)$ を周期 $2L$ の関数に拡張する. それには，$f(x)$ を偶関数として拡張する方法と，奇関数として拡張する方法がある. 偶関数として拡張するならば (図 6-6(b))，(6.14) より，$f(x)$ のフーリエ級数は，

$$
\begin{aligned}
f(x) &= \frac{a_0}{2}+\sum_{n=1}^{\infty} a_n \cos\left(\frac{n\pi x}{L}\right) && (0\leqq x\leqq L) \\
a_n &= \frac{2}{L}\int_0^L f(x)\cos\left(\frac{n\pi x}{L}\right)dx && (n=0,1,2,\cdots)
\end{aligned}
\tag{6.16}
$$

で与えられる．また，奇関数として拡張するならば(図6-6(c))，(6.15)より，$f(x)$ のフーリエ級数は，

$$
\begin{aligned}
f(x) &= \sum_{n=1}^{\infty} b_n \sin\left(\frac{n\pi x}{L}\right) && (0\leqq x\leqq L) \\
b_n &= \frac{2}{L}\int_0^L f(x)\sin\left(\frac{n\pi x}{L}\right)dx && (n=1,2,\cdots)
\end{aligned}
\tag{6.17}
$$

で与えられる．関数 $f(x)$ に対して，(6.16)を**半区間でのフーリエ余弦級数**，(6.17)を**半区間でのフーリエ正弦級数**という．

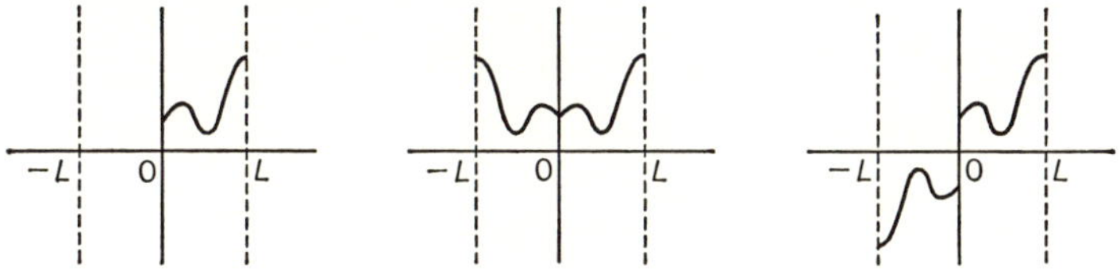

(a) $f(x)$　(b) 周期 $2L$ の偶関数として拡張　(c) 周期 $2L$ の奇関数として拡張

図 6-6

例題2　三角パルス．関数 $f(x)$(図6-7)；

$$
f(x)=\begin{cases}(2K/L)x & (0<x\leqq L/2)\\ (2K/L)(L-x) & (L/2\leqq x<L)\end{cases}
$$

をフーリエ級数で表わせ．

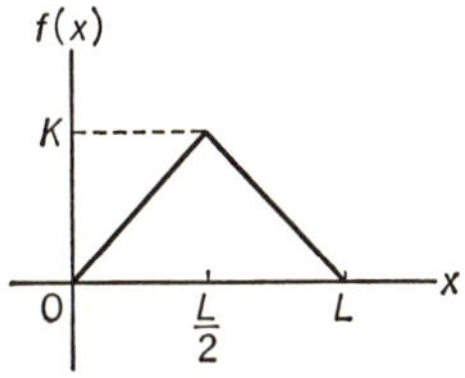

図 6-7　三角パルス．

［解］　偶関数として拡張した場合(図6-8(a))．(6.16)を用いる．

$$
a_0=\frac{2}{L}\left[\int_0^{L/2}\frac{2K}{L}xdx+\int_{L/2}^{L}\frac{2K}{L}(L-x)dx\right]
$$

$$
=\frac{4K}{L^2}\left[\frac{1}{2}\left(\frac{L}{2}\right)^2+L\left(L-\frac{L}{2}\right)-\frac{1}{2}\left\{L^2-\left(\frac{L}{2}\right)^2\right\}\right]=K
$$

$$a_n=\frac{2}{L}\left[\int_0^{L/2}\frac{2K}{L}x\cos\frac{n\pi x}{L}dx+\int_{L/2}^{L}\frac{2K}{L}(L-x)\cos\frac{n\pi x}{L}dx\right]\qquad(n\neq 0)$$

部分積分によって得られる公式

$$\int x\cos kxdx=\frac{1}{k}x\sin kx-\int\frac{1}{k}\sin kxdx=\frac{1}{k}x\sin kx+\frac{1}{k^2}\cos kx$$

を使って,

$$a_n=\frac{4K}{L^2}\left[\left\{\frac{L}{n\pi}x\sin\frac{n\pi x}{L}+\left(\frac{L}{n\pi}\right)^2\cos\frac{n\pi x}{L}\right\}\Bigg|_0^{L/2}\right.$$

$$\left.+\left\{L\frac{L}{n\pi}\sin\frac{n\pi x}{L}-\frac{L}{n\pi}x\sin\frac{n\pi x}{L}-\left(\frac{L}{n\pi}\right)^2\cos\frac{n\pi x}{L}\right\}\Bigg|_{L/2}^{L}\right]$$

$$=\frac{4K}{n^2\pi^2}\left\{2\cos\frac{n\pi}{2}-\cos n\pi-1\right\}=\frac{8K}{n^2\pi^2}\cos\frac{n\pi}{2}\left(1-\cos\frac{n\pi}{2}\right)$$

したがって，$n=4m+2\,(m=0,1,2,\cdots)$ のとき以外は a_n は 0 である．$n=4m+2$ のとき，$\cos(n\pi/2)=-1$ であるから，

$$a_{4m+2}=-\frac{16K}{(4m+2)^2\pi^2}=-\frac{4K}{(2m+1)^2\pi^2}\qquad(m=0,1,2,\cdots)$$

したがって，偶関数としての拡張では，

$$f(x)=\frac{K}{2}-\frac{4K}{\pi^2}\left\{\cos\frac{2\pi x}{L}+\frac{1}{3^2}\cos\frac{6\pi x}{L}+\frac{1}{5^2}\cos\frac{10\pi x}{L}+\cdots\right\}$$

奇関数として拡張した場合(図 6-8(b))．(6.17) を用いる．

$$b_n=\frac{2}{L}\left[\int_0^{L/2}\frac{2K}{L}x\sin\frac{n\pi x}{L}dx+\int_{L/2}^{L}\frac{2K}{L}(L-x)\sin\frac{n\pi x}{L}dx\right]$$

部分積分によって得られる公式

$$\int x\sin kxdx=-\frac{1}{k}x\cos kx+\int\frac{1}{k}\cos kxdx=-\frac{1}{k}x\cos kx+\frac{1}{k^2}\sin kx$$

を使って,

$$b_n=\frac{4K}{L^2}\left[\left\{-\frac{L}{n\pi}x\cos\frac{n\pi x}{L}+\left(\frac{L}{n\pi}\right)^2\sin\frac{n\pi x}{L}\right\}\Bigg|_0^{L/2}\right.$$

$$\left.+\left\{-L\cdot\frac{L}{n\pi}\cos\frac{n\pi x}{L}+\frac{L}{n\pi}x\cos\frac{n\pi x}{L}-\left(\frac{L}{n\pi}\right)^2\sin\frac{n\pi x}{L}\right\}\Bigg|_{L/2}^{L}\right]$$

$$=\frac{8K}{n^2\pi^2}\sin\frac{n\pi}{2}\qquad(n=1,2,\cdots)$$

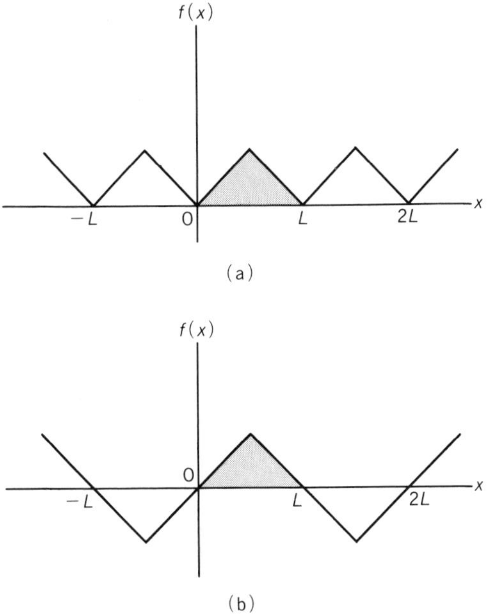

図 6-8 (a)偶関数としての拡張.
(b)奇関数としての拡張.

したがって，奇関数としての拡張では

$$f(x) = \frac{8K}{\pi^2}\left[\sin\frac{\pi x}{L} - \frac{1}{3^2}\sin\frac{3\pi x}{L} + \frac{1}{5^2}\sin\frac{5\pi x}{L} + \cdots\right] \quad \blacksquare$$

数学的には，関数 $f(x)$ を偶関数として拡張するか，奇関数として拡張するかは，任意である．一方，物理の問題では，境界条件などにより自動的に決まってしまう(例えば，7-2 節の弦の振動や 7-3 節の熱伝導の問題)．

少し数式から離れて頭を休めよう．フーリエ級数はフランスの数学者フーリエ(1768～1830)によって考案された．彼は熱伝導の方程式を導き，それをいろいろな境界条件で解いたのであるが，その際に今日フーリエ級数とよばれる方法を導入した．フーリエ級数を使えば，任意の関数は三角関数の無限級数で表わせる．これは実に驚くべき結果である．どんな複雑な波形の波があったとしても，それをサイン波とコサイン波の重ね合わせとして分解できるのである．

フーリエ級数の複素表示　フーリエ級数を使って色々な解析を行なう場合には，三角関数よりも複素数の指数関数を用いた方が便利な場合もある．オイラーの公式から

$$\cos\theta = \frac{1}{2}(e^{i\theta}+e^{-i\theta}), \qquad \sin\theta = \frac{1}{2i}(e^{i\theta}-e^{-i\theta})$$

これをフーリエ級数(6.13)に代入して，

$$f(x) = \frac{a_0}{2}+\sum_{n=1}^{\infty}\left\{\frac{1}{2}(a_n-ib_n)e^{i(n\pi x/L)}+\frac{1}{2}(a_n+ib_n)e^{-i(n\pi x/L)}\right\}$$

よって，$c_0=a_0/2$，$c_n=(a_n-ib_n)/2$，$c_{-n}=(a_n+ib_n)/2$ $(n=1,2,3,\cdots)$とおいて

$$f(x) = \sum_{n=-\infty}^{\infty} c_n e^{i(n\pi x/L)} \tag{6.18}$$

c_nの定義と(6.10), (6.11)より，

$$c_n = \frac{1}{2L}\int_{-L}^{L} f(x)\left\{\cos\frac{n\pi x}{L}-i\sin\frac{n\pi x}{L}\right\}dx = \frac{1}{2L}\int_{-L}^{L} f(x)e^{-i(n\pi x/L)}dx \tag{6.19}$$

である．この場合も，xが不連続点であるならば，(6.18)の左辺は$(f(x+0)+f(x-0))/2$とする．

直交関数系　フーリエ級数は，三角関数の積分の性質

$$\int_{-L}^{L}\sin\frac{m\pi x}{L}\sin\frac{n\pi x}{L}dx = 0, \qquad \int_{-L}^{L}\cos\frac{m\pi x}{L}\cos\frac{n\pi x}{L}dx = 0 \qquad (m\neq n)$$

によっていることに気がつくであろう．このような性質をもつ関数は三角関数だけではなく，将来他のいろいろな関数を勉強するであろう．そのための準備として直交関数系という概念を説明しておくことにする．

2つのベクトル$\boldsymbol{A}=A_1\boldsymbol{i}+A_2\boldsymbol{j}+A_3\boldsymbol{k}$と$\boldsymbol{B}=B_1\boldsymbol{i}+B_2\boldsymbol{j}+B_3\boldsymbol{k}$は，$\boldsymbol{A}\cdot\boldsymbol{B}=\sum_{i=1}^{3}A_iB_i=0$ならば**直交する**という．これを拡張する．関数$A(x)$ $(a\leqq x\leqq b)$を考える．あるxに対する$A(x)$をベクトルの成分とみなす．すると，xは連続変数であるから，$A(x)$は無限個の成分をもつベクトル(無限次元のベクトル)とみなせることになる．したがって，ベクトルの場合にならって，$A(x)$と$B(x)$の積の和(実際には積分)をつくり，

$$\int_a^b A(x)B(x)dx = 0$$

ならば，2つの関数 $A(x)$ と $B(x)$ は区間 $[a, b]$ で**直交する**という．また，ベクトル $\boldsymbol{A}$ はその大きさが1，すなわち $\boldsymbol{A}\cdot\boldsymbol{A}=\sum_{i=1}^{3} A_i{}^2=1$ のとき，**単位ベクトル**または**規格化ベクトル**という．同様に考えて，

$$\int_a^b A^2(x)dx = 1$$

ならば，関数 $A(x)$ は区間 $[a, b]$ で**規格化**あるいは正規化されているという．

'直交' という言葉と '規格化' という言葉が準備できたので，次の定義は理解できるであろう．関数の集まり $\phi_1(x), \phi_2(x), \cdots$ があって，これらのうち，どの2つをとっても区間 $[a, b]$ で直交するとき，すなわち，

$$\int_a^b \phi_m(x)\phi_n(x)dx = 0 \qquad (m \neq n,\ \ m, n=1, 2, \cdots) \tag{6.20}$$

のとき，この関数の集まり $\{\phi_m(x)\}$ を $[a, b]$ での**直交関数系**という．(6.20) に加えて，すべての $\phi_m(x)$ が規格化されているとき，すなわち，

$$\int_a^b \phi_m{}^2(x)dx = 1 \qquad (m=1, 2, \cdots) \tag{6.21}$$

のとき**正規直交関数系**という．次の例は，公式(6.4)～(6.8)を使って確かめられるであろう．

例1 1, $\cos(\pi x/L)$, $\sin(\pi x/L)$, $\cos(2\pi x/L)$, $\sin(2\pi x/L)$, $\cdots$ は区間 $[-L, L]$ で直交関数系をつくる．▎

例2 $1/\sqrt{2L}$, $(1/\sqrt{L})\cos(\pi x/L)$, $(1/\sqrt{L})\sin(\pi x/L)$, $(1/\sqrt{L})\cos(2\pi x/L)$, $(1/\sqrt{L})\sin(2\pi x/L)$, $\cdots$ は区間 $[-L, L]$ で正規直交関数系をつくる．▎

問　題

1. 次の関数 $f(x)$ のフーリエ級数を求めよ(図)．

$$f(x) = x \quad (-2<x<2), \qquad f(x+4) = f(x)$$

2. 次の関数を(i)フーリエ正弦級数，(ii)フーリエ余弦級数で表わせ(図)．

$$f(x) = \begin{cases} 1 & (0<x<L/2) \\ 0 & (L/2<x<L) \end{cases}$$

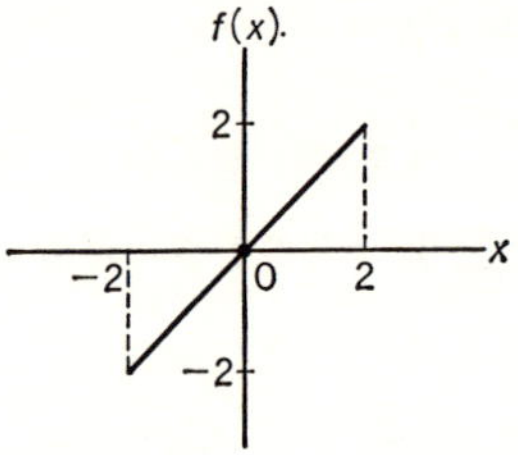

問題 1　$f(x)=x\ (-2<x<2)$.
周期 4.

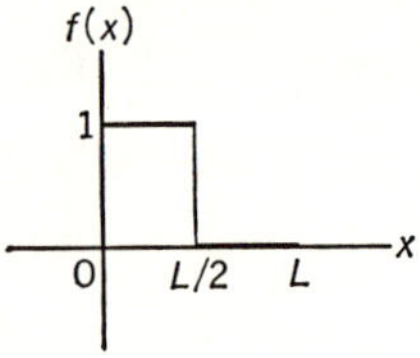

問題 2

3.　$\phi_n(x)\ (n=1,2,\cdots)$ が区間 $[a,b]$ で正規直交系をつくり，関数 $f(x)$ がそれを使って，

$$f(x) = \sum_{n=1}^{\infty} c_n \phi_n(x)$$

と級数展開できるとすれば，係数 c_n は

$$c_n = \int_a^b f(x)\phi_n(x)dx$$

より決められることを示せ．c_n を**一般化フーリエ係数**という．

4.　関数 $\phi_m(x)=\dfrac{1}{\sqrt{2\pi}}e^{imx}\ (m=0, \pm 1, \pm 2, \cdots)$ は区間 $[-\pi, \pi]$ で正規直交関数系をつくる．すなわち，

$$\int_{-\pi}^{\pi} \phi_m{}^*(x)\phi_n(x)dx = 0 \quad (m \neq n), \qquad \int_{-\pi}^{\pi} \phi_m{}^*(x)\phi_m(x)dx = 1$$

であることを示せ．このように，複素数値関数の場合の直交性と規格化は，それぞれ上のように決めておくと都合がよい．

6-3　フーリエ積分

前の 2 節では周期 $2L$ をもつ関数 $f(x)$ をフーリエ級数に展開することを述べた．周期的でない関数に対してはどのようなことが考えられるであろうか．周期的でないことは，周期 $2L \to \infty$ とみなせる．この節では，$L \to \infty$ のとき，フーリエ級数はフーリエ積分とよばれるものになることを示す．

フーリエ積分　周期 $2L$ をもつ周期関数 $f_L(x)$ がフーリエ級数によって表わされているとする((6.13), (6.10), (6.11) 参照)．

$$f_L(x) = \frac{a_0}{2} + \sum_{n=1}^{\infty}\left(a_n \cos\frac{n\pi x}{L} + b_n \sin\frac{n\pi x}{L}\right) \tag{6.22}$$

ここで,

$$\begin{aligned} a_n &= \frac{1}{L}\int_{-L}^{L} f_L(u)\cos\frac{n\pi u}{L}du \\ b_n &= \frac{1}{L}\int_{-L}^{L} f_L(u)\sin\frac{n\pi u}{L}du \end{aligned} \tag{6.23}$$

(6.23)を(6.22)に代入して(代入したとき,積分変数 u と変数 x が混同しないように(6.23)で変数 u を用いておいた),

$$f_L(x) = \frac{1}{2L}\int_{-L}^{L} f_L(u)du + \frac{1}{L}\sum_{n=1}^{\infty}\left[\cos\frac{n\pi x}{L}\int_{-L}^{L} f_L(u)\cos\frac{n\pi u}{L}du + \sin\frac{n\pi x}{L}\int_{-L}^{L} f_L(u)\sin\frac{n\pi u}{L}du\right] \tag{6.24}$$

新しい記号

$$w_n = \frac{n\pi}{L}, \qquad \Delta w = w_{n+1} - w_n = \frac{\pi}{L} \tag{6.25}$$

を導入する.これらを使って,(6.24)は,

$$f_L(x) = \frac{1}{2L}\int_{-L}^{L} f_L(u)du + \frac{1}{\pi}\sum_{n=1}^{\infty}\Delta w\left[\cos w_n x\int_{-L}^{L} f_L(u)\cos w_n u du + \sin w_n x\int_{-L}^{L} f_L(u)\sin w_n u du\right] \tag{6.26}$$

ここで,$L\to\infty$ の極限を考える.周期を $2L$ としたのであるから,

$$f(x) = \lim_{L\to\infty} f_L(x)$$

は周期関数ではなくなる.非周期関数 $f(x)$ は絶対積分可能である,すなわち $\int_{-\infty}^{\infty}|f(x)|dx$ は存在する,と仮定する.(6.26)の第1項は $L\to\infty$ では0である.残りの無限級数については,$L\to\infty$ で

$$f(x) = \frac{1}{\pi}\sum_{n=1}^{\infty}\Delta w\left[\cos w_n x\int_{-\infty}^{\infty} f(u)\cos w_n u du + \sin w_n x\int_{-\infty}^{\infty} f(u)\sin w_n u du\right] \tag{6.27}$$

とし,さらに,$L\to\infty$ では,w_n は連続変数とみなせることと,$\Delta w\to 0$ である

ことを考慮して和を積分に変える．

$$\lim_{\Delta w\to 0}\sum_{n=1}^{\infty}\Delta w F(w_n)\to\int_0^{\infty}dwF(w) \tag{6.28}$$

(6.27) と (6.28) から，

$$f(x)=\frac{1}{\pi}\left[\int_0^{\infty}\cos wxdw\int_{-\infty}^{\infty}f(u)\cos wudu+\int_0^{\infty}\sin wxdw\int_{-\infty}^{\infty}f(u)\sin wudu\right]$$

すなわち，

$$\boxed{f(x)=\frac{1}{\pi}\int_0^{\infty}dw\int_{-\infty}^{\infty}duf(u)\cos w(x-u)} \tag{6.29}$$

これを**フーリエ積分公式**という．(6.29) は，

$$\begin{aligned} f(x)&=\frac{1}{\pi}\int_0^{\infty}[A(w)\cos wx+B(w)\sin wx]dw\\ A(w)&=\int_{-\infty}^{\infty}f(u)\cos wudu\\ B(w)&=\int_{-\infty}^{\infty}f(u)\sin wudu \end{aligned} \tag{6.30}$$

と書ける．(6.30) を $f(x)$ の**フーリエ積分表示**という．

以上で述べたフーリエ積分 (6.30) の導出法は形式的なものであり，数学的には厳密なものではない．フーリエ積分 (6.29) の収束性を調べ，(6.27) を経由する手続きが正当であることを示さなくてはならない．

フーリエ積分の収束性については次の定理が知られている．関数 $f(x)$ は，2つの条件，

（i）　$f(x)$ と $f'(x)$ はあらゆる有限区間で区分的に連続，

（ii）　$f(x)$ は $(-\infty,\infty)$ で絶対積分可能，すなわち $\int_{-\infty}^{\infty}|f(x)|dx<\infty$，

をみたすならば，フーリエ積分によって $f(x)$ を表わすことができる．フーリエ級数の場合と同様に，$f(x)$ が x において不連続であるならば，(6.30) の左辺の $f(x)$ は，$(f(x+0)+f(x-0))/2$ を意味する．

$f(x)$ が偶関数ならば，$B(w)=0$ であり，

$$f(x)=\frac{1}{\pi}\int_0^\infty A(w)\cos wx dw,\qquad A(w)=2\int_0^\infty f(u)\cos wu du \tag{6.31}$$

$f(x)$ が奇関数ならば，$A(w)=0$ であり，

$$f(x)=\frac{1}{\pi}\int_0^\infty B(w)\sin wx dw,\qquad B(w)=2\int_0^\infty f(u)\sin wu du \tag{6.32}$$

となる．

フーリエ変換　フーリエ積分公式(6.29)は，

$$\begin{aligned} f(x) &= \frac{1}{\pi}\int_0^\infty dw\int_{-\infty}^\infty du f(u)\cos w(x-u) \\ &= \frac{1}{\pi}\int_0^\infty dw\int_{-\infty}^\infty du f(u)\frac{1}{2}(e^{iw(x-u)}+e^{-iw(x-u)}) \\ &= \frac{1}{2\pi}\int_{-\infty}^\infty dw\int_{-\infty}^\infty du f(u)e^{iw(x-u)} \end{aligned} \tag{6.33}$$

と書き直せる．(6.33)はフーリエ積分公式の複素表示である．この式から，

$$F(w)=\int_{-\infty}^\infty f(u)e^{-iwu}du \qquad \text{（フーリエ変換）} \tag{6.34}$$

ならば

$$f(x)=\frac{1}{2\pi}\int_{-\infty}^\infty F(w)e^{iwx}dw \qquad \text{（フーリエ逆変換）} \tag{6.35}$$

であることがわかる．このとき，$F(w)$ は $f(x)$ の**フーリエ変換**，$f(x)$ は $F(w)$ の**フーリエ逆変換**という．また，$f(x)$ と $F(w)$ の相互の変換をフーリエ変換と呼ぶことも多い．本によっては

$$\hat{F}(w)=\frac{1}{\sqrt{2\pi}}\int_{-\infty}^\infty f(u)e^{-iwu}du$$

$$f(x)=\frac{1}{\sqrt{2\pi}}\int_{-\infty}^\infty \hat{F}(w)e^{iwx}dw$$

によって，フーリエ変換とフーリエ逆変換を定義する．したがって，公式の孫引きには注意が必要である．上の導出法からわかるように，積分の前の係数は，その積が $1/2\pi$ であるように分ければよい．

$0<x<\infty$ で定義された関数 $f(x)$ に対して

$$\boxed{\begin{aligned} F_{\rm c}(w) &= \sqrt{\frac{2}{\pi}}\int_0^\infty f(x)\cos wx dx \\ f(x) &= \sqrt{\frac{2}{\pi}}\int_0^\infty F_{\rm c}(w)\cos wx dw \end{aligned}} \tag{6.36}$$

を $f(x)$ の**フーリエ余弦変換**,

$$\boxed{\begin{aligned} F_{\rm s}(w) &= \sqrt{\frac{2}{\pi}}\int_0^\infty f(x)\sin wx dx \\ f(x) &= \sqrt{\frac{2}{\pi}}\int_0^\infty F_{\rm s}(w)\sin wx dw \end{aligned}} \tag{6.37}$$

を $f(x)$ の**フーリエ正弦変換**という．$-\infty<x<\infty$ で定義された関数が偶関数ならば, $A(w)=\sqrt{2\pi}\,F_{\rm c}(w)$, 奇関数ならば $B(w)=\sqrt{2\pi}\,F_{\rm s}(w)$ である．係数 $\sqrt{2\pi}$ は慣習上の違いであって本質的ではない．

物理例 変数 x を位置座標として，フーリエ変換

$$f(x) = \frac{1}{2\pi}\int_{-\infty}^{\infty} F(k)e^{ikx}dk \tag{6.38}$$

は，物理量 $f(x)$ を正弦波 e^{ikx} の重ね合わせとして表わす式と解釈できる．k は正弦波の**波数**と呼ばれ，波長 λ と $k=2\pi/\lambda$ の関係にある．$F(k)$ は，どの k の波がどれくらい含まれているかを表わす．物理学では，さらに，位置座標 x, y, z と時間 t の関数である物理量 $f(\boldsymbol{r}, t)$ をフーリエ変換して扱うことがある．

$$f(\boldsymbol{r}, t) = \frac{1}{(2\pi)^4}\iiiint_{-\infty}^{\infty} F(\boldsymbol{k}, \omega)e^{i(\boldsymbol{k}\cdot\boldsymbol{r}-\omega t)}d^3\boldsymbol{k}d\omega \tag{6.39}$$

上の式では,

$$\boldsymbol{k}\cdot\boldsymbol{r} = k_x x + k_y y + k_z z, \qquad d^3\boldsymbol{k} = dk_x dk_y dk_z$$

と書いて表式を簡潔にした．ベクトル $\boldsymbol{k}$ は，波数 k_x, k_y, k_z を成分とし，**波数ベクトル** と呼ばれる．(6.39)は，時間空間的に変化する物理量 $f(\boldsymbol{r}, t)$ を，平面波 $e^{i(\boldsymbol{k}\cdot\boldsymbol{r}-\omega t)}$ の重ね合わせとして表わした式であると解釈できる．各平面波は波数ベクトル $\boldsymbol{k}$ と角振動数 ω とで特徴づけられる．$F(\boldsymbol{k}, \omega)$ は，$(\boldsymbol{k}, \omega)$ で指定さ

れる波がどれくらい含まれているかを表わす. ▎

例題1 $a>0$ として,

$$f(x)=\begin{cases} e^{-ax} & (x>0) \\ 0 & (x<0) \end{cases}$$

で定義される関数 $f(x)$ のフーリエ変換を求めよ.

[解] (6.34)から

$$F(k)=\int_{-\infty}^{\infty} f(x)e^{-ikx}dx=\int_{0}^{\infty} e^{-ax}e^{-ikx}dx=\left[-\frac{e^{-(a+ik)x}}{a+ik}\right]_0^{\infty}=\frac{1}{a+ik}$$

を得る. ▎

フーリエ変換とその逆変換を組み合わせると色々な定積分の公式を得ることができる. 例題1の結果をフーリエの逆変換(6.35)に代入して,

$$\frac{1}{2\pi}\int_{-\infty}^{\infty}\frac{1}{a+ik}e^{ikx}dk=f(x)=\begin{cases} e^{-ax} & (x>0) \\ 0 & (x<0) \end{cases}$$

左辺の積分は

$$\frac{1}{2\pi}\int_{-\infty}^{\infty}\frac{a-ik}{k^2+a^2}(\cos kx+i\sin kx)dk$$
$$=\frac{1}{\pi}\int_{0}^{\infty}\frac{a}{k^2+a^2}\cos kxdk+\frac{1}{\pi}\int_{0}^{\infty}\frac{k}{k^2+a^2}\sin kxdk$$

であるから,

$$\int_{0}^{\infty}\frac{a}{k^2+a^2}\cos kxdk+\int_{0}^{\infty}\frac{k}{k^2+a^2}\sin kxdk=\begin{cases} \pi e^{-ax} & (x>0) \\ 0 & (x<0) \end{cases}$$

上の式は,

$$\int_{0}^{\infty}\frac{a}{k^2+a^2}\cos kxdk+\int_{0}^{\infty}\frac{k}{k^2+a^2}\sin kxdk=\pi e^{-ax} \qquad (x>0)$$

$$\int_{0}^{\infty}\frac{a}{k^2+a^2}\cos kxdk-\int_{0}^{\infty}\frac{k}{k^2+a^2}\sin kxdk=0 \qquad (x>0)$$

を意味する. この2つの式から, 定積分の公式

$$\int_{0}^{\infty}\frac{k}{k^2+a^2}\sin kxdk=\frac{\pi}{2}e^{-ax} \qquad (x>0,\ a>0) \tag{6.40}$$

$$\int_{0}^{\infty}\frac{1}{k^2+a^2}\cos kxdk=\frac{\pi}{2a}e^{-ax} \qquad (x>0,\ a>0) \tag{6.41}$$

を得る.

例題2 図6-9(a)で与えられる関数(矩形パルス),

$$f(x)=\begin{cases} b & (|x|<a) \\ 0 & (|x|>a) \end{cases}$$

のフーリエ変換を求めよ.

［解］ (6.34)から

$$F(k)=\int_{-\infty}^{\infty}f(x)e^{-ikx}dx=\int_{-a}^{a}be^{-ikx}dx=-\frac{b}{ik}(e^{-ika}-e^{ika})=\frac{2b\sin ka}{k} \quad \blacksquare$$

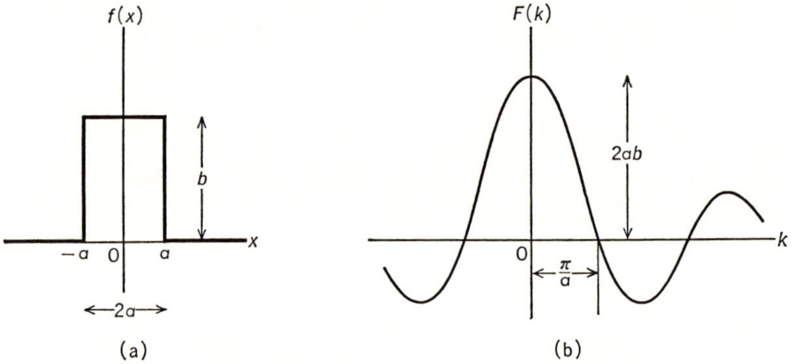

図6-9 矩形パルスとそのフーリエ変換.

図6-9(b)は上で求めた$F(k)$である. $f(x)$の幅$2a$と$F(k)$の幅$2\pi/a$は反比例の関係にあることに注意しよう. 幅のひろい矩形パルスでは, 波数の小さい波が主である. 一方, 矩形パルスの幅をせまくするためには, かなり大きな波数の波までを含まなければならない.

例題2の結果をフーリエ逆変換(6.35)に代入すると,

$$\frac{1}{2\pi}\int_{-\infty}^{\infty}\frac{2b\sin ka}{k}e^{ikx}dk=f(x)=\begin{cases} b & (|x|<a) \\ 0 & (|x|>a) \end{cases}$$

以下$b=1$とする. 左辺のe^{ikx}にオイラーの公式を使って,

$$\frac{1}{2\pi}\int_{-\infty}^{\infty}\frac{2\sin ka}{k}(\cos kx+i\sin kx)dk=\frac{1}{\pi}\int_{-\infty}^{\infty}\frac{\sin ka\cos kx}{k}dk$$

よって, 定積分の公式($a>0$)

$$\int_{-\infty}^{\infty}\frac{\sin ka\cos kx}{k}dk=\begin{cases} \pi & (|x|<a) \\ 0 & (|x|>a) \end{cases}$$

を得る. 特に$x=0$とおけば,

$$\int_{-\infty}^{\infty}\frac{\sin ka}{k}dk=\begin{cases}\pi & (a>0)\\ 0 & (a=0)\end{cases}$$

であるから，

$$\int_{0}^{\infty}\frac{\sin ka}{k}dk=\begin{cases}\pi/2 & (a>0)\\ 0 & (a=0)\\ -\pi/2 & (a<0)\end{cases} \tag{6.42}$$

を得る．

問　題

1. 関数 $f(x)=\begin{cases}1-x^2 & (|x|<1)\\ 0 & (|x|>1)\end{cases}$ のフーリエ変換を求めよ．

2. 次の関数 $f(x)$ の(i)フーリエ余弦変換，(ii)フーリエ正弦変換を求めよ．

$$f(x)=\begin{cases}1 & (0\leqq x<1)\\ 0 & (x\geqq 1)\end{cases}$$

3. 定積分

$$\int_{-\infty}^{\infty}e^{-ax^2}dx=\sqrt{\frac{\pi}{a}} \qquad (a>0)$$

を使って，ガウス関数 $f(x)=\exp(-x^2/\sigma^2)$ のフーリエ変換 $F(k)$ はまた，ガウス関数であることを示せ．そして，$f(x)$ の幅と $F(k)$ の幅を比較せよ．

6-4 強制振動

フーリエ級数の１つの応用として，周期的な外力の影響を受ける調和振動子の問題を考えてみよう．質量 m の質点が，変位に比例する復元力 $-m\omega_0{}^2x$，速度に比例する抵抗力 $-2m\gamma\dot{x}$，周期 T の外力 $f(t)$，を受けるとき，運動方程式は，

$$m\frac{d^2x(t)}{dt^2}+2m\gamma\frac{dx(t)}{dt}+m\omega_0{}^2x(t)=f(t) \tag{6.43}$$

となる．以下では，抵抗係数 γ があまり大きくない範囲 $\omega_0{}^2>\gamma^2$ で考える．外力 $f(t)$ は周期 T の周期関数であるから，(6.18)と(6.19)を使って($2L\equiv T$ とおく)，

$$f(t) = \sum_{n=-\infty}^{\infty} f_n e^{in\omega t}, \qquad \omega \equiv \frac{2\pi}{T}$$
$$f_n = \frac{1}{T}\int_{-T/2}^{T/2} f(t) e^{-in\omega t} dt \tag{6.44}$$

とフーリエ級数に展開できる．与えられた非同次方程式(6.43)の特解(なぜ特解だけに現在興味があるかは後で説明する)も周期 T をもつと考えられるので，

$$x(t) = \sum_{n=-\infty}^{\infty} x_n e^{2\pi int/T} = \sum_{n=-\infty}^{\infty} x_n e^{in\omega t} \tag{6.45}$$

と展開する．(6.45)と(6.44)を方程式(6.43)に代入する．

$$\sum_{n=-\infty}^{\infty} m\{(in\omega)^2 + 2\gamma(in\omega) + \omega_0{}^2\} x_n e^{in\omega t} = \sum_{n=-\infty}^{\infty} f_n e^{in\omega t}$$

両辺の $e^{in\omega t}$ の係数を等しいとおいて，

$$x_n = \frac{f_n}{m} \frac{1}{\omega_0{}^2 - (n\omega)^2 + 2in\omega\gamma}$$

したがって，(6.43)の特解は

$$x(t) = \sum_{n=-\infty}^{\infty} \frac{f_n}{m} \frac{1}{\omega_0{}^2 - (n\omega)^2 + 2in\omega\gamma} e^{in\omega t} \tag{6.46}$$

で与えられる．γ が小さいとき，$n\omega = \omega_0$ となる整数 n があれば，その n に対応する振幅 x_n は他のものに比べて非常に大きくなる．これを**共鳴**(resonance)という．強い風が吹いている時つり橋が激しくゆれてバラバラになってしまったことを写した記録映画を見たことがある．これは，風(外力)が引き起した共鳴現象によるものらしい．

特に，$\gamma = 0$ の場合，$\omega_0 = k\omega$ となる整数 k があると，

$$x(t) = \sum_{n \neq k} x_n e^{in\omega t} + \lim_{k\omega \to \omega_0} \frac{f_k}{m} \frac{e^{ik\omega t} - e^{i\omega_0 t}}{\omega_0{}^2 - (k\omega)^2}$$
$$= \sum_{n \neq k} x_n e^{in\omega t} - \frac{if_k}{2m\omega_0} t e^{i\omega_0 t} \tag{6.47}$$

が解である(→問題1)．(6.47)の最後の項は時間 t に比例して振幅が大きくなる振動を表わす．実際には，振動が大きくなると(6.43)では考慮されていない非線形項が効いてくるため，時間とともに振幅が発散することはほとんどない．

運動方程式(6.43)の一般解は，上で求めた特解に，同次方程式($f(t)\equiv 0$)の一般解をつけ加えれば求まる．同次方程式の一般解は，減衰振動

$$C_1e^{-\gamma t}\cos\sqrt{\omega_0{}^2-\gamma^2}\,t+C_2e^{-\gamma t}\sin\sqrt{\omega_0{}^2-\gamma^2}\,t$$

である(88ページ)．この解は$\gamma\neq 0$であれば速く減衰してしまうので，十分時間がたてば(6.46)で求めた特解だけが意味をもつようになる．

問　題

1.

$$x(t)=\sum_{n\neq k}x_ne^{in\omega t}-i\frac{f_k}{2m\omega_0}te^{i\omega_0 t}$$

$$\omega=\frac{2\pi}{T},\qquad x_n\equiv\frac{f_n}{m}\frac{1}{\omega_0{}^2-(n\omega)^2},\qquad \omega_0=k\omega$$

は，運動方程式

$$m\ddot{x}+m\omega_0{}^2x=\sum_{n=-\infty}^{\infty}f_ne^{in\omega t}$$

の解であることを確かめよ．

2. 微分方程式 $\ddot{x}+\omega_0{}^2x=f(t)$,

$$f(t)=\frac{\pi}{4}|\sin t|\quad(-\pi<t<\pi),\qquad f(t+2\pi)=f(t)$$

$$\omega_0\neq 0,2,4,6,\cdots$$

の一般解を求めよ．

6-5 ディラックのデルタ関数

物理学では，瞬間的にはたらく撃力とか，大きさを無視した点電荷を表わす便利な関数がある．それはイギリスの物理学者ディラック(P. Dirac)によって導入された，デルタ関数である．

変数xの**ディラックのデルタ関数**を普通$\delta(x)$と書く．この関数は通常の関数とは異なり，次のような特異性をもっている．$\delta(x)$は$x=0$の点を除き0である．$x=0$では非常に大きく，この関数を$x=0$を含む区間で積分すれば1になる．すなわち，

$$\begin{array}{|l|}\hline \delta(x) = \begin{cases} 0 & (x \neq 0) \\ \infty & (x=0) \end{cases} \\ \\ \displaystyle\int_{-\infty}^{\infty} \delta(x)dx = 1 \\ \hline \end{array} \tag{6.48}$$

である(図6-10)．$\delta(x)$のグラフをaだけ平行移動させた関数$\delta(x-a)$の意味は明らかであろう．$f(x)$は$x=a$の付近で連続な関数とすると，$f(x)$と$\delta(x-a)$の積の積分は，

$$\int_{-\infty}^{\infty} f(x)\delta(x-a)dx = f(a)\int_{-\infty}^{\infty} \delta(x-a)dx = f(a) \tag{6.49}$$

となる．これはデルタ関数の重要な性質である．

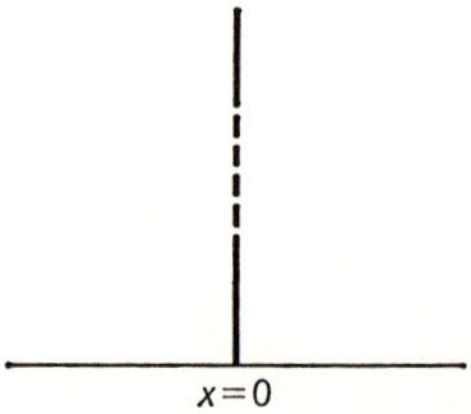

図6-10 デルタ関数$\delta(x)$.

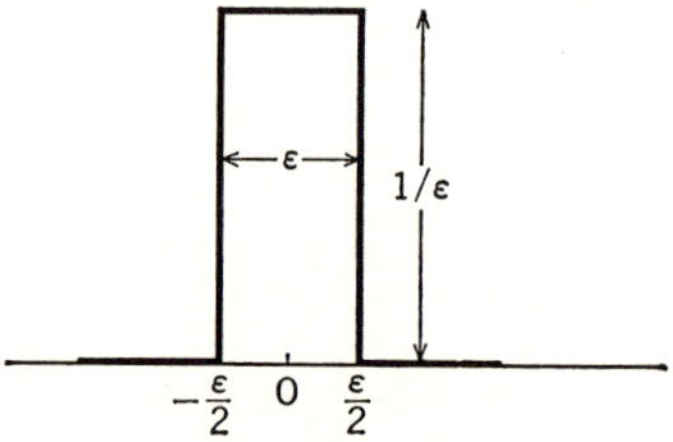

図6-11

デルタ関数は関数の極限の形で表わすことができる．

(i) 図6-11のようなパルス関数

$$\delta_\varepsilon(x) \equiv \begin{cases} 1/\varepsilon & (|x| < \varepsilon/2) \\ 0 & (|x| > \varepsilon/2) \end{cases} \tag{6.50}$$

を考える．この関数の面積は$1/\varepsilon \cdot \varepsilon = 1$である．また$\varepsilon \to 0$の極限では$x=0$以外では0である．したがって，(6.50)で定義される$\delta_\varepsilon(x)$の極限$\varepsilon \to 0$は，デルタ関数$\delta(x)$とみなせる．

(ii) $\varepsilon > 0$として，関数$e^{-\varepsilon|k|}$のフーリエ逆変換

$$\delta_\varepsilon(x) \equiv \frac{1}{2\pi}\int_{-\infty}^{\infty} e^{-\varepsilon|k|}e^{ikx}dk = \frac{1}{2\pi}\frac{2\varepsilon}{x^2+\varepsilon^2} \tag{6.51}$$

を考える．$\delta_\varepsilon(x)$を図示する(図6-12)．$\varepsilon \to 0$の極限では，$x=0$以外では0である．また，その面積は

$$\int_{-\infty}^{\infty}\delta_\varepsilon(x)dx=\frac{1}{\pi}\left[\arctan\frac{x}{\varepsilon}\right]_{-\infty}^{\infty}=1$$

したがって，(6.51)で定義される $\delta_\varepsilon(x)$ の極限 $\varepsilon\to0$ は，デルタ関数 $\delta(x)$ と考えられる．

$$\delta(x)=\lim_{\varepsilon\to0}\frac{1}{2\pi}\int_{-\infty}^{\infty}e^{ikx-\varepsilon|k|}dk=\frac{1}{2\pi}\int_{-\infty}^{\infty}e^{ikx}dk \tag{6.52}$$

デルタ関数 $\delta(x)$ は，$F(k)=1$ のフーリエ逆変換であり，あらゆる波数 k のフーリエ成分を同じ割合いで含んでいることがわかる．

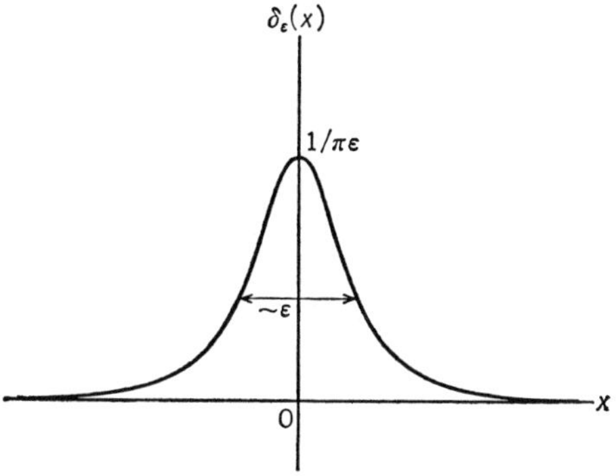

図 6-12　$\delta_\varepsilon(x)=\dfrac{1}{2\pi}\dfrac{2\varepsilon}{x^2+\varepsilon^2}$.

3次元のデルタ関数も同様に定義することができる．**3次元のデルタ関数** $\delta(\boldsymbol{r})$ は，

$$\boxed{\begin{array}{l}\delta(\boldsymbol{r})=\begin{cases}\infty & (\boldsymbol{r}=0)\\ 0 & (\boldsymbol{r}\neq0)\end{cases}\\ \displaystyle\iiint\delta(\boldsymbol{r})d^3\boldsymbol{r}=\iiint\delta(\boldsymbol{r})dxdydz=1\end{array}} \tag{6.53}$$

によって定義される．(6.50)と同じように表わせば，半径 ε の球の体積を V_ε として，関数

$$\delta_\varepsilon(\boldsymbol{r})=\begin{cases}1/V_\varepsilon & (|\boldsymbol{r}|<\varepsilon)\\ 0 & (|\boldsymbol{r}|>\varepsilon)\end{cases} \tag{6.54}$$

の極限 $\varepsilon\to0$ が $\delta(\boldsymbol{r})$ である(実際に(6.53)の定義にあうことを説明してみなさ

い). また, (6.52)に相当して,

$$\delta(\boldsymbol{r}) = \frac{1}{(2\pi)^3}\iiint e^{i\boldsymbol{k}\cdot\boldsymbol{r}}d^3\boldsymbol{k} \tag{6.55}$$

が成り立つ. 1次元のデルタ関数で表わすと,

$$\delta(\boldsymbol{r}) = \delta(x)\delta(y)\delta(z)$$

である.

物理例 まず初めに,

$$\boxed{\nabla^2\left(\frac{1}{r}\right) = -4\pi\delta(\boldsymbol{r})} \tag{6.56}$$

を証明する. 上の式の左辺は, $r \neq 0$ ならば0である(4-4節の(4.58)). しかし, $r=0$ の性質は決まらない. $\nabla^2(1/r)$ を原点を中心とする半径 R の球内で積分する. ガウスの定理を使えば, 半径 R の球面 S での面積分になり(図6-13),

$$\begin{aligned}\iiint_V \nabla^2\left(\frac{1}{r}\right)dV &= -\iiint_V \nabla\cdot\left(\frac{\boldsymbol{r}}{r^3}\right)dV = -\iint_S \frac{\boldsymbol{r}\cdot\boldsymbol{n}}{r^3}dS \\ &= -\frac{(R\boldsymbol{n})\cdot\boldsymbol{n}}{R^3}4\pi R^2 = -4\pi \end{aligned} \tag{6.57}$$

を得る(実際には5-4節のガウスの積分(5.55)を用いれば, 原点を囲む任意の閉曲面 S に対して(6.57)が成り立つことがわかる). $\nabla^2(1/r)=0$ $(r \neq 0)$ であり, その体積積分は -4π であるから, $\nabla^2(1/r)=-4\pi\delta(\boldsymbol{r})$ が結論される. (6.56)は電磁気学で非常に有用な関係式である. (6.56)より,

$$\nabla^2\left(\frac{1}{|\boldsymbol{r}-\boldsymbol{r}'|}\right) = -4\pi\delta(\boldsymbol{r}-\boldsymbol{r}') \tag{6.58}$$

この関係式を用いれば,

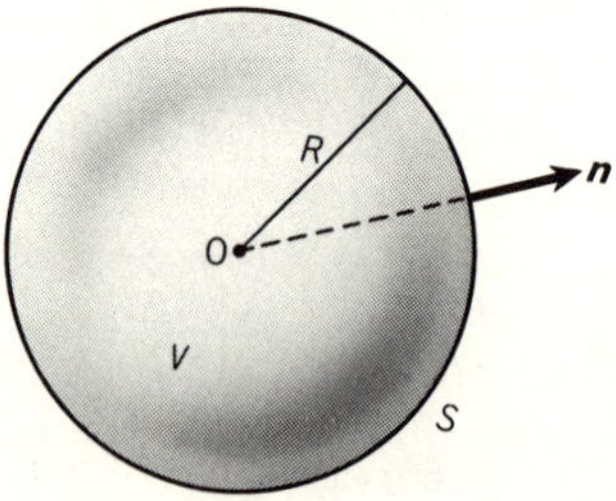

図6-13 半径 R の球. 球面を S, S 内の領域を V, 単位法線ベクトルを $\boldsymbol{n}$ とする.

$$\phi(\boldsymbol{r})=\frac{1}{4\pi\varepsilon_0}\iiint\frac{\rho(\boldsymbol{r}')}{|\boldsymbol{r}-\boldsymbol{r}'|}d^3\boldsymbol{r}' \tag{6.59}$$

は，ポアソン方程式

$$\nabla^2\phi(\boldsymbol{r})=-\frac{1}{\varepsilon_0}\rho(\boldsymbol{r}) \tag{6.60}$$

の解であることがわかる．実際，(6.59)の両辺にラプラシアン ∇^2 を演算して，

$$\nabla^2\phi(\boldsymbol{r})=\frac{1}{4\pi\varepsilon_0}\nabla^2\iiint\frac{\rho(\boldsymbol{r}')}{|\boldsymbol{r}-\boldsymbol{r}'|}d^3\boldsymbol{r}'=\frac{1}{4\pi\varepsilon_0}\iiint\rho(\boldsymbol{r}')\left\{\nabla^2\left(\frac{1}{|\boldsymbol{r}-\boldsymbol{r}'|}\right)\right\}d^3\boldsymbol{r}'$$
$$=\frac{1}{4\pi\varepsilon_0}\iiint\rho(\boldsymbol{r}')\{-4\pi\delta(\boldsymbol{r}-\boldsymbol{r}')\}d^3\boldsymbol{r}'=-\frac{1}{\varepsilon_0}\rho(\boldsymbol{r})$$

を得る．同様にして，

$$\boldsymbol{A}(\boldsymbol{r})=\frac{\mu_0}{4\pi}\iiint\frac{\boldsymbol{i}(\boldsymbol{r}')}{|\boldsymbol{r}-\boldsymbol{r}'|}d^3\boldsymbol{r}' \tag{6.61}$$

は，

$$\nabla^2\boldsymbol{A}(\boldsymbol{r})=-\mu_0\boldsymbol{i}(\boldsymbol{r}) \tag{6.62}$$

の解であることがわかる．❙

Coffee Break

偉大な女性数学者

筑波大学の第3学群(工学部に相当)で2年生に数学を教えていたとき，女子学生に「コワレフスカヤという数学者を知っていますか」とたずねたところ，「知りません」と答えられて少し驚いてしまった．女子学生で理科に進む人ならば，物理のキュリー夫人と数学のコワレフスカヤは当然知っているだろうと思いこんでいたのである．しかし，必ずしも知ってはいないようなので，この本には登場しなかったが，コワレフスカヤについて簡単に紹介しよう．

最初の女性数学者となったソニア・コワレフスカヤ(Sonja Kovalevskaja, 1850–1891)は1850年1月15日にモスクワで生まれた．当時のロシアでは未婚の女性がひとりでは国外に出られなかったので，外国での勉強のため17歳で仮の結婚をした．1870年にベルリンに移り，有名な数学者であるワイエルシュトラスの指導を受けた．ベルリン大学では女子学生の聴講は許されていなかったため，ワイエルシュトラスの個人指導であった．1874年にゲッチンゲン大学に論文「偏微分方程式について」を提出して学位を得た．その中の定理は，現在コーシー–コワレフスカヤの定理と呼ばれている．父の死や夫の自殺などの不幸があったが，それを乗りこえ，1888年には「固定点のまわりの剛体の回転について」の論文によってフランスの学士院からボルダン賞を受けた．(‘コワレフスカヤのコマ’として知られている．) 女性の聴講さえも社会の風当りが強かった時代に，ストックホルム大学の教授となって一生を終えたのである．

現在では多くの秀れた女性数学者が活躍している．数学史上では，ネーター(Amalie Emmy Noether, 1882–1935)も有名である．彼女は物理の分野でもネーターの定理(無限小変換と保存則の関係)を発見している．

7

偏微分方程式

初めに偏微分方程式の性質と分類について簡単に述べる．偏微分方程式はあまりに多種多様であるので，物理的に興味がある，波動方程式，熱伝導方程式，ラプラス方程式に主題をしぼることにする．それらの方程式はいかめしい名前で呼ばれるが，おのおのが記述する現象は高校までの物理で既に習っていることが多いので恐れる必要はない．波動方程式や熱伝導方程式の境界値問題を解く際には，第6章のフーリエ級数やフーリエ積分が用いられる．また，第5章の積分定理を使って，ラプラス方程式とポアソン方程式の基本的性質を調べる．

7-1 偏微分方程式

偏微分方程式 2つ以上の独立変数をもつ未知関数とそれらの偏導関数を含む方程式を**偏微分方程式**という．ある物理量が空間座標 x, y, z と時間 t の関数であるならば，その物理量がみたす基礎方程式は自然に偏微分方程式になる．偏微分方程式の**階数**は，含まれる偏導関数の最高階の階数である．常微分方程式の場合と同様に，未知関数およびその偏導関数について1次式のとき**線形**という．線形でないものを**非線形**という．また，未知関数を含まない既知関数の部分を分離できるとき**非同次**，そうでないものを**同次**という．多くの場合，同次方程式に外からの影響が加わったものが非同次方程式である．

例1 $\dfrac{\partial^2 u}{\partial x \partial y}=3x^2-3y^2$ は2階線形非同次偏微分方程式． ▎

例2 $\left(\dfrac{\partial u}{\partial x}\right)^2+\left(\dfrac{\partial u}{\partial y}\right)^2+u=0$ は1階非線形同次偏微分方程式． ▎

与えられた偏微分方程式を恒等的にみたす関数を**解**(かい)という．常微分方程式の解には任意定数があらわれたが，偏微分方程式の解には任意関数があらわれる．n 階偏微分方程式の**一般解**は n 個の任意関数を含む．**特解**は，一般解における任意関数を特別に選ぶことによって得られる解である．同次線形偏微分方程式においては，**重ね合わせの原理**が成り立つ．すなわち，$u_1, u_2, \cdots, u_n$ が解ならば，その線形結合 $c_1u_1+c_2u_2+\cdots+c_nu_n$ も解である．

例3 $u=x^3y-xy^3+f(x)+g(y)$ は，例1の偏微分方程式をみたし，2つの独立な任意関数 $f(x)$ と $g(y)$ を含むので，一般解である．$u=x^3y-xy^3$ も例1の偏微分方程式の解である．この解は，一般解から $f=g=0$ とおくことによって得られるので特解である． ▎

例題1 $\dfrac{\partial u}{\partial x}=0$ の一般解を求めよ．

［解］ $u(x, y)$ は x を変化させても変わらないのであるから，$u(x, y)$ は y だけの関数である．したがって，$\varphi(y)$ を任意関数として，一般解は $u=\varphi(y)$． ▎

例題2 $\dfrac{\partial^2 u}{\partial x \partial y}=0$ の一般解を求めよ．

［解］ $\dfrac{\partial}{\partial x}\left(\dfrac{\partial u}{\partial y}\right)=0$ であるから，例題1より，$\phi_1(y)$ を任意関数として，$\dfrac{\partial u}{\partial y}=\phi_1(y)$．ゆえに，

$$\frac{\partial}{\partial y}\left(u-\int \phi_1(y)dy\right) = 0$$

となるから，$\psi(x)$ を任意関数として $u-\int \phi_1(y)dy=\psi(x)$．任意関数 $\phi_1(y)$ の積分は任意関数である．これを $\phi(y)$ と書く．したがって，$\phi(y), \psi(x)$ を任意関数として，一般解は $u=\phi(y)+\psi(x)$．▍

偏微分方程式の解は非常に多様である．物理学においては，時刻 $t=0$ における条件(初期条件)や空間領域の境界における条件(境界条件)をみたす解を得ることに興味がある場合が多い．そのような問題を総称して，偏微分方程式の**境界値問題**という．常微分方程式では一般解を求め，初期条件をみたすように任意定数を決めた．偏微分方程式の場合は，一般解を使って境界値問題を解くよりも，フーリエ級数などを使って直接に境界値問題を解くことが多い．

定数係数の2階線形偏微分方程式　2つの独立変数 x, y をもつ**定数係数の2階線形偏微分方程式**の一般形は

$$a\frac{\partial^2 u}{\partial x^2}+2b\frac{\partial^2 u}{\partial x \partial y}+c\frac{\partial^2 u}{\partial y^2}+d\frac{\partial u}{\partial x}+e\frac{\partial u}{\partial y}+fu = g(x, y) \tag{7.1}$$

で与えられる．もちろん，a, b, c, d, e, f は定数であり，a, b, c は同時には0でない．(7.1)で $g(x, y)\equiv 0$ のときには，同次方程式である．

偏微分方程式(7.1)について

$$D = b^2-ac \tag{7.2}$$

とおき，$D>0$，$D=0$，$D<0$ のとき，それぞれ**双曲型**，**放物型**，**楕円型**という．条件 $D>0$，$D=0$，$D<0$ は，2次曲線 $ax^2+2bxy+cy^2=1$ が，それぞれ双曲線，放物線，楕円になることに相当している．微分方程式の解は，型によってその性質が非常に異なる．その一般論を行なうと難しくなりすぎるので，代表的な物理例を掲げることによって感じをつかむことにする．

双曲型	$\dfrac{\partial^2 u}{\partial t^2} = c^2 \dfrac{\partial^2 u}{\partial x^2}$	(波動方程式)	
放物型	$\dfrac{\partial u}{\partial t} = \kappa \dfrac{\partial^2 u}{\partial x^2}$	(熱伝導方程式)	(7.3)
楕円型	$\dfrac{\partial^2 u}{\partial x^2} + \dfrac{\partial^2 u}{\partial y^2} = 0$	(ラプラス方程式)	

独立変数(x, y)を新しい変数(X, Y)

$$X = \alpha x + \beta y, \qquad Y = \gamma x + \delta y \qquad (\alpha\delta - \beta\gamma \neq 0)$$

に変換し，さらに適当な従属変数の変換

$$u = \varphi(X, Y)v$$

を行なうと，

(1) $D>0$(双曲型)ならば

$$\frac{\partial^2 v}{\partial X^2} - \frac{\partial^2 v}{\partial Y^2} + kv = h(X, Y) \tag{7.4}$$

(2) $D<0$(楕円型)のときには，

$$\frac{\partial^2 v}{\partial X^2} + \frac{\partial^2 v}{\partial Y^2} + kv = h(X, Y) \tag{7.5}$$

(3) $D=0$(放物型)のときには，

$$\frac{\partial^2 v}{\partial X^2} - \frac{\partial v}{\partial Y} = h(X, Y) \tag{7.6}$$

または，

$$\frac{\partial^2 v}{\partial X^2} + kv = h(X, Y) \tag{7.7}$$

に帰着できる．(7.4), (7.5), (7.6)および(7.7)を，おのおの，双曲型方程式，楕円型方程式，放物型方程式の**標準型**という．

問　題

1. 次の偏微分方程式の階数，線形か非線形か，同次か非同次かをいえ．

(1) $a\dfrac{\partial u}{\partial x} + b\dfrac{\partial u}{\partial y} = 0$ (a, b は定数)　　(2) $\dfrac{\partial u}{\partial t} = 4\dfrac{\partial^2 u}{\partial x^2} + f(x, t)$

(3)　$\dfrac{\partial^2 u}{\partial x^2} - x\dfrac{\partial^2 u}{\partial y^2} = 0$　　(4)　$\dfrac{\partial u}{\partial t} + 6u\dfrac{\partial u}{\partial x} + \dfrac{\partial^3 u}{\partial x^3} = 0$

(5)　$\dfrac{\partial^2 u}{\partial t^2} - \dfrac{\partial^2 u}{\partial x^2} + \sin u = f(x, t)$

2.　$\dfrac{\partial u}{\partial x} = \dfrac{\partial u}{\partial y}$ の一般解を求めよ．

3.　$\dfrac{\partial^2 u}{\partial x^2} = 0$ の一般解を求めよ．

7-2　1次元波動方程式

ダランベールの解　1次元波動方程式

$$\frac{\partial^2 u}{\partial t^2} = c^2\frac{\partial^2 u}{\partial x^2} \qquad (c>0) \tag{7.8}$$

の一般解を求める．新しい独立変数

$$\xi = x+ct, \qquad \eta = x-ct$$

を導入する．偏微分の規則により，

$$\frac{\partial u}{\partial x} = \frac{\partial u}{\partial \xi}\frac{\partial \xi}{\partial x} + \frac{\partial u}{\partial \eta}\frac{\partial \eta}{\partial x} = \frac{\partial u}{\partial \xi} + \frac{\partial u}{\partial \eta}$$

$$\frac{\partial^2 u}{\partial x^2} = \frac{\partial}{\partial \xi}\left(\frac{\partial u}{\partial \xi} + \frac{\partial u}{\partial \eta}\right) + \frac{\partial}{\partial \eta}\left(\frac{\partial u}{\partial \xi} + \frac{\partial u}{\partial \eta}\right) = \frac{\partial^2 u}{\partial \xi^2} + 2\frac{\partial^2 u}{\partial \xi \partial \eta} + \frac{\partial^2 u}{\partial \eta^2} \tag{7.9}$$

同様にして，

$$\frac{\partial^2 u}{\partial t^2} = c^2\left(\frac{\partial^2 u}{\partial \xi^2} - 2\frac{\partial^2 u}{\partial \xi \partial \eta} + \frac{\partial^2 u}{\partial \eta^2}\right) \tag{7.10}$$

したがって，(7.9) と (7.10) を (7.8) に代入すれば，

$$\frac{\partial^2 u}{\partial \xi \partial \eta} = 0 \tag{7.11}$$

となる．前節の例題2より，(7.11) の一般解は，$\phi(\xi)$ と $\psi(\eta)$ を任意関数として，$u(\xi, \eta) = \phi(\xi) + \psi(\eta)$ である．もとの座標系 x, t にもどって，波動方程式 (7.8) の一般解は，

$$\boxed{u(x, t) = \phi(x+ct) + \psi(x-ct)} \tag{7.12}$$

で与えられる．これを**ダランベールの解**という．(7.8)の解は，すべて(7.12)の形に書ける．(7.12)は，速さ c で左に進む波 $\phi(x+ct)$ と速さ c で右に進む波 $\psi(x-ct)$ を重ね合わせたものである(図7-1)．

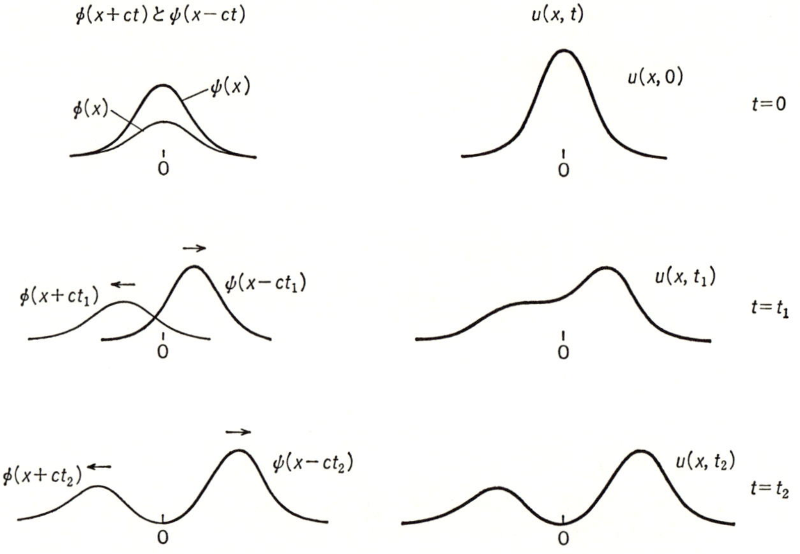

図7-1　ダランベールの解．$u(x,t)=\phi(x+ct)+\psi(x-ct)$．

一般解(7.12)を使って，初期条件

$$u(x,0)=f(x),\qquad \frac{\partial}{\partial t}u(x,t)\Big|_{t=0}=u_t(x,0)=g(x) \tag{7.13}$$

をみたす(7.8)の解を求めてみよう．それには，

$$u(x,0)=\phi(x)+\psi(x)=f(x) \tag{7.14}$$

$$u_t(x,0)=c(\phi'(x)-\psi'(x))=g(x) \tag{7.15}$$

から ϕ,ψ を決めればよい．(7.14)を微分した式と(7.15)から，

$$\phi'(x)=\frac{1}{2}\left(f'(x)+\frac{1}{c}g(x)\right),\qquad \psi'(x)=\frac{1}{2}\left(f'(x)-\frac{1}{c}g(x)\right)$$

これらを積分して，

$$\phi(x)=\frac{1}{2}f(x)+\frac{1}{2c}\int_0^x g(s)ds+C_1 \qquad (C_1：積分定数) \tag{7.16}$$

$$\phi(x)=\frac{1}{2}f(x)-\frac{1}{2c}\int_0^x g(s)ds+C_2 \qquad (C_2：積分定数) \qquad (7.17)$$

となる．(7.16)と(7.17)を足すと，$\phi(x)+\psi(x)=f(x)+C_1+C_2$ となり，(7.14)から $C_1+C_2=0$ であることがわかる．よって，(7.12)に(7.16)と(7.17)を代入して，

$$u(x,t)=\frac{1}{2}f(x+ct)+\frac{1}{2c}\int_0^{x+ct}g(s)ds+\frac{1}{2}f(x-ct)-\frac{1}{2c}\int_0^{x-ct}g(s)ds$$
$$=\frac{1}{2}(f(x+ct)+f(x-ct))+\frac{1}{2c}\int_{x-ct}^{x+ct}g(s)ds \qquad (7.18)$$

を得る．(7.18)は**ストークスの波動公式**とよばれる．(7.18)が(7.13)をみたす(7.8)の解であることを実際に確かめてみよう(→問題1)．(7.13)のように初期条件を与えて波動方程式(7.8)を解く問題を波動方程式に対する**コーシー問題**という．

例題1 初期条件

$$u(x,0)=\begin{cases}1-x & (0\leqq x\leqq 1)\\ 1+x & (-1\leqq x\leqq 0)\end{cases}$$
$$u_t(x,0)=0$$

のとき，$u_{tt}-u_{xx}=0$ を解け(図7-2)．

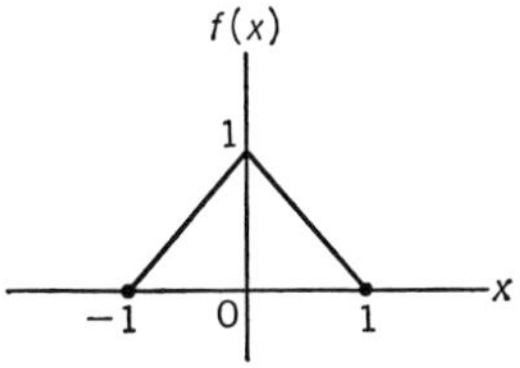

図7-2 初期条件 $u(x,0)=f(x)$, $u_t(x,0)=0$.

［解］ (7.18)において，$c=1$, $g\equiv 0$ とおき，

$$u(x,t)=\frac{1}{2}(f(x+t)+f(x-t))$$

$f(x+t)/2$ と $f(x-t)/2$ のグラフは，$f(x)/2$ のグラフを x 軸に沿って，それぞれ $-t$ および t だけ平行移動して得られる(図7-3)．∎

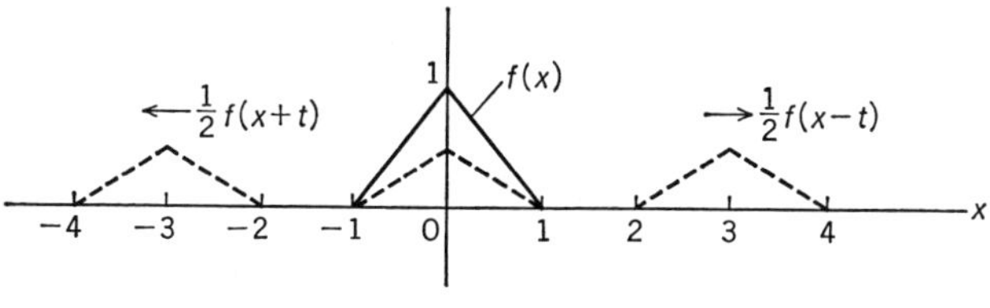

図7-3

境界値問題 x 軸に沿って張られた弦が，それに垂直な平面内で行なう振動は，$u(x,t)$ を変位として，波動方程式

$$\frac{\partial^2 u}{\partial t^2} = c^2\frac{\partial^2 u}{\partial x^2} \tag{7.19}$$

で記述される(図 7-4)．弦の両端 $x=0$ と $x=L$ は固定されているとする．

$$\text{境界条件:}\quad u(0,t) = 0, \qquad u(L,t) = 0 \tag{7.20}$$

そして，弦の初期変位 $u(x,0)$ と初期速度 $u_t(x,0)$ を与えて，弦の運動を調べる．

$$\text{初期条件:}\quad u(x,0) = f(x), \qquad u_t(x,0) = g(x) \tag{7.21}$$

これから行なうことは，条件(7.20)と(7.21)をみたすような波動方程式(7.19)の解を見つけることである．

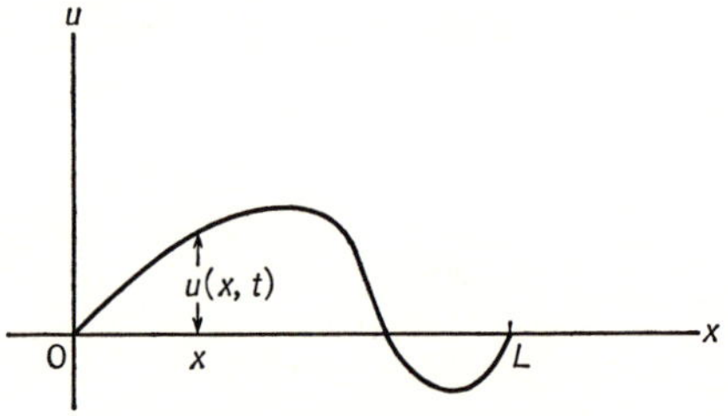

図 7-4 弦の横振動．

まず初めに**変数分離法**を用いる．$u(x,t)=X(x)T(t)$ とおく．これを(7.19)に代入して，

$$XT'' = c^2X''T \quad \text{または} \quad \frac{1}{c^2}\frac{T''}{T} = \frac{X''}{X}$$

左辺 T''/c^2T は t だけの関数，右辺 X''/X は x だけの関数である．したがって，x と t を独立に変えても等式が成り立つためには，両辺の値が定数でなければならない．この定数を k とする．こうして，2 つの常微分方程式を得る．

$$X''(x)-kX(x) = 0 \tag{7.22}$$

$$T''(t)-c^2kT(t) = 0 \tag{7.23}$$

次に，境界条件(7.20)をみたすように，常微分方程式(7.22)と(7.23)を解く．(7.20)より，

$$u(0,t) = X(0)T(t) = 0, \qquad u(L,t) = X(L)T(t) = 0$$

$T(t)\equiv 0$ は興味がないので，境界条件は

$$X(0) = 0, \qquad X(L) = 0 \tag{7.24}$$

となる．(7.24)をみたす(7.22)の解を求めよう．

（i）　$k\equiv q^2>0$ のとき．(7.22)の一般解は $X=ae^{qx}+be^{-qx}$．(7.24)をみたすようにするには，$a+b=0$，$ae^{qL}+be^{-qL}=0$．よって，$a=b=0$．ゆえに，$X\equiv 0$．

（ii）　$k=0$ のとき．(7.22)の一般解は $X=ax+b$．(7.24)から，$a=b=0$．ゆえに，$X\equiv 0$．よって，(i)と(ii)の場合については興味がない．

(iii)　$k\equiv -p^2<0$ のとき．(7.22)の一般解は，

$$X(x) = A\cos px + B\sin px \tag{7.25}$$

である．条件(7.24)は

$$A = 0, \qquad B\sin pL = 0$$

となる．$B\neq 0$ となるためには，$\sin pL=0$，すなわち，

$$p_n = \frac{n\pi}{L} \qquad (n=1,2,\cdots) \tag{7.26}$$

でなければならない．よって，$k=-p^2$ のときには，(7.24)をみたす $X''-kX=0$ の解は，B_n を任意定数として，

$$X(x) = X_n(x) = B_n\sin p_n x = B_n \sin\frac{n\pi x}{L} \qquad (n=1,2,\cdots)$$

で与えられる．定数 k はもはや任意ではなく，とびとびの値 $k_n=-(n\pi/L)^2$ $(n=1,2,\cdots)$ に限られたことに注意しよう．

いま，(7.23)は

$$T''(t)+\omega_n{}^2T(t) = 0, \qquad \omega_n = cp_n = cn\pi/L$$

である．この方程式の一般解は，C_n, D_n を任意定数として，

$$T_n(t) = C_n\cos\omega_n t + D_n\sin\omega_n t$$

したがって，

$$u_n(x,t) = X_n(x)T_n(t) = (C_n\cos\omega_n t+D_n\sin\omega_n t)\sin\frac{n\pi}{L}x \tag{7.27}$$

は境界条件(7.20)をみたす(7.19)の解である．(7.27)では B_nC_n, B_nD_n をそれ

ぞれ新たに C_n, D_n とおいた．

おのおのの $u_n(x,t)$ は振動数 $\omega_n/2\pi = cn/2L$ の調和振動を表わし，その運動は弦の n 番目の**固有モード**と呼ばれる．$\sin(n\pi x/L)$ からわかるように，n 番目の固有モードは，$n-1$ 個の**節**(ふし)(振動しない点)をもつ(図 7-5)．時間がたつにつれ，各モードの形は実線曲線と点線曲線の間を振動する．

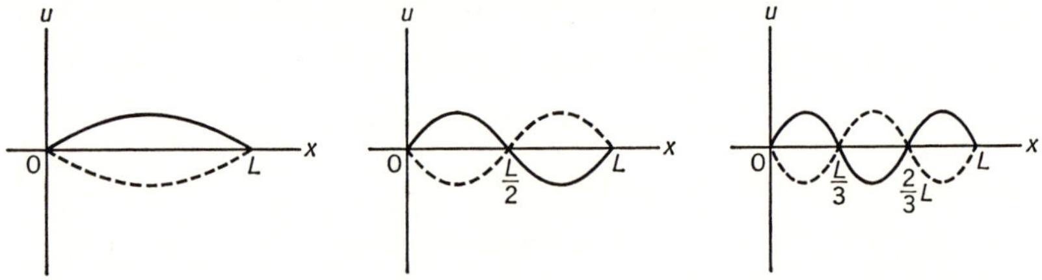

図7-5　弦の固有モード．

残された仕事は，初期条件(7.21)をみたすようにすることである．波動方程式(7.19)は線形同次方程式であるので，u_n の線形結合もまた解である(重ね合わせの原理)．したがって，u_n の線形結合

$$u(x,t) = \sum_{n=1}^{\infty} u_n(x,t) = \sum_{n=1}^{\infty} (C_n \cos \omega_n t + D_n \sin \omega_n t) \sin \frac{n\pi}{L} x \quad (7.28)$$

をつくり，初期条件をみたすようにする．(7.28)と(7.21)から，

$$u(x,0) = \sum_{n=1}^{\infty} C_n \sin \frac{n\pi}{L} x = f(x) \qquad (0 \leqq x \leqq L) \qquad (7.29)$$

$$u_t(x,0) = \sum_{n=1}^{\infty} D_n \omega_n \sin \frac{n\pi}{L} x = g(x) \qquad (0 \leqq x \leqq L) \qquad (7.30)$$

したがって，(7.28)が初期条件をみたすためには，$u(x,0)$ は $f(x)$ の半区間でのフーリエ正弦級数，$u_t(x,0)$ は $g(x)$ の半区間でのフーリエ正弦級数でなければならない．6-2 節の(6.17)から，

$$C_n = \frac{2}{L}\int_0^L f(x) \sin \frac{n\pi x}{L} dx, \qquad D_n = \frac{2}{L\omega_n}\int_0^L g(x) \sin \frac{n\pi x}{L} dx \quad (7.31)$$

(7.29)と(7.30)の両辺に $\sin(m\pi x/L)$ をかけて，x について 0 から L まで積分

しても(7.31)が得られる．こうして決めた係数C_nとD_nを(7.28)に代入することにより，境界条件(7.20)と初期条件(7.21)をみたす1次元波動方程式の解が得られる．

$$u(x,t) = \sum_{n=1}^{\infty}\left[\left\{\frac{2}{L}\int_0^L f(\xi)\sin\frac{n\pi\xi}{L}d\xi\right\}\cos\omega_n t + \left\{\frac{2}{L\omega_n}\int_0^L g(\xi)\sin\frac{n\pi\xi}{L}d\xi\right\}\sin\omega_n t\right]\sin\frac{n\pi}{L}x \qquad (7.32)$$

このように，境界条件(7.20)と初期条件(7.21)とを同時にみたす波動方程式(7.19)の解を求めよという問題を波動方程式に対する**混合問題**という．

例題2 境界条件$u(0,t)=0$, $u(L,t)=0$と，初期条件(図7-6)

$$u(x,0) = f(x) = \begin{cases} (2K/L)x & (0<x\leqq L/2) \\ (2K/L)(L-x) & (L/2\leqq x<L) \end{cases}$$

$$u_t(x,0) = g(x) = 0$$

をみたす波動方程式(7.19)の解を求めよ．

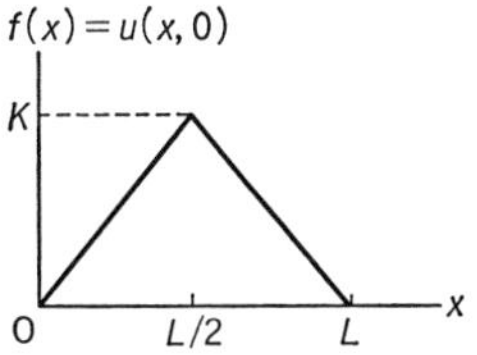

図7-6 $t=0$での弦の形．

［解］ (7.31)と(7.32)を応用する．6-2節の例題2から，

$$C_n = \frac{2}{L}\int_0^L f(x)\sin\frac{n\pi x}{L}dx = \frac{8K}{n^2\pi^2}\sin\frac{n\pi}{2} \qquad (n=1,2,\cdots)$$

また明らかに$D_n=0$．したがって，

$$u(x,t) = \sum_{n=1}^{\infty}\frac{8K}{n^2\pi^2}\sin\frac{n\pi}{2}\cos\left(\frac{cn\pi}{L}t\right)\sin\left(\frac{n\pi}{L}x\right)$$

三角関数の積を和に変える公式を用いれば，

$$u(x,t) = \frac{1}{2}[\phi(x-ct)+\phi(x+ct)], \qquad \phi(y) \equiv \sum_{n=1}^{\infty}\frac{8K}{n^2\pi^2}\sin\frac{n\pi}{2}\sin\frac{n\pi}{L}y \qquad (7.33)$$

とも書ける．$u(x,0)=\phi(x)=f(x)$．また，(7.33)から，$u(x,t)$は右に進む波$(1/2)\phi(x-ct)$と左に進む波$(1/2)\phi(x+ct)$の和であるから，図7-7のように解の様子を図示できる．❙

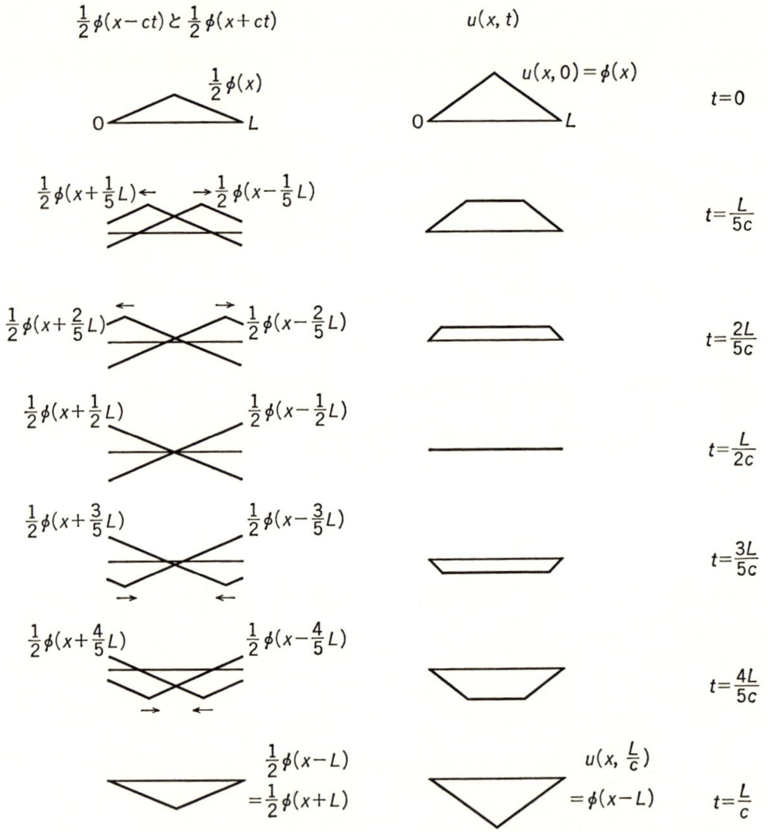

図 7-7 $u(x, t)=\frac{1}{2}[\phi(x-ct)+\phi(x+ct)]$．左側は，各時刻での左へ行く波と右へ行く波を表わす．右側は，各時刻での実際の波形を表わす．

問　題

1. $u(x,t)=\frac{1}{2}(f(x+ct)+f(x-ct))+\frac{1}{2c}\int_{x-ct}^{x+ct}g(s)ds$ は，波動方程式 $u_{tt}=c^2u_{xx}$ の解であり，初期条件 $u(x,0)=f(x)$, $u_t(x,0)=g(x)$ をみたすことを確かめよ．

2. 長さ π の弦の両端を固定する．初期変位 $u(x,0)$ は右図で与えられ，初期速度 $u_t(x,0)=0$ として，波動方程式 $u_{tt}=c^2u_{xx}$ を解け．

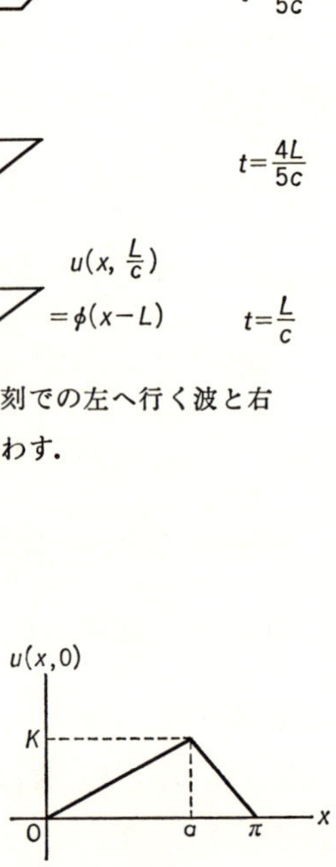

問題 2

3.　波動方程式 $u_{tt}=c^2u_{xx}$ を

$$\text{初期条件:}\quad u(x,0)=2\sin\frac{2\pi x}{L},\qquad u_t(x,0)=\sin\frac{\pi x}{L}\quad (0<x<L)$$

$$\text{境界条件:}\quad u(0,t)=0,\qquad u(L,t)=0\quad (t>0)$$

をみたすように解け．

7-3　1次元熱伝導方程式

x 軸上におかれた長さ L の棒の温度分布 $u(x,t)$ は，熱伝導方程式

$$\frac{\partial u}{\partial t}=\kappa\frac{\partial^2 u}{\partial x^2}\qquad (\kappa>0) \tag{7.34}$$

にしたがう(図7-8)．棒の両端 $x=0$ と $x=L$ は温度0に固定する．

$$\text{境界条件:}\quad u(0,t)=0,\qquad u(L,t)=0 \tag{7.35}$$

また，初期温度分布は関数 $f(x)$ で記述されるとする．

$$\text{初期条件:}\quad u(x,0)=f(x) \tag{7.36}$$

境界条件(7.35)と初期条件(7.36)をみたすような熱伝導方程式(7.34)の解を求める．

図7-8　長さ L の棒の温度分布 $u(x,t)$.

まず初めに変数分離法を用いる．$u(x,t)=X(x)T(t)$ とおく．これを(7.34)に代入して，

$$XT'=\kappa X''T\quad\text{または}\quad \frac{1}{\kappa}\frac{T'}{T}=\frac{X''}{X}$$

$T'/\kappa T$ は t だけの関数，X''/X は x だけの関数であるから，両者は定数 k でなければならない．よって，

$$X''-kX=0 \tag{7.37}$$

$$T'-\kappa kT=0 \tag{7.38}$$

次に，境界条件(7.35)をみたすように，常微分方程式(7.37)と(7.38)を解く．(7.35)より，

$$u(0,t) = X(0)T(t) = 0, \qquad u(L,t) = X(L)T(t) = 0 \tag{7.39}$$

$T(t)\equiv 0$ の場合には興味がないので，(7.39) から，

$$X(0) = 0, \qquad X(L) = 0 \tag{7.40}$$

方程式(7.37)の解で条件(7.40)をみたすもののうち，意味がある($u(x,t)\not\equiv 0$)のは，$k=-p^2$(p は正数)に限られる．なぜならば，$k=0$ のとき，(7.37)の一般解は $X=ax+b$ であり，(7.40)より，$a=b=0$．すなわち $X\equiv 0$ となる．また，$k=q^2$(q は正数)のとき，(7.37)の一般解は $X=ae^{qx}+be^{-qx}$ であり，(7.40)から再び $a=b=0$．すなわち $X\equiv 0$ となる．したがって，$k=-p^2$ とおいて，

$$X''+p^2X = 0 \tag{7.41}$$

$$T'+\kappa p^2T = 0 \tag{7.42}$$

を考える．(7.41)の一般解は，A, B を任意定数として，

$$X(x) = A\cos px + B\sin px$$

条件(7.40)から，

$$A = 0, \qquad B\sin pL = 0$$

$B\not\equiv 0$ となるためには，$\sin pL=0$，すなわち，

$$p_n = \frac{n\pi}{L} \qquad (n=1,2,3,\cdots) \tag{7.43}$$

でなければならない．したがって，(7.40)をみたす(7.41)の解は，B_n を任意定数として

$$X(x) = X_n(x) = B_n\sin p_nx = B_n\sin\frac{n\pi x}{L} \qquad (n=1,2,\cdots)$$

となる．

いま，(7.42)は

$$T'(t)+\lambda_n{}^2T(t) = 0, \qquad \lambda_n = \sqrt{\kappa}\,p_n = \frac{n\pi}{L}\sqrt{\kappa}$$

である．この方程式の一般解は，C_n を任意定数として，

$$T_n(t) = C_ne^{-\lambda_n{}^2t} \qquad (n=1,2,\cdots)$$

したがって，

$$u(x,t) = u_n(x,t) = X_n(x)T_n(t) = C_n \sin\frac{n\pi x}{L} e^{-\lambda_n{}^2 t} \qquad (7.44)$$

は境界条件(7.35)をみたす熱伝導方程式(7.34)の解である．(7.44)ではB_nC_nを新たにC_nとおいた．

最後に，u_nの線形結合(重ね合わせ)を考えることにより，初期条件(7.36)をみたすようにする．

$$u(x,t) = \sum_{n=1}^{\infty} u_n(x,t) = \sum_{n=1}^{\infty} C_n \sin\frac{n\pi x}{L} e^{-\lambda_n{}^2 t} \qquad (7.45)$$

(7.45)と(7.36)より，

$$u(x,0) = \sum_{n=1}^{\infty} C_n \sin\frac{n\pi x}{L} = f(x) \qquad (7.46)$$

したがって，(7.45)が(7.36)をみたすようにするためには，$u(x,0)$は$f(x)$の半区間でのフーリエ正弦級数でなければならない．6-2節の(6.17)から，

$$C_n = \frac{2}{L}\int_0^L f(x)\sin\frac{n\pi x}{L}dx \qquad (n=1,2,\cdots) \qquad (7.47)$$

(7.46)の両辺に$\sin(m\pi x/L)$をかけて，xについて0からLまで積分しても(7.47)が得られる．したがって，求める解

$$u(x,t) = \frac{2}{L}\sum_{n=1}^{\infty}\left(\int_0^L f(\xi)\sin\frac{n\pi\xi}{L}d\xi\right)\sin\frac{n\pi x}{L} e^{-\kappa(n\pi/L)^2 t} \qquad (7.48)$$

を得る．

例題1　初期条件(図7-6と同じ形)

$$u(x,0) = f(x) = \begin{cases} (2K/L)x & (0<x\leqq L/2) \\ (2K/L)(L-x) & (L/2\leqq x<L) \end{cases}$$

と境界条件$u(0,t)=0$, $u(L,t)=0$をみたす熱伝導方程式$u_t=\kappa u_{xx}$の解を求めよ．

［解］　(7.47)と(7.48)を用いる．6-2節の例題2から，

$$C_n = \frac{2}{L}\int_0^L f(x)\sin\frac{n\pi x}{L}dx = \frac{8K}{n^2\pi^2}\sin\frac{n\pi}{2}$$

したがって，

$$u(x,t) = \sum_{n=1}^{\infty}\frac{8K}{n^2\pi^2}\sin\frac{n\pi}{2}\sin\frac{n\pi x}{L}e^{-\kappa(n\pi/L)^2 t}$$

$$= \frac{8K}{\pi^2}\left[\sin\frac{\pi x}{L}e^{-\kappa(\pi/L)^2t} - \frac{1}{3^2}\sin\frac{3\pi x}{L}e^{-\kappa(3\pi/L)^2t} + \cdots\right] \quad (7.49)$$

図7-9は解(7.49)の時間変化の様子を示す．時間がたつにつれて，温度分布は一様になっていくことがわかる．$t\to\infty$ では棒のすべての点で $u=0$ となる．棒の両端を温度0($u=0$)に固定したのであるから物理的に考えても当然の結果といえよう．

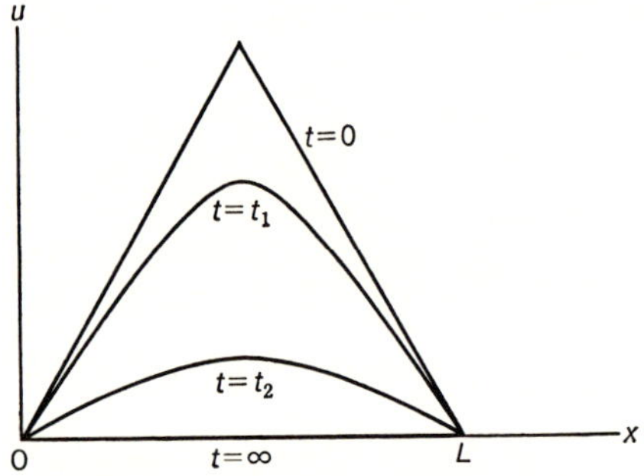

図7-9　熱伝導方程式の解($0<t_1<t_2$).

境界条件を(7.35)の代りに，

$$\text{境界条件:}\quad u_x(0,t)=0, \qquad u_x(L,t)=0 \quad (7.50)$$

としても，全く同様にして解くことができる．(7.50)と

$$\text{初期条件:}\quad u(x,0)=f(x) \quad (7.51)$$

をみたす熱伝導方程式(7.34)の解は

$$u(x,t)=\frac{A_0}{2}+\sum_{n=1}^{\infty}A_n\cos\frac{n\pi x}{L}e^{-\kappa(n\pi/L)^2t} \quad (7.52)$$

$$A_n=\frac{2}{L}\int_0^L f(x)\cos\frac{n\pi x}{L}dx \qquad (n=0,1,2,\cdots) \quad (7.53)$$

で与えられる．熱の流れは $\partial u/\partial x$ に比例するので，境界条件(7.50)は棒の両端で熱の流れがない，すなわち完全に断熱されていることを示す．$t\to\infty$ では $u=A_0/2=$一定になる．$t=0$ でどんな温度分布をしていても，その棒を真綿でくるんで放置しておけば，温度分布は一様になるのである．∎

問　　題

1. 熱伝導方程式 $u_t=\kappa u_{xx}$ を，次に与えられた初期条件と境界条件をみたすように解け．

（i）　境界条件 $u(0,t)=u(\pi,t)=0$．初期条件 $u(x,0)=2\sin x+\sin 2x$ $(0<x<\pi)$.

（ii）　境界条件 $u(0,t)=u(L,t)=0$．初期条件 $u(x,0)=x(L-x)$ $(0<x<L)$.

（iii）　境界条件 $u(0,t)=u(L,t)=0$．初期条件 $u(x,0)=u_0$（一定）$(0<x<L)$.

7-4　無限区間での波動

無限区間 $-\infty<x<\infty$ での波動の問題を考える．

$$\frac{\partial^2 u}{\partial t^2}=c^2\frac{\partial^2 u}{\partial x^2} \tag{7.54}$$

初期条件は

$$u(x,0)=f(x), \qquad u_t(x,0)=g(x) \tag{7.55}$$

で与えられているとする．

7-2節で行なったと同じように，$u=X(x)T(t)$ とおき変数分離法を用いる．(7.54)から，

$$\frac{1}{c^2}\frac{T''}{T}=\frac{X''}{X}=-p^2$$

よって，

$$X''(x)+p^2X(x)=0 \tag{7.56}$$

$$T''(t)+c^2p^2T(t)=0 \tag{7.57}$$

変数分離の際に導入される定数を $k=-p^2$ とおいたのは，$x\to\pm\infty$ で u が有界，すなわち M をある定数として $|u(x,t)|<M$，という物理的な要請による．(7.56)と(7.57)の一般解は，おのおの

$$X(x)=A\cos px+B\sin px$$

$$T(t)=C\cos cpt+D\sin cpt$$

したがって，

$$u(x,t) = X(x)T(t) = (A\cos px + B\sin px)(C\cos cpt + D\sin cpt) \quad (7.58)$$

は，(7.54)の解である．

初期条件(7.55)をみたすように解を構成する．定数 A, B, C, D を p の関数と考えて，(7.58)から

$$u(x,t) = \int_0^\infty \{A(p)\cos px + B(p)\sin px\}\{C(p)\cos cpt + D(p)\sin cpt\}dp \quad (7.59)$$

をつくる．(7.59)は(7.54)の解であることを確かめてみよ．初期条件(7.55)をみたすようにするには，

$$u(x,0) = \int_0^\infty \{A(p)C(p)\cos px + B(p)C(p)\sin px\}dp = f(x)$$

$$u_t(x,0) = \int_0^\infty \{cpA(p)D(p)\cos px + cpB(p)D(p)\sin px\}dp = g(x)$$

6-3 節のフーリエ積分表示(6.30)より，

$$A(p)C(p) = \frac{1}{\pi}\int_{-\infty}^\infty f(\xi)\cos p\xi d\xi, \qquad B(p)C(p) = \frac{1}{\pi}\int_{-\infty}^\infty f(\xi)\sin p\xi d\xi$$

$$cpA(p)D(p) = \frac{1}{\pi}\int_{-\infty}^\infty g(\xi)\cos p\xi d\xi, \qquad cpB(p)D(p) = \frac{1}{\pi}\int_{-\infty}^\infty g(\xi)\sin p\xi d\xi$$

であることがわかる．これらを(7.59)に代入して，

$$\begin{aligned}
u(x,t) &= \int_0^\infty \{A(p)C(p)\cos px\cos cpt + B(p)C(p)\sin px\cos cpt \\
&\quad + A(p)D(p)\cos px\sin cpt + B(p)D(p)\sin px\sin cpt\}dp \\
&= \frac{1}{\pi}\int_0^\infty dp\int_{-\infty}^\infty d\xi[f(\xi)\{\cos px\cos p\xi + \sin px\sin p\xi\}\cos cpt \\
&\quad + \frac{1}{cp}g(\xi)\{\cos px\cos p\xi + \sin px\sin p\xi\}\sin cpt] \\
&= \frac{1}{\pi}\int_0^\infty dp\int_{-\infty}^\infty d\xi\left[f(\xi)\cos p(\xi - x)\cos cpt + \frac{1}{cp}g(\xi)\cos p(\xi - x)\sin cpt\right]
\end{aligned}$$

上の式の $u(x,t)$ を $f(\xi)$ に関する項と $g(\xi)$ に関する項に分ける．

$$u(x,t) = u_1(x,t) + u_2(x,t) \quad (7.60)$$

$$u_1(x,t)=\frac{1}{\pi}\int_0^\infty dp\int_{-\infty}^\infty d\xi f(\xi)\cos p(\xi-x)\cos cpt$$

$$u_2(x,t)=\frac{1}{\pi}\int_0^\infty dp\int_{-\infty}^\infty d\xi\frac{1}{cp}g(\xi)\cos p(\xi-x)\sin cpt$$

まず $u_1(x,t)$ について調べる.

$$\cos p(\xi-x)\cos cpt=\frac{1}{2}\{\cos p(x+ct-\xi)+\cos p(x-ct-\xi)\}$$

であるから,

$$u_1(x,t)=\frac{1}{2\pi}\int_0^\infty dp\int_{-\infty}^\infty d\xi\,[f(\xi)\cos p(x+ct-\xi)+f(\xi)\cos p(x-ct-\xi)]$$

フーリエ積分公式(6-2 節の (6.29))

$$f(x)=\frac{1}{\pi}\int_0^\infty dw\int_{-\infty}^\infty duf(u)\cos w(x-u)$$

を使って,

$$u_1(x,t)=\frac{1}{2}\{f(x+ct)+f(x-ct)\} \tag{7.61}$$

を得る.

次に $u_2(x,t)$ について考える.

$$\cos p(\xi-x)\sin cpt=\frac{1}{2}\{\sin p(ct-x+\xi)+\sin p(ct+x-\xi)\}$$

であるから,

$$u_2(x,t)=\frac{1}{2\pi c}\int_0^\infty dp\int_{-\infty}^\infty d\xi g(\xi)\left\{\frac{1}{p}\sin p(ct-x+\xi)+\frac{1}{p}\sin p(ct+x-\xi)\right\}$$

定積分の公式(6-3 節の (6.42))

$$\int_0^\infty\frac{1}{p}\sin pxdp=\begin{cases}\pi/2 & (x>0)\\ 0 & (x=0)\\ -\pi/2 & (x<0)\end{cases}$$

を使って,

$$u_2(x,t)=\frac{1}{2\pi c}\left[-\frac{\pi}{2}\int_{-\infty}^{x-ct}g(\xi)d\xi+\frac{\pi}{2}\int_{x-ct}^\infty g(\xi)d\xi\right.$$
$$\left.+\frac{\pi}{2}\int_{-\infty}^{x+ct}g(\xi)d\xi-\frac{\pi}{2}\int_{x+ct}^\infty g(\xi)d\xi\right]$$

$$= \frac{1}{2c}\int_{x-ct}^{x+ct} g(\xi)d\xi \tag{7.62}$$

$u(x,t)$ は，(7.61) と (7.62) を加え合わせたものであるから，

$$u(x,t) = \frac{1}{2}\{f(x+ct)+f(x-ct)\}+\frac{1}{2c}\int_{x-ct}^{x+ct} g(\xi)d\xi \tag{7.63}$$

これは，ストークスの波動公式(7.18)と同じである．7-2節では一般解(ダランベールの解)を使ってストークスの波動公式を導いた．この節ではフーリエ級数を使って同じ結果を導いたわけである．正しい式にはいろいろな導き方がある．

7-5　無限に長い棒での熱伝導

熱伝導方程式

$$\frac{\partial u}{\partial t} = \kappa\frac{\partial^2 u}{\partial x^2} \tag{7.64}$$

を使って，無限に長い棒における熱伝導の問題を考える．$t=0$ での温度分布を与えて，

$$\text{初期条件:} \quad u(x,0) = f(x) \tag{7.65}$$

それ以後の時刻 t での温度分布 $u(x,t)$ を調べる．

まずはじめに変数分離法を用いる．$u=X(x)T(t)$ とおき，(7.64) に代入すると，2 つの常微分方程式

$$X''+p^2X = 0 \tag{7.66}$$

$$T'+\kappa p^2T = 0 \tag{7.67}$$

が得られる．上の 2 つの方程式の一般解は，それぞれ

$$X(x) = A\cos px+B\sin px, \qquad T(t) = Ce^{-\kappa p^2 t} \tag{7.68}$$

である．(7.66) と (7.67) で，変数分離の際の定数を $k=-p^2$ としたのは((7.37) と (7.38) を参照)，$x\to\pm\infty$ で $X(x)$ は有界であるという物理的要請による．こうして，(7.64) の解

$$u(x,t) = X(x)T(t) = (A\cos px+B\sin px)e^{-\kappa p^2 t} \tag{7.69}$$

を得る．(7.68)の A, B, C は任意定数であるので，(7.69)では AC, BC を新たに A, B とおいた．(7.64)は線形同次方程式であるので，解(7.69)の重ね合わせも解である．したがって，A, B を p の関数とし，

$$u(x,t)=\int_0^\infty \{A(p)\cos px+B(p)\sin px\}e^{-\kappa p^2 t}dp \qquad (7.70)$$

をつくると，これも(7.64)の解である．(7.70)の解が初期条件(7.65)をみたすようにする．

$$u(x,0)=\int_0^\infty \{A(p)\cos px+B(p)\sin px\}dp=f(x) \qquad (7.71)$$

6-3節のフーリエ積分表示(6.30)より，

$$\left.\begin{aligned} A(p)&=\frac{1}{\pi}\int_{-\infty}^\infty f(\xi)\cos p\xi d\xi \\ B(p)&=\frac{1}{\pi}\int_{-\infty}^\infty f(\xi)\sin p\xi d\xi \end{aligned}\right. \qquad (7.72)$$

(係数 $1/\pi$ の場所が，(6.30)と(7.71)，(7.72)では違うが，それは本質的ではない．(6.30)で，$A(w)$, $B(w)$ を $\pi A(w)$, $\pi B(w)$ とおけば，(7.71)，(7.72)を得る)．(7.72)を(7.70)に代入して

$$\begin{aligned} u(x,t)&=\frac{1}{\pi}\int_0^\infty dp\int_{-\infty}^\infty d\xi f(\xi)(\cos p\xi\cos px+\sin p\xi\sin px)e^{-\kappa p^2 t} \\ &=\frac{1}{\pi}\int_0^\infty dp\int_{-\infty}^\infty d\xi f(\xi)\cos p(\xi-x)e^{-\kappa p^2 t} \end{aligned}$$

積分の順序を交換すれば($f(x)$ が有界で，絶対積分可能であれば交換できる)，

$$u(x,t)=\int_{-\infty}^\infty d\xi f(\xi)U(\xi-x,t) \qquad (7.73)$$

$$U(\xi-x,t)\equiv\frac{1}{\pi}\int_0^\infty dp e^{-\kappa p^2 t}\cos p(\xi-x) \qquad (7.74)$$

を得る．公式(節末の計算ノートの公式(iv))

$$\int_0^\infty e^{-ax^2}\cos bx dx=\frac{1}{2}\sqrt{\frac{\pi}{a}}e^{-b^2/4a} \qquad (a>0)$$

を用いると，(7.74)は

$$U(\xi-x,t)=\frac{1}{2}\frac{1}{\sqrt{\pi\kappa t}}e^{-(\xi-x)^2/4\kappa t} \tag{7.75}$$

である．この結果を使って，(7.73)は

$$u(x,t)=\frac{1}{2\sqrt{\pi\kappa t}}\int_{-\infty}^{\infty}d\xi f(\xi)e^{-(\xi-x)^2/4\kappa t} \tag{7.76}$$

と書ける．さらに新しい変数 $\eta=(\xi-x)/\sqrt{4\kappa t}$ を用いて，

$$u(x,t)=\frac{1}{\sqrt{\pi}}\int_{-\infty}^{\infty}d\eta f(x+2\sqrt{\kappa t}\,\eta)e^{-\eta^2}$$

とも書ける．

例題1　熱伝導方程式 $u_t=\kappa u_{xx}$ を，初期条件 $u(x,0)=f(x)$,

$$f(x)=\lim_{\varepsilon\to 0}\delta_\varepsilon(x),\qquad \delta_\varepsilon(x)\equiv\begin{cases}1/\varepsilon & (|x|<\varepsilon/2)\\ 0 & (|x|>\varepsilon/2)\end{cases}$$

をみたすように解け．

［解］ $f(x)$ は原点以外では0であり，その面積は1であるから（$f(x)$ はディラックのデルタ関数である．6-5節参照），(7.73)と(7.75)より，

$$u(x,t)=\int_{-\infty}^{\infty}d\xi f(\xi)U(\xi-x,t)=U(-x,t)\int_{-\infty}^{\infty}d\xi f(\xi)$$

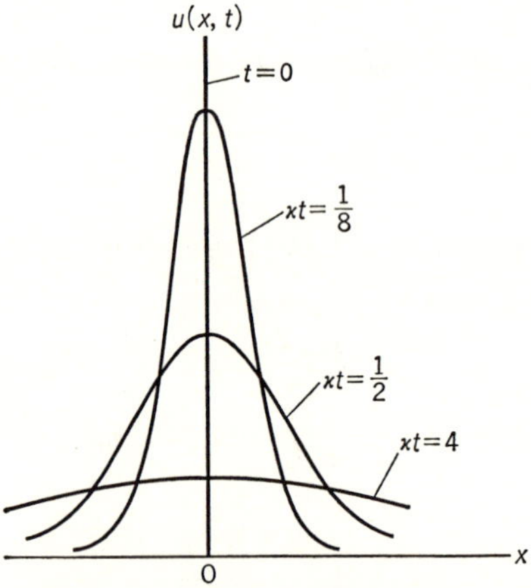

図7-10　熱伝導方程式の解 $u(x,t)=e^{-x^2/4\kappa t}/2\sqrt{\pi\kappa t}$．$t=0$ では，$x=0$ に集中している．

$$=\frac{1}{2}\frac{1}{\sqrt{\pi\kappa t}}e^{-x^2/4\kappa t} \tag{7.77}$$

図7-10は，解(7.77)を図示したものである．時間とともに温度が均一化されていく様子がわかる．方程式 $u_t=\kappa u_{xx}$ は**拡散方程式**ともよばれる．その場合 $u(x,t)$ は拡散していく物理量の濃度を表わす．図7-10は，$t=0$ で $x=0$ に集中していたものが，その直後には非常に遠方でもわずかながら存在することを示す．拡散方程式によれば，“東京湾に砂糖水をたらすと，その直後にニューヨーク港の海水が少し甘くなる”(これは，物理数学のかなり有名なジョークである)．∎

計算ノート e^{-x^2} を含む定積分

e^{-x^2} を含む定積分は物理のいろいろな分野に登場するが，初等的な本の中では定積分の求め方を説明してあるものが少ない．ここでまとめを行なっておく．

(i) $\displaystyle\int_{-\infty}^{\infty}e^{-x^2}dx=\sqrt{\pi}$

求める定積分を I とおく．

$$I^2=\int_{-\infty}^{\infty}e^{-x^2}dx\int_{-\infty}^{\infty}e^{-y^2}dy=\int_{-\infty}^{\infty}dx\int_{-\infty}^{\infty}dye^{-(x^2+y^2)}$$

2次元極座標 (ρ,ϕ)；$x=\rho\cos\phi$，$y=\rho\sin\phi$，に移る．$x^2+y^2=\rho^2$，$dxdy=\rho d\rho d\phi$ であるから，

$$I^2=\int_0^{2\pi}d\phi\int_0^{\infty}e^{-\rho^2}\rho d\rho=2\pi\left[-\frac{1}{2}e^{-\rho^2}\right]_0^{\infty}=\pi$$

よって，$I=\sqrt{\pi}$．

(ii) $\displaystyle\int_{-\infty}^{\infty}e^{-ax^2}dx=\sqrt{\frac{\pi}{a}}\qquad(a>0)$

$$\int_{-\infty}^{\infty}e^{-ax^2}dx=\int_{-\infty}^{\infty}e^{-y^2}\frac{1}{\sqrt{a}}dy=\frac{1}{\sqrt{a}}\int_{-\infty}^{\infty}e^{-y^2}dy=\sqrt{\frac{\pi}{a}}\qquad(y=\sqrt{a}\,x)$$

(iii) $\displaystyle\int_{-\infty}^{\infty}x^2e^{-ax^2}dx=\frac{1}{2}\frac{\sqrt{\pi}}{a^{3/2}}\qquad(a>0)$

(ii)の両辺を a で微分する．

$$\int_{-\infty}^{\infty}(-x^2)e^{-ax^2}dx=-\frac{1}{2}\frac{\sqrt{\pi}}{a^{3/2}}，\quad よって\quad \int_{-\infty}^{\infty}x^2e^{-ax^2}dx=\frac{1}{2}\frac{\sqrt{\pi}}{a^{3/2}}$$

(iv)　$\displaystyle\int_{-\infty}^{\infty} e^{-ax^2}\cos bx dx = \sqrt{\frac{\pi}{a}}e^{-b^2/4a}$　　$(a>0)$

求める定積分を I とおく．I を a と b の関数と考える．

$$\frac{\partial I}{\partial b} = \int_{-\infty}^{\infty}(-xe^{-ax^2})\sin bx dx$$
$$= \frac{1}{2a}\Big[e^{-ax^2}\sin bx\Big]_{-\infty}^{\infty} - \frac{b}{2a}\int_{-\infty}^{\infty}e^{-ax^2}\cos bx dx \qquad (部分積分)$$
$$= -\frac{b}{2a}I$$

b について積分すると，$\log I = C_1 - b^2/4a$ であるから，

$$I = I(a, b) = C(a)e^{-b^2/4a}$$

ところが，公式(ii)から $C(a) = I(a, 0) = \sqrt{\pi/a}$．よって，(iv)が証明された．

以上のように，e^{-x^2} を $-\infty$ から ∞ まで積分すれば $\sqrt{\pi}$ であることを憶えておけば，他の定積分はそれから導くことができる．

問　　題

1.　関数 $U(x,t) = \dfrac{1}{2}(\pi\kappa t)^{-1/2}e^{-x^2/4\kappa t}$ は次の性質をもつことを示せ．

(i)　$U(x,t)$ は $t>0$ において $U_t = \kappa U_{xx}$ をみたす．

(ii)　$x \neq 0$ ならば，$t\to 0\ (t>0)$ で $U(x,t)\to 0$.

(iii)　$\displaystyle\int_{-\infty}^{\infty}U(x,t)dx = 1$.（定積分の公式 $\displaystyle\int_{-\infty}^{\infty}e^{-ax^2}dx = \sqrt{\pi/a}$，$a>0$ を用いる．）

2.　$u_t = \kappa u_{xx}$ を初期条件 $u(x,0) = \cos x$ のもとで解け．（定積分の公式 $\displaystyle\int_{-\infty}^{\infty}e^{-ax^2}\cdot\cos bx dx = \sqrt{\pi/a}\,e^{-b^2/4a}$ を用いる．）

7-6　2次元波動方程式

2次元の波動方程式

$$\frac{\partial^2 u}{\partial t^2} = c^2\left(\frac{\partial^2 u}{\partial x^2} + \frac{\partial^2 u}{\partial y^2}\right) \qquad (7.78)$$

を考える．物理例としては，2次元の矩形(長方形)板の横振動を思い浮べる．辺の長さが a, b の矩形板(図7-11)の4辺は固定されているとする．

境界条件：　$u(0,y,t) = u(a,y,t) = u(x,0,t) = u(x,b,t) = 0$　　(7.79)

初期変位 $u(x,y,0)$ と初期速度 $u_t(x,y,0)$ を，おのおの

$$\text{初期条件:}\quad u(x,y,0)=f(x,y),\qquad u_t(x,y,0)=g(x,y) \tag{7.80}$$

で与える．境界条件(7.79)と初期条件(7.80)をみたすように，波動方程式(7.78)を解くことがこれからの問題である．

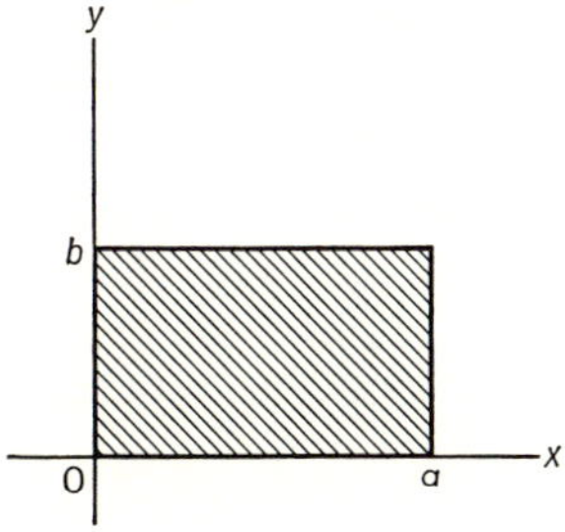

図7-11 矩形板.

変数分離法を用いる．$u=T(t)U(x,y)$ とおけば，(7.78)より，

$$T''U=c^2T\left(\frac{\partial^2U}{\partial x^2}+\frac{\partial^2U}{\partial y^2}\right)\quad \text{または}\quad \frac{T''}{c^2T}=\frac{1}{U}\left(\frac{\partial^2U}{\partial x^2}+\frac{\partial^2U}{\partial y^2}\right)$$

T''/c^2T は t だけの関数，$(U_{xx}+U_{yy})/U$ は x,y の関数であるから，それらはある定数 k でなければならない．

$$\frac{\partial^2U}{\partial x^2}+\frac{\partial^2U}{\partial y^2}-kU=0 \tag{7.81}$$

$$T''-c^2kT=0 \tag{7.82}$$

(7.81)に対して，もう一度変数分離法を用いる．$U(x,y)=X(x)Y(y)$ とおくと，(7.81)は

$$\frac{X''}{X}=-\frac{Y''}{Y}+k$$

左辺は x，右辺は y だけの関数であるから，両辺は定数$(-\alpha)$に等しい．したがって，

$$X''+\alpha X=0,\qquad Y''+\beta Y=0\qquad (k=-(\alpha+\beta)) \tag{7.83}$$

$X(x)$, $Y(y)$ に対する境界条件は，(7.79)に $u=T(t)X(x)Y(y)$ を代入することにより，

$$X(0)=X(a)=0,\qquad Y(0)=Y(b)=0 \tag{7.84}$$

となることがわかる．(7.83)の解が境界条件(7.84)をみたし，意味があるのは $\alpha>0, \beta>0$ のときである．7-2節の(7.24)以下での議論と全く同じで，他の場合には，$X\equiv 0$, $Y\equiv 0$ となるからである．$\alpha>0$, $\beta>0$ のとき，(7.83)の一般解は，

$$X(x)=A\cos\sqrt{\alpha}\,x+B\sin\sqrt{\alpha}\,x$$
$$Y(y)=C\cos\sqrt{\beta}\,y+D\sin\sqrt{\beta}\,y$$

で与えられる．これらを(7.84)に代入して，

$$A=0,\ \ B\sin\sqrt{\alpha}\,a=0\ ;\quad C=0,\ \ D\sin\sqrt{\beta}\,b=0$$

よって，$X\equiv 0$, $Y\equiv 0$ とならないためには，$\sin\sqrt{\alpha}\,a=0$, $\sin\sqrt{\beta}\,b=0$, すなわち，

$$\alpha=\left(\frac{m\pi}{a}\right)^2,\qquad \beta=\left(\frac{n\pi}{b}\right)^2\qquad (m,n=1,2,\cdots)\tag{7.85}$$

でなければならない．こうして，

$$U_{mn}=X_m(x)Y_n(y)=\sin\frac{m\pi x}{a}\sin\frac{n\pi y}{b}\qquad (m,n=1,2,\cdots)\tag{7.86}$$

は，(7.81)の解であることがわかる．

このとき，$k=-(\alpha+\beta)$ であるから，

$$k_{mn}=-\left(\left(\frac{m\pi}{a}\right)^2+\left(\frac{n\pi}{b}\right)^2\right)\qquad (m,n=1,2,\cdots)\tag{7.87}$$

とおき，(7.82)に代入する．

$$T''+\omega_{mn}{}^2T=0,\qquad \omega_{mn}=c\sqrt{\left(\frac{m\pi}{a}\right)^2+\left(\frac{n\pi}{b}\right)^2}\tag{7.88}$$

(7.88)の一般解は，

$$T_{mn}(t)=A_{mn}\cos\omega_{mn}t+B_{mn}\sin\omega_{mn}t$$

である．したがって，(7.79)をみたす(7.78)の解

$$u_{mn}(x,y,t)=(A_{mn}\cos\omega_{mn}t+B_{mn}\sin\omega_{mn}t)\sin\frac{m\pi x}{a}\sin\frac{n\pi y}{b}\tag{7.89}$$

が求まる．

(7.89)の u_{mn} は矩形の周上で0である．u_{mn} を**固有関数**，ω_{mn} を**固有値**という．矩形の内部において，時間によらずに $u_{mn}=0$ となる曲線を**節線**という．節線は $U_{mn}=0$ によって決められる．$a \neq b$ ならば，一般には，異なる m, n の組に対して ω_{mn} は同じ値にならない．すなわち，固有値は**縮退しない**．このとき，節線は x 軸または y 軸に平行な線分で，それぞれ $n-1$ 本，$m-1$ 本ずつある．$a \neq b$ の場合の節線を図7-12に示す．長方形の‘たいこ’をたたけば，図7-12のような節線ができて振動する．m, n が大きいほど振動数 $\omega_{mn}/2\pi$ は大きく，高い音に聞える．$a=b$ ならば，$\omega_{mn}=\omega_{nm}$ であるから，固有値 $\omega_{mn}\,(m \neq n)$ は少なくとも2重に縮退する．このとき，節線は c_1 と c_2 を定数として，$c_1U_{mn}+c_2U_{nm}=0$ によって決められ，多様な振動パターンが現われる．

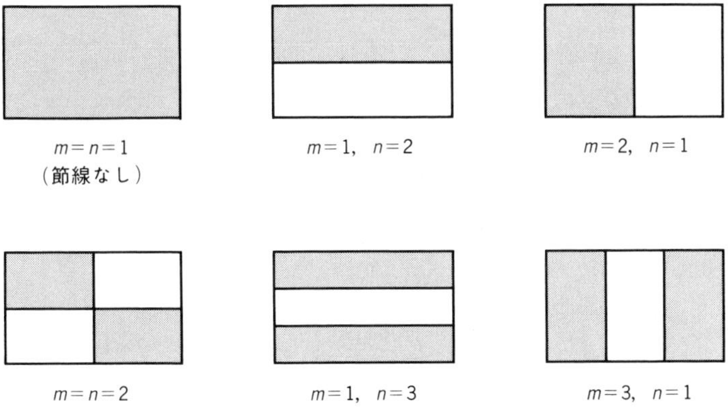

図7-12　矩形板の振動における節線($a \neq b$)．a/b が無理数ならば縮退はない．図で，灰色の部分と白い部分は逆向きに運動する．

最後に，初期条件(7.80)をみたす解を求める．(7.89)の重ね合わせをつくる．

$$
\begin{aligned}
u(x, y, t) &= \sum_{m=1}^{\infty}\sum_{n=1}^{\infty} u_{mn}(x, y, t) \\
&= \sum_{m=1}^{\infty}\sum_{n=1}^{\infty} (A_{mn}\cos\omega_{mn}t + B_{mn}\sin\omega_{mn}t)\sin\frac{m\pi x}{a}\sin\frac{n\pi y}{b}
\end{aligned}
\tag{7.90}
$$

初期条件(7.80)より，

$$u(x, y, 0) = \sum_{m=1}^{\infty} \sum_{n=1}^{\infty} A_{mn} \sin \frac{m\pi x}{a} \sin \frac{n\pi y}{b} = f(x, y) \tag{7.91}$$

$$u_t(x, y, 0) = \sum_{m=1}^{\infty} \sum_{n=1}^{\infty} B_{mn}\omega_{mn} \sin \frac{m\pi x}{a} \sin \frac{n\pi y}{b} = g(x, y) \tag{7.92}$$

(7.91)と(7.92)に現われた級数を**2重フーリエ級数**という．まず，(7.91)について考える．

$$f(x, y) = \sum_{m=1}^{\infty} \sum_{n=1}^{\infty} A_{mn} \sin \frac{m\pi x}{a} \sin \frac{n\pi y}{b}$$

これを

$$f(x, y) = \sum_{m=1}^{\infty} C_m(y) \sin \frac{m\pi x}{a} \tag{7.93}$$

$$C_m(y) = \sum_{n=1}^{\infty} A_{mn} \sin \frac{n\pi y}{b} \tag{7.94}$$

と書きかえる．y を固定すれば，(7.93)は $f(x, y)$ のフーリエ正弦級数であるから，その係数 $C_m(y)$ は，

$$C_m(y) = \frac{2}{a} \int_0^a f(x, y) \sin \frac{m\pi x}{a} dx \tag{7.95}$$

で与えられる．次に，C_m は y の関数であることを思い出すと，(7.94)は $C_m(y)$ のフーリエ正弦級数である．したがって，

$$A_{mn} = \frac{2}{b} \int_0^b C_m(y) \sin \frac{n\pi y}{b} dy \tag{7.96}$$

(7.95)と(7.96)をまとめて，

$$A_{mn} = \frac{4}{ab} \int_0^b dy \int_0^a dx f(x, y) \sin \frac{m\pi x}{a} \sin \frac{n\pi y}{b} \tag{7.97}$$

を得る．同様にして，(7.92)より，

$$B_{mn} = \frac{4}{ab\omega_{mn}} \int_0^b dy \int_0^a dx g(x, y) \sin \frac{m\pi x}{a} \sin \frac{n\pi y}{b} \tag{7.98}$$

こうして決めた係数 A_{mn} と B_{mn} を(7.90)に代入することによって，境界条件(7.79)と初期条件(7.80)をみたす解が求められた．

問　題

1.　4辺を固定した正方形の板(辺の長さは1)の横振動を調べる．2次元波動方程式

$$\frac{\partial^2 u}{\partial t^2} = c^2\left(\frac{\partial^2 u}{\partial x^2} + \frac{\partial^2 u}{\partial y^2}\right)$$

を，

$$\text{境界条件：}\quad u(0, y, t) = u(1, y, t) = u(x, 0, t) = u(x, 1, t) = 0$$

$$\text{初期条件：}\quad u(x, y, 0) = k\sin\pi x\sin 2\pi y,\quad u_t(x, y, 0) = 0$$

をみたすように解け．

7-7　ラプラス方程式とポアソン方程式

第5章で勉強した積分定理から出発して，ラプラス方程式

$$\nabla^2\phi = \left(\frac{\partial^2}{\partial x^2} + \frac{\partial^2}{\partial y^2} + \frac{\partial^2}{\partial z^2}\right)\phi = 0 \tag{7.99}$$

とポアソン方程式

$$\nabla^2\phi = -k\rho \qquad (k : \text{定数}) \tag{7.100}$$

の性質を調べる．

物理例　温度分布 $u(x, y, z, t)$ は，3次元熱伝導方程式 $\partial u/\partial t = \kappa\nabla^2 u$ によって記述される．温度分布が定常的，すなわち時間によって変化しないとすると，$\partial u/\partial t = 0$ であり，温度分布 $u(x, y, z)$ はラプラス方程式 $\nabla^2 u = 0$ をみたす．▌

物理例　電位を $\phi(x, y, z)$，電荷分布を $\rho(x, y, z)$ とすると，

$$\nabla^2\phi = -\frac{\rho}{\varepsilon_0} \tag{7.101}$$

これはポアソン方程式である．▌

ガウスの定理(5-4節の(5.51))

$$\iiint_V \nabla\cdot\boldsymbol{A}dV = \iint_S \boldsymbol{A}\cdot\boldsymbol{n}dS \tag{7.102}$$

において，$\boldsymbol{A} = \nabla\phi$ とおく．

$$\iiint_V \nabla^2\phi dV = \iint_S \nabla\phi\cdot\boldsymbol{n}dS$$

閉曲面 S の法線方向に対する方向微分係数を $\partial\phi/\partial n$ と書けば，$\nabla\phi\cdot\boldsymbol{n}=\partial\phi/\partial n$ であるから，

$$\iiint_V \nabla^2\phi dV = \iint_S \frac{\partial\phi}{\partial n}dS$$

したがって，ϕ が領域 V 内でラプラス方程式をみたすならば，

$$\iint_S \frac{\partial\phi}{\partial n}dS = 0 \tag{7.103}$$

である．

物理例 領域 V 内には電荷分布はないとする．よって，V 内で電位 ϕ はラプラス方程式 $\nabla^2\phi=0$ をみたす．電場 $\boldsymbol{E}$ は電位 ϕ と $\boldsymbol{E}=-\nabla\phi$ の関係にあるから，(7.103) より，

$$\iint_S \boldsymbol{E}\cdot\boldsymbol{n}dS = \iint_S E_n dS = 0$$

この式は，電荷分布がない領域 V を囲む閉曲面 S を通る全電束は 0 であることを示す．❙

また，ガウスの定理(7.102)において，$\boldsymbol{A}=\phi\nabla\psi$ とおく．公式(4-5 節の公式(2))，$\nabla\cdot(\phi\nabla\psi)=\phi\nabla^2\psi+(\nabla\phi)\cdot(\nabla\psi)$ と，$(\phi\nabla\psi)\cdot\boldsymbol{n}=\phi(\boldsymbol{n}\cdot\nabla\psi)=\phi\partial\psi/\partial n$ を使って，

$$\boxed{\iiint_V (\phi\nabla^2\psi+(\nabla\phi)\cdot(\nabla\psi))dV = \iint_S \phi\frac{\partial\psi}{\partial n}dS} \tag{7.104}$$

(7.104) で ϕ と ψ を入れかえた式をつくり，(7.104) からその式をひくと

$$\boxed{\iiint_V (\phi\nabla^2\psi-\psi\nabla^2\phi)dV = \iint_S \left(\phi\frac{\partial\psi}{\partial n}-\psi\frac{\partial\phi}{\partial n}\right)dS} \tag{7.105}$$

(7.104) と (7.105) を**グリーンの定理**という．

グリーンの定理(7.104)から，次のような一連の重要な結果が得られる．

(1) 領域 V 内で ϕ がラプラス方程式をみたし，V を囲む閉曲面 S 上で $\partial\phi/\partial n=0$ ならば，ϕ は V 内で定数である．以下はその証明．(7.104) で $\psi=\phi$ と

おく．

$$\iiint_V (\phi\nabla^2\phi+(\nabla\phi)^2)dV=\iint_S \phi\frac{\partial\phi}{\partial n}dS \tag{7.106}$$

ϕ は $\nabla^2\phi=0$ をみたし，S 上で $\partial\phi/\partial n=0$．よって，

$$\iiint_V (\nabla\phi)^2 dV=0$$

ところが，$(\nabla\phi)^2\geqq 0$ であるから，積分が 0 になるためには $(\nabla\phi)^2=0$．すなわち，$\nabla\phi=0$．したがって，ϕ は V 内で定数である．

(2) (1) から次のことがいえる．V 内でポアソン方程式をみたし，S 上で $\partial\phi/\partial n=f(x,y,z)$ をみたす ϕ は，あるとすれば(定数の差は除いて)ただ 1 つである．以下はその証明．条件をみたす解が 2 つ，ϕ_1 と ϕ_2，あるとする．$\phi=\phi_1-\phi_2$ とおけば，V 内で $\nabla^2\phi=\nabla^2\phi_1-\nabla^2\phi_2=-k\rho+k\rho=0$．また，$S$ 上で $\partial\phi/\partial n=\partial\phi_1/\partial n-\partial\phi_2/\partial n=f-f=0$．したがって，(1) から，$\phi=$定数．よって，$\phi_1$ と ϕ_2 は定数だけしか違わない．

(3) 領域 V 内で ϕ がラプラス方程式をみたし，V を囲む閉曲面 S 上で $\phi=0$ ならば，V 内で $\phi=0$ である．以下はその証明．ϕ は $\nabla^2\phi=0$ をみたし，S 上で $\phi=0$．よって，(7.106) から，

$$\iiint_V (\nabla\phi)^2 dV=0$$

したがって，V 内で $\nabla\phi=0$，すなわち $\phi=$定数 である．ところが S の上で $\phi=0$ であるから，ϕ の連続性により，すべての点で $\phi=0$ である．

(4) (3) から次のことがいえる．V 内でポアソン方程式をみたし，S 上で $\phi=g(x,y,z)$ をみたす ϕ は，あるとすればただ 1 つである．以下はその証明．条件をみたす解が 2 つ，ϕ_1 と ϕ_2，あるとする．$\phi=\phi_1-\phi_2$ とおけば，V 内で $\nabla^2\phi=\nabla^2\phi_1-\nabla^2\phi_2=-k\rho+k\rho=0$．また，$S$ 上で $\phi=\phi_1-\phi_2=g-g=0$．したがって，(3) から，V 内で恒等的に $\phi=0$，すなわち，$\phi_1=\phi_2$ である．

上に述べた (2) と (4) は，ポアソン方程式の解の一意性の証明である．ラプラス方程式はポアソン方程式の同次方程式であるから，(2) と (4) はラプラス方程式の解の一意性の証明も含んでいる．

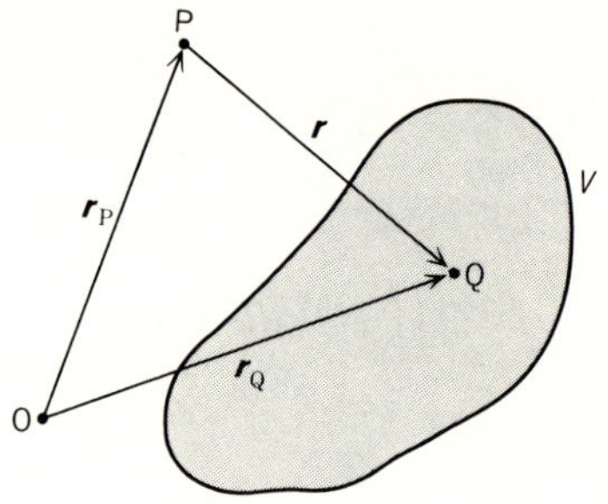

図 7-13　$\boldsymbol{r}=\boldsymbol{r}_{\mathrm{Q}}-\boldsymbol{r}_{\mathrm{P}}$, $r=|\boldsymbol{r}|$.

次にグリーンの定理(7.105)を応用しよう．領域 V 内の点Qと，ある点Pとの距離を r とする(図 7-13)．グリーンの定理(7.105)において，$\phi=1/r$ とおく．

$$\iiint_V\left[\phi\nabla^2\left(\frac{1}{r}\right)-\frac{1}{r}\nabla^2\phi\right]dV=\iint_S\left\{\phi\frac{\partial}{\partial n}\left(\frac{1}{r}\right)-\frac{1}{r}\frac{\partial\phi}{\partial n}\right\}dS \qquad (7.107)$$

左辺の積分の第1項を評価する際に，6-5 節の(6.56)，

$$\nabla^2\left(\frac{1}{r}\right) = -4\pi\delta(\boldsymbol{r})$$

を用いる．いま，$\boldsymbol{r}=\boldsymbol{r}_{\mathrm{Q}}-\boldsymbol{r}_{\mathrm{P}}$ であり，(7.107)での微分や積分は，動点Qに関するものであることに注意しよう．点Pが V の外部にあるならば，$r\neq 0$ であるから，$\nabla^2(1/r)=0$．したがって，(7.107)から，

$$\boxed{0 = -\iiint_V\frac{1}{r}\nabla^2\phi dV+\iint_S\left\{\frac{1}{r}\frac{\partial\phi}{\partial n}-\phi\frac{\partial}{\partial n}\left(\frac{1}{r}\right)\right\}dS} \qquad (7.108)$$

一方，点Pが V 内にあれば，(7.107)の左辺の積分の第1項は，

$$\begin{aligned}\iiint_V\phi\nabla^2\left(\frac{1}{r}\right)dV &= \iiint_V\phi(\boldsymbol{r}_{\mathrm{Q}})\nabla^2\left(\frac{1}{|\boldsymbol{r}_{\mathrm{Q}}-\boldsymbol{r}_{\mathrm{P}}|}\right)dV_{\mathrm{Q}}\\ &= -4\pi\iiint_V\phi(\boldsymbol{r}_{\mathrm{Q}})\delta(\boldsymbol{r}_{\mathrm{Q}}-\boldsymbol{r}_{\mathrm{P}})dV_{\mathrm{Q}} = -4\pi\phi(\boldsymbol{r}_{\mathrm{P}})\end{aligned}$$

となるから，(7.107)より，

$$\boxed{4\pi\phi(\boldsymbol{r}_{\mathrm{P}}) = -\iiint_V\frac{1}{r}\nabla^2\phi dV+\iint_S\left\{\frac{1}{r}\frac{\partial\phi}{\partial n}-\phi\frac{\partial}{\partial n}\left(\frac{1}{r}\right)\right\}dS}$$

(7.109)

(7.108)と(7.109)を**グリーンの公式**という.

(7.109)で，ϕ が無限遠で $1/r$ またはそれ以上に速く0になるならば，表面積分の項は消えて，

$$4\pi\phi(\boldsymbol{r}_{\mathrm{P}}) = -\iiint_R \frac{1}{r}\nabla^2\phi dV \qquad (R:\text{全空間}) \tag{7.110}$$

となる．特に，ϕ がポアソン方程式(7.100)，$\nabla^2\phi=-k\rho$，をみたすならば，

$$\phi(\boldsymbol{r}_{\mathrm{P}}) = \frac{k}{4\pi}\iiint_R \frac{\rho}{r}dV \tag{7.111}$$

である．

物理例 (7.111)より，電位 ϕ が無限遠で $1/r$ またはそれ以上に速く0になるならば，

$$\phi(\boldsymbol{r}) = \frac{1}{4\pi\varepsilon_0}\iiint \frac{\rho(\boldsymbol{r}')}{|\boldsymbol{r}-\boldsymbol{r}'|}d^3\boldsymbol{r}'$$

と書ける．そのとき電場 $\boldsymbol{E}$ は，

$$\boldsymbol{E}(\boldsymbol{r}) = -\nabla\phi = \frac{1}{4\pi\varepsilon_0}\iiint \frac{\boldsymbol{r}-\boldsymbol{r}'}{|\boldsymbol{r}-\boldsymbol{r}'|^3}\rho(\boldsymbol{r}')d^3\boldsymbol{r}'$$

で与えられる．▎

この章では，ラプラス方程式やポアソン方程式の解を具体的に求めることはしなかった．ラプラス方程式 $\nabla^2\phi=0$ や**ヘルムホルツ方程式** $\nabla^2\phi+\lambda\phi=0$ を極座標や円柱座標で変数分離してえられる2階常微分方程式の解は，ルジャンドル関数やベッセル関数などの**特殊関数**を与える．

Coffee Break

たいこの振動

本文(7-6節)では長方形の‘たいこ’を考えた．それは数学を簡単にするためであり，普通のたいこは丸い．円形膜の半径を1とし，その周辺を固定する．波動方程式を2次元極座標で表わすと，

$$\frac{\partial^2 u}{\partial t^2} = c^2\left(\frac{\partial^2 u}{\partial \rho^2} + \frac{1}{\rho}\frac{\partial u}{\partial \rho} + \frac{1}{\rho^2}\frac{\partial^2 u}{\partial \phi^2}\right)$$

である．境界条件 $u(\rho=1, \phi, t)=0$ をみたす解は

$$u_{mn} = (A_{mn}\cos cp_{mn}t + B_{mn}\sin cp_{mn}t)J_n(p_{mn}\rho)\cos n\phi$$

で与えられる．ここで，$J_n(x)$ は微分方程式

$$x^2 J_n'' + xJ_n' + (x^2-n^2)J_n = 0$$

の解であり，**n 次のベッセル関数**と呼ばれる．また，p_{mn} は $J_n(x)$ の m 番目の零点($p_{mn}>0$)である．いくつかの u_{mn} を図に示す．u_{mn} は $m+n-1$ 本の節線をもち，そのうち $m-1$ 本は原点を中心とする同心円で，n 本は直径である．詳しい数学はいずれ習うのでここではあまりこだわらずに，たいこの振動の様子を思い浮べて楽しんでほしい．図の濃い部分と薄い部分では，上下反対向きに振動する．膜の上に砂をうすくばらまき軽くたたくと，図に示したような図形が観測される．

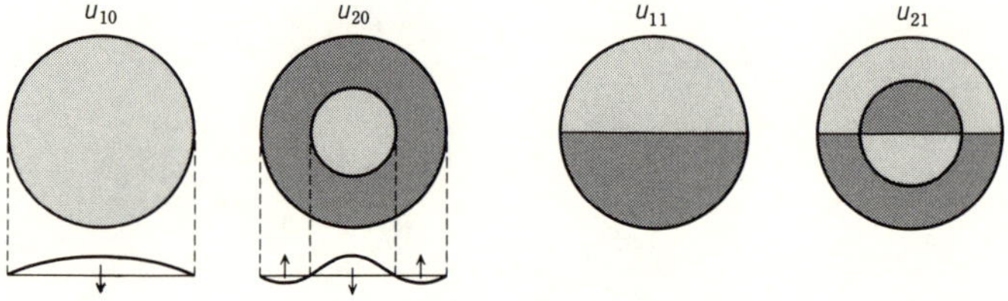

さらに勉強するために

本書では，物理を勉強する際に用いられる数学をていねいに説明した．理工系学部学生に必要な基礎的数学は，ほとんど含まれている．専門分野に進むにつれて，より詳細で高度な数学を使うことになるが，当分の間は本書だけで充分だと思う．それで，本書よりは一段階高いレベルの本を中心に紹介しよう．

物理数学全般として代表的なものに，

[1]　寺沢寛一：『自然科学者のための数学概論』，岩波書店(1954)

[2]　クーラン-ヒルベルト：『数理物理学の方法』(全4巻)(斎藤利弥監訳)，東京図書(1959)

[3]　スミルノフ：『高等数学教程』(全12巻)，共立出版(1958)

[4]　P. M. Morse and H. Feshbach : *Methods of Theoretical Physics,* Part I, II, McGraw-Hill (1953)

がある．[1]は日本における古典的名著．この本を手にすると大学生になった実感がする．[2]は量子力学の発達とともに名声を高め，物理数学のバイブルともいわれる．[3]は応用例を豊富に含み平易な記述なので，程度のわりには読みやすい．全12巻のうち必要な巻からそろえればよい．[4]は好学社のレプリント版がある．非常に詳しく書かれているので辞書代りにも使える．以上はやや古典的であるので，目新しいものを1つ．余裕のある読者は，

［5］ フランダース：『微分形式の理論』(岩堀長慶訳)，岩波書店(1967)

を読んでみるとよい．外微分形式を使ってまとめた物理数学の教科書である．微分形式を用いると，積分定理が非常に簡潔にまとめられることがわかる．

複素関数論は本書では述べなかった．

［6］ 田村二郎：『解析函数』，裳華房(1962)

［7］ L. V. Ahlfors : *Complex Analysis*, McGraw-Hill (1953)

はともに好著である．［7］は好学社のレプリント版がある．等角写像やポテンシャル論も含み，記述は簡明である．

線形代数，常微分方程式，ベクトル解析，フーリエ級数，偏微分方程式の専門書は多数出版されているので，その１つ１つを書くことは不可能である．本書の常微分方程式で省いた‘解の安定性’は

［8］ ポントリャーギン：『常微分方程式新版』(千葉克裕訳)，共立出版(1980)

にわかりやすく述べられていることだけを記す．

量子力学などの固有値問題で登場する特殊関数(ベッセル関数はその一例)については，

［9］ E. T. Whittaker and G. N. Watson : *Modern Analysis*, Cambridge (第10版，1958)

［10］ 犬井鉄郎：『特殊函数』，岩波書店(1962)

などがある．［1］～［4］にも特殊関数の章がある．

最後に公式集について．当面は本書巻末の公式で間に合うが，

［11］ 森口繁一・宇田川銈久・一松信：『数学公式』(I, II, III)，岩波書店(1960)

［12］ A. Erdélyi (ed.): *Tables of Integral Transforms*, McGraw-Hill (1954)

［13］ I. S. Gradshteyn and I. M. Ryzhik : *Table of Integrals, Series, and Products*, Academic Press (1980)

［11］は広範囲の公式をコンパクトにまとめてある．［12］はいわゆるBatemanの公式集．フーリエ変換やラプラス変換などの公式が集められている．同じシリーズに特殊関数の公式集もある．［13］は，級数和の公式が非常に詳しい．公式集は道具箱のようなもので，使い慣れたものがあると便利である．

数学公式

1. 記号

1) 自然対数の底 $e=2.71828\cdots$ 2) 円周率 $\pi=3.14159\cdots$

3) 階乗 $n!=n(n-1)\cdots 2\cdot 1,\quad 0!=1$

4) 2 項係数 ${}_nC_r=\binom{n}{r}=\dfrac{n!}{r!(n-r)!}$

5) 自然対数と常用対数

$$\log_{10}x = 0.43429\log_e x,\qquad \log_e x = 2.30259\log_{10}x$$

2. 2 項定理

$$(x+a)^n = x^n+\binom{n}{1}x^{n-1}a+\binom{n}{2}x^{n-2}a^2+\cdots+a^n = \sum_{k=0}^{n}\binom{n}{k}x^{n-k}a^k$$

3. 三角関数

1) $\sin(A+B) = \sin A\cos B+\cos A\sin B$

$\sin(A-B) = \sin A\cos B-\cos A\sin B$

$\cos(A+B) = \cos A\cos B-\sin A\sin B$

$\cos(A-B) = \cos A\cos B+\sin A\sin B$

$\tan(A+B) = \dfrac{\tan A+\tan B}{1-\tan A\tan B},\qquad \tan(A-B) = \dfrac{\tan A-\tan B}{1+\tan A\tan B}$

2) $\sin A+\sin B = 2\sin\dfrac{A+B}{2}\cos\dfrac{A-B}{2}$

$\sin A-\sin B = 2\sin\dfrac{A-B}{2}\cos\dfrac{A+B}{2}$

$\cos A+\cos B = 2\cos\dfrac{A+B}{2}\cos\dfrac{A-B}{2}$

$$\cos A - \cos B = -2 \sin \frac{A+B}{2} \sin \frac{A-B}{2}$$

3) $2 \sin A \sin B = \cos (A-B) - \cos (A+B)$

$2 \sin A \cos B = \sin (A+B) + \sin (A-B)$

$2 \cos A \sin B = \sin (A+B) - \sin (A-B)$

$2 \cos A \cos B = \cos (A-B) + \cos (A+B)$

4) $\sin 2A = 2 \sin A \cos A$

$\cos 2A = \cos^2 A - \sin^2 A = 2 \cos^2 A - 1 = 1 - 2 \sin^2 A$

$\sin 3A = 3 \sin A - 4 \sin^3 A, \qquad \cos 3A = 4 \cos^3 A - 3 \cos A$

4. 双曲線関数

1) $\sinh x = \frac{1}{2}(e^x - e^{-x}), \qquad \cosh x = \frac{1}{2}(e^x + e^{-x})$

$\tanh x = \frac{\sinh x}{\cosh x} = \frac{e^x - e^{-x}}{e^x + e^{-x}}$

2) $\sinh (x+y) = \sinh x \cosh y + \cosh x \sinh y$

$\sinh (x-y) = \sinh x \cosh y - \cosh x \sinh y$

$\cosh (x+y) = \cosh x \cosh y + \sinh x \sinh y$

$\cosh (x-y) = \cosh x \cosh y - \sinh x \sinh y$

$\tanh (x+y) = \frac{\tanh x + \tanh y}{1 + \tanh x \tanh y}, \qquad \tanh (x-y) = \frac{\tanh x - \tanh y}{1 - \tanh x \tanh y}$

3) $\sinh x + \sinh y = 2 \sinh \frac{x+y}{2} \cosh \frac{x-y}{2}$

$\sinh x - \sinh y = 2 \cosh \frac{x+y}{2} \sinh \frac{x-y}{2}$

$\cosh x + \cosh y = 2 \cosh \frac{x+y}{2} \cosh \frac{x-y}{2}$

$\cosh x - \cosh y = 2 \sinh \frac{x+y}{2} \sinh \frac{x-y}{2}$

4) $2 \sinh x \sinh y = \cosh (x+y) - \cosh (x-y)$

$2 \sinh x \cosh y = \sinh (x+y) + \sinh (x-y)$

$2 \cosh x \sinh y = \sinh (x+y) - \sinh (x-y)$

$2 \cosh x \cosh y = \cosh (x+y) + \cosh (x-y)$

5) $\sinh 2x = 2 \sinh x \cosh x$

$\cosh 2x = \cosh^2 x + \sinh^2 x = 2 \cosh^2 x - 1 = 1 + 2 \sinh^2 x$

5. 微分

1) 微分公式. u, v を x の関数, a, b, p を定数とする.

i) $(au+bv)' = au'+bv'$　　ii) $(uv)' = u'v+uv'$

iii) $(u^p)' = pu^{p-1}u'$　　iv) $\left(\dfrac{u}{v}\right)' = \dfrac{1}{v^2}(vu'-uv')$

2) 初等関数の微分. a, k を定数とする.

i) $(x^k)' = kx^{k-1}$　　ii) $\left(\dfrac{1}{x+a}\right)' = -\dfrac{1}{(x+a)^2}$

iii) $(e^{ax})' = ae^{ax}$　　iv) $(a^x)' = a^x \log a$

v) $(\sin x)' = \cos x$　　vi) $(\cos x)' = -\sin x$

vii) $(\log x)' = \dfrac{1}{x}$　　viii) $(x^x)' = x^x(1+\log x)$

ix) $(\arctan x)' = \dfrac{1}{1+x^2}$　　x) $(\sqrt{1+x^2})' = \dfrac{x}{\sqrt{1+x^2}}$

6. 積分

1) 積分公式. u, v は x の関数. a, b は定数とする.

i) $\displaystyle\int (au+bv)dx = a\int udx+b\int vdx$

ii) 部分積分　$\displaystyle\int uv'dx = uv-\int u'vdx$

iii) 置換積分　$w = u(x)$ として

$$\int F[u(x)]dx = \int F(w)\frac{1}{w'}dw$$

2) 不定積分. a, b, p は定数とする.

i) $\displaystyle\int x^p dx = \frac{1}{p+1}x^{p+1}$　$(p \neq -1)$　　ii) $\displaystyle\int \frac{1}{x}dx = \log x$

iii) $\displaystyle\int e^{ax}dx = \frac{1}{a}e^{ax}$　　iv) $\displaystyle\int a^x dx = \frac{1}{\log a}a^x$

v) $\displaystyle\int \sin x dx = -\cos x$　　vi) $\displaystyle\int \cos x dx = \sin x$

vii) $\displaystyle\int x\sin x dx = \sin x - x\cos x$　　viii) $\displaystyle\int x\cos x dx = \cos x + x\sin x$

ix) $\displaystyle\int \frac{dx}{\sqrt{a^2-x^2}} = \sin^{-1}\frac{x}{a}$　　x) $\displaystyle\int \frac{dx}{x^2+a^2} = \frac{1}{a}\tan^{-1}\frac{x}{a}$

xi) $\displaystyle\int \frac{dx}{\sqrt{x^2-a^2}} = \log(x+\sqrt{x^2-a^2})$　　xii) $\displaystyle\int \frac{dx}{\sqrt{x^2+a^2}} = \log(x+\sqrt{x^2+a^2})$

xiii) $\displaystyle\int e^{ax}\sin bx dx = \frac{1}{a^2+b^2}e^{ax}(a\sin bx - b\cos bx)$

xiv) $\displaystyle\int e^{ax}\cos bx dx = \frac{1}{a^2+b^2}e^{ax}(a\cos bx + b\sin bx)$

3) 定積分. a を正の定数とする.

i) $\displaystyle\int_0^\infty \frac{a\,dx}{x^2+a^2} = \frac{\pi}{2}$ ii) $\displaystyle\int_0^\infty e^{-ax}dx = \frac{1}{a}$

iii) $\displaystyle\int_0^\infty e^{-ax^2}dx = \frac{1}{2}\sqrt{\frac{\pi}{a}}$ iv) $\displaystyle\int_0^\infty x^2e^{-ax^2}dx = \frac{1}{4}\sqrt{\frac{\pi}{a^3}}$

v) $\displaystyle\int_0^\infty e^{-ax^2}\cos bx\,dx = \frac{1}{2}\sqrt{\frac{\pi}{a}}\,e^{-b^2/4a}$ vi) $\displaystyle\int_0^\infty e^{-x^2}x\sin bx\,dx = \frac{\sqrt{\pi}}{4}be^{-b^2/4}$

vii) $\displaystyle\int_0^{\pi/2}\sin^{2n}x\,dx = \int_0^{\pi/2}\cos^{2n}x\,dx = \frac{1\cdot3\cdots(2n-1)}{2\cdot4\cdots2n}\frac{\pi}{2}$

7. テイラー展開

関数 $f(x)$ の $x=a$ 付近でのテイラー展開は，

$$f(x) = f(a)+f'(a)(x-a)+\frac{1}{2!}f''(a)(x-a)^2+\cdots = \sum_{n=0}^{\infty}\frac{1}{n!}f^{(n)}(a)(x-a)^n$$

i) $(1+x)^k = 1+kx+\frac{1}{2}k(k-1)x^2+\cdots \quad (|x|<1)$

ii) $(1-x)^{-p-1} = 1+(p+1)x+\frac{1}{2}(p+1)(p+2)x^2+\cdots \quad (|x|<1)$

iii) $e^x = 1+x+\frac{1}{2!}x^2+\cdots = \sum_{n=0}^{\infty}\frac{1}{n!}x^n$

iv) $\sin x = x-\frac{1}{3!}x^3+\frac{1}{5!}x^5-\cdots = \sum_{n=0}^{\infty}(-1)^n\frac{x^{2n+1}}{(2n+1)!}$

v) $\cos x = 1-\frac{1}{2!}x^2+\frac{1}{4!}x^4-\cdots = \sum_{n=0}^{\infty}(-1)^n\frac{x^{2n}}{(2n)!}$

vi) $\log(1+x) = x-\frac{1}{2}x^2+\frac{1}{3}x^3-\cdots = \sum_{n=1}^{\infty}(-1)^{n-1}\frac{1}{n}x^n \quad (-1<x\leqq1)$

vii) $\tan x = x+\frac{1}{3}x^3+\frac{2}{15}x^5+\frac{17}{315}x^7+\cdots$

viii) $\tan^{-1}x = x-\frac{1}{3}x^3+\frac{1}{5}x^5-\frac{1}{7}x^7+\cdots \quad (-1\leqq x\leqq1)$

ix) $\sinh x = x+\frac{1}{3!}x^3+\frac{1}{5!}x^5+\cdots$

x) $\cosh x = 1+\frac{1}{2!}x^2+\frac{1}{4!}x^4+\cdots$

8. 直交座標系 x, y, z

1) $\boldsymbol{i}, \boldsymbol{j}, \boldsymbol{k}$ をそれぞれ x 軸，y 軸，z 軸方向の単位ベクトルとする(図 A-1).

$$\mathrm{grad}\,\phi = \nabla\phi = \frac{\partial\phi}{\partial x}\boldsymbol{i}+\frac{\partial\phi}{\partial y}\boldsymbol{j}+\frac{\partial\phi}{\partial z}\boldsymbol{k}$$

$$\mathrm{div}\,\boldsymbol{A} = \nabla\cdot\boldsymbol{A} = \frac{\partial A_x}{\partial x}+\frac{\partial A_y}{\partial y}+\frac{\partial A_z}{\partial z}$$

$$\mathrm{rot}\,\boldsymbol{A} = \nabla\times\boldsymbol{A} = \left(\frac{\partial A_z}{\partial y}-\frac{\partial A_y}{\partial z}\right)\boldsymbol{i} + \left(\frac{\partial A_x}{\partial z}-\frac{\partial A_z}{\partial x}\right)\boldsymbol{j}+\left(\frac{\partial A_y}{\partial x}-\frac{\partial A_x}{\partial y}\right)\boldsymbol{k}$$

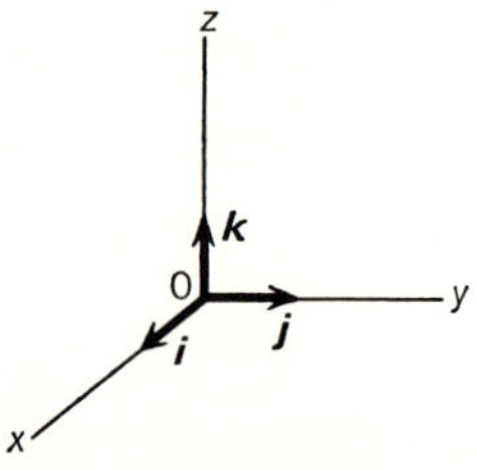

図 A-1 直交座標系 x, y, z.

$$\nabla^2\phi = \Delta\phi = \frac{\partial^2\phi}{\partial x^2}+\frac{\partial^2\phi}{\partial y^2}+\frac{\partial^2\phi}{\partial z^2}$$

2) ベクトル演算子 ∇ を含む公式

i) $\nabla(\phi\psi) = \phi\nabla\psi+\psi\nabla\phi$ ii) $\nabla\cdot(\phi\boldsymbol{A}) = (\nabla\phi)\cdot\boldsymbol{A}+\phi(\nabla\cdot\boldsymbol{A})$

iii) $\nabla\times(\phi\boldsymbol{A}) = (\nabla\phi)\times\boldsymbol{A}+\phi(\nabla\times\boldsymbol{A})$

iv) $\nabla\cdot(\boldsymbol{A}\times\boldsymbol{B}) = \boldsymbol{B}\cdot(\nabla\times\boldsymbol{A})-\boldsymbol{A}\cdot(\nabla\times\boldsymbol{B})$

v) $\nabla\times(\boldsymbol{A}\times\boldsymbol{B}) = (\boldsymbol{B}\cdot\nabla)\boldsymbol{A}-\boldsymbol{B}(\nabla\cdot\boldsymbol{A})-(\boldsymbol{A}\cdot\nabla)\boldsymbol{B}+\boldsymbol{A}(\nabla\cdot\boldsymbol{B})$

vi) $\nabla(\boldsymbol{A}\cdot\boldsymbol{B}) = (\boldsymbol{B}\cdot\nabla)\boldsymbol{A}+(\boldsymbol{A}\cdot\nabla)\boldsymbol{B}+\boldsymbol{B}\times(\nabla\times\boldsymbol{A})+\boldsymbol{A}\times(\nabla\times\boldsymbol{B})$

vii) $\nabla\times(\nabla\phi) = \mathrm{rot\,grad}\,\phi = 0$ viii) $\nabla\cdot(\nabla\times\boldsymbol{A}) = \mathrm{div\,rot}\,\boldsymbol{A} = 0$

ix) $\nabla\times(\nabla\times\boldsymbol{A}) = \mathrm{rot}\,(\mathrm{rot}\,\boldsymbol{A}) = \nabla(\nabla\cdot\boldsymbol{A})-\nabla^2\boldsymbol{A}$

9. 2次元(平面)極座標 $\boldsymbol{\rho}, \boldsymbol{\phi}$

1) $x=\rho\cos\phi$, $y=\rho\sin\phi$, $\rho^2=x^2+y^2$, $\tan\phi=y/x$ (図 A-2).

面積素 $dS=\rho d\rho d\phi$, 線素 $ds^2=d\rho^2+\rho^2 d\phi^2$ (図 A-3).

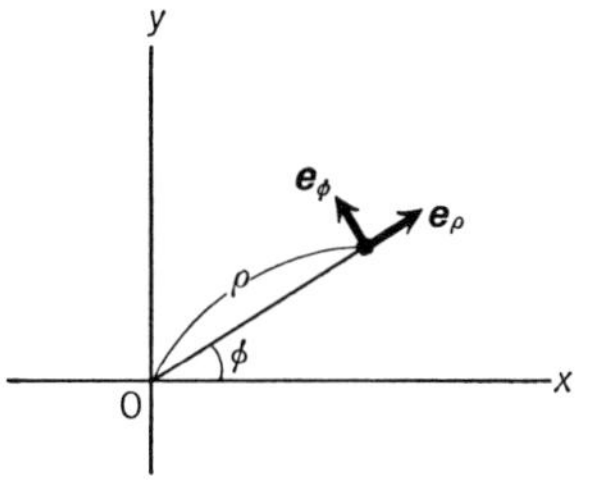

図 A-2 2次元極座標 ρ, ϕ.

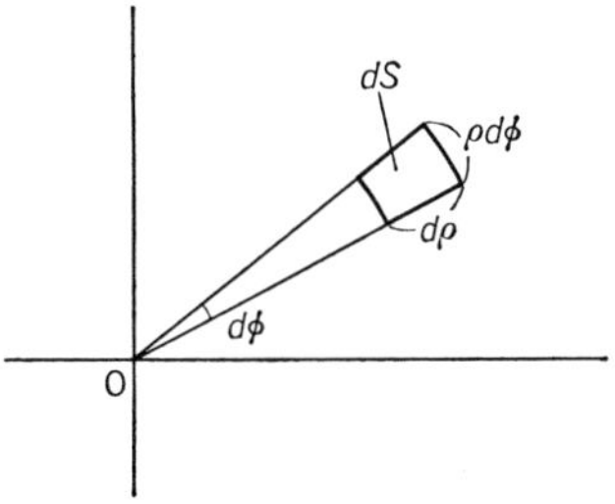

図 A-3

2) $u=f(x,y)$の微分

$$\frac{\partial u}{\partial x} = \cos\phi\frac{\partial u}{\partial \rho}-\frac{\sin\phi}{\rho}\frac{\partial u}{\partial \phi}, \qquad \frac{\partial u}{\partial y} = \sin\phi\frac{\partial u}{\partial \rho}+\frac{\cos\phi}{\rho}\frac{\partial u}{\partial \phi}$$

$$\frac{\partial^2 u}{\partial x^2} = \cos^2\phi\frac{\partial^2 u}{\partial \rho^2}-\frac{\sin 2\phi}{\rho^2}\left(\rho\frac{\partial^2 u}{\partial\rho\partial\phi}-\frac{\partial u}{\partial\phi}\right)+\frac{\sin^2\phi}{\rho^2}\left(\frac{\partial^2 u}{\partial\phi^2}+\rho\frac{\partial u}{\partial\rho}\right)$$

$$\frac{\partial^2 u}{\partial y^2} = \sin^2\phi\frac{\partial^2 u}{\partial \rho^2}+\frac{\sin 2\phi}{\rho^2}\left(\rho\frac{\partial^2 u}{\partial\rho\partial\phi}-\frac{\partial u}{\partial\phi}\right)+\frac{\cos^2\phi}{\rho^2}\left(\frac{\partial^2 u}{\partial\phi^2}+\rho\frac{\partial u}{\partial\rho}\right)$$

$$\nabla^2 u = \frac{\partial^2 u}{\partial x^2}+\frac{\partial^2 u}{\partial y^2} = \frac{1}{\rho}\frac{\partial}{\partial\rho}\left(\rho\frac{\partial u}{\partial\rho}\right)+\frac{1}{\rho^2}\frac{\partial^2 u}{\partial\phi^2} = \frac{\partial^2 u}{\partial\rho^2}+\frac{1}{\rho}\frac{\partial u}{\partial\rho}+\frac{1}{\rho^2}\frac{\partial^2 u}{\partial\phi^2}$$

3) ρ 方向および ϕ 方向の単位ベクトルを $\boldsymbol{e}_\rho, \boldsymbol{e}_\phi$ とする(図 A-2).

$$\begin{cases}\boldsymbol{e}_\rho = \cos\phi\,\boldsymbol{i}+\sin\phi\,\boldsymbol{j}\\ \boldsymbol{e}_\phi = -\sin\phi\,\boldsymbol{i}+\cos\phi\,\boldsymbol{j}\end{cases} \qquad \begin{cases}\boldsymbol{i} = \cos\phi\,\boldsymbol{e}_\rho-\sin\phi\,\boldsymbol{e}_\phi\\ \boldsymbol{j} = \sin\phi\,\boldsymbol{e}_\rho+\cos\phi\,\boldsymbol{e}_\phi\end{cases}$$

$$\mathrm{grad}\, u = \frac{\partial u}{\partial \rho}\boldsymbol{e}_\rho + \frac{1}{\rho}\frac{\partial u}{\partial \phi}\boldsymbol{e}_\phi$$

ベクトル場 $\boldsymbol{A}=A_x\boldsymbol{i}+A_y\boldsymbol{j}=A_\rho\boldsymbol{e}_\rho+A_\phi\boldsymbol{e}_\phi$ について,

$$A_\rho = A_x\cos\phi + A_y\sin\phi, \qquad A_\phi = -A_x\sin\phi + A_y\cos\phi$$

$$\nabla\cdot\boldsymbol{A} = \frac{1}{\rho}\frac{\partial}{\partial\rho}(\rho A_\rho) + \frac{1}{\rho}\frac{\partial A_\phi}{\partial\phi}$$

$$\nabla\times\boldsymbol{A} = \left(\frac{1}{\rho}\frac{\partial}{\partial\rho}(\rho A_\phi) - \frac{1}{\rho}\frac{\partial A_\rho}{\partial\phi}\right)\boldsymbol{k}, \qquad \boldsymbol{k}\equiv\boldsymbol{i}\times\boldsymbol{j}=\boldsymbol{e}_\rho\times\boldsymbol{e}_\phi$$

位置ベクトル $\boldsymbol{r}(t)=\rho(t)\boldsymbol{e}_\rho(t)$ の時間変化は,

$$\frac{d\boldsymbol{r}(t)}{dt} = \frac{d\rho}{dt}\boldsymbol{e}_\rho + \rho\frac{d\phi}{dt}\boldsymbol{e}_\phi$$

$$\frac{d^2\boldsymbol{r}(t)}{dt^2} = \left(\frac{d^2\rho}{dt^2} - \rho\left(\frac{d\phi}{dt}\right)^2\right)\boldsymbol{e}_\rho + \left(2\frac{d\rho}{dt}\frac{d\phi}{dt} + \rho\frac{d^2\phi}{dt^2}\right)\boldsymbol{e}_\phi$$

10. 円柱座標 $\boldsymbol{\rho}, \boldsymbol{\phi}, \boldsymbol{z}$

1) $x=\rho\cos\phi,\ \ y=\rho\sin\phi,\ \ z=z,\ \ \rho^2=x^2+y^2,\ \ \tan\phi=y/x$ (図 A-4).

体積要素 $dV=\rho d\rho d\phi dz$, 線素 $ds^2=d\rho^2+\rho^2 d\phi^2+dz^2$ (図 A-5).

2) ρ 方向, ϕ 方向, z 方向の単位ベクトルをそれぞれ $\boldsymbol{e}_\rho, \boldsymbol{e}_\phi, \boldsymbol{k}$ とする.

$$\mathrm{grad}\, u = \frac{\partial u}{\partial \rho}\boldsymbol{e}_\rho + \frac{1}{\rho}\frac{\partial u}{\partial \phi}\boldsymbol{e}_\phi + \frac{\partial u}{\partial z}\boldsymbol{k}$$

$$\nabla^2 u = \frac{1}{\rho}\frac{\partial}{\partial\rho}\left(\rho\frac{\partial u}{\partial\rho}\right) + \frac{1}{\rho^2}\frac{\partial^2 u}{\partial\phi^2} + \frac{\partial^2 u}{\partial z^2}$$

ベクトル場 $\boldsymbol{A}=A_x\boldsymbol{i}+A_y\boldsymbol{j}+A_z\boldsymbol{k}=A_\rho\boldsymbol{e}_\rho+A_\phi\boldsymbol{e}_\phi+A_z\boldsymbol{k}$ に対して,

$$A_\rho = A_x\cos\phi + A_y\sin\phi, \qquad A_\phi = -A_x\sin\phi + A_y\cos\phi, \qquad A_z = A_z$$

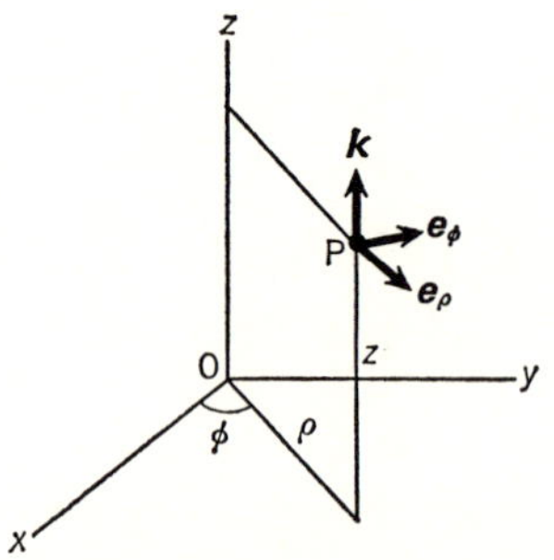

図 **A-4** 円柱座標 ρ, ϕ, z.

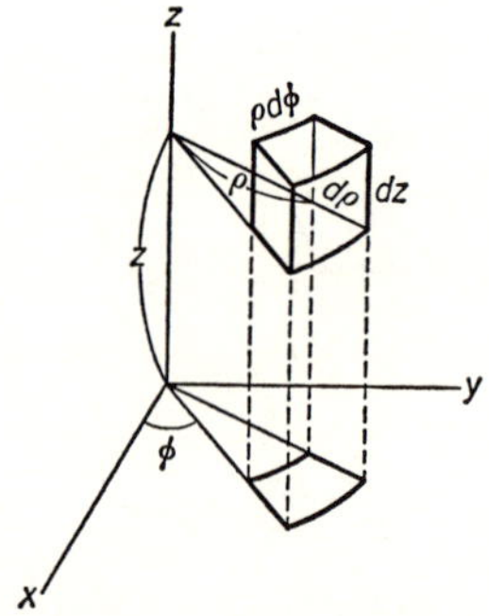

図 **A-5**

$$\nabla\cdot\boldsymbol{A} = \frac{1}{\rho}\frac{\partial}{\partial\rho}(\rho A_\rho) + \frac{1}{\rho}\frac{\partial A_\phi}{\partial\phi} + \frac{\partial A_z}{\partial z}$$

$$\nabla\times\boldsymbol{A} = \left(\frac{1}{\rho}\frac{\partial A_z}{\partial\phi} - \frac{\partial A_\phi}{\partial z}\right)\boldsymbol{e}_\rho + \left(\frac{\partial A_\rho}{\partial z} - \frac{\partial A_z}{\partial\rho}\right)\boldsymbol{e}_\phi + \left(\frac{1}{\rho}\frac{\partial}{\partial\rho}(\rho A_\phi) - \frac{1}{\rho}\frac{\partial A_\rho}{\partial\phi}\right)\boldsymbol{k}$$

11. 極座標 $\boldsymbol{r}, \boldsymbol{\theta}, \boldsymbol{\phi}$

1) $x = r\sin\theta\cos\phi,\qquad y = r\sin\theta\sin\phi,\qquad z = r\cos\theta$

$r^2 = x^2+y^2+z^2,\qquad \tan\theta = \sqrt{x^2+y^2}/z,\qquad \tan\phi = y/x$ (図 A-6).

体積要素 $dV = r^2 dr\sin\theta d\theta d\phi$. 線素 $ds^2 = dr^2 + r^2 d\theta^2 + r^2\sin^2\theta d\phi^2$ (図 A-7).

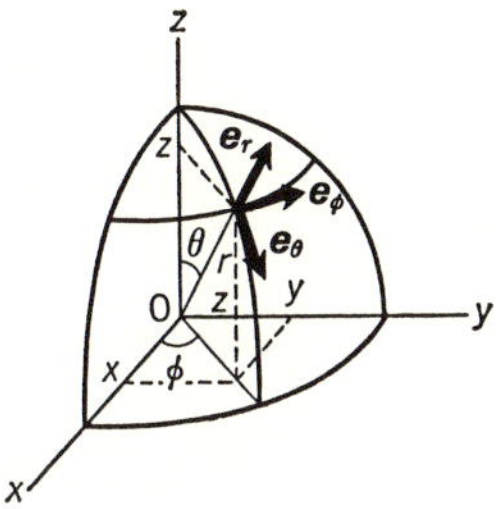

図 A-6　極座標 r, θ, ϕ.

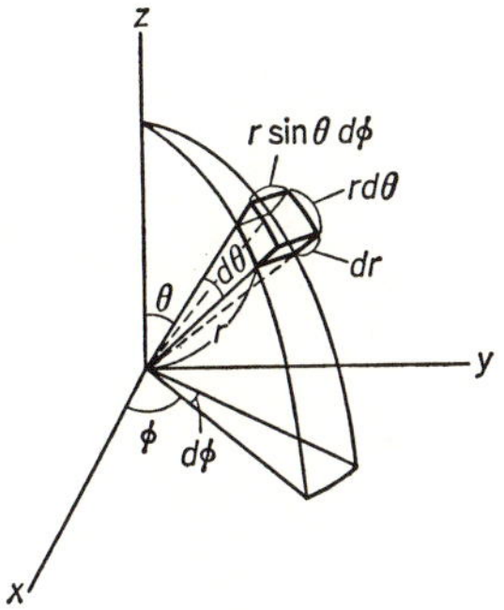

図 A-7

2) $u = f(x, y, z)$ の微分について,

$$\frac{\partial u}{\partial x} = \sin\theta\cos\phi\frac{\partial u}{\partial r} + \frac{\cos\theta\cos\phi}{r}\frac{\partial u}{\partial\theta} - \frac{\sin\phi}{r\sin\theta}\frac{\partial u}{\partial\phi}$$

$$\frac{\partial u}{\partial y} = \sin\theta\sin\phi\frac{\partial u}{\partial r} + \frac{\cos\theta\sin\phi}{r}\frac{\partial u}{\partial\theta} + \frac{\cos\phi}{r\sin\theta}\frac{\partial u}{\partial\phi}$$

$$\frac{\partial u}{\partial z} = \cos\theta\frac{\partial u}{\partial r} - \frac{\sin\theta}{r}\frac{\partial u}{\partial\theta}$$

$$\nabla^2 u = \frac{\partial^2 u}{\partial x^2} + \frac{\partial^2 u}{\partial y^2} + \frac{\partial^2 u}{\partial z^2} = \frac{\partial^2 u}{\partial r^2} + \frac{2}{r}\frac{\partial u}{\partial r} + \frac{1}{r^2}\left(\frac{\partial^2 u}{\partial\theta^2} + \cot\theta\frac{\partial u}{\partial\theta}\right) + \frac{1}{r^2\sin^2\theta}\frac{\partial^2 u}{\partial\phi^2}$$

$$= \frac{1}{r^2}\frac{\partial}{\partial r}\left(r^2\frac{\partial u}{\partial r}\right) + \frac{1}{r^2\sin\theta}\frac{\partial}{\partial\theta}\left(\sin\theta\frac{\partial u}{\partial\theta}\right) + \frac{1}{r^2\sin^2\theta}\frac{\partial^2 u}{\partial\phi^2}$$

3) r, θ, ϕ 方向の単位ベクトルをそれぞれ $\boldsymbol{e}_r$, $\boldsymbol{e}_\theta$, $\boldsymbol{e}_\phi$ とする. ベクトル場 $\boldsymbol{A} = A_x\boldsymbol{i} + A_y\boldsymbol{j} + A_z\boldsymbol{k} = A_r\boldsymbol{e}_r + A_\theta\boldsymbol{e}_\theta + A_\phi\boldsymbol{e}_\phi$ について,

$$A_r = A_x\sin\theta\cos\phi + A_y\sin\theta\sin\phi + A_z\cos\phi$$

$$A_\theta = A_x\cos\theta\cos\phi + A_y\cos\theta\sin\phi - A_z\sin\phi$$

$$A_\phi = -A_x\sin\phi + A_y\cos\phi$$

$$\mathrm{grad}\, u = \frac{\partial u}{\partial r}\boldsymbol{e}_r + \frac{1}{r}\frac{\partial u}{\partial \theta}\boldsymbol{e}_\theta + \frac{1}{r\sin\theta}\frac{\partial u}{\partial \phi}\boldsymbol{e}_\phi$$

$$\nabla\cdot\boldsymbol{A} = \frac{1}{r^2}\frac{\partial}{\partial r}(r^2 A_r) + \frac{1}{r\sin\theta}\frac{\partial}{\partial\theta}(A_\theta\sin\theta) + \frac{1}{r\sin\theta}\frac{\partial A_\phi}{\partial\phi}$$

$$\nabla\times\boldsymbol{A} = \frac{1}{r\sin\theta}\left(\frac{\partial}{\partial\theta}(A_\phi\sin\theta) - \frac{\partial A_\theta}{\partial\phi}\right)\boldsymbol{e}_r + \frac{1}{r}\left(\frac{1}{\sin\theta}\frac{\partial A_r}{\partial\phi} - \frac{\partial}{\partial r}(rA_\phi)\right)\boldsymbol{e}_\theta + \frac{1}{r}\left(\frac{\partial}{\partial r}(rA_\theta) - \frac{\partial A_r}{\partial\theta}\right)\boldsymbol{e}_\phi$$

位置ベクトル $\mathbf{r}(t)=r(t)\boldsymbol{e}_r(t)$ の時間変化は,

$$\frac{d\mathbf{r}}{dt} = \frac{dr}{dt}\boldsymbol{e}_r + r\frac{d\theta}{dt}\boldsymbol{e}_\theta + r\sin\theta\frac{d\phi}{dt}\boldsymbol{e}_\phi$$

$$\frac{d^2\mathbf{r}}{dt^2} = \left(\frac{d^2r}{dt^2} - r\left(\frac{d\theta}{dt}\right)^2 - r\sin^2\theta\left(\frac{d\phi}{dt}\right)^2\right)\boldsymbol{e}_r + \left(2\frac{dr}{dt}\frac{d\theta}{dt} + r\frac{d^2\theta}{dt^2} - r\sin\theta\cos\theta\left(\frac{d\phi}{dt}\right)^2\right)\boldsymbol{e}_\theta + \left(\frac{1}{r\sin\theta}\frac{d}{dt}\left(r^2\sin^2\theta\frac{d\phi}{dt}\right)\right)\boldsymbol{e}_\phi$$

12. 積分定理

i) $\oint_C [Pdx + Qdy] = \iint_R \left(\frac{\partial Q}{\partial x} - \frac{\partial P}{\partial y}\right)dxdy$ (平面におけるグリーンの定理)

ii) $\iint_S \boldsymbol{A}\cdot\boldsymbol{n}dS = \iiint_V \nabla\cdot\boldsymbol{A}dV$ (ガウスの定理)

iii) $\int_C \boldsymbol{A}\cdot d\mathbf{r} = \iint_S (\nabla\times\boldsymbol{A})\cdot\boldsymbol{n}dS$ (ストークスの定理)

問題略解

1-1 節

1. $\sin(x+y)=\sin x\cos y+\cos x\sin y$, $\sin(x-y)=\sin x\cos y-\cos x\sin y$. この2つの式を加えると,

$$2\sin x\cos y = \sin(x+y)+\sin(x-y)$$

これは，積を和に変える公式 $\sin A\cos B=[\sin(A+B)+\sin(A-B)]/2$ である．また，$x=(A+B)/2$, $y=(A-B)/2$ とおけば，$x+y=A$, $x-y=B$ であるから，和を積に直す公式 $\sin A+\sin B=2\sin\frac{1}{2}(A+B)\cos\frac{1}{2}(A-B)$ を得る．他の公式は，$\sin(x+y)-\sin(x-y)$, $\cos(x+y)+\cos(x-y)$, $\cos(x+y)-\cos(x-y)$ から導かれる．

2. $A\cos x+B\sin x=\sqrt{A^2+B^2}\left(\frac{A}{\sqrt{A^2+B^2}}\cos x+\frac{B}{\sqrt{A^2+B^2}}\sin x\right)$. $(A/\sqrt{A^2+B^2})^2+(B/\sqrt{A^2+B^2})^2=1$ である．$\sin\alpha=A/\sqrt{A^2+B^2}$, $\cos\alpha=B/\sqrt{A^2+B^2}$ とおけば

$$\begin{aligned} A\cos x+B\sin x &= \sqrt{A^2+B^2}(\sin\alpha\cos x+\cos\alpha\sin x) \\ &= \sqrt{A^2+B^2}\sin(x+\alpha) \qquad (\tan\alpha=A/B) \end{aligned}$$

$\sin\alpha=B/\sqrt{A^2+B^2}$, $\cos\alpha=A/\sqrt{A^2+B^2}$ とおけば,

$$\begin{aligned} A\cos x+B\sin x &= \sqrt{A^2+B^2}(\cos\alpha\cos x+\sin\alpha\sin x) \\ &= \sqrt{A^2+B^2}\cos(x-\alpha) \qquad (\tan\alpha=B/A) \end{aligned}$$

3. $\cos(x+y)=\cos x\cos y-\sin x\sin y$. $x=y$ とおくと，$\cos 2x=\cos^2 x-\sin^2 x$. また，$\cos^2 x+\sin^2 x=1$. この2つの式から，$\cos^2 x$ を消去すると，$\cos 2x=(1-\sin^2 x)-\sin^2 x=1-2\sin^2 x$. よって，$\sin^2 x=(1-\cos 2x)/2$. $\sin^2 x$ を消去すると，$\cos 2x=\cos^2 x-(1-\cos^2 x)=2\cos^2 x-1$. よって，$\cos^2 x=(1+\cos 2x)/2$.

1-2 節

1. 対数関数の定義から，$e^x=f$，$e^y=g$ とすれば，$x=\log f$，$y=\log g$．(a) $e^xe^y=e^{x+y}$ から，$x+y=\log(e^xe^y)$．したがって，$\log f+\log g=\log fg$．(b) $e^x/e^y=e^{x-y}$ から $x-y=\log(e^x/e^y)$．したがって，$\log f-\log g=\log(f/g)$．(c) $(e^x)^p=e^{xp}$ から，$\log(e^x)^p=px$．したがって，$\log f^p=p\log f$．

2. $e^{b\log a}=m$ とする．$\log m=b\log a=\log a^b$．よって $m=a^b$，$e^{-3\log x}=x^{-3}=1/x^3$．

1-3 節

1. 極形式 $z=re^{i\theta}=r(\cos\theta+i\sin\theta)$ において，点 P は $r=1$，$\theta=\pi/6$ であるから，$z=\cos(\pi/6)+i\sin(\pi/6)=(\sqrt{3}+i)/2$．$iz, -z, -iz$ は，求めた z から，$iz=(-1+i\sqrt{3})/2$，$-z=-(\sqrt{3}+i)/2$，$-iz=(1-i\sqrt{3})/2$ と計算してその結果を図の上に書く．ところが，次のことを知っていると非常に便利である．$i=e^{i\pi/2}$ であるから，$iz=e^{i(\pi/6+\pi/2)}$．すなわち，i をかけることは元の複素数の偏角を $\pi/2$ 進ませることに相当する．同様に，$-i=e^{-i\pi/2}$ であるから，$-i$ をかけることは，偏角を $\pi/2$ だけ遅らせることに相当する．$-z$ は，$-1=e^{i\pi}$ であるから，偏角を π だけ進ませることに相当する．よって，z が与えられたとき，原点を中心としてその点を通る円を書き，円周上をそれぞれ $\pi/2, \pi, -\pi/2$ だけ動けば，$iz, -z, -iz$ が図示できる(図参照)．

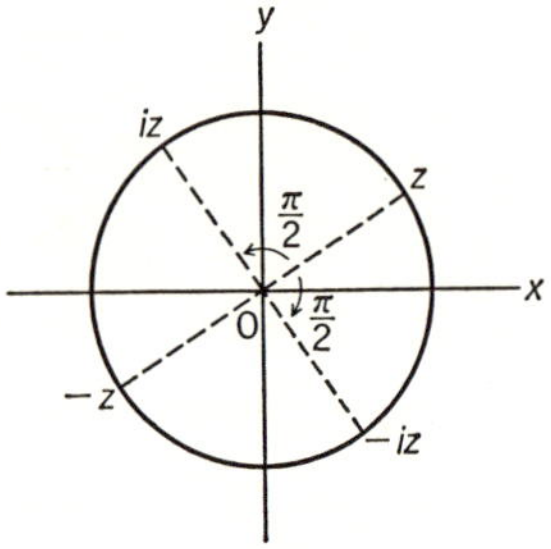

2. $e^{i\theta}=\cos\theta+i\sin\theta$，$e^{-i\theta}=\cos\theta-i\sin\theta$ の両辺をたせば $\cos\theta$，ひけば $\sin\theta$ が求まる．$\tan\theta=\sin\theta/\cos\theta$ から $\tan\theta$ の表式は明らか．

3. $e^{i(x+y)}=e^{ix}e^{iy}$ にオイラーの公式 $e^{ix}=\cos x+i\sin x$，$e^{iy}=\cos y+i\sin y$，$e^{i(x+y)}=\cos(x+y)+i\sin(x+y)$ を代入して，$\cos(x+y)+i\sin(x+y)=(\cos x+i\sin x)(\cos y+i\sin y)=\cos x\cos y-\sin x\sin y+i(\sin x\cos y+\cos x\sin y)$．上の式の実部と虚部を比べれば，証明すべき等式が得られる．

1-4 節

1. $y=x+at$，$z=x-at$ とおく．$u=f(y)+g(z)$ である．合成関数の微分規則から，

$$\frac{\partial u}{\partial t}=\frac{\partial u}{\partial y}\frac{\partial y}{\partial t}+\frac{\partial u}{\partial z}\frac{\partial z}{\partial t}=af'(y)-ag'(z)$$

$$\frac{\partial u}{\partial x}=\frac{\partial u}{\partial y}\frac{\partial y}{\partial x}+\frac{\partial u}{\partial z}\frac{\partial z}{\partial x}=f'(y)+g'(z)$$

$$\frac{\partial^2 u}{\partial t^2} = \frac{\partial u_t}{\partial y}\frac{\partial y}{\partial t} + \frac{\partial u_t}{\partial z}\frac{\partial z}{\partial t} = a^2 f''(y) + a^2 g''(z)$$

$$\frac{\partial^2 u}{\partial x^2} = \frac{\partial u_x}{\partial y}\frac{\partial y}{\partial x} + \frac{\partial u_x}{\partial z}\frac{\partial z}{\partial x} = f''(y) + g''(z)$$

したがって，$u_{tt}=a^2 u_{xx}$ である．

2. $dU=TdS-pdV$ で，dU は全微分であるから，(1.15)を使って，$(\partial T/\partial V)_S=(\partial(-p)/\partial S)_V=-(\partial p/\partial S)_V$．他の3つの式も，$dH, dF, dG$ が全微分であることを用いれば容易に確かめられる．

3. 合成関数の微分規則により，$u_x=u_\rho \rho_x+u_\phi \phi_x$．これをもう一度 x で微分すると，

$$u_{xx} = (u_\rho)_x \rho_x + u_\rho \rho_{xx} + (u_\phi)_x \phi_x + u_\phi \phi_{xx}$$

$(u_\rho)_x, (u_\phi)_x$ に再び合成関数の微分規則を適用する．

$$(u_\rho)_x = u_{\rho\rho}\rho_x + u_{\rho\phi}\phi_x, \qquad (u_\phi)_x = u_{\phi\rho}\rho_x + u_{\phi\phi}\phi_x$$

$u_{\rho\phi}=u_{\phi\rho}$ として，上の2つの式を u_{xx} の式に代入すると，

$$u_{xx} = u_{\rho\rho}\rho_x{}^2 + 2u_{\rho\phi}\rho_x\phi_x + u_\rho \rho_{xx} + u_{\phi\phi}\phi_x{}^2 + u_\phi \phi_{xx}$$

以下，$\rho_x, \phi_x, \rho_{xx}, \phi_{xx}$ を計算する．$\rho=\sqrt{x^2+y^2}$，$\phi=\arctan(y/x)$ であるから，

$$\rho_x = \frac{x}{\sqrt{x^2+y^2}} = \frac{x}{\rho}, \qquad \phi_x = \frac{1}{1+(y/x)^2}\left(-\frac{y}{x^2}\right) = -\frac{y}{\rho^2}$$

$$\rho_{xx} = \frac{1}{\rho} - \frac{x\rho_x}{\rho^2} = \frac{\rho^2-x^2}{\rho^3} = \frac{y^2}{\rho^3}, \qquad \phi_{xx} = \frac{2y}{\rho^3}\rho_x = \frac{2xy}{\rho^4}$$

したがって，

$$u_{xx} = \frac{x^2}{\rho^2}u_{\rho\rho} - \frac{2xy}{\rho^3}u_{\rho\phi} + \frac{y^2}{\rho^3}u_\rho + \frac{y^2}{\rho^4}u_{\phi\phi} + \frac{2xy}{\rho^4}u_\phi$$

同様にして，

$$u_{yy} = \frac{y^2}{\rho^2}u_{\rho\rho} + \frac{2xy}{\rho^3}u_{\rho\phi} + \frac{x^2}{\rho^3}u_\rho + \frac{x^2}{\rho^4}u_{\phi\phi} - \frac{2xy}{\rho^4}u_\phi$$

こうして，

$$\frac{\partial^2 u}{\partial x^2} + \frac{\partial^2 u}{\partial y^2} = \frac{\partial^2 u}{\partial \rho^2} + \frac{1}{\rho}\frac{\partial u}{\partial \rho} + \frac{1}{\rho^2}\frac{\partial^2 u}{\partial \phi^2}$$

4. 3つの変数 x, y, z が1つの関数関係にあるから，z は x, y の関数とみることができる．よって，

$$dz = \left(\frac{\partial z}{\partial x}\right)_y dx + \left(\frac{\partial z}{\partial y}\right)_x dy$$

z=一定，すなわち $dz=0$ としたときの dx/dy は$(\partial x/\partial y)_z$ であるから，上の式より，

$$0 = \left(\frac{\partial z}{\partial x}\right)_y \left(\frac{\partial x}{\partial y}\right)_z + \left(\frac{\partial z}{\partial y}\right)_x$$

また，偏微分の定義より，$(\partial z/\partial y)_x = 1/(\partial y/\partial z)_x$．したがって，

$$0 = \left(\frac{\partial z}{\partial x}\right)_y \left(\frac{\partial x}{\partial y}\right)_z \left(\frac{\partial y}{\partial z}\right)_x + 1, \qquad \therefore \quad \left(\frac{\partial x}{\partial y}\right)_z \left(\frac{\partial y}{\partial z}\right)_x \left(\frac{\partial z}{\partial x}\right)_y = -1$$

2-1 節

1. 図から

$$\boldsymbol{A}+(\boldsymbol{B}+\boldsymbol{C}) = \overrightarrow{\mathrm{OP}}+(\overrightarrow{\mathrm{PQ}}+\overrightarrow{\mathrm{QR}}) = \overrightarrow{\mathrm{OP}}+\overrightarrow{\mathrm{PR}} = \overrightarrow{\mathrm{OR}} = \boldsymbol{D}$$

$$(\boldsymbol{A}+\boldsymbol{B})+\boldsymbol{C} = (\overrightarrow{\mathrm{OP}}+\overrightarrow{\mathrm{PQ}})+\overrightarrow{\mathrm{QR}} = \overrightarrow{\mathrm{OQ}}+\overrightarrow{\mathrm{QR}} = \overrightarrow{\mathrm{OR}} = \boldsymbol{D}$$

ゆえに，$\boldsymbol{A}+(\boldsymbol{B}+\boldsymbol{C})=(\boldsymbol{A}+\boldsymbol{B})+\boldsymbol{C}$.

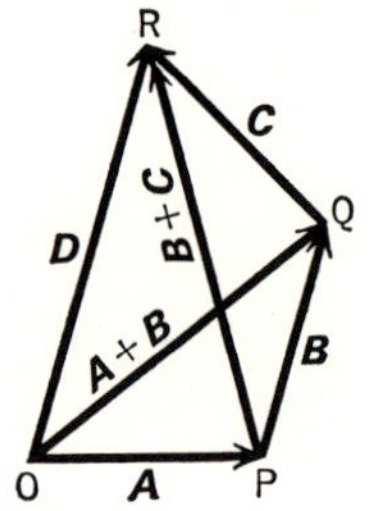

2. $|\overrightarrow{\mathrm{P_1P}}| : |\overrightarrow{\mathrm{P_2P}}| = m_2 : m_1$．そして，$\overrightarrow{\mathrm{P_1P}}$ と $\overrightarrow{\mathrm{P_1P_2}}$ は同じ方向のベクトルであるから

$$\overrightarrow{\mathrm{P_1P}} = \frac{m_2}{m_1+m_2}\overrightarrow{\mathrm{P_1P_2}}$$

$\overrightarrow{\mathrm{P_1P}}=\boldsymbol{R}-\boldsymbol{r}_1$，$\overrightarrow{\mathrm{P_1P_2}}=\boldsymbol{r}_2-\boldsymbol{r}_1$ を上の式に代入して，

$$\boldsymbol{R}-\boldsymbol{r}_1 = \frac{m_2}{m_1+m_2}(\boldsymbol{r}_2-\boldsymbol{r}_1), \qquad \therefore \quad \boldsymbol{R} = \frac{m_1\boldsymbol{r}_1+m_2\boldsymbol{r}_2}{m_1+m_2}$$

3. 点 P の位置ベクトルは，$\boldsymbol{r}_1 = x_1\boldsymbol{i}+y_1\boldsymbol{j}+z_1\boldsymbol{k}$，点 Q の位置ベクトルは，$\boldsymbol{r}_2 = x_2\boldsymbol{i}+y_2\boldsymbol{j}+z_2\boldsymbol{k}$ である．図から，$\overrightarrow{\mathrm{PQ}}=\boldsymbol{r}_2-\boldsymbol{r}_1=(x_2-x_1)\boldsymbol{i}+(y_2-y_1)\boldsymbol{j}+(z_2-z_1)\boldsymbol{k}$．またその大きさは，

$$|\overrightarrow{\mathrm{PQ}}| = \sqrt{(x_2-x_1)^2+(y_2-y_1)^2+(z_2-z_1)^2}$$

これは，2 点 PQ 間の距離である．

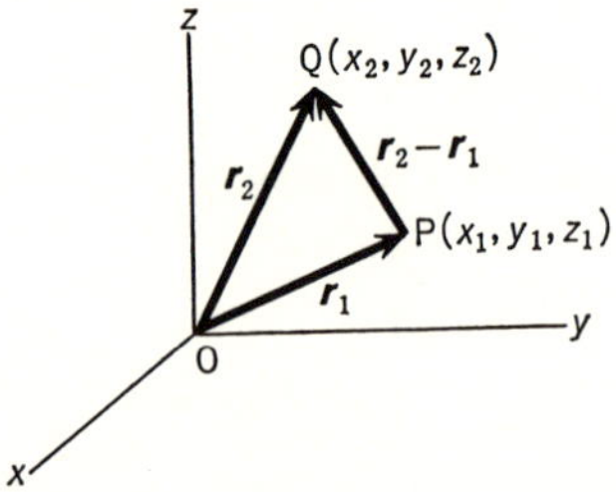

2-2 節

1. スカラー積の定義(2.3)から，$\boldsymbol{A}\cdot\boldsymbol{B}=|\boldsymbol{A}||\boldsymbol{B}|\cos\theta$．また，(2.4)から，$|\boldsymbol{A}|=\sqrt{\boldsymbol{A}\cdot\boldsymbol{A}}$，$|\boldsymbol{B}|=\sqrt{\boldsymbol{B}\cdot\boldsymbol{B}}$ であるから，$\cos\theta=\boldsymbol{A}\cdot\boldsymbol{B}/\{\sqrt{\boldsymbol{A}\cdot\boldsymbol{A}}\sqrt{\boldsymbol{B}\cdot\boldsymbol{B}}\}$ を得る．

2. 次ページ左図から，平行 4 辺形の面積 S は，$S=h|\boldsymbol{A}|=|\boldsymbol{B}|\sin\theta|\boldsymbol{A}|=|\boldsymbol{A}\times\boldsymbol{B}|$.

3. $\boldsymbol{B}$ と $\boldsymbol{C}$ が作る平行 4 辺形の面に垂直な単位ベクトルを $\boldsymbol{n}$，$\boldsymbol{A}$ の終点の高さを h とする(次ページ右図参照)．

$$\begin{aligned}(\text{平行 6 面体の体積}) &= (\text{高さ } h)\times(\boldsymbol{B}, \boldsymbol{C} \text{ を辺とする平行 4 辺形の面積}) \\ &= \boldsymbol{A}\cdot\boldsymbol{n}|\boldsymbol{B}\times\boldsymbol{C}| = \boldsymbol{A}\cdot\{|\boldsymbol{B}\times\boldsymbol{C}|\boldsymbol{n}\} = \boldsymbol{A}\cdot(\boldsymbol{B}\times\boldsymbol{C})\end{aligned}$$

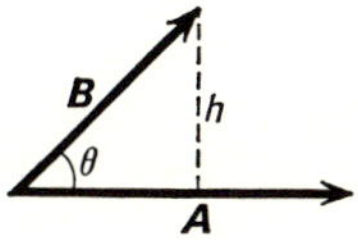

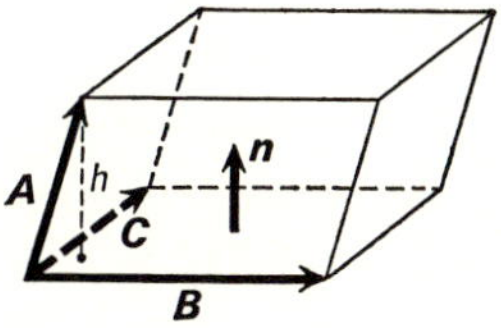

4. $(\cdots)_x$ で $(\cdots)$ の x 成分を表わすことにする.

$$\begin{aligned}(\boldsymbol{A}\times(\boldsymbol{B}\times\boldsymbol{C}))_x &= A_y(\boldsymbol{B}\times\boldsymbol{C})_z - A_z(\boldsymbol{B}\times\boldsymbol{C})_y \\ &= A_y(B_xC_y - B_yC_x) - A_z(B_zC_x - B_xC_z) \\ &= (A_yC_y + A_zC_z)B_x - (A_yB_y + A_zB_z)C_x \\ &= (A_xC_x + A_yC_y + A_zC_z)B_x - (A_xB_x + A_yB_y + A_zB_z)C_x \\ &= (\boldsymbol{A}\cdot\boldsymbol{C})B_x - (\boldsymbol{A}\cdot\boldsymbol{B})C_x\end{aligned}$$

同様にして $(\boldsymbol{A}\times(\boldsymbol{B}\times\boldsymbol{C}))_y=(\boldsymbol{A}\cdot\boldsymbol{C})B_y-(\boldsymbol{A}\cdot\boldsymbol{B})C_y$, $(\boldsymbol{A}\times(\boldsymbol{B}\times\boldsymbol{C}))_z=(\boldsymbol{A}\cdot\boldsymbol{C})B_z-(\boldsymbol{A}\cdot\boldsymbol{B})C_z$ であるから, $\boldsymbol{A}\times(\boldsymbol{B}\times\boldsymbol{C})=(\boldsymbol{A}\cdot\boldsymbol{C})\boldsymbol{B}-(\boldsymbol{A}\cdot\boldsymbol{B})\boldsymbol{C}$.

2-3 節

1. (i)
$$\begin{aligned}A(\theta_1)A(\theta_2) &= \begin{pmatrix}\cos\theta_1 & \sin\theta_1 \\ -\sin\theta_1 & \cos\theta_1\end{pmatrix}\begin{pmatrix}\cos\theta_2 & \sin\theta_2 \\ -\sin\theta_2 & \cos\theta_2\end{pmatrix} \\ &= \begin{pmatrix}\cos\theta_1\cos\theta_2-\sin\theta_1\sin\theta_2 & \cos\theta_1\sin\theta_2+\sin\theta_1\cos\theta_2 \\ -\sin\theta_1\cos\theta_2-\cos\theta_1\sin\theta_2 & -\sin\theta_1\sin\theta_2+\cos\theta_1\cos\theta_2\end{pmatrix} \\ &= \begin{pmatrix}\cos(\theta_1+\theta_2) & \sin(\theta_1+\theta_2) \\ -\sin(\theta_1+\theta_2) & \cos(\theta_1+\theta_2)\end{pmatrix} = A(\theta_1+\theta_2)\end{aligned}$$

(ii) (i) で $\theta_1=\theta$, $\theta_2=-\theta$ とおけば, $\theta_1+\theta_2=0$ であるから, $A(\theta)A(-\theta)=I$.

2. 行列 C の (j,k) 要素を $(C)_{jk}$ と書くことにする.

$$((AB)^{\mathrm{T}})_{jk} = (AB)_{kj} = \sum_l (A)_{kl}(B)_{lj} = \sum_l (B)_{lj}(A)_{kl} = \sum_l (B^{\mathrm{T}})_{jl}(A^{\mathrm{T}})_{lk} = (B^{\mathrm{T}}A^{\mathrm{T}})_{jk}$$

3. (i) $\sigma_1{}^\dagger = \sigma_1$, $\sigma_2{}^\dagger = \sigma_2$, $\sigma_3{}^\dagger = \sigma_3$

(ii)
$$\sigma_1\sigma_1 = \begin{pmatrix}0 & 1 \\ 1 & 0\end{pmatrix}\begin{pmatrix}0 & 1 \\ 1 & 0\end{pmatrix} = \begin{pmatrix}1\cdot1 & 0 \\ 0 & 1\cdot1\end{pmatrix} = \begin{pmatrix}1 & 0 \\ 0 & 1\end{pmatrix}$$

$$\sigma_2\sigma_2 = \begin{pmatrix}0 & -i \\ i & 0\end{pmatrix}\begin{pmatrix}0 & -i \\ i & 0\end{pmatrix} = \begin{pmatrix}(-i)i & 0 \\ 0 & i(-i)\end{pmatrix} = \begin{pmatrix}1 & 0 \\ 0 & 1\end{pmatrix}$$

$$\sigma_3\sigma_3 = \begin{pmatrix}1 & 0 \\ 0 & -1\end{pmatrix}\begin{pmatrix}1 & 0 \\ 0 & -1\end{pmatrix} = \begin{pmatrix}1\cdot1 & 0 \\ 0 & (-1)(-1)\end{pmatrix} = \begin{pmatrix}1 & 0 \\ 0 & 1\end{pmatrix}$$

(iii)
$$\sigma_1\sigma_2 = \begin{pmatrix}0 & 1 \\ 1 & 0\end{pmatrix}\begin{pmatrix}0 & -i \\ i & 0\end{pmatrix} = \begin{pmatrix}i & 0 \\ 0 & -i\end{pmatrix} = i\begin{pmatrix}1 & 0 \\ 0 & -1\end{pmatrix} = i\sigma_3$$

$$\sigma_2\sigma_3 = \begin{pmatrix}0 & -i \\ i & 0\end{pmatrix}\begin{pmatrix}1 & 0 \\ 0 & -1\end{pmatrix} = \begin{pmatrix}0 & i \\ i & 0\end{pmatrix} = i\begin{pmatrix}0 & 1 \\ 1 & 0\end{pmatrix} = i\sigma_1$$

$$\sigma_3\sigma_1 = \begin{pmatrix} 1 & 0 \\ 0 & -1 \end{pmatrix}\begin{pmatrix} 0 & 1 \\ 1 & 0 \end{pmatrix} = \begin{pmatrix} 0 & 1 \\ -1 & 0 \end{pmatrix} = i\begin{pmatrix} 0 & -i \\ i & 0 \end{pmatrix} = i\sigma_2$$

2-4 節

1. (i) $\det A = \cos\theta\cdot\cos\theta - \sin\theta(-\sin\theta) = \cos^2\theta + \sin^2\theta = 1$

(ii) $A^{-1} = \begin{pmatrix} \cos\theta & -\sin\theta \\ \sin\theta & \cos\theta \end{pmatrix}$ (iii) $A^{\mathrm{T}} = A^{-1} = \begin{pmatrix} \cos\theta & -\sin\theta \\ \sin\theta & \cos\theta \end{pmatrix}$

2. $X=(AB)^{-1}$ とおく．$(AB)X=I$ である．両辺に左から，$B^{-1}A^{-1}$ をかけると $B^{-1}\cdot A^{-1}(AB)X=B^{-1}A^{-1}$. 行列の積の結合則を使って，上の式の左辺は，$B^{-1}A^{-1}(AB)X=B^{-1}(A^{-1}A)BX=B^{-1}BX=X$. したがって，$(AB)^{-1}=B^{-1}A^{-1}$.

3. $A_1{}^{\mathrm{T}}A_2 = \cos\theta\sin\theta+(-\sin\theta)\cos\theta+0\cdot 0 = 0$, $A_1{}^{\mathrm{T}}A_3 = 0+0+0 = 0$

$A_2{}^{\mathrm{T}}A_3 = 0+0+0 = 0.$

4.

$$\det A = \left(-\frac{1}{2}\right)\left(0-\frac{1}{\sqrt{2}}\frac{1}{\sqrt{2}}\right)-\frac{1}{2}\left(0-\frac{1}{\sqrt{2}}\frac{1}{\sqrt{2}}\right)+\frac{1}{\sqrt{2}}\left\{\frac{1}{2}\frac{1}{\sqrt{2}}-\left(-\frac{1}{2}\right)\left(\frac{1}{\sqrt{2}}\right)\right\}$$

$$= \frac{1}{4}+\frac{1}{4}+\frac{1}{\sqrt{2}}\left(\frac{1}{\sqrt{2}}\right) = 1 \qquad \text{(第1行目での展開)}$$

余因子は，

$$C_{11} = \begin{vmatrix} -1/2 & 1/\sqrt{2} \\ 1/\sqrt{2} & 0 \end{vmatrix} = -\frac{1}{2}, \qquad C_{21} = -\begin{vmatrix} 1/2 & 1/\sqrt{2} \\ 1/\sqrt{2} & 0 \end{vmatrix} = \frac{1}{2}$$

$$C_{31} = \begin{vmatrix} 1/2 & -1/2 \\ 1/\sqrt{2} & 1/\sqrt{2} \end{vmatrix} = \frac{1}{\sqrt{2}}, \qquad C_{12} = -\begin{vmatrix} 1/2 & 1/\sqrt{2} \\ 1/\sqrt{2} & 0 \end{vmatrix} = \frac{1}{2}$$

$$C_{22} = \begin{vmatrix} -1/2 & 1/\sqrt{2} \\ 1/\sqrt{2} & 0 \end{vmatrix} = -\frac{1}{2}, \qquad C_{32} = -\begin{vmatrix} -1/2 & 1/2 \\ 1/\sqrt{2} & 1/\sqrt{2} \end{vmatrix} = \frac{1}{\sqrt{2}}$$

$$C_{13} = \begin{vmatrix} 1/2 & 1/\sqrt{2} \\ -1/2 & 1/\sqrt{2} \end{vmatrix} = \frac{1}{\sqrt{2}}, \qquad C_{23} = -\begin{vmatrix} -1/2 & 1/\sqrt{2} \\ 1/2 & 1/\sqrt{2} \end{vmatrix} = \frac{1}{\sqrt{2}}$$

$$C_{33} = \begin{vmatrix} -1/2 & 1/2 \\ 1/2 & -1/2 \end{vmatrix} = 0$$

よって，

$$A^{-1} = \begin{pmatrix} -1/2 & 1/2 & 1/\sqrt{2} \\ 1/2 & -1/2 & 1/\sqrt{2} \\ 1/\sqrt{2} & 1/\sqrt{2} & 0 \end{pmatrix}$$

$A^{\mathrm{T}}=A^{-1}$ であるから，行列 A は直交行列である．

2-5 節

1. (i) $D = \begin{vmatrix} 4 & 6 & 1 \\ 2 & 1 & -4 \\ 3 & -2 & 5 \end{vmatrix} = -151,\qquad x = \dfrac{1}{D}\begin{vmatrix} 2 & 6 & 1 \\ 3 & 1 & -4 \\ 8 & -2 & 5 \end{vmatrix} = -\dfrac{(-302)}{151} = 2$

$$y=\frac{1}{D}\begin{vmatrix}4 & 2 & 1\\ 2 & 3 & -4\\ 3 & 8 & 5\end{vmatrix}=-\frac{151}{151}=-1,\qquad z=\frac{1}{D}\begin{vmatrix}4 & 6 & 2\\ 2 & 1 & 3\\ 3 & -2 & 8\end{vmatrix}=0$$

よって，$x=2$，$y=-1$，$z=0$．本文 42 ページの分類 1)．

(ii) (i) と同じ $D=-151\neq 0$ で，$B=0$ であるから $x=y=z=0$．本文の分類 2)．

(iii) $$D=\begin{vmatrix}-1 & 1 & 2\\ 3 & 4 & 1\\ 2 & 5 & 3\end{vmatrix}=\begin{vmatrix}-1 & 0 & 0\\ 3 & 7 & 7\\ 4 & 7 & 7\end{vmatrix}=0$$

$B=0$ であるから，$x=z$，$y=-z$ をみたす無限個の解がある．本文の分類 3)．

(iv) (iii) と同じ $D=0$．$B\neq 0$ であり，$D_k\neq 0$ であるから解はない．本文の分類 4)．

2-6 節

1. $$((AB)^\dagger)_{jk}=((AB)^*)_{kj}=(A^*B^*)_{kj}=\sum_l (A^*)_{kl}(B^*)_{lj}$$
$$=\sum_l (B^*)_{lj}(A^*)_{kl}=\sum_l (B^\dagger)_{jl}(A^\dagger)_{lk}=(B^\dagger A^\dagger)_{jk}$$

2. A をエルミット行列，λ を固有値とする．$AX=\lambda X$．左から $X^\dagger$ をかけて，

$$X^\dagger AX=\lambda X^\dagger X \tag{1}$$

(1)式の両辺のエルミット共役をとる．$A^\dagger=A$ だから，

$$X^\dagger AX=\lambda^* X^\dagger X \tag{2}$$

(1)式と(2)式から，$(\lambda-\lambda^*)X^\dagger X=0$．$X$ は自明でない解であるから，$X^\dagger X\neq 0$．したがって，$\lambda=\lambda^*$．よって，固有値 λ は実数である．

異なる固有値を λ_1, λ_2 とし，それに対する固有ベクトルを X_1, X_2 とする．$AX_1=\lambda_1X_1$，$AX_2=\lambda_2X_2$．最初の式に $X_2{}^\dagger$，次の式に $X_1{}^\dagger$，を左からかける．

$$X_2{}^\dagger AX_1=\lambda_1X_2{}^\dagger X_1,\qquad X_1{}^\dagger AX_2=\lambda_2X_1{}^\dagger X_2 \tag{3}$$

上の式の 2 番目の式のエルミット共役をとる．λ_2 は実数であるから，$X_2{}^\dagger AX_1=\lambda_2X_2{}^\dagger\cdot X_1$．これと，(3)の最初の式を比べて，$(\lambda_1-\lambda_2)X_2{}^\dagger X_1=0$．$\lambda_1\neq\lambda_2$ であるから，$X_2{}^\dagger X_1=0$．したがって，X_1 と X_2 は直交している．

3. A を反エルミット行列，λ を固有値とする．$AX=\lambda X$．左から $X^\dagger$ をかけて，$X^\dagger\cdot AX=\lambda X^\dagger X$．この式の両辺のエルミット共役をとると，$X^\dagger A^\dagger X=\lambda^* X^\dagger X$．$A^\dagger=-A$ であるから，$(\lambda+\lambda^*)X^\dagger X=0$．$X^\dagger X\neq 0$．よって，$\lambda+\lambda^*=0$．$\lambda$ は純虚数か 0 である．

4. (i) 固有方程式は

$$D(\lambda)=\begin{vmatrix}1-\lambda & 1 & 3\\ 1 & 5-\lambda & 1\\ 3 & 1 & 1-\lambda\end{vmatrix}=\begin{vmatrix}1-\lambda & 1 & 3\\ 1 & 5-\lambda & 1\\ \lambda+2 & 0 & -(\lambda+2)\end{vmatrix}$$

$$= (\lambda+2)\{1-3(5-\lambda)-(1-\lambda)(5-\lambda)+1\}$$
$$= (\lambda+2)(-\lambda^2+9\lambda-18) = -(\lambda+2)(\lambda-3)(\lambda-6)$$

よって，固有値は，$\lambda_1=-2$, $\lambda_2=3$, $\lambda_3=6$. 対する固有ベクトルは，$Av_j=\lambda_j v_j\,(j=1,2,3)$から，

$$v_1 = \frac{1}{\sqrt{2}}\begin{pmatrix} 1 \\ 0 \\ -1 \end{pmatrix}, \quad v_2 = \frac{1}{\sqrt{3}}\begin{pmatrix} 1 \\ -1 \\ 1 \end{pmatrix}, \quad v_3 = \frac{1}{\sqrt{6}}\begin{pmatrix} 1 \\ 2 \\ 1 \end{pmatrix}$$

(ii)　$V=(v_1 \quad v_2 \quad v_3)$として

$$V^{\mathrm{T}}AV = \begin{pmatrix} 1/\sqrt{2} & 0 & -1/\sqrt{2} \\ 1/\sqrt{3} & -1/\sqrt{3} & 1/\sqrt{3} \\ 1/\sqrt{6} & 2/\sqrt{6} & 1/\sqrt{6} \end{pmatrix}\begin{pmatrix} 1 & 1 & 3 \\ 1 & 5 & 1 \\ 3 & 1 & 1 \end{pmatrix}\begin{pmatrix} 1/\sqrt{2} & 1/\sqrt{3} & 1/\sqrt{6} \\ 0 & -1/\sqrt{3} & 2/\sqrt{6} \\ -1/\sqrt{2} & 1/\sqrt{3} & 1/\sqrt{6} \end{pmatrix}$$
$$= \begin{pmatrix} -2 & 0 & 0 \\ 0 & 3 & 0 \\ 0 & 0 & 6 \end{pmatrix} \equiv \Lambda$$

(iii)　$Q=X^{\mathrm{T}}AX=Y^{\mathrm{T}}V^{\mathrm{T}}AVY=Y^{\mathrm{T}}\Lambda Y$, $X=VY$. よって，$Q=-2{y_1}^2+3{y_2}^2+6{y_3}^2$.

2-7 節

1. ベクトル $\boldsymbol{V}$ の始点と終点をそれぞれPとQとする．点PのO-xyz とO′-$x'y'z'$ に関する座標をそれぞれ(P_1, P_2, P_3)と(P_1', P_2', P_3')とし，点QのO-xyz とO′-$x'y'z'$ に関する座標をそれぞれ(Q_1, Q_2, Q_3)と(Q_1', Q_2', Q_3')とする．このとき，ベクトル $\boldsymbol{V}$ のO-xyz とO′-$x'y'z'$ に関する成分をそれぞれ(V_x, V_y, V_z)と(V_x', V_y', V_z')とすれば，

$$V_x = Q_1-P_1, \qquad V_x' = Q_1'-P_1'$$
$$V_y = Q_2-P_2, \qquad V_y' = Q_2'-P_2'$$
$$V_z = Q_3-P_3, \qquad V_z' = Q_3'-P_3'$$

である．座標変換の式(2.61)より，$P_i'=P_i-b_i$, $Q_i'=Q_i-b_i\,(i=1,2,3)$が成り立つから，

$$V_x' = Q_1'-P_1' = (Q_1-b_1)-(P_1-b_1) = Q_1-P_1 = V_x$$

同様にして，$V_y'=V_y$, $V_z'=V_z$ である．

2. 一般の座標変換(2.77)から，

$$({x_2}'-{x_1}')^2+({y_2}'-{y_1}')^2+({z_2}'-{z_1}')^2$$
$$= \{(a_{11}x_2+a_{12}y_2+a_{13}z_2-b_1)-(a_{11}x_1+a_{12}y_1+a_{13}z_1-b_1)\}^2$$
$$+ \{(a_{21}x_2+a_{22}y_2+a_{23}z_2-b_2)-(a_{21}x_1+a_{22}y_1+a_{23}z_1-b_2)\}^2$$
$$+ \{(a_{31}x_2+a_{32}y_2+a_{33}z_2-b_3)-(a_{31}x_1+a_{32}y_1+a_{33}z_1-b_3)\}^2$$

$$= (a_{11}{}^2+a_{21}{}^2+a_{31}{}^2)(x_2-x_1)^2+(a_{12}{}^2+a_{22}{}^2+a_{32}{}^2)(y_2-y_1)^2+(a_{13}{}^2+a_{23}{}^2+a_{33}{}^2)(z_2-z_1)^2$$
$$+2(a_{11}a_{12}+a_{21}a_{22}+a_{31}a_{32})(x_2-x_1)(y_2-y_1)$$
$$+2(a_{12}a_{13}+a_{22}a_{23}+a_{32}a_{33})(y_2-y_1)(z_2-z_1)$$
$$+2(a_{13}a_{11}+a_{23}a_{21}+a_{33}a_{31})(z_2-z_1)(x_2-x_1) \qquad (1)$$

ところが行列 $A=(a_{jk})$ は直交行列であるから，$A^{\mathrm{T}}A=I$. したがって，

$$\sum_{k=1}^{3} a_{kj}a_{kl} = \delta_{jl} \qquad (j, l=1, 2, 3) \qquad (2)$$

(2)式を(1)式に用いて，

$$(x_2'-x_1')^2+(y_2'-y_1')^2+(z_2'-z_1')^2 = (x_2-x_1)^2+(y_2-y_1)^2+(z_2-z_1)^2$$

よって，2点間の距離は座標変換によって変わらない．

3. 前問2の証明と全く同じようにできるが，ここでは行列の記法を使って証明する．座標変換(2.77)に際して，ベクトル $\boldsymbol{u}$ と $\boldsymbol{v}$ は，

$$\begin{pmatrix} u_x' \\ u_y' \\ u_z' \end{pmatrix} = A\begin{pmatrix} u_x \\ u_y \\ u_z \end{pmatrix}, \qquad \begin{pmatrix} v_x' \\ v_y' \\ v_z' \end{pmatrix} = A\begin{pmatrix} v_x \\ v_y \\ v_z \end{pmatrix}$$

と変換する．よって，

$$\boldsymbol{u}'\cdot\boldsymbol{v}' = (u_x' \quad u_y' \quad u_z')\begin{pmatrix} v_x' \\ v_y' \\ v_z' \end{pmatrix} = (u_x \quad u_y \quad u_z)A^{\mathrm{T}}A\begin{pmatrix} v_x \\ v_y \\ v_z \end{pmatrix}$$
$$= (u_x \quad u_y \quad u_z)\begin{pmatrix} v_x \\ v_y \\ v_z \end{pmatrix} = \boldsymbol{u}\cdot\boldsymbol{v}$$

よって，ベクトルのスカラー積はスカラーである．途中で，$A^{\mathrm{T}}A=I$ を用いた．

2-8 節

1. $u_i=\sum_j T_{ji}v_j$, $u_i'=\sum_j T_{ji}'v_j'$ とおく．

$$\begin{aligned} u_i' &= \sum_j T_{ji}'v_j' = \sum_j\Big(\sum_k\sum_l a_{jk}a_{il}T_{kl}\Big)\Big(\sum_m a_{jm}v_m\Big) \\ &= \sum_k\sum_l\sum_m a_{il}\Big(\sum_j a_{jk}a_{jm}\Big)T_{kl}v_m = \sum_k\sum_l\sum_m a_{il}\delta_{km}T_{kl}v_m \\ &= \sum_k\sum_l a_{il}T_{kl}v_k = \sum_l a_{il}u_l \end{aligned}$$

よって，$\sum_j T_{ji}v_j$ はベクトルである．

2. T_{ij} をテンソルとすると，座標変換(2.80)によって，$T_{rs}'=\sum_i\sum_j a_{ri}a_{sj}T_{ij}$ と変換する．ところが，$T_{ij}=T_{ji}$ ならば，

$$T_{rs}' = \sum_i\sum_j a_{ri}a_{sj}T_{ij} = \sum_i\sum_j a_{ri}a_{sj}T_{ji} = \sum_j\sum_i a_{rj}a_{si}T_{ij}$$

$$= \sum_i \sum_j a_{si} a_{rj} T_{ij} = T_{sr}'$$

3. 座標変換(2.80)によって，$T_{rs}' = \sum_i \sum_j a_{ri} a_{sj} T_{ij}$．よって，

$$\sum_r T_{rr}' = \sum_r \sum_i \sum_j a_{ri} a_{rj} T_{ij} = \sum_i \sum_j (\sum_r a_{ri} a_{rj}) T_{ij} = \sum_i \sum_j \delta_{ij} T_{ij} = \sum_i T_{ii}$$

$\sum_i T_{ii}$ は座標変換によって変わらないから，0階テンソルすなわちスカラーである．

4. 回転の行列 A は，$\theta = 90°$ として，

$$\begin{pmatrix} x_1' \\ x_2' \end{pmatrix} = A \begin{pmatrix} x_1 \\ x_2 \end{pmatrix}, \quad A = (a_{ij}) = \begin{pmatrix} \cos\theta & \sin\theta \\ -\sin\theta & \cos\theta \end{pmatrix} = \begin{pmatrix} 0 & 1 \\ -1 & 0 \end{pmatrix}$$

である．ベクトル V は新しい座標では，

$$V' = \begin{pmatrix} v_1' \\ v_2' \end{pmatrix} = AV = \begin{pmatrix} 0 & 1 \\ -1 & 0 \end{pmatrix} \begin{pmatrix} v_1 \\ v_2 \end{pmatrix} = \begin{pmatrix} v_2 \\ -v_1 \end{pmatrix}$$

新しい座標系でのテンソルは，$T_{rs}' = \sum_i \sum_j a_{ri} a_{sj} T_{ij}$ から，$T' = ATA^{\mathrm{T}}$．よって

$$T' = \begin{pmatrix} T_{11}' & T_{12}' \\ T_{21}' & T_{22}' \end{pmatrix} = \begin{pmatrix} 0 & 1 \\ -1 & 0 \end{pmatrix} \begin{pmatrix} T_{11} & T_{12} \\ T_{21} & T_{22} \end{pmatrix} \begin{pmatrix} 0 & -1 \\ 1 & 0 \end{pmatrix} = \begin{pmatrix} T_{22} & -T_{21} \\ -T_{12} & T_{11} \end{pmatrix}$$

2-9 節

1.
$$T = \frac{1}{2} \sum_i m_i \boldsymbol{v}_i \cdot \boldsymbol{v}_i = \frac{1}{2} \sum_i m_i (\boldsymbol{\omega} \times \boldsymbol{r}_i) \cdot (\boldsymbol{\omega} \times \boldsymbol{r}_i)$$
$$= \frac{1}{2} \boldsymbol{\omega} \cdot \sum_i m_i \boldsymbol{r}_i \times (\boldsymbol{\omega} \times \boldsymbol{r}_i) \qquad (\because \quad \boldsymbol{A} \cdot (\boldsymbol{B} \times \boldsymbol{C}) = \boldsymbol{B} \cdot (\boldsymbol{C} \times \boldsymbol{A}))$$
$$= \frac{1}{2} \boldsymbol{\omega} \cdot \boldsymbol{L} = \frac{1}{2} \sum_j \omega_j L_j = \frac{1}{2} \sum_j \sum_k \omega_j I_{jk} \omega_k$$

3-1 節

1. (i) $x = \frac{1}{2} g t^2 + C_1 t + C_2$，$\dot{x} = gt + C_1$，$\ddot{x} = g$．よって解である．与えられた方程式は2階であり，任意定数 C_1, C_2 を含むので一般解である．

(ii) $I = \frac{5}{2}(\sin 5t - \cos 5t) + Ce^{-5t}$，$\dot{I} = \frac{25}{2}(\cos 5t + \sin 5t) - 5Ce^{-5t} = -5I + 25 \sin 5t$．よって解である．また与えられた方程式は1階であり，任意定数 C を含むので一般解である．

(iii) $v = 8 \frac{Ae^{8t} - 1}{1 + Ae^{8t}}$，$\frac{dv}{dt} = 8 \frac{8Ae^{8t}(1 + Ae^{8t}) - 8Ae^{8t}(Ae^{8t} - 1)}{(1 + Ae^{8t})^2} = \frac{128Ae^{8t}}{(1 + Ae^{8t})^2}$

一方，

$$32 - \frac{1}{2} v^2 = \frac{32(1 + Ae^{8t})^2 - 32(Ae^{8t} - 1)^2}{(1 + Ae^{8t})^2} = \frac{128Ae^{8t}}{(1 + Ae^{8t})^2}$$

よって，解である．また与えられた方程式は1階であり，任意定数 A を含むので，一般解である．

2. (i) $x(t)=\frac{1}{2}gt^2+C_1t+C_2$, $\dot{x}(t)=gt+C_1$. $\dot{x}(0)=v_0$ より $C_1=v_0$, $x(0)=h$ より $C_2=h$. 求める特解は，$x=\frac{1}{2}gt^2+v_0t+h$.

(ii) $I(t)=\frac{5}{2}(\sin 5t-\cos 5t)+Ce^{-5t}$. $I(0)=0=-5/2+C$. $C=5/2$. よって求める特解は，$I=\frac{5}{2}(\sin 5t-\cos 5t+e^{-5t})$.

(iii) $v(t)=8(Ae^{8t}-1)/(1+Ae^{8t})$. $v(0)=0=8(A-1)/(1+A)$. $A=1$. よって求める特解は，$v=8(e^{8t}-1)/(e^{8t}+1)$.

3-2 節

1. (i) $dy/dx=2x$. $dy=2xdx$. 両辺を積分して，一般解 $y=x^2+C$ を得る.

(ii) $dy/dx=2xy$. $dy/y=2xdx$. 両辺を積分して，$\log y=x^2+C$. よって一般解は，$y=e^{(C+x^2)}=Ae^{x^2}$. A は任意定数.

(iii) 1階線形同次方程式は変数分離形であるので，(i), (ii) と同じように解ける. $dy/dx=-y$. $dy/y=-dx$. 両辺を積分して，$\log y=-x+C$. $y=e^{-x+C}=Ae^{-x}$.

(iv) 定数変化法を用いる. (iii) の結果を考慮して，$y=C(x)e^{-x}$ とおく. $dy/dx+y=1$ に，これを代入すると，

$$\frac{dC}{dx}e^{-x}-Ce^{-x}+Ce^{-x}=1, \qquad \therefore \quad \frac{dC}{dx}=e^x$$

$dC=e^xdx$. 両辺を積分して，$C(x)=e^x+C_1$. $y=(e^x+C_1)e^{-x}=C_1e^{-x}+1$. これは任意定数 C_1 を含み一般解である.

2. (i) 与えられた微分方程式は

$$\frac{dy}{dx}=-\frac{x}{x^2+2}\frac{y^2+2}{y}$$

変数分離形であるからすぐに積分できて

$$\frac{ydy}{y^2+2}=-\frac{xdx}{x^2+2}, \qquad \therefore \quad \frac{1}{2}\log(y^2+2)=-\frac{1}{2}\log(x^2+2)+C$$

したがって，一般解は $(x^2+2)(y^2+2)=e^{2C}=C_1$.

(ii) $y(1)=3$. $(1+2)(9+2)=33$. 求める特解は，$(x^2+2)\cdot(y^2+2)=33$.

3. 本文中(線形微分方程式)の例題 2 と途中まで同じであるから簡単に書く. 同次方程式の一般解は，$I=Ce^{-at}$ である. 定数変化法によって解く. $I(t)=C(t)e^{-at}$ とおき，与えられた方程式に代入し，$C(t)$ を求める. その結果は (3.9)：

$$I(t)=e^{-at}\left[\frac{1}{L}\int e^{at}V(t)dt+C\right] \qquad (a=R/L)$$

である. 上の式に $V(t)=V_0\sin\omega t$ を代入して，

$$I(t) = e^{-at}\left[\frac{V_0}{L}\int e^{at}\sin\omega t dt + C\right] = \frac{V_0}{R^2+\omega^2L^2}(R\sin\omega t - \omega L\cos\omega t) + Ce^{-at}$$

$$= \frac{V_0}{\sqrt{R^2+\omega^2L^2}}\sin(\omega t-\delta)+Ce^{-at} \qquad (C：任意定数)$$

ここで，$\delta=\tan^{-1}(\omega L/R)$．第2項は t が大きくなると速やかに0になる．したがって，十分時間がたてば電流 $I(t)$ は，加えた電圧 $V(t)$ と同じような(位相のずれ δ に注意)振動をする．

4. $$y_1 = e^{-\int p(x)dx}\int q(x)e^{\int p(x)dx}dx$$

$$\frac{dy_1}{dx} = -p(x)e^{-\int p(x)dx}\int q(x)e^{\int p(x)dx}dx + e^{-\int p(x)dx}q(x)e^{\int p(x)dx}$$

$$= -p(x)y_1 + q(x)$$

よって，y_1 は与えられた線形方程式の解である．また任意定数を含まないので，特解である．一方，

$$y_2 = Ce^{-\int p(x)dx}, \qquad \frac{dy_2}{dx} = -p(x)Ce^{-\int p(x)dx} = -p(x)y_2$$

よって，y_2 は同次方程式($q\equiv0$)の解である．方程式は1階であり，任意定数 C を含むので y_2 は一般解である．

3-3節

1. (i) $(\partial/\partial y)(3x+4y)=4$．$(\partial/\partial x)(4x-5y)=4$．よって，$(3x+4y)dx+(4x-5y)dy=0$ は完全形である．$(3x+4y)dx+(4x-5y)dy=d((3/2)x^2+4xy)-4xdy+4xdy+d((-5/2)y^2)=d((3/2)x^2+4xy-(5/2)y^2)=0$．ゆえに，一般解は，$(3/2)x^2+4xy-(5/2)y^2=C$．

(ii) $(\partial/\partial y)(y^2e^x+xe^{-y})=2ye^x-xe^{-y}$．$(\partial/\partial x)(2ye^x-(1/2)x^2e^{-y})=2ye^x-xe^{-y}$．よって，$(y^2e^x+xe^{-y})dx+(2ye^x-(1/2)x^2e^{-y})dy=0$ は完全形である．

$$(y^2e^x+xe^{-y})dx+(2ye^x-(1/2)x^2e^{-y})dy$$

$$= d(y^2e^x+(1/2)x^2e^{-y})-2ye^xdy+(1/2)x^2e^{-y}dy+(2ye^x-(1/2)x^2e^{-y})dy$$

$$= d(y^2e^x+(1/2)x^2e^{-y}) = 0$$

ゆえに，一般解は $y^2e^x+\dfrac{1}{2}x^2e^{-y}=C$．

3-4節

1. $v=dy/dt$，$b=k/m$，$v_f=mg/k$ とおくと，運動方程式は，$\dot{v}=b(v_f-v)$．これは変数分離形であるので積分できて，$dv/(v_f-v)=bdt$，$\log(v_f-v)=-bt+C$．よって，$v(t)=v_f-C_1e^{-bt}$，$C_1=e^C$．t が十分大きくなると，速度 v は終端速度 $v=v_f=mg/k$ に近づくことがわかる．もう一度積分して，$y(t)=v_ft+(C_1/b)e^{-bt}+C_2$．

2.
$$\frac{dE}{dt}=\frac{d}{dt}\left(\frac{1}{2}m\left(\frac{dy}{dt}\right)^2+V(y)\right)=m\frac{dy}{dt}\frac{d^2y}{dt^2}+\frac{dy}{dt}\frac{dV}{dy}$$
$$=\frac{dy}{dt}\left(m\frac{d^2y}{dt^2}+\frac{dV}{dy}\right)=0$$

よって，$E=\frac{1}{2}m\dot{y}^2+V(y)$は時間によらず一定である．

3-5節

1. (i) y_1, y_2 は $y''+p(x)y'+q(x)y=0$ の解であるから，

$$y_1''+py_1'+qy_1=0 \quad (1) \qquad\qquad y_2''+py_2'+qy_2=0 \quad (2)$$

(1)式に y_2，(2)式に y_1 をかけて辺々を引くと，

$$y_1y_2''-y_1''y_2+p(y_1y_2'-y_1'y_2)=0 \qquad (3)$$

$\Delta=y_1y_2'-y_1'y_2$．$\Delta'=y_1y_2''-y_1''y_2$．したがって，(3)式は $\Delta'+p\Delta=0$，$(\log\Delta)'=-p$．これを積分して，$\Delta(x)=Ce^{-\int p(x)dx}$．

(ii) (i)から $y_1y_2'-y_1'y_2=Ce^{-\int p(x)dx}$．よって，

$$\frac{d}{dx}\left(\frac{y_2}{y_1}\right)=\frac{1}{y_1^2}(y_1y_2'-y_1'y_2)=C\frac{1}{y_1^2}e^{-\int p(x)dx}$$

これを積分して，

$$y_2=Cy_1\int\frac{1}{y_1^2}e^{-\int p(x)dx}dx$$

上の表式で任意定数はなしにしてもよい(微分方程式は線形であるから，y が解ならば定数倍 Cy も解である)．

3-6節

1. (i) 特性方程式は $\lambda^2-2\lambda-3=(\lambda+1)(\lambda-3)=0$．したがって，$\lambda=-1$，$\lambda=3$．一般解は $y=C_1e^{-x}+C_2e^{3x}$．

(ii) 特性方程式は $\lambda^2+\omega_0^2=(\lambda+i\omega_0)(\lambda-i\omega_0)=0$．一般解は $y=C_1e^{i\omega_0x}+C_2e^{-i\omega_0x}$ または $y=C_1\cos\omega_0x+C_2\sin\omega_0x$．

(iii) 特性方程式は $\lambda^2+4\lambda+8=0$．$\lambda=-2\pm2i$．一般解は $y=C_1e^{(-2+2i)x}+C_2e^{(-2-2i)x}$ または $y=C_1e^{-2x}\cos2x+C_2e^{-2x}\sin2x$．

(iv) 特性方程式は $\lambda^2-8\lambda+16=(\lambda-4)^2=0$．よって重根 $\lambda=4$．一般解は $y=(C_1+C_2x)e^{4x}$．

2. (i) 同次方程式 $y''+y=0$ の1次独立な解は，$y_1=\cos x$ と $y_2=\sin x$ である．公式(3.58)から，

$$\Delta=y_1y_2'-y_1'y_2=\cos x(\cos x)-(-\sin x)\sin x=1$$

$$y_p = -\cos x \int 2e^x \sin x dx + \sin x \int 2e^x \cos x dx$$
$$= -\cos x \cdot e^x(\sin x - \cos x) + \sin x \cdot e^x(\cos x + \sin x) = e^x$$

したがって求める一般解は，$y = A_1 \cos x + A_2 \sin x + e^x$.

(ii) $y'' - 2y' + 2y = 0$ の独立な解は，$y_1 = e^x \cos x$ と $y_2 = e^x \sin x$．公式(3.58)より，

$$\Delta = e^x \cos x \cdot e^x(\sin x + \cos x) - e^x(\cos x - \sin x)e^x \sin x = e^{2x}$$

$$y_p = -e^x \cos x \int (-3 \sin 2x) \sin x dx + e^x \sin x \int (-3 \sin 2x) \cos x dx$$
$$= \frac{3}{2} e^x \cos x \left(\sin x - \frac{1}{3} \sin 3x \right) - \frac{3}{2} e^x \sin x \left(-\frac{1}{3} \cos 3x - \cos x \right)$$
$$= \frac{3}{2} e^x \sin 2x - \frac{1}{2} e^x \sin 2x = e^x \sin 2x$$

したがって，求める一般解は $y = e^x(A_1 \cos x + A_2 \sin x + \sin 2x)$.

3-7 節

1. (i) $x(t) = A \cos \omega_0 t + B \sin \omega_0 t, \quad \omega_0 = \sqrt{k/m}.$

(ii) $x(t) = x_0 \cos \omega_0 t + (v_0/\omega_0) \sin \omega_0 t.$ (iii) $x(t) = A \sin(\omega_0 t + \delta).$

2. 与えられた微分方程式に $I(t) = e^{\lambda t}$ を代入して，特性方程式 $L\lambda^2 + R\lambda + 1/C = 0$ を得る．特性方程式の根は，$\lambda = (1/2L)\{-R \pm \sqrt{R^2 - 4L/C}\}$．表式を簡単にするために，$\gamma = R/2L$，$\omega_0 = \sqrt{1/LC}$ とおく．$\lambda = -\gamma \pm \sqrt{\gamma^2 - \omega_0{}^2}$ である．一般解は，

$$I(t) = \begin{cases} e^{-\gamma t}(C_1 e^{t\sqrt{\gamma^2 - \omega_0{}^2}} + C_2 e^{-t\sqrt{\gamma^2 - \omega_0{}^2}}) & (R > 2\sqrt{L/C}) \\ e^{-\gamma t}(C_1 \sin t\sqrt{\omega_0{}^2 - \gamma^2} + C_2 \cos t\sqrt{\omega_0{}^2 - \gamma^2}) & (R < 2\sqrt{L/C}) \\ e^{-\gamma t}(C_1 + C_2 t) & (R = 2\sqrt{L/C}) \end{cases}$$

3. (i) キルヒホッフの法則により，

$$L\frac{dI}{dt} + RI + \frac{1}{C}\int I(t)dt = E_0 \sin \omega t$$

両辺を t で微分して，

$$L\frac{d^2I}{dt^2} + R\frac{dI}{dt} + \frac{1}{C}I = \omega E_0 \cos \omega t$$

(ii) 微分方程式 $L\ddot{I} + R\dot{I} + I/C = \omega E_0 e^{i\omega t}$ に，$I = Ae^{i\omega t}$ を代入して A を求める．

$$A = -\frac{E_0}{S - iR} = -i\frac{E_0}{\sqrt{S^2 + R^2}} e^{-i\phi} \qquad \left(S = \omega L - \frac{1}{\omega C},\ \tan \phi = \frac{S}{R} \right)$$

求める解は，$Ae^{i\omega t}$ の実数部分を取って

$$I_{\mathrm{p}}(t) = \mathrm{Re}\left\{-i\frac{E_0}{\sqrt{S^2+R^2}}e^{i(\omega t-\phi)}\right\} = \frac{E_0}{\sqrt{S^2+R^2}}\sin(\omega t-\phi)$$

3-8 節

1. (1)
$$A = \begin{pmatrix}(a+k)/m & -k/m \\ -k/m & (a+k)/m\end{pmatrix}$$

(2) 固有値は

$$\begin{vmatrix}(a+k)/m-\lambda & -k/m \\ -k/m & (a+k)/m-\lambda\end{vmatrix} = 0$$

より，$\lambda_1 = a/m$, $\lambda_2 = (a+2k)/m$.

$$\{(a+k)/m-\lambda\}y_1-(k/m)y_2 = 0, \qquad -(k/m)y_1+\{(a+k)/m-\lambda\}y_2 = 0$$

から，$\lambda=\lambda_1$ に対する固有ベクトル v_1, $\lambda=\lambda_2$ に対する固有ベクトル v_2 は，それぞれ

$$v_1 = \frac{1}{\sqrt{2}}\begin{pmatrix}1\\1\end{pmatrix}, \qquad v_2 = \frac{1}{\sqrt{2}}\begin{pmatrix}1\\-1\end{pmatrix}$$

(3)
$$V = \frac{1}{\sqrt{2}}\begin{pmatrix}1 & 1\\ 1 & -1\end{pmatrix}, \qquad \ddot{Q} = -V^{\mathrm{T}}\ddot{X} = -V^{\mathrm{T}}AVQ$$

ここで，

$$V^{\mathrm{T}}AV = \frac{1}{\sqrt{2}}\begin{pmatrix}1 & 1\\ 1 & -1\end{pmatrix}\begin{pmatrix}(a+k)/m & -k/m \\ -k/m & (a+k)/m\end{pmatrix}\frac{1}{\sqrt{2}}\begin{pmatrix}1 & 1\\ 1 & -1\end{pmatrix} = \begin{pmatrix}\lambda_1 & 0\\ 0 & \lambda_2\end{pmatrix}$$

したがって，Q は規準座標である．そして，q_1, q_2 の一般解は，C_1, C_2, α, β を任意定数として，$q_1 = C_1\cos(\sqrt{\lambda_1}\,t+\alpha)$, $q_2 = C_2\cos(\sqrt{\lambda_2}\,t+\beta)$.

(4) $X = VQ$ より，

$$x_1 = \frac{1}{\sqrt{2}}(q_1+q_2) = \frac{C_1}{\sqrt{2}}\cos(\omega_1 t+\alpha)+\frac{C_2}{\sqrt{2}}\cos(\omega_2 t+\beta)$$

$$x_2 = \frac{1}{\sqrt{2}}(q_1-q_2) = \frac{C_1}{\sqrt{2}}\cos(\omega_1 t+\alpha)-\frac{C_2}{\sqrt{2}}\cos(\omega_2 t+\beta)$$

4-1 節

1. $\boldsymbol{A} = A_x\boldsymbol{i}+A_y\boldsymbol{j}+A_z\boldsymbol{k}$ として，

$$\frac{d}{dt}(\phi\boldsymbol{A}) = \frac{d}{dt}(\phi A_x)\boldsymbol{i}+\frac{d}{dt}(\phi A_y)\boldsymbol{j}+\frac{d}{dt}(\phi A_z)\boldsymbol{k}$$

$$= \frac{d\phi}{dt}A_x\boldsymbol{i}+\phi\frac{dA_x}{dt}\boldsymbol{i}+\frac{d\phi}{dt}A_y\boldsymbol{j}+\phi\frac{dA_y}{dt}\boldsymbol{j}+\frac{d\phi}{dt}A_z\boldsymbol{k}+\phi\frac{dA_z}{dt}\boldsymbol{k}$$

$$= \frac{d\phi}{dt}(A_x\boldsymbol{i}+A_y\boldsymbol{j}+A_z\boldsymbol{k})+\phi\left(\frac{dA_x}{dt}\boldsymbol{i}+\frac{dA_y}{dt}\boldsymbol{j}+\frac{dA_z}{dt}\boldsymbol{k}\right) = \frac{d\phi}{dt}\boldsymbol{A}+\phi\frac{d\boldsymbol{A}}{dt}$$

2. ベクトルの x 成分を $(\ \ )_x$ で表わす．

$$\frac{d}{dt}(\boldsymbol{A}\times\boldsymbol{B})_x = \frac{d}{dt}(A_yB_z - A_zB_y) = A_y\frac{dB_z}{dt} - A_z\frac{dB_y}{dt} + \frac{dA_y}{dt}B_z - \frac{dA_z}{dt}B_y$$

$$= \left(\boldsymbol{A}\times\frac{d\boldsymbol{B}}{dt}\right)_x + \left(\frac{d\boldsymbol{A}}{dt}\times\boldsymbol{B}\right)_x$$

他の成分についても同様である.

3. (i) $\boldsymbol{v}(t) = \dot{\boldsymbol{r}}(t) = R(-\omega\sin\omega t\,\boldsymbol{i} + \omega\cos\omega t\,\boldsymbol{j})$

$\boldsymbol{a}(t) = \dot{\boldsymbol{v}}(t) = R(-\omega^2\cos\omega t\,\boldsymbol{i} - \omega^2\sin\omega t\,\boldsymbol{j}) = -\omega^2\boldsymbol{r}$

(ii) $|\boldsymbol{v}| = \sqrt{\boldsymbol{v}\cdot\boldsymbol{v}} = R\omega$, $|\boldsymbol{a}| = \sqrt{\boldsymbol{a}\cdot\boldsymbol{a}} = R\omega^2$.

(iii) $\boldsymbol{r}\cdot\boldsymbol{v} = R^2(\cos\omega t\,\boldsymbol{i} + \sin\omega t\,\boldsymbol{j})\cdot(-\omega\sin\omega t\,\boldsymbol{i} + \omega\cos\omega t\,\boldsymbol{j})$

$= R^2(-\omega\sin\omega t\cos\omega t + \omega\sin\omega t\cos\omega t) = 0$

$\boldsymbol{r}\cdot\boldsymbol{v} = 0$ は $\boldsymbol{r}\cdot\boldsymbol{r} = R^2 =$ 一定 であることからもすぐにわかる．すなわち，$(d/dt)(\boldsymbol{r}\cdot\boldsymbol{r}) = 0 = \boldsymbol{r}\cdot\boldsymbol{v} + \boldsymbol{v}\cdot\boldsymbol{r} = 2\boldsymbol{r}\cdot\boldsymbol{v}$.

4.
$$\frac{d}{dt}\left(\boldsymbol{r}\times\frac{d\boldsymbol{r}}{dt}\right) = \frac{d\boldsymbol{r}}{dt}\times\frac{d\boldsymbol{r}}{dt} + \boldsymbol{r}\times\frac{d^2\boldsymbol{r}}{dt^2} = \boldsymbol{r}\times\frac{d^2\boldsymbol{r}}{dt^2}$$

4-2 節

1. (i) $\boldsymbol{F}(\rho) = f(\rho)\boldsymbol{\rho}/\rho$ であるから，$F_\rho = f(\rho)$, $F_\phi = 0$. よって，本文の(4.27)式から，ニュートンの運動方程式は，$m(\ddot{\rho} - \rho\dot{\phi}^2) = f(\rho)$, $m(\rho\ddot{\phi} + 2\dot{\rho}\dot{\phi}) = 0$.

(ii) 上の2番目の方程式から

$$\frac{d}{dt}(m\rho^2\dot{\phi}) = m\rho^2\ddot{\phi} + 2m\rho\dot{\rho}\dot{\phi} = m\rho(\rho\ddot{\phi} + 2\dot{\rho}\dot{\phi}) = 0$$

これは，角運動量 $L = m\rho^2\dot{\phi}$ が時間によらないことを示す．

4-3 節

1. ベクトルの公式 $\boldsymbol{A}\cdot(\boldsymbol{B}\times\boldsymbol{C}) = \boldsymbol{B}\cdot(\boldsymbol{C}\times\boldsymbol{A}) = \boldsymbol{C}\cdot(\boldsymbol{A}\times\boldsymbol{B})$ を用いる．

$$\boldsymbol{k}'\cdot\frac{d\boldsymbol{j}'}{dt} = \boldsymbol{k}'\cdot(\boldsymbol{\omega}\times\boldsymbol{j}') = \boldsymbol{\omega}\cdot(\boldsymbol{j}'\times\boldsymbol{k}') = \boldsymbol{\omega}\cdot\boldsymbol{i}' = \omega_1$$

ω_2, ω_3 に対する式も全く同様に証明できる．

2.
$$\left(\frac{d\boldsymbol{V}}{dt}\right)_{\mathrm{f}} = \left(\frac{d\boldsymbol{V}}{dt}\right)_{\mathrm{r}} + \boldsymbol{\omega}\times\boldsymbol{V}$$

$$\left(\frac{d^2\boldsymbol{V}}{dt^2}\right)_{\mathrm{f}} = \left(\frac{d}{dt}\right)_{\mathrm{f}}\left\{\left(\frac{d\boldsymbol{V}}{dt}\right)_{\mathrm{r}} + \boldsymbol{\omega}\times\boldsymbol{V}\right\}$$

$$= \left(\frac{d}{dt}\right)_{\mathrm{r}}\left\{\left(\frac{d\boldsymbol{V}}{dt}\right)_{\mathrm{r}} + \boldsymbol{\omega}\times\boldsymbol{V}\right\} + \boldsymbol{\omega}\times\left\{\left(\frac{d\boldsymbol{V}}{dt}\right)_{\mathrm{r}} + \boldsymbol{\omega}\times\boldsymbol{V}\right\}$$

$$= \left(\frac{d^2\boldsymbol{V}}{dt^2}\right)_{\mathrm{r}} + \left(\frac{d\boldsymbol{\omega}}{dt}\right)_{\mathrm{r}}\times\boldsymbol{V} + 2\boldsymbol{\omega}\times\left(\frac{d\boldsymbol{V}}{dt}\right)_{\mathrm{r}} + \boldsymbol{\omega}\times(\boldsymbol{\omega}\times\boldsymbol{V})$$

固定座標系での運動方程式 $m(d^2\boldsymbol{r}/dt^2)_{\mathrm{f}}=\boldsymbol{F}$ は，上の結果から，

$$m\left(\frac{d^2\boldsymbol{r}}{dt^2}\right)_{\mathrm{r}} = \boldsymbol{F}-m\left(\frac{d\boldsymbol{\omega}}{dt}\right)_{\mathrm{r}}\times\boldsymbol{r}-2m\boldsymbol{\omega}\times\left(\frac{d\boldsymbol{r}}{dt}\right)_{\mathrm{r}}-m\boldsymbol{\omega}\times(\boldsymbol{\omega}\times\boldsymbol{r})$$

となる．これが回転座標系での運動方程式である．右辺の第3項がコリオリの力，第4項が遠心力である．

4-4 節

1. (i) $$\nabla(\phi\psi) = \left(\boldsymbol{i}\frac{\partial}{\partial x}+\boldsymbol{j}\frac{\partial}{\partial y}+\boldsymbol{k}\frac{\partial}{\partial z}\right)\phi\psi = \boldsymbol{i}\frac{\partial(\phi\psi)}{\partial x}+\boldsymbol{j}\frac{\partial(\phi\psi)}{\partial y}+\boldsymbol{k}\frac{\partial(\phi\psi)}{\partial z}$$
$$= \boldsymbol{i}\left(\phi\frac{\partial\psi}{\partial x}+\psi\frac{\partial\phi}{\partial x}\right)+\boldsymbol{j}\left(\phi\frac{\partial\psi}{\partial y}+\psi\frac{\partial\phi}{\partial y}\right)+\boldsymbol{k}\left(\phi\frac{\partial\psi}{\partial z}+\psi\frac{\partial\phi}{\partial z}\right)$$
$$= \phi\left(\boldsymbol{i}\frac{\partial\psi}{\partial x}+\boldsymbol{j}\frac{\partial\psi}{\partial y}+\boldsymbol{k}\frac{\partial\psi}{\partial z}\right)+\psi\left(\boldsymbol{i}\frac{\partial\phi}{\partial x}+\boldsymbol{j}\frac{\partial\phi}{\partial y}+\boldsymbol{k}\frac{\partial\phi}{\partial z}\right) = \phi\nabla\psi+\psi\nabla\phi$$

(ii) $$\nabla\cdot(\phi\boldsymbol{A}) = \frac{\partial}{\partial x}(\phi A_x)+\frac{\partial}{\partial y}(\phi A_y)+\frac{\partial}{\partial z}(\phi A_z)$$
$$= \frac{\partial\phi}{\partial x}A_x+\frac{\partial\phi}{\partial y}A_y+\frac{\partial\phi}{\partial z}A_z+\phi\left(\frac{\partial A_x}{\partial x}+\frac{\partial A_y}{\partial y}+\frac{\partial A_z}{\partial z}\right)$$
$$= (\nabla\phi)\cdot\boldsymbol{A}+\phi(\nabla\cdot\boldsymbol{A})$$

(iii) $$\nabla\times(\phi\boldsymbol{A}) = \boldsymbol{i}\times\frac{\partial}{\partial x}(\phi\boldsymbol{A})+\boldsymbol{j}\times\frac{\partial}{\partial y}(\phi\boldsymbol{A})+\boldsymbol{k}\times\frac{\partial}{\partial z}(\phi\boldsymbol{A})$$
$$= \boldsymbol{i}\times\left(\frac{\partial\phi}{\partial x}\boldsymbol{A}+\phi\frac{\partial\boldsymbol{A}}{\partial x}\right)+\boldsymbol{j}\times\left(\frac{\partial\phi}{\partial y}\boldsymbol{A}+\phi\frac{\partial\boldsymbol{A}}{\partial y}\right)+\boldsymbol{k}\times\left(\frac{\partial\phi}{\partial z}\boldsymbol{A}+\phi\frac{\partial\boldsymbol{A}}{\partial z}\right)$$
$$= \left(\frac{\partial\phi}{\partial x}\boldsymbol{i}\times\boldsymbol{A}+\frac{\partial\phi}{\partial y}\boldsymbol{j}\times\boldsymbol{A}+\frac{\partial\phi}{\partial z}\boldsymbol{k}\times\boldsymbol{A}\right)+\phi\left(\boldsymbol{i}\times\frac{\partial\boldsymbol{A}}{\partial x}+\boldsymbol{j}\times\frac{\partial\boldsymbol{A}}{\partial y}+\boldsymbol{k}\times\frac{\partial\boldsymbol{A}}{\partial z}\right)$$
$$= (\nabla\phi)\times\boldsymbol{A}+\phi(\nabla\times\boldsymbol{A})$$

2. $$\boldsymbol{\omega} = \omega_x\boldsymbol{i}+\omega_y\boldsymbol{j}+\omega_z\boldsymbol{k}, \qquad \boldsymbol{r} = x\boldsymbol{i}+y\boldsymbol{j}+z\boldsymbol{k}$$
$$\boldsymbol{v} = \boldsymbol{\omega}\times\boldsymbol{r} = (z\omega_y-y\omega_z)\boldsymbol{i}+(x\omega_z-z\omega_x)\boldsymbol{j}+(y\omega_x-x\omega_y)\boldsymbol{k}$$
$$\nabla\times\boldsymbol{v} = \left\{\frac{\partial}{\partial y}(y\omega_x-x\omega_y)-\frac{\partial}{\partial z}(x\omega_z-z\omega_x)\right\}\boldsymbol{i}+\left\{\frac{\partial}{\partial z}(z\omega_y-y\omega_z)-\frac{\partial}{\partial x}(y\omega_x-x\omega_y)\right\}\boldsymbol{j}$$
$$+\left\{\frac{\partial}{\partial x}(x\omega_z-z\omega_x)-\frac{\partial}{\partial y}(z\omega_y-y\omega_z)\right\}\boldsymbol{k} = 2(\omega_x\boldsymbol{i}+\omega_y\boldsymbol{j}+\omega_z\boldsymbol{k}) = 2\boldsymbol{\omega}$$

3. (i) $\dfrac{\partial f(r)}{\partial x}=\dfrac{\partial r}{\partial x}\dfrac{df}{dr}=f'\dfrac{x}{r}$. 同様にして，$\dfrac{\partial f}{\partial y}=f'\dfrac{y}{r}$，$\dfrac{\partial f}{\partial z}=f'\dfrac{z}{r}$. よって，

$$\nabla f(r) = f'(r)\boldsymbol{r}/r$$

(ii) $\nabla\times(\boldsymbol{r}f(r))=\left(z\dfrac{\partial f}{\partial y}-y\dfrac{\partial f}{\partial z}\right)\boldsymbol{i}+\left(x\dfrac{\partial f}{\partial z}-z\dfrac{\partial f}{\partial x}\right)\boldsymbol{j}+\left(y\dfrac{\partial f}{\partial x}-x\dfrac{\partial f}{\partial y}\right)\boldsymbol{k}$. (i)で示したように，$\partial f/\partial x=f'x/r$，$\partial f/\partial y=f'y/r$，$\partial f/\partial z=f'z/r$ であるから $\nabla\times(\boldsymbol{r}f(r))=0$.

(iii) $$\nabla^2 f(r) = \nabla\cdot(\nabla f(r)) = \nabla\cdot\left(\frac{1}{r}f'(r)\boldsymbol{r}\right) = \boldsymbol{r}\cdot\nabla\left(\frac{1}{r}f'\right)+\frac{1}{r}f'(r)\nabla\cdot\boldsymbol{r}$$

$$= (\boldsymbol{r}\cdot\nabla r)\frac{d}{dr}\left(\frac{1}{r}f'\right)+\frac{3}{r}f'(r) = \frac{\boldsymbol{r}\cdot\boldsymbol{r}}{r}\left(\frac{1}{r}f''-\frac{1}{r^2}f'\right)+\frac{3}{r}f'$$

$$= f''+\frac{2}{r}f'$$

4-5 節

1. (i) $$\nabla(\boldsymbol{a}\cdot\boldsymbol{A}) = (\boldsymbol{a}\cdot\nabla)\boldsymbol{A}+(\boldsymbol{A}\cdot\nabla)\boldsymbol{a}+\boldsymbol{a}\times(\nabla\times\boldsymbol{A})+\boldsymbol{A}\times(\nabla\times\boldsymbol{a})$$

$$= (\boldsymbol{a}\cdot\nabla)\boldsymbol{A}+0+\boldsymbol{a}\times(\nabla\times\boldsymbol{A})+0 = (\boldsymbol{a}\cdot\nabla)\boldsymbol{A}+\boldsymbol{a}\times(\nabla\times\boldsymbol{A})$$

(ii) $$\nabla\cdot(\boldsymbol{a}\times\boldsymbol{A}) = \boldsymbol{A}\cdot(\nabla\times\boldsymbol{a})-\boldsymbol{a}\cdot(\nabla\times\boldsymbol{A}) = 0-\boldsymbol{a}\cdot(\nabla\times\boldsymbol{A}) = -\boldsymbol{a}\cdot(\nabla\times\boldsymbol{A})$$

(iii) $$\nabla\times(\boldsymbol{a}\times\boldsymbol{A}) = (\boldsymbol{A}\cdot\nabla)\boldsymbol{a}-(\boldsymbol{a}\cdot\nabla)\boldsymbol{A}+\boldsymbol{a}(\nabla\cdot\boldsymbol{A})-\boldsymbol{A}(\nabla\cdot\boldsymbol{a})$$

$$= 0-(\boldsymbol{a}\cdot\nabla)\boldsymbol{A}+\boldsymbol{a}(\nabla\cdot\boldsymbol{A})-0 = \boldsymbol{a}(\nabla\cdot\boldsymbol{A})-(\boldsymbol{a}\cdot\nabla)\boldsymbol{A}$$

(iv) $$\nabla\times\left(\frac{\boldsymbol{a}\times\boldsymbol{r}}{r^3}\right) = \boldsymbol{a}\left[\nabla\cdot\left(\frac{\boldsymbol{r}}{r^3}\right)\right]-(\boldsymbol{a}\cdot\nabla)\left(\frac{\boldsymbol{r}}{r^3}\right)$$

$$= \boldsymbol{a}\left[\boldsymbol{r}\cdot\nabla\frac{1}{r^3}+\frac{1}{r^3}\nabla\cdot\boldsymbol{r}\right]-\boldsymbol{r}(\boldsymbol{a}\cdot\nabla)\frac{1}{r^3}-\frac{1}{r^3}(\boldsymbol{a}\cdot\nabla)\boldsymbol{r}$$

$$= \boldsymbol{a}\left[-3\frac{\boldsymbol{r}\cdot\boldsymbol{r}}{r^5}+3\frac{1}{r^3}\right]+3\boldsymbol{r}\frac{\boldsymbol{a}\cdot\boldsymbol{r}}{r^5}-\frac{1}{r^3}\boldsymbol{a} = -\frac{\boldsymbol{a}}{r^3}+3\frac{\boldsymbol{a}\cdot\boldsymbol{r}}{r^5}\boldsymbol{r}$$

2. $\nabla^2\boldsymbol{s}=\nabla(\nabla\cdot\boldsymbol{s})-\nabla\times(\nabla\times\boldsymbol{s})=\nabla\theta-2\nabla\times\boldsymbol{w}$ を，$\rho(\partial^2\boldsymbol{s}/\partial t^2)=\mu\nabla^2\boldsymbol{s}+(\lambda+\mu)\nabla\theta$ に代入して，

$$\rho\frac{\partial^2\boldsymbol{s}}{\partial t^2} = \mu\nabla\theta-2\mu\nabla\times\boldsymbol{w}+(\lambda+\mu)\nabla\theta = (\lambda+2\mu)\nabla\theta-2\mu\nabla\times\boldsymbol{w} \qquad \text{(a)}$$

(i) (a)式の両辺の発散をとって，公式(8)から，

$$\rho\frac{\partial^2\theta}{\partial t^2} = (\lambda+2\mu)\nabla^2\theta-2\mu\nabla\cdot(\nabla\times\boldsymbol{w}) = (\lambda+2\mu)\nabla^2\theta$$

(ii) (a)式の両辺の回転をとって，公式(7)と(8)から，

$$2\rho\frac{\partial^2\boldsymbol{w}}{\partial t^2} = (\lambda+2\mu)\nabla\times(\nabla\theta)-2\mu\nabla\times(\nabla\times\boldsymbol{w}) = -2\mu\{\nabla(\nabla\cdot\boldsymbol{w})-\nabla^2\boldsymbol{w}\}$$

$$= 2\mu\nabla^2\boldsymbol{w}-\mu\nabla\{\nabla\cdot(\nabla\times\boldsymbol{s})\} = 2\mu\nabla^2\boldsymbol{w}$$

問題に与えられた式は弾性体を伝わる波を記述する方程式である．ρは密度であり，λとμは弾性定数である．

3. (i) $\nabla\cdot\boldsymbol{E}=\rho/\varepsilon_0$ の $\boldsymbol{E}$ に，$\boldsymbol{E}=-\nabla\phi-\partial\boldsymbol{A}/\partial t$ を代入し，$\nabla\cdot\boldsymbol{A}=-\dfrac{1}{c^2}\dfrac{\partial\phi}{\partial t}$ を使う．

$$\frac{\rho}{\varepsilon_0} = \nabla\cdot\boldsymbol{E} = \nabla\cdot\left(-\nabla\phi-\frac{\partial\boldsymbol{A}}{\partial t}\right) = -\nabla^2\phi-\frac{\partial}{\partial t}(\nabla\cdot\boldsymbol{A}) = -\nabla^2\phi+\frac{1}{c^2}\frac{\partial^2\phi}{\partial t^2}$$

(ii) $\nabla\times\boldsymbol{B}=\dfrac{1}{c^2}\dfrac{\partial\boldsymbol{E}}{\partial t}$ に，$\boldsymbol{B}=\nabla\times\boldsymbol{A}$ と $\boldsymbol{E}=-\nabla\phi-\dfrac{\partial\boldsymbol{A}}{\partial t}$ を代入する．

$$\nabla\times(\nabla\times\boldsymbol{A})=\frac{1}{c^2}\frac{\partial}{\partial t}\left(-\nabla\phi-\frac{\partial\boldsymbol{A}}{\partial t}\right)$$

上の式の左辺は，

$$\nabla(\nabla\cdot\boldsymbol{A})-\nabla^2\boldsymbol{A}=-\frac{1}{c^2}\nabla\frac{\partial}{\partial t}\phi-\nabla^2\boldsymbol{A}$$

よって，$-\nabla^2\boldsymbol{A}=-\dfrac{1}{c^2}\dfrac{\partial^2\boldsymbol{A}}{\partial t^2}$.

5-1 節

1. (i) 2次元極座標 (ρ,ϕ) で計算する．

$$I_z=\iint(x^2+y^2)\sigma dxdy=\sigma\int_0^a\rho d\rho\int_0^{2\pi}d\phi\rho^2=\frac{1}{2}\pi\sigma a^4$$

円板の全質量は $M=\sigma\pi a^2$ であるから，$I_z=Ma^2/2$.

(ii) 円柱座標 (r,ϕ,z) で計算する．

$$I_z=\iiint(x^2+y^2)\rho dxdydz=\rho\int_0^a rdr\int_0^{2\pi}d\phi r^2\int_0^h dz=\frac{1}{2}\pi\rho a^4h$$

円柱の全質量は $M=\rho\pi a^2h$ であるから，$I_z=Ma^2/2$.

(iii) 極座標 (r,θ,ϕ) で計算する．

$$I_z=\iiint(x^2+y^2)\rho dxdydz=\rho\int_0^a r^2dr\int_0^{\pi}\sin\theta d\theta\int_0^{2\pi}d\phi r^2\sin^2\theta=\frac{8}{15}\pi\rho a^5$$

球の全質量は $M=4\pi\rho a^3/3$ であるから，$I_z=2Ma^2/5$.

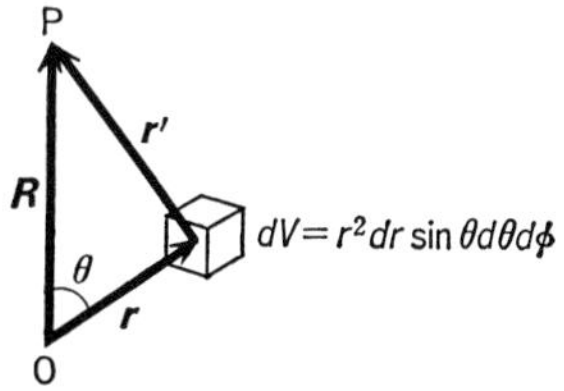

2. 極座標(r,θ,ϕ)を用いる．$\boldsymbol{r}'=\boldsymbol{R}-\boldsymbol{r}$ だから，

$$\begin{aligned}r'^2&=(\boldsymbol{R}-\boldsymbol{r})\cdot(\boldsymbol{R}-\boldsymbol{r})=R^2+r^2-2\boldsymbol{R}\cdot\boldsymbol{r}\\&=R^2+r^2-2Rr\cos\theta\end{aligned}$$

また，極座標では $dV=r^2dr\sin\theta d\theta d\phi$. よって，

$$U(\boldsymbol{R})=-G\rho m\iiint_V\frac{r^2dr\sin\theta d\theta d\phi}{\sqrt{R^2+r^2-2Rr\cos\theta}}$$

これを，球内$(0\leqq r\leqq a,\ 0\leqq\theta\leqq\pi,\ 0\leqq\phi\leqq2\pi)$で積分する．

$$\begin{aligned}U(\boldsymbol{R})&=-G\rho m\int_0^a dr\int_0^{\pi}d\theta\int_0^{2\pi}d\phi\frac{r^2\sin\theta}{\sqrt{R^2+r^2-2Rr\cos\theta}}\\&=-2\pi G\rho m\int_0^a drr^2\int_{-1}^1\frac{dx}{\sqrt{R^2+r^2-2Rrx}}\quad(x=\cos\theta)\\&=-2\pi G\rho m\int_0^a drr^2\frac{1}{Rr}((R+r)-\sqrt{(R-r)^2})\end{aligned}$$

ここで場合わけして，$R \geqq a$ ならば

$$U(\boldsymbol{R}) = -2\pi G\rho m \frac{1}{R}\int_0^a drr((R+r)-(R-r)) = -\frac{4\pi G\rho m}{3R}a^3$$

$R<a$ ならば，

$$U(\boldsymbol{R}) = -2\pi G\rho m \frac{1}{R}\left\{\int_0^R drr((R+r)-(R-r))+\int_R^a drr((R+r)-(r-R))\right\}$$

$$= -\frac{4\pi G\rho m}{R}\left\{\frac{1}{3}R^3+\frac{1}{2}R(a^2-R^2)\right\} = \frac{2\pi G\rho m}{3}R^2-2\pi G\rho m a^2$$

よって，球体の全質量 $M=4\pi\rho a^3/3$ を用いて，

$$U(\boldsymbol{R}) = \begin{cases} -\dfrac{GMm}{R} & (R \geqq a) \\ \dfrac{1}{2}\dfrac{GMm}{a^3}R^2-\dfrac{3}{2}\dfrac{GMm}{a} & (R<a) \end{cases}$$

5-2 節

1. $ds=\sqrt{1+(y')^2}\,dx=\sqrt{1+(1/x)}\,dx$ であるから，

$$\int_C yds = \int_0^3 2\sqrt{x}\sqrt{1+\frac{1}{x}}dx = 2\int_0^3\sqrt{x+1}\,dx = \frac{4}{3}(1+x)^{3/2}\Big|_0^3 = \frac{28}{3}$$

2.
$$\int_C \boldsymbol{A}\cdot d\boldsymbol{r} = \int_C \{(x^2-yz)dx+(y+xz)dy+(1-xyz^2)dz\}$$

(i)
$$\int_{C_1}\boldsymbol{A}\cdot d\boldsymbol{r} = \int_0^1\{(t^2-t^5)dt+(t^2+t^4)2tdt+(1-t^9)3t^2dt\}$$

$$= \int_0^1(4t^2+2t^3+t^5-3t^{11})dt = \frac{4}{3}+\frac{1}{2}+\frac{1}{6}-\frac{1}{4} = \frac{7}{4}$$

(ii) (0, 0, 0) から (0, 0, 1) の直線では，$x=y=0$，$dx=dy=0$. よって，z についての積分だけが残り，

$$\int \boldsymbol{A}\cdot d\boldsymbol{r} = \int_0^1 dz = 1$$

(0, 0, 1) から (0, 1, 1) の直線では，$x=0$，$z=1$，$dx=dz=0$. よって，y についての積分だけが残り，

$$\int \boldsymbol{A}\cdot d\boldsymbol{r} = \int_0^1 ydy = \frac{1}{2}$$

(0, 1, 1) から (1, 1, 1) の直線では，$y=z=1$，$dy=dz=0$. よって，x についての積分だけが残り，

$$\int \boldsymbol{A}\cdot d\boldsymbol{r} = \int_0^1(x^2-1)dx = \frac{1}{3}-1 = -\frac{2}{3}$$

以上をたして，

$$\int_{C_2} \boldsymbol{A}\cdot d\boldsymbol{r} = 1+\frac{1}{2}-\frac{2}{3} = \frac{5}{6}$$

(iii)　(0, 0, 0) から (1, 1, 1) への直線では，$z=x$, $y=x$ であるから，

$$\int_{C_3} \boldsymbol{A}\cdot d\boldsymbol{r} = \int_0^1 \{(x^2-x^2)dx+(x+x^2)dx+(1-x^4)dx\}$$

$$= \int_0^1 (1+x+x^2-x^4)dx = 1+\frac{1}{2}+\frac{1}{3}-\frac{1}{5} = \frac{49}{30}$$

3. (i) 本文中の(5.27)を用いる．平面の方程式は，$z=f(x,y)=4-2x-2y$ だから，

$$\sqrt{1+\left(\frac{\partial f}{\partial x}\right)^2+\left(\frac{\partial f}{\partial y}\right)^2} = \sqrt{1+(-2)^2+(-2)^2} = 3$$

したがって，$dS=3dxdy$. また S の上では，$\phi(x,y,f(x,y))=x^2+2y-2(4-2x-2y)+4=x^2+4x-4+6y$. よって，

$$\iint_S \phi dS = 3\int_0^2 \left\{\int_0^{2-x} (x^2+4x-4+6y)dy\right\}dx = 3\int_0^2 (-x^3+x^2+4)dx = 20$$

(ii)　S に垂直なベクトルは $\nabla(z+2x+2y-4)=2\boldsymbol{i}+2\boldsymbol{j}+\boldsymbol{k}$. 単位法線ベクトル $\boldsymbol{n}$ は，$\boldsymbol{n}=(2\boldsymbol{i}+2\boldsymbol{j}+\boldsymbol{k})/\sqrt{2^2+2^2+1}=(2\boldsymbol{i}+2\boldsymbol{j}+\boldsymbol{k})/3$. ゆえに，$\boldsymbol{A}\cdot\boldsymbol{n}=2z/3+2x/3+y/3$. S の上では，$\boldsymbol{A}\cdot\boldsymbol{n}=2(4-2x-2y)/3+2x/3+y/3=-2x/3-y+8/3$. また，$dS=3dxdy$. よって，

$$\iint_S \boldsymbol{A}\cdot\boldsymbol{n}dS = 3\int_0^2 \left\{\int_0^{2-x} \left(-\frac{2}{3}x-y+\frac{8}{3}\right)dy\right\}dx$$

$$= 3\int_0^2 \left(\frac{1}{6}x^2-2x+\frac{10}{3}\right)dx = \frac{28}{3}$$

5-3 節

1.
$$I = \int_1^0 \{(xy-y^2)dx+x^2dy\}_{y=x}dx+\int_0^1 \{(xy-y^2)dx+x^2dy\}_{y=x^2}dx$$

$$= \int_1^0 x^2dx+\int_0^1 (3x^3-x^4)dx = -\frac{1}{3}+\left(\frac{3}{4}-\frac{1}{5}\right) = \frac{13}{60}$$

一方，平面におけるグリーンの定理を使って，

$$I = \iint_R \left(\frac{\partial Q}{\partial x}-\frac{\partial P}{\partial y}\right)dxdy = \iint_R (2x-(x-2y))dxdy$$

$$= \iint_R (x+2y)dxdy = \int_0^1 dx\left[\int_{x^2}^x (x+2y)dy\right] = \int_0^1 dx(2x^2-x^3-x^4)$$

$$= \frac{2}{3}-\frac{1}{4}-\frac{1}{5} = \frac{13}{60}$$

よって，平面におけるグリーンの定理は成り立っている．

2. 平面のグリーンの定理を使って,

$$\frac{1}{2}\int_C (xdy-ydx)=\frac{1}{2}\iint_R \left\{\frac{\partial x}{\partial x}-\frac{\partial}{\partial y}(-y)\right\}dxdy=\iint_R dxdy$$

最後の表式は求める面積 S である.

5-4 節

1. 面 ABEF を S_1, 面 BCDE を S_2, 面 EDGF を S_3 とする. S_1, S_2, S_3 の向いの面を S_4, S_5, S_6 と呼ぶ. $I_i=\iint_{S_i}\boldsymbol{A}\cdot\boldsymbol{n}dS$ $(i=1,2,\cdots,6)$ とおく. S_1 に対して, $\boldsymbol{n}=\boldsymbol{i}$, $x=1$, $dS=dydz$. よって,

$$I_1=\iint_{S_1}\boldsymbol{A}\cdot\boldsymbol{i}dS=\int_0^1 dy\int_0^1 dz\,2z=1$$

S_2 に対して, $\boldsymbol{n}=\boldsymbol{j}$, $y=1$, $dS=dzdx$. よって,

$$I_2=\iint_{S_2}\boldsymbol{A}\cdot\boldsymbol{j}dS=\int_0^1 dz\int_0^1 dx\,x=\frac{1}{2}$$

同様にして, $I_3=-(1/2)$. S_4 に対して, $\boldsymbol{n}=-\boldsymbol{i}$, $x=0$, $dS=dydz$. よって, $I_4=0$. 同様にして, $I_5=I_6=0$. 以上をまとめて,

$$I=\iint_S \boldsymbol{A}\cdot\boldsymbol{n}dS=I_1+I_2+\cdots+I_6=1$$

一方,

$$\iiint_V \nabla\cdot\boldsymbol{A}dV=\int_0^1\int_0^1\int_0^1(2z+x-2xz)dxdydz$$

$$=1+\frac{1}{2}-2\frac{1}{2}\cdot\frac{1}{2}=1$$

よって, ガウスの定理は成り立っている.

2. ガウスの定理を使って,

$$\frac{1}{3}\iint_S \boldsymbol{r}\cdot\boldsymbol{n}dS=\frac{1}{3}\iiint_V \nabla\cdot\boldsymbol{r}dV=\frac{1}{3}\iiint_V\left(\frac{\partial x}{\partial x}+\frac{\partial y}{\partial y}+\frac{\partial z}{\partial z}\right)dV=\iiint_V dV=V$$

3. 流体内にある領域 V をとり, その表面を S とする. V 内の流体の全質量 M は $M=\iiint_V \rho dV$ で与えられる. また, 単位時間当りに S を通って V から流れ出る流体の全質量は, $\boldsymbol{n}$ を S 上の単位法線ベクトルとして, $\iint_S \rho\boldsymbol{v}\cdot\boldsymbol{n}dS$ で与えられる. ところが, わき出しも吸い込みもないから,

$$\frac{dM}{dt}+\iint_S \rho\boldsymbol{v}\cdot\boldsymbol{n}dS=0$$

よって,

$$0=\iiint_V \frac{\partial\rho}{\partial t}dV+\iint_S \rho\boldsymbol{v}\cdot\boldsymbol{n}dS=\iiint_V\left(\frac{\partial\rho}{\partial t}+\nabla\cdot(\rho\boldsymbol{v})\right)dV$$

V は任意であるから，

$$\frac{\partial \rho}{\partial t}+\nabla\cdot(\rho \boldsymbol{v})=0$$

5-5 節

1. ストークスの定理において，$\boldsymbol{A}=P\boldsymbol{i}+Q\boldsymbol{j}$ とおく．また，xy 平面の単位法線ベクトル $\boldsymbol{n}$ は $\boldsymbol{n}=\boldsymbol{k}$ である．xy 平面での領域を R，その周を C とする．

$$\int_C \boldsymbol{A}\cdot d\boldsymbol{r}=\int_C (P\boldsymbol{i}+Q\boldsymbol{j})\cdot(dx\boldsymbol{i}+dy\boldsymbol{j})=\int_C (Pdx+Qdy)$$

$$\iint_R (\nabla\times\boldsymbol{A})\cdot\boldsymbol{n}dS=\iint_R (\nabla\times\boldsymbol{A})_z dxdy=\iint_R\left(\frac{\partial Q}{\partial x}-\frac{\partial P}{\partial y}\right)dxdy$$

ストークスの定理より，上の 2 つの量は等しいから，

$$\int_C (Pdx+Qdy)=\iint_R\left(\frac{\partial Q}{\partial x}-\frac{\partial P}{\partial y}\right)dxdy$$

これは平面におけるグリーンの定理である．

2. C は xy 平面上の単位円であるから，$x=\cos t$, $y=\sin t$, $z=0$ とおいて，

$$\int_C \boldsymbol{A}\cdot d\boldsymbol{r}=\int_C\{(2x-y)dx-yz^2dy-y^2zdz\}=\int_0^{2\pi}(\sin^2 t-2\cos t\sin t)dt=\pi$$

一方，

$$\nabla\times\boldsymbol{A}=\begin{vmatrix}\boldsymbol{i} & \boldsymbol{j} & \boldsymbol{k}\\ \partial/\partial x & \partial/\partial y & \partial/\partial z\\ 2x-y & -yz^2 & -y^2z\end{vmatrix}=\boldsymbol{k}$$

であるから，

$$\iint_S (\nabla\times\boldsymbol{A})\cdot\boldsymbol{n}dS=\iint_S \boldsymbol{k}\cdot\boldsymbol{n}dS=\iint_R dxdy=\pi$$

となる(∵半径 1 の円の面積)．上の式の 2 番目の等号では，(5. 27)を用いた．よって，ストークスの定理(5. 65)は成り立っている．

3. (i) 仕事 $\int_C \boldsymbol{F}\cdot d\boldsymbol{r}$ が，始点と終点を結ぶ路 C によらないならば，力 $\boldsymbol{F}$ を保存力という．

(ii) 力 $\boldsymbol{F}$ が保存力であるための必要十分条件は $\nabla\times\boldsymbol{F}=0$ である．いま

$$\nabla\times\boldsymbol{F}=\begin{vmatrix}\boldsymbol{i} & \boldsymbol{j} & \boldsymbol{k}\\ \partial/\partial x & \partial/\partial y & \partial/\partial z\\ 4x^3y^2+2xz^2 & 2x^4y+z^3 & 3yz^2+2x^2z\end{vmatrix}=0$$

よって，力 $\boldsymbol{F}=(4x^3y^2+2xz^2)\boldsymbol{i}+(2x^4y+z^3)\boldsymbol{j}+(3yz^2+2x^2z)\boldsymbol{k}$ は保存力である．

(iii) $\nabla\times\boldsymbol{F}=\nabla\times(\boldsymbol{r}f(r))=(\nabla f(r))\times\boldsymbol{r}+f(r)(\nabla\times\boldsymbol{r})=f'(r)\cdot\dfrac{1}{r}(\boldsymbol{r}\times\boldsymbol{r})+0=0+0=0.$

よって，中心力は保存力である．

6-1 節

1. $m=n$ ならば倍角公式を使って

$$\int_{-L}^{L}\sin^2\frac{m\pi x}{L}dx=\frac{1}{2}\int_{-L}^{L}\left\{1-\cos\frac{2m\pi x}{L}\right\}dx=\frac{1}{2}\cdot 2L=L$$

$m\neq n$ ならば，加法定理を使って，

$$\int_{-L}^{L}\sin\frac{m\pi x}{L}\sin\frac{n\pi x}{L}dx=\frac{1}{2}\int_{-L}^{L}\left\{\cos\frac{(m-n)\pi}{L}x-\cos\frac{(m+n)\pi}{L}x\right\}dx$$

$$=\frac{1}{2}\left[\frac{L}{(m-n)\pi}\sin\frac{(m-n)\pi}{L}x-\frac{L}{(m+n)\pi}\sin\frac{(m+n)\pi}{L}x\right]_{-L}^{L}=0$$

2. フーリエ係数 a_n, b_n は，おのおの (6.10) 式と (6.11) 式で $2L=4$ とおいた式から求められる．

$$a_n=\frac{1}{2}\int_{-2}^{2}f(x)\cos\frac{n\pi x}{2}dx=\frac{1}{2}\int_{-1}^{1}\cos\frac{n\pi x}{2}dx=\frac{2}{n\pi}\sin\frac{n\pi}{2}\qquad (n\neq 0)$$

$$a_0=\frac{1}{2}\int_{-2}^{2}f(x)dx=\frac{1}{2}\int_{-1}^{1}dx=1$$

$$b_n=\frac{1}{2}\int_{-2}^{2}f(x)\sin\frac{n\pi x}{2}dx=\frac{1}{2}\int_{-1}^{1}\sin\frac{n\pi x}{2}dx=0$$

したがって，

$$f(x)=\frac{1}{2}+\frac{2}{\pi}\left(\cos\frac{\pi}{2}x-\frac{1}{3}\cos\frac{3\pi}{2}x+\frac{1}{5}\cos\frac{5\pi}{2}x-\cdots\right)$$

3. $f(x)=\dfrac{a_0}{2}+\displaystyle\sum_{n=1}^{\infty}\left(a_n\cos\frac{n\pi x}{L}+b_n\sin\frac{n\pi x}{L}\right)$ の両辺に $f(x)$ をかけて，x について $-L$ から L まで積分する．

$$\int_{-L}^{L}\{f(x)\}^2dx$$

$$=\frac{a_0}{2}\int_{-L}^{L}f(x)dx+\sum_{n=1}^{\infty}\left\{a_n\int_{-L}^{L}f(x)\cos\frac{n\pi x}{L}dx+b_n\int_{-L}^{L}f(x)\sin\frac{n\pi x}{L}dx\right\}$$

ところが，

$$\int_{-L}^{L}f(x)\cos\frac{n\pi x}{L}dx=La_n,\qquad \int_{-L}^{L}f(x)\sin\frac{n\pi x}{L}dx=Lb_n$$

であるから，

$$\int_{-L}^{L}\{f(x)\}^2dx=L\left\{\frac{1}{2}a_0^2+\sum_{n=1}^{\infty}(a_n^2+b_n^2)\right\}$$

6-2 節

1. 周期 $2L=4$. $f(x)$は奇関数であるから，$a_n=0$.

$$b_n=\frac{2}{L}\int_0^L f(x)\sin\frac{n\pi x}{L}dx=\int_0^2 x\sin\frac{n\pi}{2}xdx$$
$$=\left[-\frac{2}{n\pi}x\cos\frac{n\pi x}{2}+\left(\frac{2}{n\pi}\right)^2\sin\frac{n\pi x}{2}\right]_0^2=-\frac{4}{n\pi}\cos n\pi$$

したがって，

$$f(x)=-\frac{4}{\pi}\sum_{n=1}^{\infty}\frac{1}{n}(-1)^n\sin\frac{n\pi x}{2}=\frac{4}{\pi}\left(\sin\frac{\pi x}{2}-\frac{1}{2}\sin\frac{2\pi x}{2}+\cdots\right)$$

2. (i) 与えられた $f(x)$を奇関数として拡張する.

$$b_n=\frac{2}{L}\int_0^L f(x)\sin\left(\frac{n\pi x}{L}\right)dx=\frac{2}{L}\int_0^{L/2}\sin\left(\frac{n\pi x}{L}\right)dx$$
$$=-\frac{2}{n\pi}\left[\cos\frac{n\pi x}{L}\right]_0^{L/2}=\frac{2}{n\pi}\left(1-\cos\frac{n\pi}{2}\right)$$

したがって，

$$f(x)=\frac{2}{\pi}\left(\sin\frac{\pi x}{L}+\frac{2}{2}\sin\frac{2\pi x}{L}+\frac{1}{3}\sin\frac{3\pi x}{L}+\frac{1}{5}\sin\frac{5\pi x}{L}+\cdots\right)$$

(ii) $f(x)$を偶関数として拡張する.

$$a_n=\frac{2}{L}\int_0^L f(x)\cos\left(\frac{n\pi x}{L}\right)dx=\frac{2}{L}\int_0^{L/2}\cos\left(\frac{n\pi x}{L}\right)dx=\frac{2}{n\pi}\left[\sin\frac{n\pi x}{L}\right]_0^{L/2}$$
$$=\frac{2}{n\pi}\sin\frac{n\pi}{2}\qquad(n=1,2,\cdots)$$
$$a_0=\frac{2}{L}\int_0^L f(x)dx=\frac{2}{L}\int_0^{L/2}dx=1$$

したがって，

$$f(x)=\frac{1}{2}+\frac{2}{\pi}\left(\cos\frac{\pi x}{L}-\frac{1}{3}\cos\frac{3\pi x}{L}+\frac{1}{5}\cos\frac{5\pi x}{L}+\cdots\right)$$

3. $f(x)=\sum_{n=1}^{\infty}c_n\phi_n(x)$の両辺に $\phi_m(x)$をかけて，xについて aから bまで積分する.

$$\int_a^b f(x)\phi_m(x)dx=\sum_{n=1}^{\infty}c_n\int_a^b\phi_m(x)\phi_n(x)dx$$

$\{\phi_n(x)\}$は区間 $[a,b]$ で正規直交系をつくるから，

$$\int_a^b\phi_m(x)\phi_n(x)dx=\begin{cases}1 & (m=n)\\ 0 & (m\neq n)\end{cases}$$

したがって，

$$\int_a^b f(x)\phi_n(x)dx=c_n$$

4.

$$\int_{-\pi}^{\pi}\phi_m{}^*(x)\phi_n(x)dx=\int_{-\pi}^{\pi}\frac{1}{\sqrt{2\pi}}e^{-imx}\frac{1}{\sqrt{2\pi}}e^{inx}dx=\frac{1}{2\pi}\left[\frac{1}{i(n-m)}e^{i(n-m)x}\right]_{-\pi}^{\pi}$$

$$=\frac{1}{2\pi}\frac{1}{i(n-m)}\{e^{i(n-m)\pi}-e^{-i(n-m)\pi}\}=0 \qquad (n\neq m)$$

$$\int_{-\pi}^{\pi}\phi_m{}^*(x)\phi_m(x)dx=\int_{-\pi}^{\pi}\frac{1}{\sqrt{2\pi}}e^{-imx}\frac{1}{\sqrt{2\pi}}e^{imx}dx=\frac{1}{2\pi}\int_{-\pi}^{\pi}dx=1$$

6-3 節

1. $$\int e^{-\alpha x}dx=-\frac{1}{\alpha}e^{-\alpha x}, \qquad \int x^2e^{-\alpha x}dx=\left(-\frac{2}{\alpha^3}-\frac{2x}{\alpha^2}-\frac{x^2}{\alpha}\right)e^{-\alpha x}$$

であるから，$f(x)$のフーリエ変換$F(k)$は，

$$F(k)=\int_{-\infty}^{\infty}f(x)e^{-ikx}dx=\int_{-1}^{1}(1-x^2)e^{-ikx}dx$$

$$=\left[-\frac{1}{ik}e^{-ikx}+\left(\frac{2}{(ik)^3}+\frac{2x}{(ik)^2}+\frac{x^2}{ik}\right)e^{-ikx}\right]_{-1}^{1}=\frac{4}{k^3}(\sin k-k\cos k)$$

2. (i) $$F_{\rm c}(k)=\sqrt{\frac{2}{\pi}}\int_0^{\infty}f(x)\cos kxdx=\sqrt{\frac{2}{\pi}}\int_0^1\cos kxdx=\sqrt{\frac{2}{\pi}}\frac{1}{k}\sin k$$

(ii) $$F_{\rm s}(k)=\sqrt{\frac{2}{\pi}}\int_0^{\infty}f(x)\sin kxdx=\sqrt{\frac{2}{\pi}}\int_0^1\sin kxdx=\sqrt{\frac{2}{\pi}}\frac{1}{k}(1-\cos k)$$

3. $$F(k)=\int_{-\infty}^{\infty}f(x)e^{-ikx}dx=\int_{-\infty}^{\infty}e^{-(x^2/\sigma^2)}e^{-ikx}dx$$

$$=\int_{-\infty}^{\infty}\exp\left[-\frac{1}{\sigma^2}\left(x+\frac{ik}{2}\sigma^2\right)^2\right]\cdot e^{-(k^2\sigma^2/4)}dx=\sqrt{\pi}\,\sigma e^{-(k^2\sigma^2/4)}$$

$F(k)$はガウス関数である．$f(x)$の幅はσ程度，$F(k)$の幅は$2/\sigma$程度である．すなわち，反比例している．

6-4 節

1. $m\ddot{x}+m\omega_0{}^2x$

$$=\sum_{n\neq k}m(-n^2\omega^2)x_ne^{in\omega t}-i\frac{mf_k}{2m\omega_0}(2i\omega_0e^{i\omega_0t}-\omega_0{}^2te^{i\omega_0t})$$

$$+\sum_{n\neq k}m\omega_0{}^2x_ne^{in\omega t}-i\frac{1}{2}\omega_0f_kte^{i\omega_0t}$$

$$=\sum_{n\neq k}m(\omega_0{}^2-n^2\omega^2)x_ne^{in\omega t}+f_ke^{i\omega_0t}=\sum_{n\neq k}f_ne^{in\omega t}+f_ke^{ik\omega t}=\sum_{n=-\infty}^{\infty}f_ne^{in\omega t}$$

2. 与えられた$f(t)$のフーリエ展開は 6-2 節の例題 1 から，

$$f(t)=\frac{\pi}{4}\left\{\frac{2}{\pi}-\frac{4}{\pi}\left(\frac{\cos 2t}{2^2-1}+\frac{\cos 4t}{4^2-1}+\frac{\cos 6t}{6^2-1}+\cdots\right)\right\}$$

$$= \frac{1}{2} - \left(\frac{\cos 2t}{2^2-1} + \frac{\cos 4t}{4^2-1} + \frac{\cos 6t}{6^2-1} + \cdots \right)$$

$x(t) = \sum_{n=0}^{\infty} x_n \cos nt$ を微分方程式に代入して，

$$-\sum_{n=1}^{\infty} n^2 x_n \cos nt + \sum_{n=0}^{\infty} \omega_0{}^2 x_n \cos nt = \frac{1}{2} - \left(\frac{\cos 2t}{2^2-1} + \frac{\cos 4t}{4^2-1} + \frac{\cos 6t}{6^2-1} + \cdots \right)$$

両辺を比べて，$x_{2k+1}=0\ (k=0, 1, 2, \cdots)$．そして

$$x_0 = \frac{1}{2\omega_0{}^2},\quad x_2 = \frac{-1}{\omega_0{}^2-2^2}\frac{1}{2^2-1},\quad x_4 = \frac{-1}{\omega_0{}^2-4^2}\frac{1}{4^2-1},\quad \cdots$$

したがって，一般解は同次方程式の一般解 $C_1 \cos \omega_0 t + C_2 \sin \omega_0 t$ をつけ加えて，

$$x(t) = C_1 \cos \omega_0 t + C_2 \sin \omega_0 t + \frac{1}{2\omega_0{}^2} - \sum_{k=1}^{\infty} \frac{1}{\omega_0{}^2-(2k)^2}\frac{1}{(2k)^2-1} \cos 2kt$$

7-1 節

1. (1) 1 階線形同次．(2) 2 階線形非同次．(3) 2 階線形同次．(4) 3 階非線形同次．(5) 2 階非線形非同次．

2. $\xi = x+y,\ \eta = x-y$ とおく．

$$\frac{\partial u}{\partial x} = \frac{\partial u}{\partial \xi}\frac{\partial \xi}{\partial x} + \frac{\partial u}{\partial \eta}\frac{\partial \eta}{\partial x} = \frac{\partial u}{\partial \xi} + \frac{\partial u}{\partial \eta}, \qquad \frac{\partial u}{\partial y} = \frac{\partial u}{\partial \xi}\frac{\partial \xi}{\partial y} + \frac{\partial u}{\partial \eta}\frac{\partial \eta}{\partial y} = \frac{\partial u}{\partial \xi} - \frac{\partial u}{\partial \eta}$$

よって，$\partial u/\partial x = \partial u/\partial y$ から $\partial u/\partial \eta = 0$．ゆえに，$\varphi(\xi)$ を任意関数として，$u = \varphi(\xi) = \varphi(x+y)$ が一般解．

3. $\dfrac{\partial}{\partial x}\left(\dfrac{\partial u}{\partial x}\right) = 0$ であるから，$\varphi(y)$ を任意関数として，$\partial u/\partial x = \varphi(y)$．よって，$\dfrac{\partial}{\partial x}(u - x\varphi(y)) = 0$．したがって，$\psi(y)$ を任意関数として，$u - x\varphi(y) = \psi(y)$，すなわち，$u = x\varphi(y) + \psi(y)$ が一般解．

7-2 節

1. $u(x, t) = \dfrac{1}{2}(f(x+ct) + f(x-ct)) + \dfrac{1}{2c}\displaystyle\int_{x-ct}^{x+ct} g(s)ds$ から

$$\frac{\partial u}{\partial t} = \frac{c}{2}(f'(x+ct) - f'(x-ct)) + \frac{1}{2}(g(x+ct) + g(x-ct))$$

$$\frac{\partial^2 u}{\partial t^2} = \frac{c^2}{2}(f''(x+ct) + f''(x-ct)) + \frac{c}{2}(g'(x+ct) - g'(x-ct))$$

$$\frac{\partial u}{\partial x} = \frac{1}{2}(f'(x+ct) + f'(x-ct)) + \frac{1}{2c}(g(x+ct) - g(x-ct))$$

$$\frac{\partial^2 u}{\partial x^2} = \frac{1}{2}(f''(x+ct) + f''(x-ct)) + \frac{1}{2c}(g'(x+ct) - g'(x-ct))$$

よって，$\partial^2 u/\partial t^2 = c^2 \partial^2 u/\partial x^2$．また，以上の式から，$u(x,0)=f(x)$，$u_t(x,0)=g(x)$．

2. $L=\pi$ とおき，(7.31)式と(7.32)式を用いる．$u_t(x,0)=g(x)=0$ であるから，$D_n=0$．

$$C_n = \frac{2}{\pi}\int_0^{\pi} f(x)\sin nx dx$$

$$= \frac{2}{\pi}\int_0^{a} \frac{K}{a} x \sin nx dx + \frac{2}{\pi}\int_a^{\pi} \frac{K(\pi-x)}{\pi-a}\sin nx dx = \frac{2K}{a(\pi-a)}\frac{1}{n^2}\sin na$$

よって，

$$u(x,t) = \frac{2K}{a(\pi-a)}\sum_{n=1}^{\infty}\frac{\sin na}{n^2}\sin nx \cos nct$$

3. (7.31)式と(7.32)式を用いる．

$$u(x,t) - \sum_{n=1}^{\infty}(C_n \cos\omega_n t + D_n \sin\omega_n t)\sin\frac{n\pi}{L}x, \qquad \omega_n = \frac{n\pi c}{L}$$

$$C_n = \frac{2}{L}\int_0^{L} 2\sin\frac{2\pi x}{L}\sin\frac{n\pi x}{L}dx = 0 \quad (n \neq 2), \qquad C_2 = 2$$

$$D_n = \frac{2}{L\omega_n}\int_0^{L}\sin\frac{\pi x}{L}\sin\frac{n\pi x}{L}dx = 0 \quad (n \neq 1), \qquad D_1 = \frac{L}{\pi c}$$

したがって，求める解は，

$$u(x,t) = 2\cos\frac{2\pi ct}{L}\sin\frac{2\pi x}{L} + \frac{L}{\pi c}\sin\frac{\pi ct}{L}\sin\frac{\pi x}{L}$$

7-3 節

1. (7.47)式と(7.48)式を用いる．

(i) $L=\pi$，$f(x)=2\sin x+\sin 2x$ とおいて，

$$C_n = \frac{2}{\pi}\int_0^{\pi}\{2\sin x + \sin 2x\}\sin nx dx = \begin{cases} 2 & (n=1) \\ 1 & (n=2) \end{cases}$$

そして，$C_n=0\,(n \geqq 3)$．したがって，$u(x,t)=2e^{-\kappa t}\sin x + e^{-4\kappa t}\sin 2x$．

(ii) $f(x)=x(L-x)$ とおいて，

$$C_n = \frac{2}{L}\int_0^{L} x(L-x)\sin\frac{n\pi x}{L}dx$$

$$= \frac{2}{L}\left[L\left\{-\frac{L}{n\pi}x\cos\frac{n\pi x}{L} + \left(\frac{L}{n\pi}\right)^2\sin\frac{n\pi x}{L}\right\}\Bigg|_0^L\right.$$

$$\left.-\left\{-\frac{L}{n\pi}x^2\cos\frac{n\pi x}{L} + 2\left(\frac{L}{n\pi}\right)^2 x\sin\frac{n\pi x}{L} + 2\left(\frac{L}{n\pi}\right)^3\cos\frac{n\pi x}{L}\right\}\Bigg|_0^L\right]$$

$$= \frac{4}{L}\left(\frac{L}{n\pi}\right)^3(1-\cos n\pi) = \frac{4}{L}\left(\frac{L}{n\pi}\right)^3(1+(-1)^{n+1})$$

したがって，

$$u(x,t)=\sum_{n=1}^{\infty}\frac{4}{L}\left(\frac{L}{n\pi}\right)^3(1+(-1)^{n+1})e^{-\kappa(n\pi/L)^2t}\sin\frac{n\pi x}{L}$$

(iii) $f(x)=u_0$ とおいて，

$$C_n=\frac{2}{L}\int_0^L u_0\sin\frac{n\pi x}{L}dx=\frac{2u_0}{n\pi}(1-\cos n\pi)$$

よって，

$$u(x,t)=\sum_{n=1}^{\infty}\frac{2u_0}{n\pi}(1+(-1)^{n+1})e^{-\kappa(n\pi/L)^2t}\sin\frac{n\pi x}{L}$$

7-5 節

1. (i)

$$\frac{\partial U}{\partial t}=-\frac{1}{4}(\pi\kappa t)^{-1/2}\frac{1}{t}e^{-x^2/4\kappa t}+\frac{1}{2}(\pi\kappa t)^{-1/2}\frac{x^2}{4\kappa t^2}e^{-x^2/4\kappa t}$$

$$\frac{\partial U}{\partial x}=-\frac{1}{2}(\pi\kappa t)^{-1/2}\frac{x}{2\kappa t}e^{-x^2/4\kappa t}$$

$$\frac{\partial^2 U}{\partial x^2}=-\frac{1}{4}(\pi\kappa t)^{-1/2}\frac{1}{\kappa t}e^{-x^2/4\kappa t}+\frac{1}{2}(\pi\kappa t)^{-1/2}\left(\frac{x}{2\kappa t}\right)^2e^{-x^2/4\kappa t}$$

したがって，$U_t=\kappa U_{xx}$.

(ii) $t=1/s$ とおく．$t\to0$ は $s\to\infty$ に相当する．

$$\lim_{t\to0}U(x,t)=\lim_{t\to0}\frac{1}{2}(\pi\kappa t)^{-1/2}e^{-x^2/4\kappa t}=\lim_{s\to\infty}\frac{1}{2}(\pi\kappa)^{-1/2}s^{1/2}e^{-(x^2/4\kappa)s}=0$$

(iii) $a=1/4\kappa t$ とおく．$U(x,t)=\sqrt{a/\pi}\,e^{-ax^2}$. よって

$$\int_{-\infty}^{\infty}U(x,t)dx=\sqrt{\frac{a}{\pi}}\int_{-\infty}^{\infty}e^{-ax^2}dx=\sqrt{\frac{a}{\pi}}\sqrt{\frac{\pi}{a}}=1$$

2. (7.76)式を用いる．$f(x)=\cos x$ とおいて，

$$u(x,t)=\frac{1}{2\sqrt{\pi\kappa t}}\int_{-\infty}^{\infty}d\xi\cos\xi e^{-(\xi-x)^2/4\kappa t}$$

$$=\frac{1}{2\sqrt{\pi\kappa t}}\int_{-\infty}^{\infty}dy\cos(x+y)e^{-y^2/4\kappa t}\quad(y=\xi-x)$$

$$=\frac{1}{2\sqrt{\pi\kappa t}}\left[\cos x\int_{-\infty}^{\infty}dy\cos ye^{-y^2/4\kappa t}-\sin x\int_{-\infty}^{\infty}dy\sin ye^{-y^2/4\kappa t}\right]$$

上の式の第2項は，被積分関数が奇関数であるから0．7-5節末の公式(iv)を用いて，

$$u(x,t)=\frac{1}{2\sqrt{\pi\kappa t}}\cos x\sqrt{\pi4\kappa t}\,e^{-4\kappa t/4}=\cos xe^{-\kappa t}$$

7-6 節

1. (7.90), (7.97), (7.98)式を用いる．$a=b=1$, $g\equiv0$ とおく．明らかに，$B_{mn}=0$.

$$A_{mn} = 4\int_0^1 dy \int_0^1 dx k \sin \pi x \sin 2\pi y \sin m\pi x \sin n\pi y = \begin{cases} k & (m=1, n=2) \\ 0 & (m\neq 1, n\neq 2) \end{cases}$$

また，$\omega_{12}=c\sqrt{\pi^2+(2\pi)^2}=\sqrt{5}\,\pi c$. したがって，$u(x, y, t)=k\cos\sqrt{5}\,\pi ct \sin \pi x \sin 2\pi y$.

索引

ア　行

1次従属　24,36,79
1次独立　24,36,79
位置ベクトル　23
1階常微分方程式　66,67
　——の完全形　70
　——の変数分離形　66
渦量　163
運動座標系　106,107
エルミット共役行列　30
エルミット行列　30
オイラーの公式　10

カ　行

外積　→ベクトル積
回転　116
　——の物理的意味　163
回転座標系　107
ガウス C. F. Gauss
　——の積分　155
　——の定理　152
ガウス平面　9
拡散方程式　217
角速度ベクトル　58,108
重ね合わせの原理　79,196
加速度ベクトル　98
ガリレイ不変性　107
ガリレイ変換　107
慣性テンソル　59
完全形　70
完全微分　15
奇関数　172
基底ベクトル　23
基本周期　166
逆行列　36
逆三角関数　5
境界値問題　197
共振　90
強制振動　89,187
鏡像　53
行ベクトル　29
共鳴　90,188
共面ベクトル　23
共役複素数　10
行列　28
　——の演算　29
　——の対角化　46

——の要素 28
正則—— 36
行列式 32
極座標 102, 130, 234, 236
虚数 7
虚数単位 8
偶関数 172
クラメルの公式 41
グリーン G. Green 150
——の公式 227
——の定理 224
平面における——の定理 145
クロネッカーのデルタ記号 51
減衰振動 87, 88
合成関数の微分公式 17
交代行列 30
交代テンソル 57
勾配 112, 113
コーシー問題 201
固有関数 221
固有値 44, 221
——の縮退 44
固有値方程式 44
固有ベクトル 44
固有方程式 44
固有モード 204
混合問題 205

サ 行

最小周期 166
座標軸
——の回転 50
——の平行移動 49
座標変換 49
一般の—— 53
三角関数 2
——の加法定理 2
——の合成 3
——の倍角公式 5, 10
3重積分 128
仕事 25, 135
指数関数 6
自然対数 6
実行列 29
周期 166
周期関数 166
重心 24
従属変数 13
縮退 221
主軸 60
主軸変換 60
主軸モーメント 60
主法線ベクトル 102
循環 163
小行列式 33
常微分方程式 64, 66, 67
——の解 64
——の初期条件 64
常用対数 6
振動 86
過減衰—— 88
強制—— 89, 187
減衰—— 87, 88
単—— 86
臨界減衰—— 88
連成—— 91
吸い込み 157
スカラー 20
スカラー3重積 27
スカラー積 24
スカラー場 111
ストークス G. Stokes
——の定理 157
——の波動公式 201
正規直交関数系 179
正則行列 36
正方行列 29
積分因子 73

節線　221
接線ベクトル　99
ゼロ行列　31
線形常微分方程式　64
線形微分方程式　66
線形偏微分方程式　196
　定数係数の2階——　197
線積分　133
　弧長に関する——　134
全微分　15
双曲線関数　18
速度ベクトル　98

タ　行

対角行列　31
対称行列　30
対称テンソル　57
対数関数　6
体積積分　144
多重積分　126
　——の積分変数の変換　129
ダランベールの解　200
単位行列　31
単位ベクトル　22
単位法線ベクトル　141
単振動　86
単連結領域　146
直交関数系　179
直交行列　37
直交単位ベクトル　22
定数変化法　67,80
定ベクトル　98
ディラックのデルタ関数　189
　3次元の——　191
ディリクレ条件　170
テンソル　55
　ゼロ——　56
　高階——　57
転置行列　30
同次方程式　67,79,196
特殊関数　227
特性方程式　44,83
独立変数　13
ド・モアブルの定理　10

ナ　行

内積　→スカラー積
ナブラ演算子　112
2階常微分方程式　75
　——の階数の引き下げ　75
2階線形常微分方程式　78,79,80
　——の解の基本系　79
　定数係数の——　82,85
2次形式　47
　——の標準形　47
2次元(平面)極座標　102
2重積分　126
2重連結領域　146
2変数関数　13
熱伝導方程式
　1次元——　207
　無限に長い棒での——　214
熱力学第1法則　16

ハ　行

パウリ行列　32
波数ベクトル　184
パーセバルの恒等式　172
発散　115
　——の物理的意味　156
発散定理　152
波動方程式　123
　1次元——　199
　2次元——　218
　無限区間での——　211
反エルミット行列　31
反対称行列　30
反対称テンソル　57

非線形常微分方程式　64
非線形偏微分方程式　196
非同次方程式　67,80,196
微分方程式　64
複素数　8,9
複素平面　9
フーリエ逆変換　183
フーリエ級数　169
　——の複素表示　178
　2重——　222
フーリエ係数　169
　一般化——　180
フーリエ正弦級数　173
　半区間での——　175
フーリエ正弦変換　184
フーリエ積分　180
フーリエ積分公式　182
フーリエ積分表示　182
フーリエ変換　183
フーリエ余弦級数　173
　半区間での——　175
フーリエ余弦変換　184
ベクトル　20,24,36,53
　——の大きさ　23
　——の成分　22
　——の直交　38
　——の微分　98
　極性——　54
　軸性——　54
　束縛——　49
ベクトル関数　98
ベクトル3重積　28
ベクトル積　25
ベクトル場　110
ベクトル・ポテンシャル　118
ベッセル関数　228
ヘルムホルツ方程式　227
変数分離法　202
偏導関数　13
偏微分　13
偏微分方程式　64,196
　——の解　196
　——の階数　196
ポアソン方程式　223
方向微分係数　114
保存則　123
保存力　162
ポテンシャル　118,163

マ，ヤ　行

マクスウェルの関係式　17
マクスウェル方程式　123
右手系　22
面積分　140

ヤコビアン　129
ヤコビの行列式　129
ユニタリー行列　37
余因子　34

ラ，ワ　行

ラプラシアン　119
ラプラスの演算子　119
ラプラス方程式　223
累次積分　127
列ベクトル　29
連成振動　91
連続
　区分的に——　166
連立1次方程式　39
　——の自明な解　42
ロンスキー行列式　79

わき出し　157

和達三樹

1945-2011年．東京生まれ．1967年東京大学理学部物理学科卒業．1970年ニューヨーク州立大学大学院修了(Ph.D.)．東京大学教授，東京理科大学教授を歴任．専攻は理論物理学，特に物性基礎論，統計力学．著書に『液体の構造と性質』(共著，岩波書店)，『微分積分』(岩波書店)，『常微分方程式』(共著，講談社)など．

物理入門コース 新装版
物理のための数学

1983年 3月14日 初 版第1刷発行
2017年 9月 8日 初 版第49刷発行
2017年12月 5日 新装版第1刷発行
2024年 9月13日 新装版第8刷発行

著 者 和達三樹（わだちみき）

発行者 坂本政謙

発行所 株式会社 岩波書店
〒101-8002 東京都千代田区一ツ橋2-5-5
電話案内 03-5210-4000
https://www.iwanami.co.jp/

印刷・理想社 表紙・半七印刷 製本・牧製本

ISBN 978-4-00-029870-4 Printed in Japan